维修电工 中级
考证速成教程

万 英 编著

中国电力出版社
CHINA ELECTRIC POWER PRESS

内 容 简 介

本书分为基础篇、技能篇，共十章，主要介绍了基础知识、电工仪器仪表、电子元器件及电子电路、低压电器与传感器、电动机与电气控制电路、机床电气控制电路与常见故障、可编程序控制器及控制技术、变频器与软启动器、安全用电与职业道德、电路的现场装调与维修等相关知识，附录A列出了中级维修电工的理论知识及技能操作的考核重点表。

本书在内容选取上力求定位准确、涉及面广，既突出了考核鉴定的针对性和实用性，又兼顾介绍了新知识、新技术、新工艺和新方法；在内容编写上力求浓缩精炼、新颖实用、重点突出、通俗易懂。因此，本书针对性强、实用性强、可读性强、操作性强，是中级维修电工取证人员的必备用书。同时本书可作为电工、电子、机电一体化专业的大中专院校、中高等职业技术学校的教材或教学参考书以及各职业技能鉴定培训机构的培训教材。

图书在版编目（CIP）数据

维修电工考证速成教程：中级/万英编著. —北京：中国电力出版社，2016.3（2019.2重印）

ISBN 978-7-5123-8652-5

Ⅰ. ①维… Ⅱ. ①万… Ⅲ. ①电工-维修-教材 Ⅳ. ①TM07

中国版本图书馆CIP数据核字（2015）第302747号

中国电力出版社出版、发行

（北京市东城区北京站西街19号　100005　http://www.cepp.sgcc.com.cn）

航远印刷有限公司印刷

各地新华书店经售

*

2016年3月第一版　　2019年2月北京第三次印刷

850毫米×1168毫米　32开本　17印张　445千字

印数4001—5000册　　定价39.00元

前　言

　　对从业人员实行职业技能鉴定，并通过国家职业资格证书制度予以确认，是《中华人民共和国劳动法》的明确规定，因此，职业资格证书就是从业人员的就业、再就业的通行证。为了适应维修电工从业人员日益增多的形势以及满足他们参加职业技能鉴定以获取资格证书及晋级的迫切需要，我们编写了《维修电工中级考证速成》这本书。希望读者通过阅读，全方位地了解维修电工（中级）职业技能鉴定的范围，尽快地通过职业技能鉴定，考取维修电工中级职业资格证书。

　　本书是在认真研判国家颁布的《维修电工国家职业技能标准》（2009 年修订）的基础上，严格以国家职业技能等级标准为依据，紧扣考核重点表中的考核细目，有针对性地详细介绍了每个考点所涉的理论知识与操作技能，做到了学习内容与考证的无缝接轨。本书分为基础篇、技能篇，共十章，主要介绍了基础知识、电工仪器仪表、电子元器件及电子电路、低压电器与传感器、电动机与电气控制电路、机床电气控制电路与常见故障、可编程序控制器及控制技术、变频器与软启动器、安全用电与职业道德、电路的现场装调与维修等相关知识，附录A 列出了维修电工（中级）的理论知识及技能操作的考核重点表。

　　本书在编写中始终以服务职业技能鉴定为目标，以考证人员为主体，以"用什么、考什么、编什么"为原则，体现了"实用、够用、必用"的编写理念。在内容选取上力求定位准确、涉及面广，既突出了考核鉴定的针对性和实用性，又兼顾介绍了新知识、新技术、新工艺和新方法；在内容编写上力求浓缩精炼、新颖实用、重点突出、通俗易懂。因此，本书针对性强、实用性强、可读性强、操作性强，是中级维修电工考证人员的必备用书。同时本书可作为电工、电子、机电一体化专业的大中专院校、中高等职业技术学校的教材或教学参考书以及各职业技能鉴定培训机构的培训教材。

本书在编写过程中参阅了近年来出版的一些电工电子类书籍和刊物以及互联网上的电工电子类资料，在此对这些作者表示衷心的感谢！由于编者水平有限，书中难免有错误和不妥之处，欢迎广大读者批评指正。

编　者

目 录

前言

基 础 篇

技　能　篇

基础篇

第一章 基础知识

考点 ① 电路的组成

电路是由电气部件（通常称为电路元件）按一定规律连接成电流流通的路径，不管电路的结构是多么的简单或复杂，至少应由电源、负载和中间环节 3 部分组成。电路可以分为内电路和外电路，从电源一端经负载回到电源另一端的电路称为外电路，电源内部的通路称为内电路。

电源是提供电能的装置，它能将其他形式的能量转换为电能，也是电路工作的动力，常用的电源有干电池、蓄电池和发电机等。负载是电路中消耗电能的器件，它可以将电能转换为非电形式的能量，常见的负载有白炽灯、荧光灯、电炉、电动机等。

中间环节是除了电源、负载之外的部分，如连接导线，它把电源与负载连接起来，以构成一个闭合的可以使电流通过的回路，其作用是传递电能，常见的连接导线有铜线、铝线、电力电缆等。另外，在实际电路中，往往还需要接入一些为完善电路功能的特定部件，如用于安全方便地分、合电路的各种刀开关等；用于监视测量电流、电压和频率的各种电气仪表；用于对电源和电路执行保护功能的断路器和熔断器等。

【考题精选】

1. 一般电路由电源、负载和（C）3 个基本部分组成。
   （A）开关　　　　　　　（B）导线
   （C）中间环节　　　　　（D）控制电器

2. 电路的作用是实现能量的（B）和转换、信号的传递和处理。

    （A）连接   （B）传输

    （C）控制   （D）传送

考点 2 电阻的概念

在电场力的作用下，电流在导体中流动时所产生的阻力称为电阻。电阻是导体本身的一种基本性质，它在电路中起到对电流的阻碍作用。当某段电路中所加的电压一定时，导体的电阻越大，表示导体对电流的阻碍作用越大，电流将越小。

导体的电阻通常用字母 R 表示，电阻的单位是欧姆（Ω），简称欧。当某段电路两端所加的电压为 1V，其通过的电流为 1A 时，则这段电路的电阻就是 1Ω。在实际工作中，电阻常用的单位还有千欧（kΩ）、兆欧（MΩ）等，它们之间的换算关系为

1 兆欧(MΩ)＝1000 千欧(kΩ)　　1 千欧(kΩ)＝1000 欧(Ω)

不同的导体，电阻一般不同，其阻值大小与温度、材料、长度，还有横截面积有关。电阻率是用来表示各种物质电阻特性的物理量，其定义是将某种横截面积为 $1mm^2$ 的材料在常温（20℃时）下制成长 1m 时所具有的电阻值，称为这种材料的电阻率。电阻率用 ρ 表示，若 L 为材料的长度，单位为 m；S 为横截面积，单位为 m^2，这时，电阻率的单位为欧［姆］·米（Ω·m）。但在电工实用中，常将横截面积 S 的单位定为 mm^2，此时电阻率的单位为欧姆·平方毫米每米（$\Omega \cdot mm^2/m$）。

由上可知，电阻率是指单位长度、单位截面积的某种物质的电阻，因此各种导体的电阻可用下列公式表示

$$R = \rho \frac{L}{S}$$

式中　ρ——电阻率，$\Omega \cdot mm^2/m$；

     R——导体电阻，Ω；

     L——导体长度，m；

S——导体截面积，mm^2。

电阻率和电阻是两个不同的概念。电阻率是反映物质对电流阻碍作用的属性，电阻是反映物体对电流阻碍作用的能力大小。通俗地讲，电阻率是反映物质导电性能的物理量，电阻是反映物体对电流的阻碍作用大小的物理量。

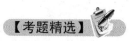
【考题精选】

1. 若将一段电阻为 R 的导线均匀拉长至原来的 2 倍，则其电阻值为（C）。

（A）$2R$ （B）$R/2$

（C）$4R$ （D）$R/4$

2. 电阻器反映导体对（C）起阻碍作用的大小。

（A）电压   （B）电动势

（C）电流   （D）电阻率

3. 导体电阻公式 $R = \rho \dfrac{L}{S}$ 适合于（C）温度下。

（A）0℃   （B）15℃

（C）20℃   （D）25℃

考点 3 欧姆定律

欧姆定律是电工学中用来表达电路中电压、电流和电阻这 3 个基本物理量之间关系的一条定律。在闭合回路中，电源电压是产生电流的条件，而电流的大小不但与电源电压有关，而且还与电阻的大小有关。

1. 部分电路的欧姆定律

在一段电路中，如图 1-1 所示，一段电路上的电流 I 与这段电路两端的电压 U 成正比，与这段电路的电阻 R 成反比，这一规律称为部分电路欧姆定律，用公式表示为

$$I = \frac{U}{R}$$

应用上式不仅可以计算电流，也可以计算电压及电阻，即 $U=IR$、$R=\dfrac{U}{I}$。只要知道其中的 2 个量，代入公式即可求出第 3 个量。应用欧姆定律计算物理量时，要把所有电压、电阻、电流用基本单位（V、Ω、A）来表示。

2. 全电路的欧姆定律

全电路的欧姆定律是用来表达闭合电路中电动势、电流和电阻这三个基本物理量之间关系的一条定律。在一个闭合电路中，如图 1-2 所示，闭合回路中的电流与电源的电动势成正比，与电路中电源的内阻和外阻之和成反比，这一规律称为全电路欧姆定律，用公式表示为

$$I=\dfrac{E}{R+r}\ 或\ E=I\ (R+r)$$

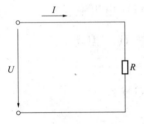

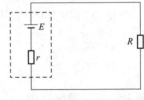

图 1-1　部分电路的欧姆定律　　图 1-2　全电路的欧姆定律

由上式可知，当电路断开（开路）时，电源的端电压等于电源电动势。若电路短接（短路），$I=\dfrac{E}{r}$ 称为短路电流。由于电源内阻一般都很小，所以短路电流都很大，则可能产生事故。

【考题精选】

1. 在全电路中，负载电阻增大，端电压将（B）。

　　（A）降低　　　　　　　（B）升高

　　（C）不变　　　　　　　（D）不确定

2. （C）反映了在不含电源的一段电路中，电流与这段电路

两端的电压及电阻的关系。

　　（A）欧姆定律　　　　　　（B）楞次定律

　　（C）部分电路欧姆定律　　（D）全欧姆定律

3. 伏安法测电阻是根据（A）来算出数值。

　　（A）欧姆定律　　　　　　（B）直接测量法

　　（C）焦耳定律　　　　　　（D）基尔霍夫定律

考点 4　电压和电位的概念

1. 电位

带电体的周围存在着电场，电场对处在电场中的电荷有力的作用。当电场力使电荷移动时，电场力就对电荷做了功，电位就是用来表示电场中某点电场力做功本领大小的物理量。若在电场中任选一点为参考点，则某点的电位在数值上等于电场力将单位正电荷沿着任意路径从该点移到参考点所做的功。

通常以大地、电子设备的金属底板、机壳等作为参考点，并规定参考点的电位为零。指定参考点后，电路中其余各点对参考点来说都具有电位，若某点的电位高于参考点的电位，则电位为正，反之为负。显然，电位是一个相对参考点的电量，参考点改变时，则某点的电位也将发生变化，离开参考点说某点的电位是没有意义的。

2. 电压

在电场中，将单位正电荷从高电位点移动到低电位点时电场力所做的功称为电压，电压又等于任意两点间的电位之差，所以电压也称为电位差。电压的正方向规定为从高电位指向低电位的方向，即电位降的方向。显然，某点的电位在数值上等于该点与参考点之间的电压，而某两点之间的电压等于这两点之间的电位之差。

需要指出的是，在同一电路中，电位具有相对性，参考点不同，电路中各点的电位也不同；而电压具有绝对性，无论参考点如何选取，任意两点之间的电压是恒定的。

电位和电压具有相同的单位，一般是用国际单位制中的主单位伏特（V）来表示，简称伏，常用的单位还有千伏（kV）、毫伏（mV）、微伏（μV）等，它们之间的换算关系为

1 千伏（kV）＝1000 伏（V）　　1 伏（V）＝1000 毫伏（mV）

1 毫伏（mV）＝1000 微伏（μV）

【考题精选】

1. 电压的方向规定由（B）。

（A）低电位点指向高电位点

（B）高电位点指向低电位点

（C）低电位指向高电位

（D）高电位指向低电位

2. 电路中两点的电压高，则（C）。

（A）这两点电位一定小于零

（B）这两点电位一定大于零

（C）这两点的电位差大

（D）与这两点的电位差无关

3. 电位是相对量，随参考点的改变而改变，而电压是（C），不随参考点的改变而改变。

（A）恒量　　　　　　　　　（B）变量

（C）绝对量　　　　　　　　（D）相对量

考 点 5　电阻的连接

1. 电阻的串联

两个或两个以上的电阻，一个接一个地连成一串组成中间无分支电路的连接方式，称为电阻的串联，如图 1-3 所示。

电阻串联电路具有以下特点。

（1）电路的等效电阻（总电阻）等于所有各电阻之和，等效电阻大于电路中任何一个电阻，即

$$R = R_1 + R_2 + R_3 + \cdots + R_n$$

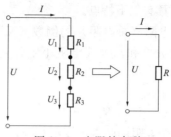

图 1-3　电阻的串联

（2）分压作用。串联电路各电阻所分得的电压与阻值成正比，阻值越大所分得电压也越大，反之则越小。电路两端的总电压等于各个电阻两端的电压之和，即

$$U=U_1+U_2+U_3+\cdots+U_n$$

（3）电路中流过每个电阻的电流都相等，即

$$I=I_1=I_2=I_3=\cdots=I_n$$

（4）电路消耗的总功率等于各串联电阻消耗的功率之和，即

$$P=P_1+P_2+P_3+\cdots+P_n$$

（5）开路特点。当串联电路中某处电路因故障而断开时，电流也下降为零，而开路处两端的电压等于电源的电压。

（6）短路特点。当串联电路中某个电阻发生短路时，电路的电流增大，短路电阻元件两端电压为零，未短路的电阻元件所消耗功率增大，有可能被烧毁。

2. 电阻的并联

两个或两个以上的电阻，将其两端分别连接在一起组成多分支电路的连接方式，称为电阻的并联，如图 1-4 所示。

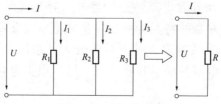

图 1-4　电阻的并联

电阻并联电路具有以下特点。

（1）电路等效电阻（总电阻）的倒数（又称电导），等于各并联支路电阻的倒数之和，等效电阻小于各支路中最小电阻的阻值，即

$$\frac{1}{R}=\frac{1}{R_1}+\frac{1}{R_2}+\frac{1}{R_3}+\cdots+\frac{1}{R_n}$$

（2）电路中每个电阻的两端电压都相等，并且等于电路两端的总电压，即

$$U=U_1=U_2=U_3=\cdots=U_n$$

（3）分流作用。各支路电阻所分得的电流与阻值成反比，阻值越大所分得电流值越小，反之则越大。电路的总电流等于各支路电阻的电流之和，即

$$I=I_1+I_2+I_3+\cdots+I_n$$

（4）电路消耗的总功率等于各并联电阻消耗的功率之和，即

$$P=P_1+P_2+P_3+\cdots+P_n$$

（5）开路特点。当某个并联支路发生开路时，该支路电流为零，其他支路不受影响。

（6）短路特点。当某个并联支路发生短路时，该支路和整个电路的等效电阻下降为零，从而使电源的输出电流剧增，并联电路的端电压也下降为零。为避免造成事故，实用中每个并联支路都应加装熔断器。

3. 电阻的混联

如果电路中既有电阻的串联又有电阻的并联，这种混合的连接方式称为电阻的混联，如图1-5所示。电阻混联电路的特点是串联电路和并联电路特点的综合，对其等效电阻的计算，只要按串联和并联的特点，一步一步地把电路化简，最后就可以求出电路的等效电阻。对于某些较为复杂的电阻混联电路，不容易看出各电阻的串、并联关系，可以根据电路的具体结构进行等效变换。

在电阻混联电路中，在已知总电压和各个电阻阻值的条件

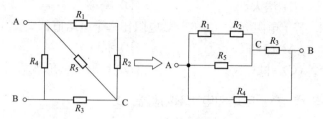

图 1-5 电阻的混联

下，若要求解各个电阻的电压和电流，其步骤归纳如下。

（1）分析电路特征，把串并联电路分解成若干单纯串联和若干单纯并联的支路。

（2）分别按以上方法计算出这些单纯串、并联支路的等效电阻。

（3）综合（1）、（2）步骤求出电路总的等效电阻。

（4）应用欧姆定律求出总电流。

（5）应用分压公式和分流公式，分别推算出各个电阻的电压和电流。

【考题精选】

1. 并联电路中的总电流等于各电阻的（C）。

　　（A）倒数之和

　　（B）相等

　　（C）电流之和

　　（D）分配的电流与各电阻值成正比

2. 并联电路中加在每个电阻两端的电压都（B）。

　　（A）不等

　　（B）相等

　　（C）等于各电阻上电压之和

　　（D）分配的电流与各电阻值成正比

3. 串联电阻的分压作用是阻值越大则电压越（B）。

　　（A）小　　　　　　　　　　（B）大

(C) 增大   (D) 减小

4. 若干电阻（A）后的等效电阻比每个电阻值都大。

(A) 串联   (B) 混联

(C) 并联   (D) 星形—三角形

考点 6   电功和电功率的概念

1. 电功

我们知道，一个力作用在物体上，使物体在力的方向上产生运动，就认为这个力对物体做了功。在电路中，当电荷受到电场力的作用，并沿着电场力的方向运动形成电流，说明电场力对电荷做了功（习惯上又称电流做了功），称为电功，用符号 W 表示，单位为焦［耳］（J）。

电功是表示电流做功多少的物理量，电流做功总是伴随着能量的变化和转换，如电流通过灯泡做功，要损耗电能，而这损耗的电能却转换为光能和热能；又如电流通过电动机做功把电能转换为机械能和热能；电流通过电炉丝做功，把电能转换为热能，等等。

电功的大小可用电能表来计量，也可用下列式子计算

$$W = UIt = Pt = I^2Rt = \frac{U^2}{R}t$$

式中 W——电功，J；

      U——电压，V；

      I——电流，A；

      t——时间，s。

在实际应用中或在电力工程上，常用千瓦时（kW·h）（俗称"度"）作为电功的单位，1 度电功等于功率为 1 千瓦的负载在 1 小时内所消耗的电功，即

1 千瓦时（kW·h）$= 1 \times 10^3 W \times 3600s = 3.6 \times 10^6$ 焦（J）

2. 电功率

电功率是表示电流做功快慢的物理量，电气设备在单位时

间内电流所做的功称为电功率，简称功率，用符号 P 表示，单位为瓦［特］（W）。直流电路中，电功率 P 与电压 U 或电动势 E、电流 I 之间的关系为

$$P=UI=\frac{U^2}{R}=I^2R \quad （负载消耗功率）$$

$$P=EI \quad （电源输出功率）$$

小功率用电器的功率用瓦（W）表示，大功率用电器和电力设备的功率通常用千瓦（kW）或兆瓦（MW）表示，而电子设备的功率很小，一般用毫瓦（mW）或微瓦（μW）表示，它们的换算关系为

1 千瓦（kW）$=10^3$ 瓦（W），1 兆瓦（MW）$=10^6$ 瓦（W），

1 毫瓦（mW）$=10^{-3}$ 瓦（W），1 微瓦（μW）$=10^{-6}$ 瓦（W）

【考题精选】

1. 表示电流做功快慢的物理量称为（D）。
    （A）电压 　　　　　　　（B）电位
    （C）电功 　　　　　　　（D）电功率

2. 电功的数学表达式不正确的是（A）。
    （A）$W=IRt$ 　　　　　（B）$W=UIt$
    （C）$W=Pt$ 　　　　　　（D）$W=I^2Rt$

3. 电功的常用实用的单位有（C）。
    （A）焦［耳］ 　　　　　（B）伏安
    （C）千瓦时 　　　　　　（D）瓦

4. 电功率的常用单位有（D）。
    （A）瓦 　　　　　　　　（B）千瓦
    （C）毫瓦 　　　　　　　（D）瓦、千瓦、毫瓦

考点 7 基尔霍夫定律

基尔霍夫定律是描述电路中各元件电流之间关系和电压之间关系的基本定律，它是电路分析的基础。在介绍基尔霍

夫定律之前，先介绍支路、回路、网孔、节点等几个名词的定义。

　　一个典型的含有支路、回路、网孔、节点的电路如图 1-6 所示。电路中分支的一段电路称为支路，一个电路可以有许多条支路，每一条支路流过的电流相同，该电路图中有 ADB、AB、ACB 三条支路。电路中任何一个闭合路径称为回路，该电路图中就有 ABDA、ACBA、ACBDA 三条回路。闭合电路内不含其他支路的回路称为网孔，该电路图中就有 ABDA、ABCA 两个网孔。三条及三条以上支路的公共连接点称为节点，该电路图中就有 A、B 两个节点。

　　1. 基尔霍夫第一定律（节点电流定律）

　　图 1-7 为一复杂电路，A 是复杂电路中某个节点，I_1、I_2 是流向节点的两个支路电流，I_3、I_4 是从节点流出的两个支路电流。基尔霍夫第一定律可表述为：电路中流入任意一个节点的电流总和等于流出这个节点电流的总和。若把流出节点的电流取正数，流入节点的电流取负数，基尔霍夫第一定律可用方程式表示为

$$\sum I = I_3 + I_4 - I_1 - I_2 = 0$$

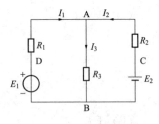

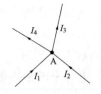

图 1-6　典型电路图　　　　图 1-7　基尔霍夫第一定律

　　2. 基尔霍夫第二定律（回路电压定律）

　　图 1-8 为一复杂电路，基尔霍夫第二定律可表述为：任何一个闭合回路中，所有电压的代数和为零。基尔霍夫第二定律可用方程式表示为

$$\sum U = U_{ab} + U_{bc} + U_{cd} + U_{de} + U_{ea} = E_1 + U_{bc} - E_2 + U_{de} + U_{ea} = 0$$

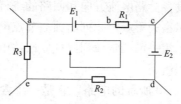

图 1-8　基尔霍夫第二定律

【考题精选】

1. 基尔霍夫定律的（A）是绕回路一周电路元器件电压变化为零。

(A) 回路电压定律　　　　(B) 电路功率平衡

(C) 电路电流定律　　　　(D) 回路电位平衡

2. 基尔霍夫定律的第一定律是通过任一节点（A）的代数和为零。

(A) 电流　　　　　　　　(B) 功率

(C) 电压　　　　　　　　(D) 电位

考点 8　直流电路的计算

欧姆定律多用于简单串、并联电路的计算，但许多实际电路往往不能用简单的串、并联关系去化简成单一的无分支等效电路，这类电路称为复杂电路。对于复杂电路，为了确定电路每一支路的电流或某两点间的电压，我们必须根据电路的结构与特点，以基尔霍夫定律为基础，采用支路电流法、节点电压法、叠加原理、戴维南定理等几种常用的电路分析方法。

1. 支路电流法

所谓支路电流法，就是以各支路电流作为未知量，应用基尔霍夫定律列出方程式，联立求解各支路电流的方法。

应用支路电流法解题的具体步骤如下。

（1）首先假设各支路电流方向和回路的绕行方向。

（2）根据基尔霍夫第一定律列出独立节点电流方程。

（3）根据基尔霍夫第二定律列出独立回路电压方程。

（4）求解方程组。

例如，如图 1-9 所示的电路，它是一个含有三条支路、两个节点、三条回路的复杂电路，取支路电流 I_1、I_2、I_3 为待求变量。

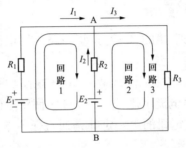

图 1-9　支路电流法示意图

1）首先假设电流的参考方向及回路的绕行方向如图 1-9 所示。

2）根据基尔霍夫第一定律列出节点 A 的电流方程，即

$$I_1 + I_2 - I_3 = 0$$

3）根据基尔霍夫第二定律列出回路的电压方程，即

回路 1：$\qquad R_1 I_1 - R_2 I_2 = E_1 - E_2$

回路 2：$\qquad R_2 I_2 + R_3 I_3 = E_2$

回路 3：$\qquad R_1 I_1 + R_3 I_3 = E_1$

上面三个方程只有两个是独立的，任意一个方程都可以从其他两个方程相加或相减而得到，故计算时任选两个方程。

4）代入已知数并解方程组，即可求得 I_1、I_2、I_3 的数值。

注意：若电流出现负值，说明该支路电流的实际方向与参考方向相反。

2. 节点电压法

在复杂电路的计算中，有时会遇到这样的电路，其支路较多而节点较少。对于这样的电路，用节点电压法计算各支路的电流就比较简单。节点电压法是以两个节点之间的电压为未知量，先求出节点电压，然后根据欧姆定律求出各支路电流的方法。

应用节点电压法解题的具体步骤如下。

（1）选定节点电压的正方向。

（2）根据公式求出节点电压。节点电压 U 等于各支路电动势除以电阻的代数和与各支路电阻的倒数之和的比值，其计算公式为

$$U = \frac{\sum\left(\dfrac{E}{R}\right)}{\sum\left(\dfrac{1}{R}\right)}$$

（3）根据欧姆定律求出各支路电流，各支路电流的计算公式为

$$I_n = \frac{E_n - U}{R_n}$$

注意：公式中的电阻均取正值，电动势指向假定的高电位节点取正值，反之取负值。

例如，仍以图 1-9 所示的电路，采用节点电压法求解 I_1、I_2、I_3 的数值。

1）求节点 A、B 间电压 U_{AB}。其计算公式为

$$U_{AB} = \frac{\dfrac{E_1}{R_1} + \dfrac{E_2}{R_2}}{\dfrac{1}{R_1} + \dfrac{1}{R_2} + \dfrac{1}{R_3}}$$

2）求各支路电流。其计算公式为

$$I_1 = \frac{E_1 - U_{AB}}{R_1}, \quad I_2 = \frac{E_2 - U_{AB}}{R_2}, \quad I_3 = \frac{U_{AB}}{R_3}$$

3. 叠加原理

在线性电路中，如果有多个独立电源同时作用，则它们在任一支路中产生的电流及各电路元件两端电压等于各独立电源单独作用产生电流或电压的代数和，这就是叠加原理。所谓独立电源，是指电压源的电动势及电流源的电流不受其他支路的电压和电流控制的电源。叠加原理是分析复杂电路的一个很重要的原理，它可以把一个复杂电路转化为几个简单电路的叠加，因而可以用欧姆定律，电阻的串、并联公式等方法来对电路直接求解。

当线性电路中只有一个独立电源作用于电路时，电路中各部分的电压、电流的大小与电源的大小成正比，即满足齐次性原理。当电路中有多个独立电源作用于电路时，电路的求解方法可以使用叠加原理进行求解。

使用叠加原理分析计算电路的步骤如下。

（1）首先把原电路分解成每个独立电源单独作用的电路。

（2）计算每个独立电源单独作用于电路时所产生的电压、电流分量。

（3）将电压、电流分量进行叠加得到总电压、总电流。

使用叠加原理的注意事项如下。

（1）当每一个独立电源单独作用于电路时，要保留受控源，即受控源不能单独作用于电路。

（2）只能用于电压、电流的叠加，不能用于功率的叠加。

（3）进行叠加时，应取各电压、电流分量的代数和。

（4）当每一个独立电源单独作用于电路时，其他独立电源不作用。对不作用的电源的处理方法是：将电压源短路并保留内电阻，将电流源开路并保留内电导。

4. 戴维南定理

对于复杂电路，有时往往只需要计算复杂电路中某一支路的电流或电压，这时就不必用支路电流法求解出所有的支路电流或电压。戴维南定理是求解这类问题的极为有效的方法，它将所要分析的支路以外的电路用一个简单的有源二端网络来等效替代，从而使求解该支路的电流或电压变得相当简单。

任何具有两个引出端点的部分电路称为二端网络，若在这部分电路中有电源存在，则称为有源二端网络；反之，称为无源二端网络。戴维南定理又称等效电源定理，它把一个复杂的有源二端线性网络简化为一个由电动势 E 和一个内阻值为 R_0 组成的等效电源，如图 1-10 所示。

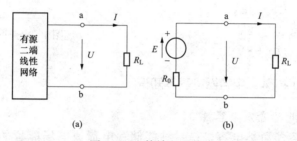

图 1-10　等效电源电路

(a) 有源二端线性网络；(b) 等效电路

等效电源的电动势 E 等于有源二端线性网络的开路时的电压 U，即把负载断开后 a、b 两端之间的电压。等效电源的内阻 R_0 等于有源二端线性网络中所有电源均除去后所得到的无源网络 a、b 两端之间的等效电阻。经过这样处理后，计算通过负载电阻 R_L 上的电流为

$$I = \frac{E}{R_0 + R_L}$$

【考题精选】

1. 支路电流法是支路电流为变量列节点电流方程及（A）方程。

(A) 回路电压 　　　　(B) 电路功率

(C) 电路电流 　　　　(D) 回路电位

2. (√) 利用戴维南定理，可把一个有源二端线性网络等效成一个电源的方法。

3. (√) 对于只有两个节点的复杂直流电路，用节点电压法进行求解最为简便。

4. 如题图1所示，A、B两点间的电压 U_{AB} 为（D）。

(A) −18V

(B) +18V

(C) −6V

(D) +8V

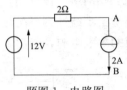

题图1　电路图

考点 9　电容器的基本知识

1. 电容器及电容量

电容器简称电容，是一种能储存电荷或电场能量的元件，其应用范围及数量仅次于电阻。电容是由两块金属（电）极板，中间夹一层绝缘材料（如云母、空气、电解质等）构成的，绝缘材料不同，构成电容的种类也不同。电容器能够储存电荷而产生电场，所以它是储能元件。电容量是电容器的重要参数，它是衡量电容器储存电荷本领大小的物理量，其大小等于电容器极板上的电荷量 Q 与电容器两端电压 U 之比，用字母 C 表示，其表达式为

$$C = \frac{Q}{U}$$

式中　Q——任一极板上的电荷量，C；

　　　U——两极板间的电压，V；

　　　C——电容，F。

电容器的电容越大，储存电荷的能力越强。电容器的电容是它固有的属性，其大小与外界条件（如是否带电或带多少电

等）无关，只与电容器的介质种类与几何尺寸有关，如果介质的介电常数越大，极板相对面积越大，极板间的距离越小，则电容就越大。电容的基本单位为 F（法［拉］），常用单位为mF（毫法）、μF（微法）、nF（纳法）、pF（皮法），它们与 F 的换算关系为

$$1mF=10^{-3}F \quad 1\mu F=10^{-6}F \quad 1nF=10^{-9}F \quad 1pF=10^{-12}F$$

电容器得电荷的过程称为充电，失电荷的过程称为放电。电容器接通直流电源时，将出现瞬间的充电电流，充电结束后，电路中电流为零，电路处于开路状态。如果电容器接通交流电源，由于交流电的大小和方向不断交替变化，使电容器反复进行充放电，使电路中出现持续的交变电流，因此电容器具有"隔直流、通交流"的作用。应当注意，不只是电容器才有电容，任何两个导体之间都存在电容，此电容我们称之为分布电容或寄生电容，其数值一般很小。

2. 电容器种类

电容一般分为固定电容、可变电容和微调电容三大类，电解电容是固定电容的特殊类型。固定电容种类很多，常见无极性电容有纸介电容、油浸纸介密封电容、金属化纸介电容、云母电容、有机薄膜电容、玻璃釉电容、陶瓷电容等。有极性电容内部构造比无极性电容复杂，按正极材料可分为铝电解电容及钽（或铌）电解电容。有极性电容的两条引线，分别引出电容的正极和负极，在电路中不能接错。

3. 电容器主要性能指标

电容器主要性能指标有标称容量、允许误差、额定工作电压等。成品电容器上所标明的电容值称为标称容量。标称容量并不是准确值，它同该电容器的实际容量之间是有差额的，但这一差额是在国家标准规定的允许范围之内，我们把这种差额称为允许误差。允许误差一般分为 3 级：Ⅰ级（±5%）、Ⅱ级（±10%）、Ⅲ级（±20%），精密电容器的允许误差较小，而电解电容器的误差较大。电容器的额定工作电压习惯称为耐压，

是指电容器长时间工作所能承受的直流电压数值。

4. 电容器的连接

使用电容器时，可能会遇到一个电容器的指标（电容和耐压）不能满足要求的情况，此时可把若干个电容器连接起来，则可满足实际的需要。

（1）电容器的并联。把 2 个或 2 个以上的电容器的两端分别连接在一起的连接方式，称为电容器的并联，如图 1-11 所示。

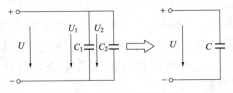

图 1-11 电容器的并联

电容器并联电路具有以下特点。

1）总电压与每个电容器两端的电压都相等，即
$$U=U_1=U_2=\cdots=U_n$$

2）等效电容等于各个电容之和，即
$$C=C_1+C_2+\cdots+C_n$$

由电容器并联电路的特点可知：并联的电容器数目越多，总的电容量越大。实用中应当注意，每只电容器的耐压值必须大于或等于外加的电压值，否则电容器会被击穿。

（2）电容器的串联。把 2 个或 2 个以上的电容器一个接一个地连成一串的连接方式，称为电容器的串联，如图 1-12 所示。

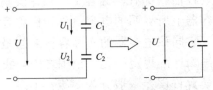

图 1-12 电容器的串联

电容器串联电路具有以下特点。

1）总电压等于各个电容器上的电压之和，即

$$U = U_1 + U_2 + \cdots + U_n$$

2）等效电容的倒数等于各个电容的倒数之和，即

$$\frac{1}{C} = \frac{1}{C_1} + \frac{1}{C_2} + \cdots + \frac{1}{C_n}$$

由电容器的串联特点可知：每个电容器上分配的电压与其电容成反比，且串联的电容器数目越多，总的电容量越小，但总的耐压值增大了。实用中应当注意，外加在各个电容器上的电压应小于或等于电容器的耐压值，否则电容器会被击穿。

【考题精选】

1. 固定电容器的误差一般分为 3 级，它们是（C）。

　　（A）Ⅰ（±15%），Ⅱ（±8%），Ⅲ（±15%）

　　（B）Ⅰ（±5%），Ⅱ（±10%），Ⅲ（±15%）

　　（C）Ⅰ（±5%），Ⅱ（±10%），Ⅲ（±20%）

　　（D）Ⅰ（±10%），Ⅱ（±15%），Ⅲ（±20%）

2. 电容器并联时总电容等于各电容器上的电容（D）。

　　（A）相等　　　　　　　　（B）倒数之和

　　（C）成反比　　　　　　　（D）之和

3. 电容器串联时总电容的倒数等于各电容器上的电容（C）。

　　（A）之和　　　　　　　　（B）相等

　　（C）倒数之和　　　　　　（D）成反比

考点 10　磁场的基本物理量

1. 磁场与磁力线

磁体的基本性质就是具有磁性，它能够吸引铁、镍、钴等金属及它们的合金。磁体上磁性最强的部位叫作磁极，任何一个磁体都有两个磁极，一个磁极指向北方，称为北极或 N 极，

另一个磁极指向南方，称为南极或 S 极。磁极间存在着相互的作用力，同种磁极相互排斥，异种磁极相互吸引。

　　磁体的周围存在着有磁力作用的空间称为磁场，磁场虽然看不见、摸不着，但通过实验可以观察到它的存在。为了形象地描述磁场的强弱和方向，我们引入了一些假想的闭合曲线，称为磁力线，如图 1-13 所示。

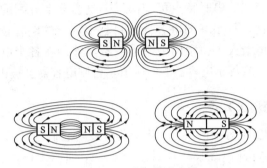

图 1-13　磁场的磁力线

　　磁力线有以下特性：磁体外部的磁力线是从 N 极到 S 极，磁体内部的磁力线是从 S 极到 N 极；磁力线是闭合曲线，无头无尾，不中断、不交叉；磁力线的疏密表示磁场的强弱，磁力线越密的地方磁场越强，磁力线越疏的地方磁场越弱；磁力线具有缩短自己长度的倾向，因此有张力；同方向的磁力线相斥，异方向的磁力线相吸；磁力线易于通过钢铁和其他铁磁物质。

　　2. 磁场的物理量

　　与磁场有关的物理量有磁通、磁感应强度、磁导率和磁场强度等。

　　(1) 磁通。磁通是定量描述在一定面积内磁场强弱的物理量，其定义为：通过与磁场方向垂直的某一面积的磁力线的总数，称为通过该面积的磁通量，简称磁通。当面积一定时，磁通量越大，说明磁力线越密，即磁场越强。磁通用字母 Φ 表示，单位是韦［伯］（Wb）。

（2）磁感应强度。磁感应强度又称磁通密度，是定量描述磁场中各点的磁场强弱和方向的物理量，其定义为：垂直穿过单位面积的磁力线条数称为该点的磁感应强度。磁感应强度是一个矢量，它在某点的方向就是该点磁力线切线的方向。

如果在磁场的某一区域内，磁感应强度的大小和方向都相同，这个区域的磁场就称为匀强磁场，其磁力线是一组疏密均匀、方向一致的平行线。磁感应强度用字母 B 表示，单位是特〔斯拉〕（T）或韦伯每平方米（Wb/m^2），在均匀磁场中磁感应强度的表达式为

$$B = \frac{\Phi}{S}$$

（3）磁导率。磁导率又称磁导系数，是用来描述材料导磁性能的物理量，各种不同的材料有不同的磁导率。磁导率用字母 μ 表示，单位是亨〔利〕每米（H/m）。由实验测得，真空磁导率为 $\mu_0 = 4\pi \times 10^{-7}$（H/m），且是一个常数，任一材料的磁导率 μ 与真空磁导率 μ_0 的关系为

$$\mu = \mu_0 \mu_r$$

式中　μ_r——相对磁导率，是一个无量纲的量。

根据各种材料相对磁导率 μ_r 的大小，可以粗略地把材料分为非铁磁材料和铁磁材料两大类。空气、铜、木材、橡胶等都属于非铁磁材料，它们的 μ 可以认为与真空的 μ_0 一样，因此 μ_r 近似等于1。铸铁、硅钢片、镍、钴、坡莫合金等都属于铁磁材料，它们的 μ 比真空的 μ_0 大得多，因此 μ_r 远大于1，甚至可达几千，而且不是一个常数。

（4）磁场强度。磁场强度是用来简化计算磁场强弱而引入的物理量，其定义为：磁场中某一点的磁感应强度 B 与材料的磁导率 μ 的比值称为该点的磁场强度。磁场强度是一个矢量，方向与所在点的磁感应强度一致。磁场强度用字母 H 表示，单位是安培每米（A/m），其表达式为

$$H = \frac{B}{\mu}$$

实验证明：当环形线圈通入电流时，线圈内磁感应强度 B 与电流 I，线圈的匝数 N、圆环的周长 L 以及环内材料的磁导率 μ 之间的关系为

$$B = \mu\frac{NI}{L}$$

由上式可知，磁感应强度的大小与环内材料的磁导率有关，因此在计算磁场强弱时较为复杂。在引入磁场强度这个物理量后，通电环形线圈的磁场强度可表达为

$$H = \frac{B}{\mu} = \frac{NI}{L}$$

由上式可知，通电环形线圈内的磁场强度只与电流的大小及通电导体的几何形状有关，而与环内材料的磁导率无关。

【考题精选】

1. 把垂直穿过磁场中某一截面积的磁力线条数称为（A）。

　　（A）磁通或磁通量　　　　（B）磁感应强度

　　（C）磁导率　　　　　　　（D）磁场强度

2. 在（B），磁力线由 S 极指向 N 极。

　　（A）磁体外部　　　　　　（B）磁体内部

　　（C）磁体两端　　　　　　（D）磁体一端到另一端

3. 磁体周围存在着一种特殊的物质，这种物质具有力和能的特性，该物质称为（B）。

　　（A）磁性　　　　　　　　（B）磁场

　　（C）磁力　　　　　　　　（D）磁体

4. 关于相对磁导率下面说法正确的是（B）。

　　（A）有单位　　　　　　　（B）无单位

　　（C）单位是 H/m　　　　　（D）单位是 T

考点 11　磁路的概念

磁通（磁力线）所经过的闭合路径称为磁路，磁路和电路

一样，可分为无分支磁路和有分支磁路两种类型，如图 1 - 14 所示。

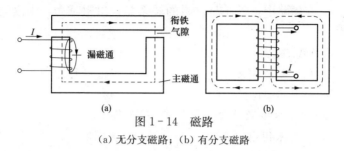

图 1 - 14 磁路

(a) 无分支磁路；(b) 有分支磁路

在电工设备中，一般用铁磁材料按要求做成不同形状的铁心。由于铁磁材料的磁导率远大于空气的磁导率，因此大部分磁通被约束在铁心内闭合，这部分磁通称为主磁通，只有少部分磁通经过空气或其他材料而闭合，这部分磁通称为漏磁通。一般情况下，漏磁通很小，分布情况又较复杂，在定性分析和估算时可忽略不计。

磁路中有关的物理量有磁通、磁通势、磁阻、磁位差等，磁路中的磁通与磁路中的磁通势成正比，与磁阻成反比，称为磁路的欧姆定律。若线圈的匝数为 N，线圈中的电流为 I，铁心的截面积为 S，磁路的平均长度为 L，铁心的磁导率为 μ，通过铁心的磁通量为 Φ，则磁路的欧姆定律可表达为

$$\Phi = BS = \mu S \frac{NI}{L} = \frac{NI}{\dfrac{L}{\mu S}} = \frac{E_\mathrm{m}}{R_\mathrm{m}}$$

式中：$E_\mathrm{m} = NI$，相当于电路中的电动势，称为磁通势，单位是安（A），电流越大，磁通势越强。而 $R_\mathrm{m} = \dfrac{L}{\mu S}$，相当于电路中的电阻，称为磁阻，单位是每亨（$H^{-1}$），它的大小与磁路的尺寸及磁性物质的磁导率有关。由于磁导率 μ 不是常数，故磁阻 R_m 也不是常数，这样直接应用磁路的欧姆定律来计算磁路是比较困难的，一般仅用于定性分析。

【考题精选】

1. 在磁路中，磁通与磁阻的关系是：磁阻越大，则磁通越（B）。

    （A）越大　　　　　　　　（B）越小

    （C）与磁阻成正比　　　　（D）与磁阻无关

2. 磁阻的单位是（B）。

    （A）亨每米　　　　　　　（B）每亨

    （C）米每亨　　　　　　　（D）亨

3.（×）磁导率一定的介质，其磁阻的大小与磁路的长度成反比，与磁路的截面积成正比。

4.（×）磁路与电路类似，流过磁路各截面的磁通都相等。

考点 12　铁磁材料的特性

根据各种物质磁导率的大小，可以把物质分为非铁磁物质和铁磁物质两大类，由铁磁物质构成的材料称为铁磁材料。铁磁材料的磁导率不是常数，且相对磁导率远大于1，所以铁磁材料比真空中产生的磁场要强几千甚至几万倍以上。

铁磁材料加上外磁场后，其磁感应强度会显著地增大，即磁场增强，我们称这时铁磁材料被磁化了。在工程应用中，我们不必研究铁磁材料磁化的内部机理，只需掌握它们对外表现出来的磁性性能。外磁场的磁场强度 H 不同时，铁磁材料的磁感应强度 B 也不同。通过实验可以得到它们之间的关系曲线，即 B-H 曲线，称为铁磁材料的磁化曲线，磁化曲线可以清楚地表示出不同铁磁材料的磁性性能。

工程上将铁磁材料分成下列几类。

（1）软磁材料。软磁材料具有较小的剩磁和矫顽力，磁导率高，磁滞现象不显著，在交变磁场中，铁心损耗小，适用于制造变压器、电动机、继电器的铁心。常用的软磁材料有铸铁、铸钢、硅钢、坡莫合金等。

（2）硬磁材料。硬磁材料具有较大的矫顽力，剩磁也大，磁滞现象显著，经过外磁场充磁后，能保留较强的磁性，且不易消失，适用于制造永久磁铁。常用的硬磁材料有碳钢、钨钢、钴钢、铝镍钴合金等。

（3）矩磁材料。矩磁材料的特点是在很小的外磁场作用下，就能使它磁化，并达到饱和。外磁场去掉后，磁性仍能保持与饱和时一样。常用的矩磁材料是矩磁铁氧体，用其制成的记忆磁心，是电子计算机和远程控制设备中的重要元件。

【考题精选】

1. 下列关于铁磁材料性能的说法，错误的是（D）。
   （A）磁导率很大 　　　　（B）磁导率不是常数
   （C）相对磁导率远大于 1 　（D）磁导率是常数
2. 制造变压器铁心的材料应选（A）。
   （A）软磁材料 　　　　　（B）硬磁材料
   （C）矩磁材料 　　　　　（D）顺磁材料
3. 制造扬声器磁钢的材料应选（B）。
   （A）软磁材料 　　　　　（B）硬磁材料
   （C）矩磁材料 　　　　　（D）顺磁材料

考点 13　电磁感应的概念

1. 电磁感应现象

当直导体与磁场之间发生相对运动而切割磁力线时或穿过线圈的磁通量发生变化时，直导体或线圈都将产生感应电动势，这种磁感应出电的现象称为电磁感应。若直导体或线圈构成闭合电路，则直导体或线圈中还将有感应电流产生。由电磁感应产生的电动势称为感应电动势（或感生电动势），产生的电流称为感应电流（或感生电流）。

2. 直导体中的感应电动势

当直导体在磁感应强度为 B（T）的磁场中，以速度 v（m/s）

做切割磁力线运动，运动的方向与磁力线的夹角为 α，直导线的有效长度为 L（m）时，则直导体中产生的感应电动势 e（V）可表达为

$$e = BLv\sin\alpha$$

由上式可知，当直导体垂直切割磁力线时，产生的感应电动势最大。当导体运动的方向与磁力线平行时，不产生感应电动势。

3. 线圈中的感应电动势

当穿过线圈的磁通量无论由于什么原因而发生变化时，在该线圈中就会产生感应电动势，其大小与穿过线圈的磁通变化率成正比。这一规律称为法拉第电磁感应定律，其表达式为

$$e = N\left|\frac{\Delta\Phi}{\Delta t}\right|$$

式中　e——在 Δt 时间内产生的感应电动势平均值，V；

　　N——线圈的匝数；

　　$\Delta\Phi$——线圈中磁通的变化量，Wb；

　　Δt——磁通变化 $\Delta\Phi$ 所需的时间，s。

上式表明，线圈中感应电动势的大小，取决于线圈中磁场的变化快慢，而与线圈中磁通本身的大小无关。

4. 感应电动势方向的判断

（1）直导体与磁力线做相对切割运动时，所产生的感应电动势的方向可用右手定则（发电机定则）来判定，该定则用来表达磁场的方向、导体运动的方向、感应电动势的方向三者之间的关系，如图 1 - 15 所示。判定时，伸开右手，让拇指跟其他 4 指垂直，并且都跟手掌在一个平面内，让磁力线垂直穿过掌心，拇指指向导体运动的方向，4 指的指向就是感应电动势的方向。

（2）线圈中感应电动势的方向可用楞次定律判断。楞次定律指出：线圈中感应电动势的方向，总是使感应电流产生的磁通反抗原来磁通的变化，起阻止原来磁通变化的作用。即当原磁

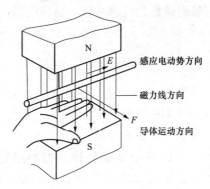

图 1-15 右手定则 (发电机定则)

通增加时，感应电流所产生的磁通阻止它的增加；当原磁通减少时，感应电流所产生的磁通又阻止它的减少。

用楞次定律判断线圈中感应电动势的方向具体步骤如下。

1) 首先判定原磁通的方向及其变化趋势（即原磁通是增强还是减弱）。

2) 根据楞次定律判断感应电流所产生的磁通方向（原磁通增强时，感应磁通与原磁通方向相反，反之相同）。

3) 根据感应电流所产生的磁通方向，用右手螺旋定则判断出感应电流的方向。

4) 根据感应电流的方向，判断出线圈中感应电动势的方向。

5. 自感

由于通过线圈本身的电流发生变化而产生感应电动势的现象称为自感现象，简称自感。任何一个回路，甚至一段导线，电流通过时都会产生自感现象，但是电流变化不明显时，自感可以忽略不计。在直流电路中，只有在接通或切断电路的短暂时间会产生自感现象，而在交流电路中，电流大小、方向时刻都在变化，自感现象时刻都存在。

当一个线圈通入电流 i（A）后，线圈自身电流所产生的磁通称为自感磁通链，用字母 Ψ（Wb）表示，线圈中通过单位电

流所产生的自感磁通链称为自感系数，也称电感，用 L（H）表示，即

$$L = \frac{\Psi}{i}$$

电感是衡量线圈产生磁场能力大小的一个物理量，线圈电感量的大小不但与线圈的匝数以及线圈的几何形状有关，还与线圈中介质的磁导率有密切的关系。

由自感现象产生的感应电动势称为自感电动势，用 e_L 表示。自感电动势总是阻碍导体中原来电流的变化，当电流增大时，自感电动势的方向与原来电流方向相反，当电流减小时，自感电动势的方向与原来电流方向相同。线圈中自感电动势的大小，与线圈的电感和线圈中电流的变化率的乘积成正比，即

$$e_L = L \left| \frac{\Delta i}{\Delta t} \right|$$

式中　　e_L——自感电动势的平均值，V；

　　　　L——线圈的自感系数，H；

　　　　$\dfrac{\Delta i}{\Delta t}$——电流的平均变化率，A/s。

上式表明，当线圈中的电流在 1s 内变化 1A 时，引起的自感电动势若等于 1V，则这个线圈的自感系数就是 1H。当线圈的电感一定时，线圈中的电流变化越快，自感电动势越大；线圈中的电流变化越慢，自感电动势越小；线圈中的电流不变，就没有自感电动势。反之，在电流变化率一定的情况下，若线圈的电感 L 越大，自感电动势越大；若线圈的电感 L 越小，自感电动势越小，所以电感 L 也反映了线圈产生自感电动势的能力。

自感现象在电工和电子技术中有广泛的应用，如日光灯的镇流器、高压电光源的镇流器、谐振电路、滤波电路等。自感现象也会带来坏处，应设法避免。如在供电系统中切断大电流电路时，由于电路中自感器件的存在，在开关处会出现强烈的

电弧，可能危及人身安全，并造成火灾。为了避免事故，必须使用带有灭弧结构的负荷开关或油开关等。

6. 互感

互感现象也是电磁感应的一种形式，它发生在两个相邻的线圈之间，当其中一个线圈电流发生变化时将使邻近的另一个线圈产生感应电动势，这就是互感现象，简称互感，由互感现象产生的电动势称为互感电动势。

假设两个相邻线圈分别为线圈 1 和线圈 2，当线圈 1 的电流 i_1 变化时，线圈 2 产生的互感电动势 e_{M2} 为

$$e_{M2} = M \left| \frac{\Delta i_1}{\Delta t} \right|$$

同样，当线圈 2 的电流 i_2 变化时，线圈 1 产生的互感电动势 e_{M1} 为

$$e_{M1} = M \left| \frac{\Delta i_2}{\Delta t} \right|$$

式中的 M 称为互感系数，它是流过一个线圈的单位电流在另一个线圈中产生的互感磁链数，其大小反映了两个互感线圈间的磁耦合程度。M 越大说明两线圈耦合越紧，反之耦合越松，当 $M = 0$ 时，两线圈之间无耦合。互感系数只与两个线圈的匝数、几何形状、尺寸、相对位置以及线圈中填充的介质磁导率等因素有关。上式说明，线圈中互感电动势的大小与互感系数及另一线圈中电流的变化率的乘积成正比。

互感现象在电工和电子技术中应用很广，如变压器就是应用互感原理制成的重要设备，收音机中的天线线圈也是利用互感现象进行工作的。互感现象在某些情况下也会带来不利的影响，如在电子线路中元件之间存在互感可能造成相互影响，使电子装置工作状态变化甚至无法正常工作。为此，必须设法减小互感，如调整元件的位置和方向，或采用其他屏蔽措施。

【考题精选】

1. 变化的磁场能够在导体中产生感应电动势，这种现象称

为（A）。

    （A）电磁感应　　　　　（B）电磁感应强度

    （C）磁导率　　　　　　（D）磁场强度

2. 穿越线圈回路的磁通发生变化时，线圈两端就产生（B）。

    （A）电磁感应　　　　　（B）感应电动势

    （C）磁场　　　　　　　（D）电磁感应强度

3. 判断线圈中感应电动势的方向，应该用（D）。

    （A）左手定则　　　　　（B）右手定则

    （C）安培定则　　　　　（D）楞次定律

4. 互感系数是由（B）决定的。

    （A）电流　　　　　　　（B）线圈的匝数、几何尺寸

    （C）线圈的电压　　　　（D）线圈的电阻

考点 14　正弦交流电的基本概念

生产实际中经常应用到随时间而变化的电压或电流，这种大小和方向随时间作周期性变化的电压或电流，称为交流电压和交流电流，统称交流电。正弦交流电是交流电的一种形式，是指电路中电流、电压及电动势的大小和方向都随着时间按正弦函数规律周期性变化的交流电，正弦交流电的一般表达式为

$$u = U_m \sin(\omega t + \varphi)$$

正弦交流电几个基本物理量的概念如下。

1. 最大值、瞬时值、有效值

由于正弦交流电的电动势、电压和电流每时每刻都在变化，所以它们每一时刻的值都是不同的。我们把某一时刻的数值称为瞬时值，电动势、电压和电流的瞬时值分别用 e、u、i 来表示。瞬时值中最大的值叫作最大值或幅值，电动势、电压和电流的最大值分别用 E_m、U_m、I_m 来表示。电动势的瞬时值、最大值如图 1-16 所示，正弦交流电的瞬时值函数表达式为

$$e = E_m \sin(\omega t + \varphi)$$

$$u=U_m \sin(\omega t+\varphi)$$

$$i=I_m \sin(\omega t+\varphi)$$

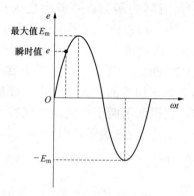

图 1-16 电动势的瞬时值和最大值

因为正弦交流电的瞬时值是随时间变化的，不能客观反映交流电的大小和做功本领，为了衡量交流电的实际做功能力，定义了交流电的有效值。如果在两个阻值一样的电阻上，分别通以交流电流 i 和直流电流 I，在相同的时间里，它们产生的热量相等，则我们称直流电流 I 为交流电流 i 的有效值。

交流电的电动势有效值、电流有效值、电压有效值分别用 E、I、U 来表示，它们和最大值的关系为

$$E=\frac{E_m}{\sqrt{2}}\approx 0.707E_m$$

$$I=\frac{I_m}{\sqrt{2}}\approx 0.707I_m$$

$$U=\frac{U_m}{\sqrt{2}}\approx 0.707U_m$$

一般电气设备上标明的额定电压、额定电流以及电工仪表上所标注的测量值都是有效值，若无特殊说明，平时所说的交流电的电流、电压、电动势大小都是指有效值。

2. 相位、初相角、相位差

在正弦交流电的表达式 $u=U_m\sin(\omega t+\varphi)$ 中，其中 $\omega t+\varphi$ 是一个角度，它是时间的函数，一般称之为相位。计时开始 $(t=0)$ 时的相位 φ 称为初相角，如图 1-17 所示。初相角有正、负之分，当正弦波曲线由负变正的过零点在原点 O 左边时，初相角为正；当正弦波曲线由负变正的过零点在原点 O 右边时，初相角为负。两个频率相等的正弦交流电，任意瞬间的相位之差就称为相位差，它说明了两个交流电之间在时间上超前或滞后的关系。相位差用符号 $\Delta\varphi$ 表示，即

$$\Delta\varphi=(\omega t+\varphi_2)-(\omega t+\varphi_1)=\varphi_2-\varphi_1$$

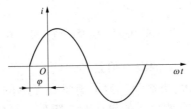

图 1-17　正弦交流电的初相位

显然两个频率相等的正弦交流电的相位之差就是初相位之差，如图 1-18 所示。

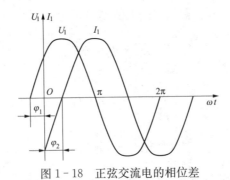

图 1-18　正弦交流电的相位差

3. 周期、频率、角频率

交流电完成一次周期性变化所需的时间称为交流电的周期，

如图 1-19 所示。周期用 T 表示，单位是秒（s）。1s 内交流电重复变化的周期数称为频率，用 f 表示，单位是赫［兹］（Hz），如图 1-20 所示。周期与频率互为倒数，即

$$f = \frac{1}{T} \text{ 或 } T = \frac{1}{f}$$

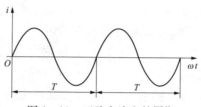

图 1-19　正弦交流电的周期

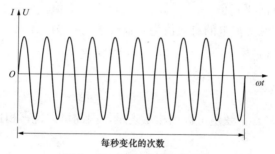

图 1-20　正弦交流电的频率

我国市电的周期是 0.02s，频率是 50Hz。角频率是交流电 1s 内所变化的电角度，用 ω 表示，单位是弧度每秒（rad/s），交流电变化一个周期，就相当于变化了 2π 个弧度（360°）。

周期、频率和角频率之间的关系为

$$\omega = \frac{2\pi}{T} = 2\pi f$$

4. 正弦交流电三要素

综上所述，一个正弦交流电只要知道了最大值、初相角、角频率（频率、周期），则它随时间的变化规律也就确定了，故把正弦交流电的最大值、初相角、角频率（频率、周期）称为

37

正弦交流电的三要素。

1. 正弦交流电常用的表达方法有（D）。

 （A）解析式表示法   （B）波形图表示法

 （C）相量表示法   （D）以上都是

2. 交流电每秒变化的电角度称为（C）。

 （A）频率   （B）周期

 （C）角频率   （D）相位

3. 常用的室内照明电压 220V 是指交流电的（D）。

 （A）瞬时值   （B）最大值

 （C）平均值   （D）有效值

4. 正弦交流电的有效值为其最大值的（D）倍。

 （A）$\sqrt{3}$ （B）$\sqrt{2}$

 （C）$\dfrac{1}{\sqrt{3}}$ （D）$\dfrac{1}{\sqrt{2}}$

5.（×）正弦量可以用相量表示，因此可以说，相量等于正弦量。

考 点 15　单相正弦交流电路

1. 纯电阻正弦交流电路

当正弦交流电路中只有电阻元件，而电感和电容两个参数的影响可以忽略不计时，这样的电路称为纯电阻正弦交流电路，如图 1-21 所示。

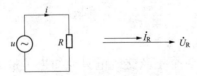

图 1-21　纯电阻正弦交流电路

日常生活中的白炽灯、电炉、电热水器等正弦交流电路，就是纯电阻正弦交流电路。在纯电阻正弦交流电路中，电压与电流同相位，电压与电流之间的关系，不论用瞬时值、最大值还是有效值表示，均符合欧姆定律，但一般电路计算都用有效值，即

$$I = \frac{U}{R}$$

纯电阻正弦交流电路中，电阻元件的功率分为瞬时功率、平均功率或有功功率。由于正弦交流电路中的电压、电流都随时间变化，所以功率也是变化的，每一瞬间电压与电流的乘积称为瞬时功率。由于瞬时功率的计算和测量都很不方便，所以通常都是用瞬时功率在一个周期内的平均值来表示，称为平均功率或有功功率，即

$$P = UI = I^2 R = \frac{U^2}{R}$$

2. 纯电感正弦交流电路

如果线圈的电阻和其电感相比较小到可以忽略不计的话，就可以把这种线圈视为纯电感线圈。将纯电感线圈接至正弦交流电源所组成的电路，称为纯电感正弦交流电路，如图1-22所示。

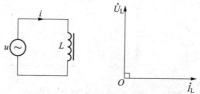

图1-22 纯电感正弦交流电路

在纯电感正弦交流电路中，电感两端的电压比流过电感的电流超前90°，电压与电流之间的有效值关系满足欧姆定律，即

$$I_L = \frac{U_L}{X_L}$$

式中 X_L——感抗，Ω。

感抗大小由式子 $X_L = \omega L = 2\pi f L$ 决定，可见，感抗同频率有关，频率 f 越大，$\omega = 2\pi f$ 也越大，故 X_L 也越大，电流 I_L 也越小，即电感线圈对高频电流的限流作用很大；而对直流电，相当于频率 $f = 0$，$\omega = 0$，则 $X_L = 0$，此时电感线圈只呈现电阻性。若线圈电阻很小，可以忽略不计时，则电感线圈对直流电没有限流作用，相当于短路。

纯电感线圈在正弦交流电路中不消耗电源能量，而只是与电源进行能量交换。所以，在一个周期内其平均功率或有功功率 $P = 0$。为了表达纯电感线圈与电源之间能量交换的规模，把瞬时功率的最大值称为电路的无功功率，用 Q 表示，单位是乏（var），即

$$Q = U_L I_L = I_L{}^2 X_L = \frac{U_L{}^2}{X_L}$$

3. 纯电容正弦交流电路

将电容器接在正弦交流电路中就构成了纯电容正弦交流电路，如图 1 - 23 所示。由于电容器两端的电压大小和方向都在不断地变化，因此电容器在不断地充电和放电，使电路中产生交变电流。

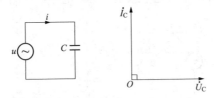

图 1 - 23　纯电容正弦交流电路

在纯电容正弦交流电路中，电容器两端的电压落后电流 $90°$，电压与电流之间的有效值关系满足欧姆定律，即

$$I_C = \frac{U_C}{X_C}$$

式中　X_C——容抗，Ω。

容抗大小由式子 $X_C=\dfrac{1}{\omega C}=\dfrac{1}{2\pi f C}$ 决定，可见，容抗同频率有关，频率 f 越大，$\omega=2\pi f$ 也越大，故 X_C 就越小，电流 I_C 越大，即电容器对高频电流的限流作用很小；频率越低，即 ω 越小，容抗 X_C 越大，电流 I_C 越小，说明电容器对低频电流的限流作用较大。对于直流电，即 $\omega=0$，容抗 X_C 为无穷大，电流 $I_C=0$，说明直流电不能通过电容器。

在纯电容正弦交流电路中，电容器将所储存的能量送回电源，所以电容器不消耗电源的能量，只进行能量交换，因此纯电容正弦交流电路的平均功率或有功功率 $P=0$。为了表达电源和电容器之间能量交换的规模，把瞬时功率的最大值称为电路的无功功率，也用 Q 表示，单位也是乏（var），即

$$Q=U_C I_C=I_C{}^2 X_C=\frac{U_C{}^2}{X_C}$$

4. 正弦交流电路的功率

（1）视在功率（S）。正弦交流电源所能提供的总功率称为视在功率或表现功率，在数值上是正弦交流电路中总电压与总电流的乘积，其表达式为

$$S=UI=\sqrt{P^2+Q^2}$$

视在功率的单位为伏安（V·A）或千伏安（kV·A），它既不等于有功功率，又不等于无功功率，但它既包括有功功率，又包括无功功率。视在功率与有功功率、无功功率的关系可用功率三角形表示，如图 1-24 所示，图中 φ 为功率因数角（也就是电压与电流向量的夹角）。

（2）有功功率（P）。交流电路中，用于保持用电设备正常运行所做的功称为有功功率，它是将电能转换为其他形式的能量（机械能、光能、热能、化学能），其表达式为

$$P=S\cos\varphi=UI\cos\varphi$$

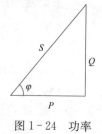

图 1-24 功率
三角形

有功功率的单位为瓦（W）、千瓦（kW）和兆瓦（MW）。

（3）无功功率（Q）。交流电路中，电感元件与电容元件所需要的功率交换称为无功功率，它不对外做功，只在电路内部进行能量交换，其表达式为

$$Q = S\sin\varphi = UI\sin\varphi$$

无功功率的单位为乏（var）和千乏（kvar）。

【考题精选】

1. 正弦交流电路的视在功率表征了该电路的（A）。

（A）总电压有效值与电流有效值的乘积

（B）平均功率

（C）瞬时功率最大值

（D）无功功率

2. 纯电感电路中，无功功率用来反映电路中（C）。

（A）纯电感不消耗电能的情况

（B）消耗功率的多少

（C）无功能量交换的规模

（D）无用功的多少

3. 在 RL 串联电路中，$U_R = 16V$，$U_L = 12V$，则总电压为（B）。

（A）28V　　　　　　　（B）20V

（C）2V　　　　　　　（D）4V

4. 电感两端的电压超前电流（A）。

（A）90°　　　　　　　（B）180°

（C）360°　　　　　　（D）30°

5. 电容两端的电压滞后电流（B）。

（A）30°　　　　　　　（B）90°

（C）180°　　　　　　（D）360°

6. （√）频率越高或电感越大，则感抗越大，对交流电的阻碍作用越大。

7.（×）正弦交流电路的视在功率等于有功功率和无功功率之和。

考点 16 功率因数的概念

1. 功率因数

功率因数是反映供电系统运行效率的一种比率，是衡量电气设备效率高低的一个尺度，是电力系统的一个重要的技术数据。功率因数低，说明电路的无功功率大，从而导致了设备的利用率降低，线路的供电损失增加。

在正弦交流电路中，电压与电流之间的相位差（φ）的余弦称为功率因数，用符号 $\cos\varphi$ 表示，在数值上，功率因数是有功功率和视在功率的比值，即

$$\cos\varphi = \frac{P}{S}$$

电路中的电阻、电抗和阻抗符合直角三角形关系；同理，电阻上的电压、电抗上的电压和总电压也符合直角三角形关系。因此，功率因数还可由阻抗三角形或电压三角形得到，即

$$\cos\varphi = \frac{R}{Z} = \frac{U_R}{U}$$

功率因数的大小与电路的负载性质有关，在计算正弦交流电路的有功功率时还要考虑电压与电流间的相位差 φ，即

$$P = UI\cos\varphi$$

上式中，$\cos\varphi$ 是正弦交流电路的功率因数，只有在电阻负载（如白炽灯、电阻炉等）的情况下，电压和电流同相位，其功率因数为 1。对其他电感或电容负载来说，其功率因数均介于 0 与 1 之间。

2. 提高功率因数的意义

当电压与电流之间有相位差，即功率因数介于 0 与 1 之间时，电路中发生能量互换，出现无功功率 $Q = UI\sin\varphi$，这样就引出下面两个问题。

(1) 发电设备的容量不能充分利用。发电机的额定电压、电流是一定的，发电机的容量即为它的视在功率，如果发电机在额定容量下运行，其输出的有功功率的大小取决于负载的功率因数，即

$$P = U_N I_N \cos\varphi$$

由上式可见，当负载的功率因数 $\cos\varphi$ 小于 1 时，而发电机的电压和电流又不容许超过额定值，这时发电机所能发出的有功功率就减小了。功率因数越低，发电机所发出的有功功率就越小，而无功功率却越大，其容量得不到充分利用。无功功率越大，即电路中能量互换的规模越大，发电机发出的能量就有一部分在发电机与负载之间进行互换，而不能充分利用。

(2) 增加线路和发电机绕组的功率损耗。当发电机的电压 U 和输出的功率 P 一定时，电流 I 与功率因数成反比，而线路和发电机绕组上的功率损耗则与 $\cos\varphi$ 的平方成反比。当功率因数降低时，电流增大，在输电线上的电阻或电抗上压降增大，使负载端电压过低，严重时，影响设备正常运行，用户无法用电。此外，电流增大要引起线路和发电机绕组上消耗的功率增加。

综上所述，提高电网的功率因数有着极为重要的意义。功率因数的提高，能使发电设备的容量得到充分利用，同时也能节约大量的电能。

功率因数不高的根本原因就是电感性负载的存在。例如，异步电动机在额定负载时的功率因数为 0.7～0.9，轻载时功率因数就更低。其他如工频炉、电焊变压器以及日光灯等负载的功率因数也都是较低的。从技术经济观点出发，如何减少电源与负载之间能量的互换，而又使电感性负载能取得所需的无功功率，这就是我们所提出的提高功率因数的实际意义。按照供用电有关规定，高压供电的工业企业的平均功率因数不低于 0.95，其他单位不低于 0.9。

3. 提高功率因数的方法

提高功率因数的途径主要是减少供电设备和用电设备所需要的消耗及传输的无功功率，一般应从提高自然功率因数和采用人工补偿两方面入手。

（1）提高自然功率因数。合理选择和使用供配电设备与用电设备的容量，改善使用方式或运行状态，减少传输和取用的无功功率，常用的措施如下。

1）合理地选择电动机的容量，以减少电动机的无功损耗，这部分损耗约占工矿企业无功总消耗量的 70%；注意调整电动机的配置，合理选用电动机，使其运行时尽量减少空载或轻载。

2）对平均负荷小于其额定负荷 40% 的轻载电动机，可将其定子绕组由三角形改为星形联结，或采用星形－三角形自动转换的接线方案。

3）合理地选配变压器的容量，更换轻载运行的变压器。

4）提高电动机大修质量，改善电动机的运行方式。改善配电线路布局，减少不必要的曲折迂回。

5）改进工艺流程，调整生产班次，均衡用电，提高用电负荷率。

（2）采用人工补偿。在电力系统中装设并联电容器、调相机等设备，供给用电设备所需的无功功率，提高用户的总功率因数，目前用户以加装并联电容器的人工补偿方式较为常见。

【考题精选】

1. 提高功率因数的意义在于提高输电效率和（C）。

（A）防止设备损坏　　　　（B）减小容性电流

（C）提高供电设备利用率　（D）提高电源电压

2. 一阻值为 3Ω，感抗为 4Ω 的电感线圈接在交流电路中，其功率因数为（B）。

（A）0.3　　　　　　　　（B）0.6

（C）0.5　　　　　　　　（D）0.4

3.（√）负载的功率因数越高，电源设备的利用率就越高。

考 点 ⑰　三相交流电的基本概念

单相和三相交流电都属于正弦交流电，都具有正弦交流电的各种特征。目前工农业生产所用的动力电源，几乎全部采用三相交流电源，日常生活中所用的单相交流电，也是采用三相交流电源中的某相与中性线构成，现在单独的单相交流电源已经很少采用了。三相交流电与单相交流电相比有很多优点，且在发电、输配电以及电能转换为机械能方面都有明显的优越性。如制造三相交流发电机、变压器比单相的节省材料，而且构造简单、性能优良；在同样条件下输送同样大的功率时，三相输电线比单相输电线节省有色金属 25％，电能损耗也少；三相电动机比单相电动机性能优良，用同样材料制造容量可提高 50％。

三相交流发电机通过特殊的设计，可以在其三相绕组中分别感应出频率相同、最大值相等、相位依次互差 120°的 3 个正弦交流电动势，称为三相对称交流电动势或三相对称交流电源，如图 1-25 所示。三相交流电的三相分别用 U、V、W 来表示，若以 U 相电压为参考正弦量，则它们的瞬时值表达式为

$$e_U = E_m \sin\omega t$$
$$e_V = E_m \sin(\omega t - 120°)$$
$$e_W = E_m \sin(\omega t + 120°)$$

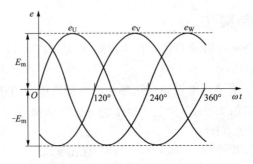

图 1-25　三相交流电的波形

在三相四线制的配电系统中，可以配出相电压和线电压。三相电源每根相线与中性线间的电压称为相电压，三相电源中任意两相间的电压称为线电压。U、V、W 三相的线电压一般用 U_{UV}、U_{VW}、U_{WU} 来表示，相电压一般用 U_{UN}、U_{VN}、U_{WN} 来表示，如图 1-26（a）所示。

三相电源中流过每条相线的电流称为线电流，三相电源中流过每一相负载的电流称为相电流。线电流一般用 I_U、I_V、I_W 来表示，相电流一般用 I_{UV}、I_{VW}、I_{WU} 来表示，如图 1-26（b）所示。

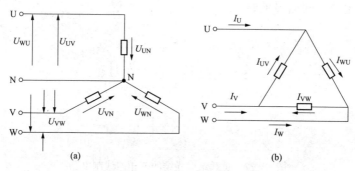

(a)　　　　　　　　　　　　(b)

图 1-26　三相负载的电压和电流

(a) 线电压与相电压；(b) 线电流与相电流

【考题精选】

1. 相线与相线之间的电压称线电压，它们的相位为（C）。

　　(A) 45°　　　　　　　　(B) 90°

　　(C) 120°　　　　　　　 (D) 180°

2. 在三相四线制中性点接地供电系统中，线电压指的是（A）的电压。

　　(A) 相线之间　　　　　　(B) 零线对地之间

　　(C) 相线对零线之间　　　(D) 相线对地之间

考点 ⑱ 三相负载的连接方法和三相电路功率的特点

三相负载的连接方法有两种，一种称为星形（Y）联结，另一种称为三角形（△）联结。

1. 负载星形（Y）联结

在三相四线制电路中，三相负载 Z_U、Z_V、Z_W 的一端分别接在三根相线 U、V、W 上，而另一端连接在一起后，再与中性线 N 相连，即为三相负载的星形（Y）联结，如图 1-27 所示。在三相负载星形联结电路中，其线电压、相电压、线电流、相电流之间的关系如下。

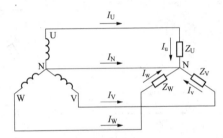

图 1-27　负载星形联结的三相四线制电路

（1）不论电源和负载是否对称，线电流都等于相电流，即

$$I_U = I_u$$
$$I_V = I_v$$
$$I_W = I_w$$

（2）当电源和负载都对称时，不论是否使用中性线，线电压和相电压有效值之间的关系为

$$U_{UV}（U_{VW}、U_{WU}）=\sqrt{3}U_{UN}（U_{VN}、U_{WN}）$$

此时每相的相电压相等，线电压在相位上超前于对应的相电压30°。

（3）当电源和负载有一个不对称时，如使用中性线，则线电压和相电压有效值之间的关系仍然为

$$U_{UV}\ (U_{VW},\ U_{WU}) = \sqrt{3}U_{UN}\ (U_{VN},\ U_{WN})$$

此时中性线有电流流过，如没有使用中性线，则不对称负载的相电压就不相等了，负载小的相电压增大，负载大的相电压减小。

在三相四线制供电系统中，中性线的作用就在于使星形联结的不对称负载的相电压对称，避免造成事故。因此不允许在中性线上安装熔丝或隔离开关，而且要求中性线应具有足够的机械强度，安装必须牢靠，以防中性线断开。中性线一旦断开，这时线电压虽然对称，但各相不对称负载所承受的相电压不再对称，这将造成有的负载所承受的电压低于其额定工作电压，有的负载所承受的电压高于其额定工作电压，因此负载不能正常工作。

2. 负载三角形（△）联结

在三相三线制电路中，三相负载 Z_U、Z_V、Z_W 依次把一相负载的末端和下一相负载的始端相连，组成一个封闭的三角形，然后三个接线端与电源的三根相线相连，即为三相负载的三角形（△）联结，如图 1-28 所示。在三相负载三角形联结电路中，其线电压、相电压、线电流、相电流之间的关系如下。

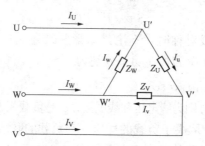

图 1-28　负载三角形联结的三相三线制电路

（1）无论三相电源和负载是否对称，其线电压等于相电压，即

$$U_{UV}\ (U_{VW},\ U_{WU}) = U_{U'V'}\ (U_{V'W'},\ U_{W'U'})$$

（2）当电源和负载都对称时，其线电流和相电流有效值之间的关系为

$$I_U（I_V、I_W）=\sqrt{3}I_u（I_v、I_w）$$

此时每相的相电流相等，线电流在相位上落后于对应的相电流$30°$。

（3）当电源和负载有一个不对称时，其线电流和相电流瞬时值之间的关系是

$$I_U=I_u-I_w$$
$$I_V=I_v-I_u$$
$$I_W=I_w-I_v$$

3. 三相电路的功率

在三相交流电路中，三相负载不论是星形联结还是三角形联结，总的有功功率 P 必定等于各相有功功率之和，即

$$P=P_U+P_V+P_W$$

无功功率 Q 也等于各相无功功率之和，即

$$Q=Q_U+Q_V+Q_W$$

然而，在一般情况下，总视在功率 S 并不等于各相视在功率之和，而是根据功率三角形来确定其大小，即

$$S=\sqrt{P^2+Q^2}$$

当三相负载对称时，不论是星形联结还是三角形联结，有功功率、无功功率和视在功率分别为

$$P=\sqrt{3}U_LI_L\cos\varphi \quad Q=\sqrt{3}U_LI_L\sin\varphi \quad S=\sqrt{3}U_LI_L$$

式中：U_L、I_L 分别为线电压和线电流；φ 是负载相电压与相电流之间的相位差，它取决于负载的性质，与负载的联结方式无关。

对称三相电路的功率有以下特点。

（1）对称三相电路中，只要每相负载承受的相电压相等，那么不管负载接成三角形联结还是星形联结，负载所消耗的总功率相等，且是一个定值。所以在对称三相电路中，三相电动机消耗的总功率恒定，因而转矩也恒定，这意味着电动机运行平

稳,这是对称三相电路的一个优点。

（2）对称三相电路中,同样的负载接在相同的电源上,负载作三角形联结时,向电源取用的线电流是作星形联结时向电源取用的线电流的 3 倍,因此消耗的三相总功率也是 3 倍。

【考题精选】

1. 三相对称电路的线电压比对应相电压（A）。
   - （A）超前 $30°$
   - （B）超前 $60°$
   - （C）滞后 $30°$
   - （D）滞后 $60°$

2. 三相对称负载作丫联结时,线电流是相电流的（A）。
   - （A）1 倍
   - （B）$\sqrt{2}$ 倍
   - （C）$\sqrt{3}$ 倍
   - （D）3 倍

3. 三相对称负载作丫联结时,线电压是相电压的（C）。
   - （A）1 倍
   - （B）$\sqrt{2}$ 倍
   - （C）$\sqrt{3}$ 倍
   - （D）3 倍

4. 三相对称负载作△联结时,线电压与相电压相等,线电流是相电流的（C）。
   - （A）1 倍
   - （B）$\sqrt{2}$ 倍
   - （C）$\sqrt{3}$ 倍
   - （D）3 倍

5. 同一电源中,三相对称负载作△联结时,消耗的功率是它作丫联结时的（D）。
   - （A）1 倍
   - （B）$\sqrt{2}$ 倍
   - （C）$\sqrt{3}$ 倍
   - （D）3 倍

考点 19 变压器的工作原理

变压器的工作原理是基于法拉第电磁感应定律将某一种电压、电流、相数的电能转变成另一种电压、电流、相数的电能,它具有电压变换、电流变换、阻抗变换和电气隔离的功能。变压器的结构主要由铁心和套在铁心柱上的绕组组成,通常输入电能一侧的绕组叫一次绕组，输出电能一侧的绕组叫二次绕组，现在以单相双绕组变压器为例说明其工作原理，其工作原理如图 1-29 所示。

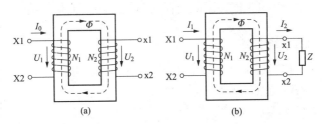

图 1-29　单相变压器工作原理
(a) 空载运行；(b) 负载运行

1. 电压变换原理

设一次绕组匝数为 N_1，二次绕组匝数为 N_2。在二次绕组开路情况下，一次绕组接上有效值为 U_1 的交流电压后，有空载电流 I_0 通过，它产生的交变磁通也穿过二次绕组，如图 1-29 (a)所示。

根据法拉第电磁感应定律，二次绕组两端感应产生一个交变电压，其有效值设为 U_2。在不计变压器铜损（绕组的热损耗）和铁损（铁心和励磁的损耗）的情况下，U_1、U_2 分别为

$$U_1 = 4.44fN_1\Phi_m, \quad U_2 = 4.44fN_2\Phi_m$$

式中：f 为交流电频率；Φ_m 为铁心中最大磁通量，由此得

$$\frac{U_1}{U_2} \approx \frac{N_1}{N_2} = K$$

上式表明，在空载情况下，变压器一、二次绕组的电压比与变压器一、二次绕组的匝数成正比，这就是变压器电压变换的原理。K 称为变比，$K>1$ 的为降压变压器，$K<1$ 的为升压变压器，$K=1$ 的为隔离变压器（多用于电钻等携带式电动工具中，以防止触电）。

2. 电流变换原理

当二次绕组接上负载 Z，二次绕组便有电流 I_2 通过，一次

绕组电流也从空载电流 I_0 增大为 I_1，如图 1-29（b）所示。不计变压器的铜损和铁损，输入功率 I_1U_1 和输出功率 I_2U_2 近似相等，即

$$I_1U_1 = I_2U_2 \text{ 或 } \frac{I_1}{I_2} = \frac{U_2}{U_1} = \frac{1}{K}$$

上式表明，一次绕组所通过的电流有效值与二次绕组所通过的电流有效值之比等于变比的倒数，这就是变压器电流变换的原理。

3. 阻抗变换原理

变压器也有变换阻抗的作用。假设其输入端（一次绕组）阻抗为 Z_1，而负载端（二次绕组）的阻抗为 Z_2，则有

$$Z_1 = \frac{U_1}{I_1}, \ Z_2 = \frac{U_2}{I_2}, \ U_1 = KU_2, \ I_1 = \frac{I_2}{K}$$

联立可得

$$Z_1 = K^2 Z_2$$

上式表明，当负载端接上一个 Z_2 的阻抗时，相当于变压器的输入端接上一个 K^2Z_2 的等效阻抗，这就是变压器阻抗变换的原理。实际上电源和负载的阻抗都是给定的，一般情况下是不匹配的。为此，若将变压器的变比按上式来设计，在变压器进行耦合时，就可以实现阻抗匹配。

【考题精选】

1. 降压变压器必须符合（A）。

（A）$K>1$ （B）$K<1$

（C）$N_1<N_2$ （D）$N_1>N_2$

2. 变压器的作用是能够变压、变流、变（D）。

（A）频率   （B）功率

（C）效率   （D）阻抗

考点 20 变压器的用途

变压器是根据电磁感应原理制成的一种静止的电气设备，

广泛应用于输配电系统和电子线路中，它主要起到将交流电压升高或降低，并保持频率不变的作用，但它不能变换直流量。电力系统无论升压或降压，都采用变压器进行逐级升高或降低电压，因此变压器对电力系统的经济和安全运行有着十分重要的意义。

在输配电系统中，向远距离输送电能时，由于线路的功率损耗与电流的平方成正比，因此需要使用电力变压器升高电压（发电机受绝缘限制不能直接发出高电压），这样在传输相同容量的电能时可以降低传输电流、选用较细的传输电线、减少热损耗、降低投资成本。目前我国配套的高压有 10kV、35kV、60kV、110kV、220kV、330kV、500kV 等。

当电力输送到用户时，又因用电设备一般不能直接使用高压，这就要使用配电变压器将电网电压降低到 6kV 或 10kV（大型动力设备等用）、380V（小型电动机等用）、220V（家用电器、照明等用）、110V（互感器等用）以及 36V、24V、12V（安全照明等用）等。

【考题精选】

1. 把发电厂产生的交流电变换成长距离输电用的交流电要用（A）变换。

(A) 升压变压器　　　　(B) 降压变压器

(C) 隔离变压器　　　　(D) 都普遍使用

2.（√）变压器是根据电磁感应原理工作的，它只能改变交流电压，而不能改变直流电压。

考点 ㉑　电力变压器的结构

大功率电力变压器的结构比较复杂，而多数是油浸式的，其主要结构是由铁心、绕组和绝缘件所组成，此外为了使变压器安全可靠地运行，还需要油箱、绝缘套管、储油柜、冷却装置、压力释放阀、安全气道、温度计和气体继电器等附件，如

图 1-30 所示。

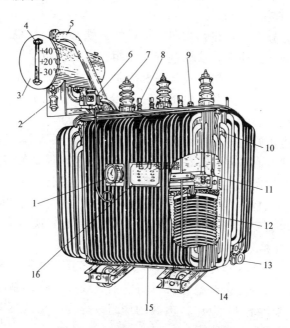

图 1-30 油浸式电力变压器结构

1—信号式温度计；2—吸湿器；3—储油柜；4—油标；5—安全气道；
6—气体继电器；7—高压套管；8—低压套管；9—分接开关；10—油箱；
11—铁心；12—绕组；13—放油阀门；14—小车；15—引线；16—铭牌

1. 铁心

铁心是变压器的主要部件，它既是变压器的磁路，也是器身的骨架。铁心由铁心柱和铁轭及夹紧装置组成，其中套装线圈的部分称为铁心柱，不套线圈只起闭合磁路作用的部分称作铁轭。夹紧装置用穿心螺杆把铁心柱和铁轭组成为一个完整的结构，而且在其上面套有带绝缘的线圈，支持着引线，固定分接开关等及其他附件。

铁心一般采用含硅量 5% 左右、厚度为 0.35~0.5mm、两面涂有绝缘漆或利用表面氧化膜使片间彼此绝缘的薄钢片叠压而成，新型电力变压器的铁心均用冷轧晶粒取向硅钢片制作，以降低损耗。

铁心分为心式和壳式两大类，壳式铁心的两只绕组都套在中间一个铁心柱上，铁轭包围了绕组。它的优点是铁心夹紧和固定比较方便、散热比较容易和附加损耗小，缺点是绕组为矩形、工艺特殊，尤其是电工钢片用量比较多。心式铁心的两只绕组套在铁心的两个心柱上，这种心式铁心构造比较简单，它的优缺点正好与壳式铁心相反。

壳式铁心与心式铁心两种结构各有特色，很难断定其优劣，但由其结构所决定的制造工艺则有很大的区别。从减少电工钢片用量和减轻重量来看，心式铁心有较明显的优势，因此国内外生产电力变压器的主要厂商基本上都采用心式铁心。

2. 绕组

绕组是变压器传递交流电能的电路部分，也是变压器的主要部件，它是由包有绝缘材料的扁铜线或扁铝线绕制而成。变压器有两个绕组，其中接电源的绕组，称为一次侧绕组，接负载的绕组称为二次侧绕组。

变压器绕组必须有足够的电气强度、耐热强度和机械强度，以保证变压器可靠运行。变压器的绕组一般都绕制成圆形，因为这种形状在电磁力作用下有较好的机械性能，不易变形，同时也便于绕制。绝大多数的变压器绕组都采用高、低同心式布置，这样能减小漏磁。为了便于绝缘，通常把低压绕组放在里面靠近铁心，而把高压绕组放在外面。

3. 油箱及变压器油

油箱是变压器的外壳，是用钢板焊接而成的，横断面一般为椭圆形，这样可以使油箱有较高的机械强度，且需油量较少。油箱内除了放置铁心、绕组等部件之外，还存放有变压器油，铁心和绕组都浸在变压器油内，这种变压器称为油浸式变压器。变压器油是一种矿物油，它既是一种绝缘介质，又是一种散热冷却介质，对其要求是纯洁度高、介电强度高、着火点高、黏度小、水分和杂质含量低。

4. 储油柜

储油柜又称为油枕，为了使变压器油能较长久地保持在良好状态，通常在变压器油箱上面的旁侧装设有一圆筒形的储油柜，储油柜通过管道与油箱相连接。当油因热胀冷缩而引起油面上下变化时，储油柜中的油面就会随之升降。储油柜可以使变压器油与空气的接触面积大为减小，从而减缓了变压器油的老化速度。储油柜的侧面装有玻璃油位计，可以观察油面的高低，油面以一半高为好。

5. 气体继电器

气体继电器又称为瓦斯继电器，当变压器油箱内部发生轻微故障时，变压器油分解产生的少量气体慢慢升起，聚集在气体继电器上部，使它动作，发出信号或者使开关跳闸，避免事故进一步扩大。

6. 安全气道及压力释放阀

安全气道又称为防爆管，安装在油箱顶盖上，它是一个长钢筒，下端接在油箱里，出口处有一块厚度约 2mm 的密封玻璃板（防爆膜），玻璃上划有几道缝。当变压器内部发生严重故障而产生大量气体，内部压力超过一定值时，油和气体会冲破防爆玻璃喷出，从而避免了油箱爆炸引起的更大危害。安全气道目前已较少使用，尤其是在全密封电力变压器中，逐渐被压力释放阀取代。

7. 分接开关

分接开关又称调压开关，是电力变压器调整电压比的装置。变压器调整电压的方法是在高压线圈上设置分接头，通过分接开关，改变一次绕组、二次绕组的匝数比，从而达到分级调整电压的目的。

8. 绝缘套管

绝缘套管穿过油箱盖，将油箱中变压器绕组的输入线、输出线从箱内引到箱外与电网相接。绝缘套管由外部的瓷套和中间的导电杆组成，对它的要求主要是绝缘性能和密封性能要好。

9. 测温装置

测温装置就是热保护装置，变压器的使用寿命取决于变压器的运行温度，因此油温和绕组的温度监测是很重要的。变压器上装有信号式温度计，其中黑表针表示变压器目前的油温，红表针表示变压器允许的最高温度，如果变压器的油温超过允许的最高温度，就会发出报警信号，提醒运行人员注意。

【考题精选】

1. 变压器的分接开关是用来（C）的。
（A）调节阻抗　　　　　（B）调节相位
（C）调节输出电压　　　（D）调节输出电流

2.（√）气体继电器的作用是当变压器内部发生故障时发出信号或切断电源。

考点 22　电气图的分类

电气图的种类繁多，常见的有电气原理图、电气安装接线图、展开接线图、平面布置图和剖面图等。维修电工常用的是电气原理图、电气安装接线图和平面布置图，在实际工作中，要结合起来使用。

1. 电气原理图

电气原理图又称电路图，在电气控制系统中应用最多，它具有结构简单、层次分明、便于研究和理解设备的工作原理、分析和计算电路的特性及参数等优点，还可为测试和寻找故障提供信息，为编制接线图、安装和维修提供依据，所以无论在设计部门还是生产现场都得到了广泛的应用。

2. 电气安装接线图

电气安装接线图又称为电气装配图，它是根据电气设备和电气元件的实际结构和安装情况绘制出的一种简图，主要用于表示电气装置内部元件之间及其外部其他装置之间的实际位置、接线方式、接线部位的形状及特征，供安装接线、线路检查、线路维修和故障处理时使用。

3. 平面布置图

平面布置图是根据电气元件在控制板上的实际安装位置，采用简化的外形符号（如正方形、矩形、圆形等）而绘制的一种简图，图中各电气元件的文字符号必须与电气原理图和电气安装接线图的标注一致。平面布置图不表达各电气元件的具体结构、作用、接线情况以及工作原理，主要用于电气元件的布置和安装。

【考题精选】

1. 电气图的种类繁多，维修电工以（A）、电气安装接线图和平面布置图最为重要。

（A）电气原理图　　　　（B）电气设备图
（C）电气安装图　　　　（D）电气组装图

2. （×）技术人员以电气原理图、电气安装接线图和平面布置图最为重要。

考点 23　读图的基本步骤

1. 读图的基本要求

（1）应遵循从易到难、从简单到复杂的原则。电路图的读图要本着从易到难、从简单到复杂、循序渐进的原则。一般来讲，复杂的电路图，都是由一些比较简单的基本环节按照需要组合而成的，因此读图应从简单的电路图开始，搞清每一个电气符号的含义，明确每一个电气元件的作用，理解电路的工作原理，为读复杂电路图打下基础。

（2）应具备坚实的理论基础知识。复杂的电路图分析起来是比较困难的，因此要求读者应具备电工、电子技术的基础知识以及丰富的实践经验。电路图由各种电气元件、设备、装置等组成，只有了解了它们的性能、结构、原理、相互控制关系以及在整个电路中的地位和作用，才能准确、迅速地看懂电路图，进而分析电路，理解图纸所包含的内容。而这些都是建立在电工、电子技术理论基础之上的，因此，具备必要的电工学、电子技术基础知识是十分重要的。

（3）应熟记图形符号和文字符号。电路图中的图形符号和文字符号很多，要做到熟记会用，可先记住各专业共用的图形符号，然后逐步扩大，掌握更多的符号，就能读懂不同专业的电路图。

（4）应掌握各类电路图的典型电路。典型电路一般是最常见、最常用的基本电路，不管多么复杂的电路，都是由典型电路派生而来的，或者是由若干个典型电路组合而成的。掌握熟悉各种典型电路，有利于更好地理解复杂电路，能较快地分清主次环节，抓住主要内容，从而看懂较复杂的电路图。

2. 读图的基本步骤

（1）看图样说明。图样说明包括图样目录、技术说明、元器件明细表和施工说明书等。读图时，首先看图样说明，搞清设计内容和施工要求，这有助于了解图样的大体情况，抓住读图重点。

（2）读电气原理图。读电气原理图的一般方法是：先读主电路，后读控制电路，然后研究控制电路如何控制主电路。看主电路时，通常从下往上看，即从电气设备开始，经控制元件，顺次往电源看；看控制电路时，则自上而下、从左向右看，即先看电源，再顺次看各条回路，分析各条回路元器件的工作情况及其对主电路的控制关系。

1）读主电路的步骤。首先看清楚有几台用电设备，它们的类别、用途、接线方式等；然后看清楚这些用电设备靠什么电气元件控制，控制用电设备的电气元件有几个，它们的类别、用途、动作原理等，从而分析主电路的用电设备与控制用电气元件的对应关系；接下去看主电路中有无用电设备以外的其他电气元件，它们所起的作用；最后注意电源的种类和电压等级。

2）读控制电路的步骤。首先看清楚控制电路的电源种类和电压等级，注意判别它与主电路的电源是否相同。如果主电路的电源是交流电，而控制电路的电源是直流电，那么，一般控制电路的直流电源是通过主电路的交流电源整流装置供电。如果主电路和控制电路都是交流电，那么要看清楚控制电路的电源是来自主电路的两根相线还是一根相线一根中性线，以判断控制电路的电源是 380V 还是 220V。接下去，看清控制电路中每个电气元件的作用，它们与主电路的用电设备的控制关系。最后研究这些电气元件之间的关系，有的是控制与被控制关系，有的是相互制约关系，有的是联动关系。

（3）读电气安装接线图。读电气安装接线图，必须先读清楚电气原理图，结合电气原理图是读懂电气安装接线图的最好方法。只有读懂电气安装接线图，才能进行正确接线。在具体接线时，还可以进一步理解电气安装接线图。

1）由于电气元件在两种图中画法不同，所以，在读清楚电气原理图的基础上，最要紧的是先弄清楚电气原理图和电气安装接线图中电气元件的对应关系。

2）看清楚电气安装接线图中各部位使用导线的根数和型号规格。如果电气安装接线图中没有标明导线的型号规格，就应当到元件明细表中去查。

3）根据电气安装接线图中的线号，研究主电路的线路走向。分析主电路的线路走向可以从电源开始走到用电器，也可以从用电器开始按相反方向走到电源，找出沿途碰到的电气元件。一般电源线引入端用文字符号 L1、L2、L3 表示相线，N 表示中性线。

4）根据电气安装接线图中的线号，研究控制电路的线路走向。分析控制电路的线路走向的方法是从电源线的一端经过某一条支路走到电源线的另一端，找出沿途碰到的电气元件，每一条支路都要走过。

【考题精选】

1. 读图的基本步骤有：看图样说明、（B）、看安装接线图。

（A）看主电路　　　　　　（B）看电路图

（C）看辅助电路　　　　　　（D）看交流电路

2. （D）不是识读电气图的基本步骤。

（A）看图样说明　　　　　　（B）看电路图

（C）看安装接线图　　　　　（D）看实物

考点 24　螺钉旋具的使用与维护

1. 螺钉旋具

螺钉旋具又称为改锥或起子，是用来紧固或拆卸螺钉的工具。螺钉旋具的式样和规格很多，头部形状可分为一字形（平口）和十字形（十字口）两种，如图1-31所示。握柄有木质和塑料两种，维修电工多采用绝缘性能较好的塑料柄螺钉旋具，禁用穿心金属杆螺钉旋具。

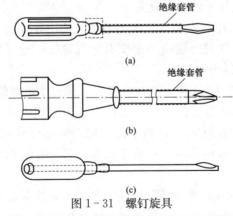

图1-31　螺钉旋具

（a）一字形螺钉旋具；（b）十字形螺钉旋具；（c）穿心金属杆螺钉旋具

一字形螺钉旋具是用来紧固和拆卸一字槽螺钉，其规格用握柄以外的刀杆长度表示，常用的有50mm、100mm、150mm、

200mm、300mm、400mm 等规格，维修电工必备的是 50mm 和 150mm 两种。

十字形螺钉旋具是用来紧固和拆卸十字槽螺钉，常用的规格有 4 种，即Ⅰ、Ⅱ、Ⅲ、Ⅳ号，它们分别适用于直径为 2.0～2.5mm、3.0～5.0mm、6.0～8.0mm、10.0～12.0mm 的螺钉。

除了以上两种螺钉旋具外，还有一种多用途的组合螺钉旋具，它的柄部和刀体可以分开，刀体部含有三种不同尺寸的一字形刀体、两种号码（Ⅰ号和Ⅱ号）的十字形刀体和一只钢钻。根据不同的需要，柄部套上不同规格的刀体即可使用，换上钢钻后，即可作为钻子使用。

2. 螺钉旋具的使用注意事项

（1）维修电工不可使用穿心金属杆螺钉旋具，否则很容易造成触电事故。

（2）使用螺钉旋具时，刀口与螺钉槽口应相适应，不能以大代小，也不能以小代大。

（3）使用螺钉旋具旋动带电的螺钉时，手不得触及螺钉旋具的金属部位，以免触电。

（4）螺钉旋具的金属杆部位应套上绝缘管，以防使用时碰及附近带电体和人体皮肤，造成事故。

【考题精选】

1. 电工必备的螺钉旋具有（A）两种规格。
　　（A）50mm 和 150mm　　　　（B）50mm 和 100mm
　　（C）50mm 和 200mm　　　　（D）100mm 和 200mm

2. 用螺钉旋具拧紧可能带电的螺钉时，手指应该（D）螺钉旋具的金属部分。
　　（A）接触　　　　　　　　　（B）压住
　　（C）抓住　　　　　　　　　（D）不接触

考点 25　钢丝钳的使用与维护

钢丝钳又称为老虎钳，主要用途是夹持导线、剪切金属丝或折断金属薄片，它由钳头（包括钳口、齿口、刃口和铡口）和钳柄两部分组成，如图 1－32 所示。其中，钳口用来弯绞或钳夹导线线头，齿口用来紧固或拧松螺母，刃口用来剪切导线或削导线绝缘层，铡口用来剪切导线线芯、铜丝等较硬的金属。

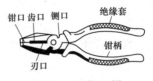

图 1－32　钢丝钳

钢丝钳规格以全长表示，常用的规格有 150mm、175mm、200mm 等 3 种。钢丝钳柄部都套有耐压大于 500V 的塑料绝缘套，维修电工禁用裸柄钢丝钳。钢丝钳使用前应查看其柄部的绝缘套是否完好，带电作业时不得用刃口同时剪切相线和零线，以免短路。钢丝钳使用中不得替代锤子作为敲打工具，并不得同时剪切两根导线。

【考题精选】

1. 使用钢丝钳固定导线时，应将导线放在钳口（C）。

　　（A）前部　　　　　　　　（B）后部

　　（C）中部　　　　　　　　（D）上部

2. 电工钢丝钳的（D）用来剪切导线线芯、铜丝、钢丝或铅丝等较硬的金属丝。

　　（A）钳口　　　　　　　　（B）齿口

　　（C）刃口　　　　　　　　（D）铡口

考点 26　活扳手的使用与维护

1. 活扳手

活扳手又称为活络扳手，是一种专门用于紧固和拆卸螺母的工具，它由头部（包括活络扳唇、呆扳唇、扳口、蜗轮和轴销）和手柄组成，扳口的开口宽度可以通过蜗轮在一定范围内调节，如图1-33所示。

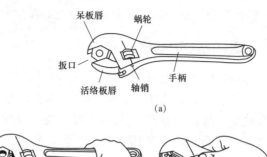

图1-33 活扳手
(a) 构造；(b) 扳动大螺母；(c) 扳动小螺母

活扳手规格以长度乘以最大开口宽度表示，常用规格有150mm×19mm（6英寸）、200mm×24mm（8英寸）、250mm×30mm（10英寸）、300mm×36mm（12英寸）等4种。使用活扳手扳动较大的螺母时手应握在手柄的尾部，扳动较小的螺母时，手可握在接近头部的位置，且用拇指调节和稳定蜗轮。

2. 活扳手的使用注意事项

（1）使用时，右手握手柄。手越靠后，扳动起来越省力。

（2）活扳手夹持螺母时，呆扳唇在上，活络扳唇在下，只能正向用力，不能反向用力，以免扳裂活络扳唇。

（3）在扳动生锈的螺母时，可在螺母上滴几滴煤油或机油，这样就好拧动了。

（4）在拧不动时，切不可采用钢管套在活扳手的手柄上来增加扭力，因为这样极易损伤活络扳唇。

（5）活扳手不可当作撬棒或手锤使用。

【考题精选】

1. 活扳手的手柄越短，使用起来越（D）。

（A）麻烦　　　　　　（B）轻松

（C）省力　　　　　　（D）费力

2.（×）活扳手可用钢管接长手柄施加较大的扳拧力矩。

考点 27　喷灯的使用与维护

喷灯是一种利用喷射火焰对工件进行加热的工具，如图1-34所示。喷灯的火焰温度可达1000℃，通常用作钎焊的热源、对电烙铁或工件进行加热，也用于对导线局部或电力电缆终端头的制作及焊接。根据所用燃料的不同，喷灯分为煤油喷灯和汽油喷灯两种。

图1-34　喷灯

1. 喷灯的使用方法

（1）加油。旋下加油阀的螺栓，加注相应的燃料油，注入筒体的油量应低于筒体高度的3/4，保留一部分空间的目的在于储存压缩空气，以维持必要的空气压力。加油后旋紧加油阀的螺栓，关闭放油调节阀的阀杆，擦净滴撒在外部的油料，并检查喷灯各处，不应有渗漏现象。

（2）预热。在预热燃烧盘中倒入油料，用火点燃，预热火焰喷头。

（3）喷火。火焰喷头预热后，燃烧盘内燃油燃完之前，用打气阀充气 3～5 次，将放油调节阀旋松，喷出油雾，燃烧盘中火焰点燃油雾，再继续打气到火焰正常为止。

（4）熄火。熄灭喷灯时，应先关闭放油调节阀，待火焰熄灭后，再慢慢旋松加油阀螺栓，放出筒体内的压缩空气。

（5）使用完毕，应将喷灯筒体内压缩气体放掉，并将剩余油料妥善保管。

2. 喷灯的使用注意事项

（1）煤油喷灯不得加注汽油燃料。

（2）汽油喷灯加油时应先熄火，且周围不得有明火。揭开加油阀螺栓时，应慢慢旋松加油阀螺栓，待筒体压缩气体放完后，方可开盖加油。

（3）筒体内气压不可过高，充气完毕应将打气手柄卡牢在泵盖上。

（4）为防止筒体过热发生危险，在使用过程中筒体内的油量不得少于筒体容积的 1/4。

（5）对油路密封圈与零件配合处应经常检修，不能有渗漏跑气现象。

【考题精选】

1. 燃油喷灯加油时，加入油液要适量，以不超过筒体的（D）为宜。

　　（A）1/2　　　　　　　　（B）1/3

　　（C）2/3　　　　　　　　（D）3/4

2.（×）喷灯是一种利用燃烧对工件进行加工的工具，常用于锡焊。

考点 28　外径千分尺的使用与维护

外径千分尺又称为螺旋测微计，是一种精度较高的量具，它由弓架、固定测砧、固定套筒、测微螺杆、活动套筒、制动器和棘轮等组成，如图 1-35 所示。当活动套筒每旋转一周时，测微螺杆便沿其轴线方向前进或后退 0.5mm，所以，活动套筒每转过一个分度，测微螺杆就沿轴线方向移动了 0.5/50＝0.01mm，这也是外径千分尺的精度。常用外径千分尺的规格有 10mm、25mm、50mm、75mm、100mm，其精度多为 0.01mm。

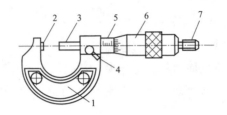

图 1-35　外径千分尺

1—弓架；2—固定测砧；3—测微螺杆；

4—制动器；5—固定套筒；6—活动套筒；7—棘轮

1. 外径千分尺的使用方法

（1）测量前应将外径千分尺的测量面擦拭干净，然后检查零件的准确性。

（2）将工件被测面擦净，以保证测量准确。

（3）用单手或双手握持外径千分尺对工件进行测量，一般先转动活动套筒，当外径千分尺的测量面刚接触到工件表面时改用棘轮微调，当听到棘轮发出"嗒嗒"声时，应停止转动，即可读数。

（4）读数时，要先看清楚固定套筒上露出的刻度线，通过此刻度可读出毫米或半毫米的读数。然后再看清活动套筒刻度线和固定套筒的基准线所对齐的数值（每刻度 0.01mm），将两个读数相加，其结果就是测量值，如图 1-36 所示。

2. 外径千分尺的使用注意事项

（1）不得强行转动活动套筒，不要将外径千分尺先固定好刻

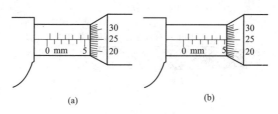

图 1-36　外径千分尺的读数方法

（a）5.5＋0.25＝5.75mm；（b）5.0＋0.25＝5.25mm

度后再用力向工件上卡，以免损伤测量面或弄弯螺杆。

（2）测量时只能旋转尾部的棘轮，不能旋转鼓轮，当钳口接触被测面，棘轮发出"嗒嗒"声数响后即可停止旋进，进行读数。

（3）用毕后要擦拭干净，涂上防锈油存放在干燥的盒子中，注意钳口间要留有一定的空隙，以防温度变化而损坏螺纹。

【考题精选】

1. 外径千分尺一般用于测量（A）的尺寸。

（A）小器件　　　　　　（B）大器件

（C）建筑物　　　　　　（D）电动机

2. 选用量具时，不能用外径千分尺测量（D）的表面。

（A）精度一致　　　　　（B）精度较高

（C）精度较低　　　　　（D）粗糙

考点 29　锉削方法

1. 锉刀

锉刀是对工件表面或孔进行较精密的锉削加工的工具，其外形及断面形状如图 1-37 所示。锉刀的工作面有齿纹，齿纹有单齿纹和双齿纹两种。单齿纹锉刀锉削阻力较大，适用于加工软金属材料。双齿纹锉刀的齿纹是两个方向交叉排列的，适用于锉削硬脆金属材料。不同锉刀的齿纹间距不同，齿距大的适用于粗加工，齿距小的适用于精加工。

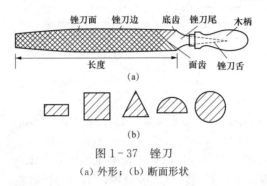

图 1-37 锉刀

(a) 外形；(b) 断面形状

锉刀的规格以齿纹间距和锉刀长度来表示。齿纹间距用锉纹号表示，分别为 1～5 号，锉纹号越小，锉齿越粗。锉刀长度（自锉梢端至锉肩之间的距离）有 100～150mm、200～300mm、350～450mm 等几种规格。

通常把锉刀分为 3 类，使用时按用途来选择。

（1）普通锉刀。普通锉刀是应用最广的锉刀，按其断面形状分为平锉（又称板锉，主要用于锉平面、外圆面和凸弧面）、方锉（锉方孔、长方孔和窄平面）、三角锉（锉内角、三角孔和平面）、半圆锉（锉凹弧面、平面）、圆锉（锉圆孔、半径较小的凹弧面和椭圆面）等多种。

（2）特种锉刀。特种锉刀用于加工具有特殊表面形状的工件，其断面形状与加工工件表面形状相适应。

（3）什锦锉刀。什锦锉刀又称为整形锉，主要是用来修整工件精细的部位。什锦锉的长度为 120～180mm，每套由 5～12 件各种形式的锉刀组成，可根据不同的使用要求，选用适当规格的什锦锉。

2. 锉削方法

锉削是用锉刀对工件表面进行切削加工的一种方法。锉削通常在錾削、锯割之后，或零部件装配和修理时进行，它可以对工件进行粗精加工。锉刀粗细的选择，取决于工件加工余量的大小、加工精度和表面粗糙度的高低、材料的性质等。加工余量大，表面粗糙度低的，选用粗锉刀；加工面长的选用长锉刀。

锉削时，用右手握锉刀柄，柄端顶着掌心，大拇指放在柄的上方，其余手指满握锉刀柄。身体的重心要落在左脚上，左膝随锉削的往复运动而屈伸，左手的肘部要适当抬起。在锉刀向前推进时由右手控制推力的大小，同时两手都要施加相应的压力，以保证在锉削过程中保持锉刀的平衡和发挥锉削力量。在锉刀回程时，不加压力，并抬高锉刀。锉削速度一般是 40 次每分左右，推进时较慢，回程时稍快，动作要自然协调。操作者可以站立或坐着锉削，站立要自然，坐着时凳子高度要合适。总之，锉削姿势以便于观察工件、发挥锉削力量为准。

3. 锉削的注意事项

（1）没有装柄或柄已裂开的锉刀不可使用。

（2）锉刀不用时应放在台虎钳的右面，其柄不可露出钳台外。

（3）不可将锉刀当作拆卸工具或锤子使用。

（4）不能用嘴吹锉屑，也不能用手摸工件的表面。

【考题精选】

1. 锉削回程时，正确的方法是（D）。
　　（A）加压力　　　　　　　（B）加较小的压力
　　（C）加较大的压力　　　　（D）不加压力、抬高锉刀

2.（×）锉刀很脆，可以当撬棒或锤子使用。

考点 30　钻孔方法

钻孔是利用钻头在工件上加工出孔的工作，钻孔使用的设备和工具有立钻、台钻、手电钻、摇臂钻和钻头等。维修电工最常用的是台式钻床和手电钻，一般用来加工直径小于 12mm 的孔。为保证安全，在使用交流电源 220V 的手电钻时，应戴绝缘手套，在潮湿的环境中应采用 36V 的手电钻。

钻孔常用的钻头是麻花钻，它一般用高速钢制成，其结构由柄部、颈部、工作部分（包含导向部分和切削部分）组成，如图 1-38 所示。柄部是用来夹持、定心和传递动力的，直径 13mm 以下的一般都制成直柄式，用于台钻或更小的钻具。直径 13mm 以上的钻头一般都制成锥柄式，用于立钻或更大的钻床。颈部为磨制钻头时供砂轮退刀之用，一般也用来刻印商标和规格。工作部分由切削部分和导向部分组成，担任主要的切削工作。

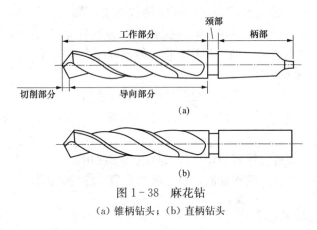

图 1-38 麻花钻

(a) 锥柄钻头；(b) 直柄钻头

1. 钻孔的操作方法

(1) 划线冲眼。按钻孔位置尺寸划好孔位的十字中心线，并打出小的中心样冲眼，按孔的孔径大小划孔的圆周线和检查圆，再将中心样冲眼打大打深。

(2) 工件的夹持。钻孔时应根据孔径和工件形状、大小采用合适的夹持方法，以保证质量和安全。工件的夹持方法很多，钻削直径为 8mm 以下的孔适合手握的工件可用手握法；不适合手握的小工件、薄板件，可用平口钳夹持；钻削较大直径或精度要求较高的孔用平口钳夹持；在较长的工件上钻较大直径的孔时可用螺栓定位法；在圆柱形工件上钻孔可用压板夹持法。

（3）钻孔的切削用量。切削用量是切削速度、进给量和吃刀深度的总称。通常钻小孔的钻削速度可快些，进给量要小些；钻较大孔时，钻削速度要慢些，进给量要适当大些；钻硬材料，钻削速度要慢些，进给量也要小些；钻软材料，钻削速度要快些，进给量也要大些。

（4）钻孔操作方法。钻孔时，先将钻头对准中心样冲眼进行试钻，试钻出来的浅坑应保持在中心位置，如有偏移，应及时校正。校正方法：可在钻孔的同时用力将工件向偏移的方向推移，还可用样冲在偏移的位置斜着打冲眼，达到逐步校正的目的。当试钻达到孔位要求后，即可压紧工件完成钻孔。钻孔时要经常退钻排屑。孔将钻穿时，进给力必须减小，以防止钻头折断或使工件随钻头转动造成事故。

（5）钻孔时的冷却与润滑。钻铜、铝及铸件等材料时一般可不加冷却液，钻钢件时可用废柴油或机油作为冷却液及润滑。

2. 钻孔的注意事项

（1）操作钻床时不可戴手套，袖口要扎紧，必须戴工作帽。

（2）钻孔前，要根据所需的钻削速度，调节好钻床的速度。调节时，必须断开钻床的电源开关。

（3）工件必须夹紧，孔将钻穿时，要减少进给力。

（4）开动钻床时，应检查是否有钻夹头钥匙或楔铁插在转轴上；工作台面上不能放置量具和其他工件等杂物。

（5）不能用手和棉纱头或嘴吹气来清除切削屑，要用毛刷或棒钩清除，尽可能在停机时清除。

（6）停机时应让主轴自然停止转动，严禁用手捏刹钻头。严禁在开机状态下装拆工件或清洁钻床。

【考题精选】

1. 钻通孔时，在孔将要钻穿时进给量必须（A），否则容易造成钻头的折断或钻孔质量降低等现象。

（A）减小　　　　　　（B）增大

（C）保持不变　　　　（D）无所谓

2.（√）钻小的工件时，要用台虎钳，钳紧后再钻，严禁用手去停住转动着的钻头。

考点 31　螺纹加工方法

加工螺纹又称为攻螺纹和套螺纹，用丝锥在孔中切削出内螺纹称为攻螺纹，用板牙在圆柱杆上切削出外螺纹称为套螺纹。

1. 攻螺纹的加工方法

攻螺纹使用的工具有丝锥和丝锥绞杠，如图1-39所示。丝锥是用于加工内螺纹，丝锥绞杠是用来夹持丝锥。攻螺纹前应确定底孔直径，底孔直径应比丝锥螺纹小径略大。底孔的孔口应倒角。通孔应两端倒角，以便于丝锥切入，并可防止孔口的螺纹崩裂。攻螺纹时，先用头锥起攻，并按头锥、二锥、三锥顺序攻至标准尺寸。丝锥应与工件垂直，开始时可稍微施加压力，随后均匀搅动丝杠，并经常倒转排屑。攻螺纹时，应随时添加切削液，攻钢件时用机油作为切削液，攻铸铁件时用煤油作为切削液。

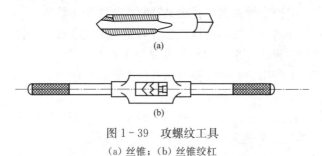

(a)

(b)

图1-39　攻螺纹工具

(a) 丝锥；(b) 丝锥绞杠

2. 套螺纹的加工方法

套螺纹使用的工具有板牙和板牙绞杠，如图1-40所示。板牙是用于加工外螺纹，板牙绞杠是用来安装板牙。套螺纹前应确定工件直径，圆柱体或圆柱管的外径要稍小于螺纹大径。圆柱体（或圆柱管）的端部应先倒成30°角的锥体，且锥体的小端直径略小于螺纹小径，可避免套螺纹后的螺纹端部产生锋口和卷边。套螺纹前，先将工件夹牢夹正，使板牙面与圆柱或圆管轴线垂直，旋转板牙绞杠时用力要平衡。套螺纹时要经常倒转，随时加切削液，以降低加工螺纹的表面粗糙度和延长板牙的使用寿命。

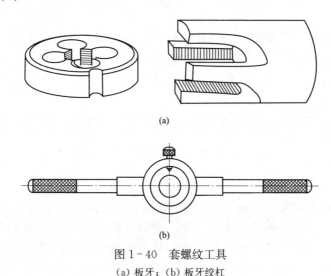

(a)

(b)

图1-40 套螺纹工具

(a) 板牙；(b) 板牙绞杠

【考题精选】

1. 攻螺纹前的底孔直径必须 (B) 丝锥螺纹小径。

　　(A) 小于　　　　　　　　(B) 大于

　　(C) 等于　　　　　　　　(D) 无所谓

2. (√) 套螺纹时，板牙端面与圆杆直径不垂直，套出的螺纹会一面深、一面浅，严重时会产生烂牙。

考点 32　导线的分类

导线品种繁多，通常按照它们的性能、结构、制造工艺及使用特点来进行分类，如导线按所用的金属材料可分为铜线、铝线、钢芯铝线、钢线、镀锌铁线等；按结构可分为裸导线和绝缘导线，绝缘导线有电磁线、绝缘电线、电缆多种，常用绝缘导线在导线线芯外面包有绝缘材料，如橡皮、塑料、棉纱、玻璃丝等；按金属性质可分为硬导线和软导线两种，硬导线未经退火处理，抗拉强度大，软导线经过退火处理，抗拉强度较差。

常用的导线有铜导线和铝导线，铜导线的电阻率比铝导线小，机械强度比铝导线好，故它常用于要求较高的场合。铝导线密度比铜导线小，资源丰富，价格较铜低廉。导线有单股和多股两种，一般截面积在 $6mm^2$ 及以下为单股线；截面积在 $10mm^2$ 及以上为多股线，多股线是由几股或几十股线芯绞合在一起的。

1. 裸导线

裸导线是没有绝缘层的电线，包括圆单线、绞线、型线及软接线四大类，主要用于电力户外架空、室内汇流排和开关箱、交通、通信工程及电动机、变压器和电器制造等。对裸导线的性能要求，主要是应具有良好的导电性能、物理性能、机械性能，对于不同用途的产品有着不同的具体要求。裸导线一般应具有较高的机械强度、足够的硬度、较好的柔软性、良好的弯曲性、耐振动、耐腐蚀、较小的蠕变等性能。

圆线和软接线品种有硬圆铜线（TY）、软圆铜线（TR）、硬圆铝线（LY）、软圆铝线（LR）；软接线有裸铜电刷线（TS）、软裸铜编织线（TRZ）、软铜编织蓄电池线（QC）。

型线品种有扁线（TBY、TBR、LBY、LBR）、铜带（TDY、TDR）、铜排（TPT）、钢铝电车线（GLC）、铝合金电车线（HLC）。

裸绞线品种有铝绞线（LJ）、铝包钢绞线（GU）、铝合金绞线（FUL）、钢芯铝绞线（LGJ）、铝合金钢绞线（HUG）、防腐钢芯铝绞线（LGJF）、特殊用途绞线等。

2. 电磁线

电磁线又称为绕组线，是在导电金属外包覆绝缘层制成的专门用于实现电能与磁能互相转换的导线，常用于制造电动机、变压器及电器线圈。电磁线按绝缘特点和用途分为漆包线、绕包线、无机绝缘线和特种电磁线四大类。

漆包线的绝缘层是漆膜，在导电线芯上涂覆绝缘漆后经烘干形成，其特点是漆膜均匀、光滑、便于线圈的绕制；漆膜较薄，有利于提高空间因数（线圈中导体总截面与该线圈的横截面之比），漆包线广泛应用于中小型或微型电工产品中。

绕包线是用天然丝、玻璃丝、绝缘纸或合成薄膜等紧密绕包在裸导线芯（或漆包线）上形成绝缘层的电磁线。除薄膜绝缘层外，其他如玻璃丝等须经胶黏绝缘漆的浸渍处理，以提高其电性能、机械性能和防潮性能。除少数天然丝外，一般绕包线的特点是：绝缘层是组合绝缘，比漆包线的漆膜层要厚一些，电性能较高，能较好地承受过负荷，一般应用于大中型电工产品中；薄膜绝缘绕包线则具有更高的机械性能和电性能，用于大中型电动机设备中。

常用的漆包线品种有 QQ、QZ、QX、QY 等系列，绕包线品种有 Z、Y、SBE、QZSB 等系列。电磁线的选用主要应考虑耐热等级、击穿强度、导线截面积（载流量）和工作环境是否湿潮、有无腐蚀物质等，耐高温的漆包线将成为电磁线的主要品种，特殊场合要用专用电磁线。

3. 绝缘导线

绝缘导线外皮的绝缘材料有塑料绝缘和橡皮绝缘两种。塑料绝缘线的绝缘性能良好，价格较低，又可节约大量橡胶和棉纱，在室内敷设可取代橡皮绝缘线。由于塑料在低温时要变硬变脆，高温时易软化，因此塑料绝缘线不宜在户外使用。

常用塑料绝缘导线品种有 BLV（BV）——塑料绝缘铝（铜）芯线，BLVV（BVV）——塑料绝缘塑料护套铝（铜）芯线，BVR——塑料绝缘铜芯软线。常用橡皮绝缘导线品种有

BLX（BX）——棉纱编织橡皮绝缘铝（铜）芯线（可穿管），BBLX（BBX）——玻璃丝编织橡皮绝缘铝（铜）芯线，BLXF——氯丁橡皮绝缘铝芯线（宜穿管及户外敷设），BLXG（BXG）——棉纱编织、浸渍、橡皮绝缘铝（铜）芯线（有坚固保护层，适用面宽），BXR——棉纱编织橡皮绝缘软铜线等。

4. 电缆

电缆的结构包括缆芯、绝缘层和保护层 3 部分，缆芯起传导电流作用，一般由多股铜或铝线绞合而成，这样的电缆比较柔软。缆芯断面有圆形、半圆形、扇形多种。绝缘层是使缆芯之间、缆芯与保护层之间互相隔开，互相绝缘。保护层分为内护层和外护层。内护层有铅包、铝包、聚氯乙烯包及橡胶套等几种，用以保护绝缘层。外护层分为沥青麻护层、钢带铠装护层、钢丝铠装护层等，用以保护电缆在运输、敷设和运行过程中不受外界机械损伤。

电缆主要有电力电缆、通用电缆、电机电器用电缆、仪器仪表用电缆、信号控制用电缆、交通运输用电缆、地质勘探用电缆和直流高压软电缆等。常用电缆品种有通用橡胶电缆 Q、YZ、YC 系列、电机电器用电线电缆 J 系列引接线（JB），电焊机用电缆 YH 系列、潜水电机防水橡套电缆 YHS 系列。

电力电缆在电力系统中传输或分配较大功率的电能，常用于城市的地下电网、发电、配电站的动力引入或引出线路、工矿企业内部的供电和水下输电线，根据电力系统电压等级的不同，生产有不同电压等级的电力电缆。对电力电缆的技术要求有：应具有优良的电气绝缘性能；具有较高的热稳定性；能可靠地传送需要传输的功率；具有较好的机械强度、弯曲性能和防腐蚀性能。

【考题精选】

1. 常用的裸导线有（B）、铝绞线和钢芯铝绞线。

(A) 钨丝   (B) 铜绞线

(C) 钢丝   (D) 焊锡丝

2.（√）裸导线一般用于室外架空线。

3.（×）导线可分为铜导线和铝导线两大类。

考点 33 导线截面积的选择

导线截面积的选择必须满足安全、可靠的条件，应根据导线的允许载流量、线路的允许电压损失值、导线的机械强度等条件选择。一般先按允许载流量选定导线截面积，再以其他条件进行校验。如果该截面积满足不了某校验条件的要求，则应按能满足该条件的最小允许截面积来选择。

1. 按允许载流量选择

导线的允许载流量又称导线的安全载流量或导线的安全电流值。一般导线的最高允许工作温度为 65℃，若超过这个温度时，导线的绝缘层就会加速老化，甚至变质损坏而引起火灾。导线的允许载流量就是导线的工作温度不超过 65℃时可长期通过的最大电流值。

由于导线的工作温度除与导线通过电流有关外，还与导线的散热条件和环境温度有关，所以导线的允许载流量并非某一固定值。同一导线采用不同的敷设方式或处于不同的环境温度时，其允许载流量也不相同。在选择导线截面积时，应留有余量。室内使用的导线通常是小截面积导线，为了减少导线本身的电能耗损，降低导线温升，防止导线绝缘过早老化及为今后用电发展留有余量，常以计算电流的 1.5～2 倍的数值，作为安全载流量来选择导线的截面积。

2. 按机械强度选择

当负荷太小时，按允许载流量计算选择的导线截面积将太小，往往不能满足机械强度的要求，容易发生断线事故。因此，在正常工作条件下，导线应有足够的机械强度以防止断线，故要求导线截面积不应小于最小允许截面积。

3. 按线路允许电压损耗选择

线路电压损失允许值，要根据电源引入处的电压值而定。若电源从配电变压器的低压母线直接引入，线路的允许电压损耗为 4%（城市）或 7%（农村）；若电源经过较长距离的架空线路引入室内，则线路的允许电压损耗为 1%～2%。若线路的电压损失值超过了允许值，则应适当加大导线的截面积，使之满足允许的电压损失要求。

【考题精选】

1. 运行中橡皮绝缘导线的最高温度一般不得超过（A）℃。

(A) 65 　　　　　　　　　(B) 75

(C) 85 　　　　　　　　　(D) 95

2. 当线路较长时，宜按（B）确定导线截面积。

(A) 机械强度 　　　　　　(B) 允许电压损失

(C) 允许电流 　　　　　　(D) 经济电流密度

3. 导线截面积的选择通常是由（C）、机械强度、电流密度、电压损失和安全载流量等因素决定的。

(A) 磁通密度 　　　　　　(B) 绝缘强度

(C) 发热条件 　　　　　　(D) 电压高低

考点 34 常用绝缘材料的分类

绝缘材料又称为电介质，其导电能力很小，工程上应用的绝缘材料的电阻率一般都不低于 $1×10^8 Ω·m$。绝缘材料的主要作用是对带电的或不同电位的导体进行隔离，使电流按照确定线路流动。良好的绝缘是保证电气系统正常运行的基本条件，也是一直作为防止触电事故的重要措施。

常用的绝缘材料按物理状态可分为气体绝缘材料、液体绝缘材料和固体绝缘材料 3 种，其基本性能为绝缘电阻高、耐压强度高、耐热性能好、耐潮性好、机械强度较高、加工方便等。绝缘材料的耐热等级，按其长期正常工作所允许的最高温度分为 Y 级

（90℃）、A 级（105℃）、E 级（120℃）、B 级（130℃）、F 级（155℃）、H 级（180℃）及 C 级（180℃以上）。

影响绝缘材料性能的因素主要有杂质、温度和湿度，老化是绝缘材料性能劣化的统称。由于热、光、电等多种因素的作用，导致材料绝缘性能劣化的现象称为老化，主要的老化形式有环境老化、热老化和电老化。绝缘材料一旦发生老化，其绝缘性能永远丧失且不可恢复，所以绝缘材料应选用抗老化的材料。

1. 绝缘气体

绝缘气体主要包括空气和六氟化硫（SF_6）气体。六氟化硫是一种无色无臭、不燃不爆的惰性气体，具有良好的绝缘性能和熄灭电弧的性能，并且有优异的热稳定性和化学稳定性。空气是氮气、氧气、氢气、二氧化碳等气体与少量尘埃、水蒸气的混合物，是一种天然易得、最普通、最常见的绝缘气体。

2. 绝缘漆和绝缘胶

绝缘漆和绝缘胶都是以高分子聚合物为基础，能在一定条件下固化成绝缘硬膜或绝缘整体的重要绝缘材料。绝缘漆主要由漆基、溶剂、稀释剂和填料等组成，绝缘漆按用途分为浸渍漆和涂覆漆两大类。浸渍漆品种有溶剂浸渍漆和无溶剂浸渍漆，涂覆漆品种有覆盖漆、硅钢片漆、漆包线漆、防电晕漆等。

绝缘胶与无溶剂漆相似，但黏度较大，一般加有填料，其特点是适形性、整体性好，耐潮、导热、电气性能优异、浇筑工艺简单、易实现自动化生产。绝缘胶品种有黄色缆胶 1810，黑色缆胶 1811、1812，环氧电缆胶，环氧树脂胶 630，环氧聚酯胶 631，聚酯胶 132、133 等。

3. 绝缘油

绝缘油有天然矿物油、天然植物油和合成油。天然矿物油品种有变压器油 DB 系列、开关油 DV 系列、电容器油 DD 系列、电缆油 DL 系列等；天然植物油品种有蓖麻油、大豆油等；合成油品种有氯化联苯、甲基硅油、苯甲基硅油。

4. 绝缘制品

绝缘制品的主要品种有绝缘纤维制品、浸渍纤维制品、绝缘层压制品、电工用塑料、云母制品与石棉制品、绝缘薄膜及其复合制品、电工玻璃与陶瓷、电工橡胶与电工绝缘包扎带等。

【考题精选】

1. 绝缘材料的耐热等级和允许最高温度中，等级代号是 1，耐热等级 A，它的允许温度是（B）。

(A) 90℃　　　　　　　　(B) 105℃

(C) 120℃　　　　　　　　(D) 130℃

2. 常用的绝缘材料包括气体绝缘材料、（D）和固体绝缘材料。

(A) 木头　　　　　　　　(B) 玻璃

(C) 胶木　　　　　　　　(D) 液体绝缘材料

3. 绝缘油中用量最大、用途最广的是（C）。

(A) 桐油　　　　　　　　(B) 硅油

(C) 变压器油　　　　　　(D) 亚麻油

考点 35　常用绝缘材料的选用

1. 绝缘漆

(1) 浸渍漆。主要用来浸渍电动机、电器线圈和绝缘零部件，以填充其间隙和微孔。浸渍漆固化后能在浸渍物表面形成连续平整的漆膜，并使线圈粘成一体，提高耐潮、耐热、导热、击穿强度和机械强度。

(2) 覆盖漆。主要用于涂覆经浸渍处理的线圈和绝缘零部件，以防止机械损伤和受大气、润滑油或化学药品的侵蚀，提高表面的放电电压；在线圈的局部修理时进行涂覆，可以加强绝缘能力。覆盖漆有清漆和瓷漆两种，含有填料或颜料的漆叫瓷漆，不含填料或颜料的漆叫清漆。瓷漆多用于线圈和金属表面的涂覆，而清漆多用于绝缘零部件表面和电器内表面的涂覆。

（3）硅钢片漆。主要用于硅钢片表面的涂覆，减少硅钢片之间的涡流，并起着防锈和耐腐蚀的作用。

2. 绝缘油

绝缘油主要用于变压器、少油断路器、高压电缆、油浸纸电容器等电工产品中，起绝缘、冷却、浸渍和填充作用；在油断路器中还起灭弧作用，在电容器中还起储能作用。

3. 绝缘胶

绝缘胶主要用于浇筑 20kV 以下电流互感器、10kV 及以下电压互感器、某些干式变压器、船用变压器、电缆终端和连接盒、密封电子元件和零部件等。其特点是适形性和整体性好，可提高产品耐潮、导热和电气性能；浇注的工艺装备简单，易于实现自动化生产。

绝缘胶分为电器浇筑胶和电缆浇筑胶。电器浇筑胶用于浇筑电器，其品种环氧浇筑胶的应用最为广泛。电缆浇筑胶用于浇筑电缆接头，常用的品种有环氧电缆胶，它密封性好，电气、机械性能高，用于浇筑户内 10kV 及以下电缆终端；黑电缆胶，它耐潮湿性好，用于浇筑 10kV 及以下电缆连接盒和终端；黄电缆胶，抗冻裂性好，电气性能较好，用于浇筑 10kV 及以上的电缆连接盒和终端。

4. 绝缘层压制品

绝缘层压制品是在天然或合成纤维的纸或布上浸涂各类胶黏剂，然后经加热叠压成板状、棒状或管状的绝缘材料。绝缘层压制品分为层压板、层压管和棒、电容器套管心 3 类，它们具有良好的电气性能、机械性能和耐热、耐油、耐霉、耐电弧、防电晕等特点，在电气设备中主要用作绝缘结构件，如线圈的支架、垫条、垫块、槽楔等。

5. 绝缘薄膜、绝缘复合薄膜及粘带

（1）绝缘薄膜。厚度薄、柔软、耐潮，其电气性能和机械性能好，主要用来作电动机、电器线圈和电线电缆的包扎绝缘及作为电容器介质。

（2）绝缘复合薄膜。在薄膜的一面或双面粘合纤维材料组成的一种复合材料，其作用是加强薄膜的机械性能，提高抗撕强度和表面挺度，主要用作中小型电动机的槽绝缘、相间绝缘等。

（3）粘带。在常温或在一定温度和压力下能自粘成型的带状材料，其特点是绝缘性能好、使用方便，适用于电动机、电器线圈绝缘、包扎固定等。粘带包括薄膜粘带、织物粘带和无底材粘带 3 大类。

薄膜粘带是在薄膜的一面或两面涂以胶黏剂，经烘焙切带而成，其所用胶黏剂的耐热性一般应与薄膜材料相匹配。织物粘带是以无碱玻璃布或棉布为底材涂以胶黏剂，经烘焙切带而成。无底材粘带是由硅橡胶或丁基橡胶和填料、硫化剂等经混炼、挤压而成。

6. 绝缘纤维制品

绝缘纤维制品是利用天然纤维或合成纤维为原材料经过加工成型的棉类、布类、麻类、绸类及纸类制品，它们可以直接使用，也可以经浸渍后使用。

（1）电工用棉布带。用于电工产品零部件浸渍前或整形时的临时包扎，事先浸渍的棉布带也可以用来包扎各种线圈或绝缘零部件。

（2）漆布。由天然纤维或合成纤维纺织成布料，再浸以不同的绝缘漆，经烘干切成带状使用。

（3）漆管。又称为绝缘套管，用来作为电动机、电器及电工设备的引出线、连接线的外套绝缘。

（4）绑扎带。又称为无纬带，是将玻璃纤维经硅烷处理，然后浸以树脂，再制成带状，主要用来代替无磁性合金钢丝，以绑扎电动机转子绕组的端部或变压器铁心。

（5）绝缘纸板和纸管。绝缘纸板可制作某些绝缘零件和作保护层用，硬钢纸板组织紧密，有良好的机械加工性，适宜作小型低压电动机槽楔和其他支承绝缘零件。钢纸管由氧化锌处理过的无胶棉纤维纸经卷绕后用来漂洗而成，有良好的机械加工性能，适用于熔断器、避雷器的管心和电动机用线路套管。

（6）绝缘纸。主要有植物纤维纸和合成纤维纸两类，按用途可分为电缆纸、电话纸、电容器纸和青壳纸等。电缆纸柔顺，耐拉力强，专供电缆低压绕组间的绝缘。电话纸坚实，不易破裂，专供电信电缆绝缘。电容器纸薄，耐压较高，专供电容器和漆包线的层间绝缘。青壳纸坚实耐磨，专供电动机线包、仪表衬垫绝缘、简易骨架。

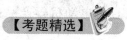
【考题精选】

1．（A）主要用于 35kV 及以下的电力电缆、控制电缆和通信电缆。

  （A）低压电缆纸   （B）高压电缆纸

  （C）绝缘皱纹纸   （D）电话纸

2．浇注电缆接头、套管、20kV 以下电流互感器等高压电气应使用（B）。

  （A）绝缘漆   （B）绝缘胶

  （C）变压器油   （D）覆盖漆

考点 36 常用磁性材料的分类和选用

电工三大材料中除了导体材料、绝缘材料之外，磁性材料就是第三大材料，它广泛用于电器产品中，按其磁化特性和应用可分为软磁材料、硬磁材料和特殊磁性材料 3 类。

1．软磁材料

软磁材料的主要特点是磁导率很高、剩磁很小、矫顽力很小、磁滞现象不严重，因而它是一种既容易磁化也容易去磁的材料。软磁材料在较弱的外界磁场作用下，就能产生较强的磁通密度，而且随着外界磁场的增强，很快就达到磁饱和状态；当去除外界磁场后，它的磁性就基本消失。常用的软磁材料有电工用纯铁和硅钢片两种。

（1）电工用纯铁。饱和磁感应强度高，冷加工性好，但电阻率低，适合于直流磁场。电工用纯铁按矫顽力和最大磁导率的大小，可分成普级、高级、特级、超级 4 种级别，普级的型号有 DT3、DT4、DT5 和 DT6。

（2）硅钢片。铁中加入 0.8%～4.5%的硅，就是硅钢，它的电阻率比电工纯铁高，铁损耗小，但硬度提高，脆性增大，适合在强磁场条件下使用。硅钢片分为热轧和冷轧两种，工业上常用的硅钢片厚度有 0.35mm 和 0.5mm 两种，多用来作为各种变压器、继电器、互感器、开关、交直流电动机等产品的铁心。

2. 硬磁材料

硬磁材料的特点是矫顽力和剩磁都较大，在外界磁场的作用下，不容易产生较强的磁感应强度，但当其达到磁饱和状态以后，去掉外磁场，仍会在长时间内保持原来的磁性，不易消磁。对硬磁材料的基本要求是剩磁强，磁性稳定，因此它适合制造永久磁铁。目前常用的硬磁材料有铝镍钴合金、稀土钴合金等，它们主要应用于测量仪表、扬声器、通信装置、永磁发电机和微电机的磁极铁心。

3. 特殊磁性材料

特殊磁性材料是指某些电工设备与电子设备对磁性材料的特殊要求发展而来的，如用作恒电感的恒导磁合金；要求磁通密度不受温度影响的磁温度补偿合金；高饱和磁感应合金；磁记忆材料及磁记录材料等。磁记忆材料（矩磁材料）主要是指用作电子计算机内存储（记忆）元件磁心的软磁材料，磁记录材料是用作记录、存储和再现信息的磁性材料，主要有磁头材料和磁性媒质等。

4. 磁性材料的选用

磁性材料选择时主要考虑材料的磁性能及价格等因素，强磁场下常用的软磁材料是硅钢片；弱磁场下常选用铁镍合金、铁铝合金以及冷轧单取向硅钢薄带；高频磁场下一般选用铁氧体软磁材料。

【考题精选】

1. 工业上常用的硅钢片厚度有 0.35mm 和（A）两种，多用于各种变压器、电器和交直流电动机等产品的铁心。

    （A）0.5mm   （B）1mm

    （C）1.5mm   （D）2mm

2.（√）磁性材料主要分为硬磁材料与软磁材料两大类。

第二章 电工仪器仪表

考点 1 电工指示仪表的分类

常用电工仪表种类繁多，而且新型测量仪表不断出现。常用电工仪表有两大类：一类是模拟式仪表，又称为直读式指示仪表或指示仪表，其输出量是模拟量，测量时由仪表的指针偏转角度直接读出被测量值；另一类是数字式仪表，其输出量是数字量，测量时把被测的模拟量转换成数字量后直接显示数字。

指示仪表是目前电工使用最多的仪表，它有下面几种类型。

(1) 按照仪表的工作原理，可分为磁电系、电磁系、电动系、感应系、整流系、静电系等。磁电系仪表主要用于直流电路中测量电流和电压，若加上整流器后，还可用于交流电量以及非电量的测量。电磁系仪表既可用于直流，又可用于交流测量，当铁心采用优质导磁材料（坡莫合金）时，可制成交、直流两用仪表。电动系仪表可以测量交、直流电压和电流，尤其是功率。感应系仪表只能测量固定频率的交流量，如交流电能。整流系仪表的测量机构与整流电路组合，可用于交流量的测量。静电系仪表利用电容器两个极板间的静电作用力产生力矩使指针发生偏转，它可用于交、直流高电压的测量。

(2) 按工作电流可分为直流式、交流式、交直流两用式。

(3) 按照被测电工量，可分为电流表、电压表、功率表、电能表、频率表等。

(4) 按照仪表的准确度等级，可分为 0.1～5.0 共 7 个级别，数字越小的等级，其准确度越高，精密标准仪表的准确度为 0.1、0.2 级，电气工作测量用的仪表准确度为 0.5、1.0 级，配电盘用仪表的准确度为 1.5、2.5、5.0 级。

(5) 按照安装和使用性质, 可分为安装式和便携式两种。

(6) 按仪表对外磁场或电场的防御能力可分为Ⅰ、Ⅱ、Ⅲ、Ⅳ级。Ⅰ级表示在外磁场或外电场的影响下, 允许其指示值与实际值偏差不超过±0.5%, Ⅱ级仪表允许偏差±1.0%, Ⅲ级仪表允许偏差±2.5%, Ⅳ级仪表允许偏差±5.0%。

(7) 按仪表的使用条件可分为 A、B、C 三组, A 组仪表适用于环境温度为 0～+40℃; B 组仪表适用于环境温度为 -20～+50℃; C 组仪表适用于环境温度为 -40～+60℃, 它们的相对湿度条件均为 85% 范围内。

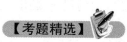

【考题精选】

1. 测量交流电流应选用 (B) 电流表。
   (A) 磁电系   (B) 电磁系
   (C) 感应系   (D) 整流系
2. 根据被测电流的种类分为 (D) 电流表。
   (A) 直流   (B) 交流
   (C) 交直流   (D) 以上都是

考点 2 电流表与电压表的使用与维护

电流表是用来测量电路中的电流值, 根据量程的不同可分为微安表、毫安表、安培表、千安表等, 根据所测电流性质可分为直流电流表、交流电流表、交直流两用电流表。电压表是用来测量电路中的电压值, 根据量程的不同可分为毫伏表、伏特表、千伏表等, 根据所测电压性质可分为直流电压表和交流电压表。交流电流表与电压表外形如图 2-1 所示。

电流表和电压表的测量机构基本相同, 但在测量线路中的连接有所不同。因此, 在选择和使用电流表和电压表时应注意以下事项。

(1) 类型的选择。在直流电流和电压的测量中主要用磁电式

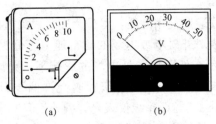

图 2-1　交流电流表与电压表
(a) 电流表；(b) 电压表

测量机构的仪表，在交流电流和电压的测量中常用电磁式和铁磁电动式测量机构的仪表，而电动式测量机构的仪表常用于交流电流和电压的精密测量。

（2）准确度的选择。仪表的准确度选择要从测量要求的实际出发，不能选得过高。通常将 0.1 级和 0.2 级仪表作为标准表选用；0.5 级和 1.0 级仪表作为实验室测量选用；1.5 级以下的仪表一般作为工程测量选用。

（3）量程的选择。正确估计被测量的数值范围，合理地选择量程，一般是被测量的指示值大于仪表最大量程的 2/3，而又不能超过最大量程。

（4）内阻的选择。为了减小测量误差，测量电流时，应尽可能选用内阻小的电流表。测量电压时，应尽可能选用内阻大的电压表。

（5）正确接线。测量电流时，电流表应与被测电路串联；测量电压时，电压表应与被测电路并联。测量直流电流和电压时，必须注意仪表的极性与被测物理量的极性一致。

（6）高电压、大电流的测量。测量高电压或大电流时，必须采用电压互感器或电流互感器。电压表和电流表的量程应与互感器二次侧的额定值相符。一般电压为 100V，电流为 5A。

（7）量程的扩大。当电路中的被测量超过仪表的量程时，可外附分流器或分压器，其准确度等级应与仪表的准确度等级相符。

（8）测量前，应注意仪表的机械零点是否在零刻度上，如果不在零刻度上，应予以调整。

（9）仪表的使用环境要符合要求，要远离磁场，读数时应使视线与标度尺平面垂直。

【考题精选】

1．测量电流所用电流表的内阻（A）。

（A）要求尽量小

（B）要求尽量大

（C）要求与被测负载一样大

（D）没有要求

2．（√）测量电流时应把电流表串联在被测电路中。

3．（√）测量电压时，要根据电压大小选择适当量程的电压表，不能使被测电压大于电压表的最大量程。

4．（√）在不能估计被测电路电流大小时，最好先选择量程足够大的电流表，粗测一下，然后根据测量结果，正确选用量程适当的电流表。

5．（×）测量电压时，电压表的内阻越小，测量精度越高。

考点 3　万用表的使用与维护

万用表是一种能够测量多种电量并具有多个量限的便携式仪表，它可以很方便地测量低压电气设备、电气元件等的直流电压、直流电流、交流电压、交流电流以及电阻等，有的还可以测量电容量、电感量及半导体元件的一些参数。

由于万用表种类繁多，根据所应用的测量原理及测量结果显示方式的不同，一般可分为指针式万用表和数字式万用表两大类，其外形如图 2 - 2 所示。指针式万用表的测量过程是先通过一定的测量机构将被测的模拟电量转换成电流信号，再由电流信号去驱动表头指针偏转，由相应刻度指示出被测量的大小。

数字式万用表以直流数字电压表为基础，先由模/数转换器(A/D)将被测模拟量变换成数字量，然后通过电子计数器的计数，最后把测量结果用数字直接显示在液晶显示屏上，有的还带有语音提示功能。

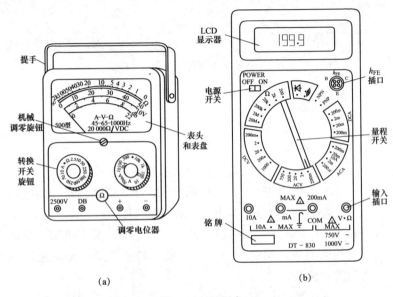

图 2-2　万用表

(a) 指针式；(b) 数字式

1. 指针式万用表的使用与维护

(1) 直流电流的测量。用万用表测量直流电流时，首先将转换开关旋到标有"mA"或"μA"的适当量程上，将黑表笔(表的负端)接到电源的负极，红表笔(表的正端)接到负载的一个端头上，负载的另一端接到电源的正极，即表头与负载串联。测量时要特别注意，由于万用表的内阻较小，切勿将两支表笔直接触及电源的两极，否则，表头将烧坏。

(2) 交流电压的测量。测量前，先将转换开关旋到标有"V"处，并将开关置于适当量程挡。然后将红表笔插入万用表上标有"＋"号的插孔内，黑表笔插入标有"－"号的插孔内，手握红表笔和黑表笔的绝缘部位，先用黑表笔触及一相带电体，再用红表笔触及另一相带电体或中性线。读取电压读数后，两支表笔脱离带电体。

（3）直流电压的测量。测量方法与交流电压基本相同，区别在于直流电压有正、负端之分。测量时，黑表笔应与电源的负极连接，红表笔应与电源的正极连接。如果分不清电源的正、负极，则可选用较大量程挡，将两只表笔快速接触一下测量点，观察表针的摆动，即可找出电压的正、负端。

（4）电阻的测量。测量前，将万用表的转换开关旋到标有"Ω"符号的适当倍率位置上，然后将红、黑两表笔部短接，同时转动调零旋钮，把指针调到电阻标度尺的"0"刻线上。再将两支表笔分别触及电阻的两端，将读数乘以倍率数即为所测电阻值。

（5）万用表使用前应检查指针是否在零位，若不在零位，应先调零，使指针回到零位。

（6）根据被测量的性质，将转换开关转至相应的位置。特别要注意测量电压时，不得将开关置于电流或电阻挡，否则会烧坏万用表。

（7）测量直流电流或直流电压时要注意，红表笔应插在红色或有"＋"符号的插孔内，黑表笔应插在黑色或有"－"符号的插孔内。测量电流时，应将万用表串联在被测电路中。测量电压时，应将万用表并联在被测电路中。若预先不知被测量的大小，为避免量程选得过小而损坏万用表，应选择最大量程预测，然后再选择合适的量程，以减小测量误差。

（8）万用表标度盘上各条标度尺代表不同的测量种类。测量时根据所选的测量种类及量程，在对应的标度尺上读数，并乘以倍率即为所测数值。

（9）测量电阻前及每次更换倍率挡，都应先调零，才能进行测量。若指针调不到零位，应换上新的电池。

（10）电阻挡的标度尺最左边是"∞"（无穷大），最右边是"0"，由于数值越大，刻度越密，读数的准确度就越低，因此选择倍率时应使指针偏转在刻度较稀处，以便准确读取数值，一般以偏转在标度尺的中间附近为好。

（11）测量电阻时，应切断电路的电源，被测电阻至少有一端与电路断开。

（12）在测量较高电压和较大电流时，不得带电转动万用表上的旋钮，以保证人身安全。

（13）万用表使用完毕，应将转换开关置于交流电压最高挡，以免他人误用，损坏万用表。若长期不用，应将表内电池取出，以防电池损坏后腐蚀其他元件。

2. 数字式万用表的使用与维护

（1）检查电路通断时，应将功能开关拨到"蜂鸣器"挡，测量时没有听到蜂鸣声，即可判断电路不通。

（2）测量小阻值电阻时，应先将两表笔短路，读出表笔连线的自身电阻（一般为 $0.2\sim0.3\Omega$），以修正被测阻值。

（3）电阻挡有过电压保护功能，瞬间误测规定范围内的电压不会造成损坏，但不可带电测量电阻。

（4）测量电容器时，必须先将被测电容器两引线短路以充分放电，否则电容器内储存的电荷会击穿表内 CMOS 双时基集成电路。此外，每次改变电容测量量程，都要重新调零，但较好的数字式万用表则会自动调零。

（5）若使用的数字式万用表无电容挡或电容挡损坏，可用电阻挡对电容器进行粗略检测：用红表笔接电容器正极，黑表笔接电容器负极，万用表将对电容器充电，正常时万用表显示的充电电压将从一低值开始逐渐升高，直至显示溢出。如果充电开始即显示溢出"1"，说明电容器开路；如果始终显示为固定阻值或"000"，说明电容器漏电或短路。

（6）使用"二极管""蜂鸣器"挡测二极管时，数字式万用表显示的是所测二极管的压降。若正反向测量均显示"000"，说明二极管短路；正向测量显示溢出"1"，说明二极管开路。

（7）当数字式万用表出现显示不准或显示值跳变异常情况时，可先检查表内电池是否失效，若电池良好，则表内电路有故障。

【考题精选】

1. 使用指针式万用表时要注意（A）。

（A）使用前要机械调零

（B）测量电阻时，转换挡位后不必进行欧姆调零

（C）测量完毕，转换开关置于最大电流挡

（D）测电流时，最好使指针处于标尺中间位置

2.（√）使用数字式万用表时，严禁在测量大电压或大电流时拨动选择开关，以防止电弧烧坏开关。

考点 4 数字式万用表的选用

数字式万用表分为便携式和台式两种，随着大规模集成电路和显示技术的发展，数字式万用表逐渐向小型化、低功耗、低成本方向发展。便携式数字式万用表数字显示一般为 3 位半（最大显示 1999）或 4 位半（最大显示 19999），体积小，重量轻，耗电少，适合生产车间或野外使用。台式数字式万用表数字显示可达 6 位半（最大显示 1999999）或 7 位半（最大显示 19999999），准确度和分辨力都很高，采用微处理器和 GP－IB 接口设备，在计量、科研和生产部门作为标准表和精密测量用。

选用数字式万用表一般从以下几个方面来考虑，但选用时不一定要具备以下所有条件，应根据使用的具体要求来选择最适当的数字式万用表。

（1）功能。现在的数字式万用表除了按量程转换方式可测量电压、电流、电阻等 3 种基本功能外，还有数字计算、自检、读数保持、误差读出、二极管检测、字长选择、IEEE－488 接口或 RS－232 接口等功能，使用时要根据具体要求选用。

（2）范围和量程。数字式万用表有很多量程，但其基本量程准确度最高。很多数字式万用表有自动量程功能，不用手动调节量程，使得测量方便、安全、迅速。还有很多数字式万用表有过量程能力，在测量值超过该量程但还没达到最大显示时可不用换量程，从而提高了准确度和分辨力。

（3）准确度。数字式万用表的准确度是测量结果中系统误差与随机误差的综合表达，一般准确度越高，测量误差就越小。选择的时候除了准确度指标符合要求外，还要看分辨力是否符合要求。一般数字式万用表如要求 0.0005～0.002 级，至少应有 6 位半数字显示；0.005～0.01 级，至少应有 5 位半数字显示；0.02～0.05 级，至少应有 4 位半数字显示；0.1 级以下，至少应有 3 位半数字显示。

（4）输入电阻和零电流。数字式万用表的输入电阻过低和零电流过高都会引起测量误差，关键要看测量装置所允许的极限值是多少，即要看信号源的内阻大小。信号源阻抗高时应选择高输入阻抗、低零电流的仪器，使其影响可以忽略。

（5）串模抑制比和共模抑制比。在存在各种干扰如电场、磁场和各种高频噪声或进行远距离测量时，容易混进干扰信号，造成读数不准，因此应根据使用环境选择串、共模抑制比高的仪器，尤其是进行高精度测量时，应选择带保护端 G 的数字万用表，能很好地抑制共模干扰。

（6）显示形式及供电电源。数字式万用表的显示形式不仅限于数字，还可以显示图表、文字和符号，以便于现场观测、操作和管理。根据它的显示器件的外形尺寸可分为小型、中型、大型及超大型 4 类。数字式万用表的供电电源一般为交流 220V，而一些新型的数字式万用表电源范围很宽，可以在交流 110～240V。一些小型的数字式万用表配上电池就可使用，也有一些数字式万用表可用交流电、内部电池或外接电池 3 种形式。

（7）响应时间、测量速度、频率范围。响应时间越短越好，但有一些表的响应时间比较长，要等一段时间后读数才能稳定下来。测量速度应根据是否与系统测试联用，如联用时，速度就很重要，而且速度越快越好。频率范围，则根据需要适当选择。

（8）交流电压转换形式。交流电压测量分为平均值转换、峰值转换和有效值转换。当波形失真较大时，平均值转换和峰值转换不准确，而有效值转换可不受波形的影响，使测量结果更加准确。

（9）电阻接线方式。电阻测量接线方式有 4 线制、2 线制。进行小电阻和高精度测量时，应选择带 4 线制的电阻测量接线方式。

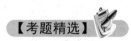

【考题精选】

1. 数字式万用表按量程转换方式可分为（B）类。
　　（A）5　　　　　　　　　　（B）3
　　（C）4　　　　　　　　　　（D）2

2.（√）手持式数字万用表又称为低挡数字式万用表，按测试精度可分为三位半和四位半。

考点 5　绝缘电阻表的使用与维护

绝缘电阻表是专门用来测量电气线路和各种电气设备绝缘电阻的便携式仪表，它的标度尺单位是兆欧（MΩ），故又称兆欧表。维修电工常用的绝缘电阻表型号有 ZC7、ZC11、ZC20、ZC40 型等，另外，还有 ZC30、ZC44 型晶体管绝缘电阻表等。绝缘电阻表的额定电压有 500V、1000V、2500V、5000V 等几种，阻值量限有 20MΩ、50MΩ、100MΩ、200MΩ、500MΩ、1000MΩ、2000MΩ、2500MΩ、5000MΩ、10 000MΩ、20 000MΩ、50 000MΩ等十几种。

手摇发电式绝缘电阻表如图 2-3 所示，用绝缘电阻表测量绝缘电阻的接线方式如图 2-4 所示。绝缘电阻表的接线柱有 3 个，分别标有地"E"、线"L"和屏蔽（保护环）"G"。接线时，线接线柱"L"与被测物（与大地绝缘）的导体部分连接，

地接线柱"E"与被测物的外壳或其
他相关导体部分连接，保护接线柱
"G"只在被测物表面严重漏电时才
与被测物的保护环连接，以使其表面
漏电流不经测量线圈而直接到地。连
接用导线必须用单根绝缘导线分开连
接，两根连接线不可缠绞在一起，也
不可与被测设备或地面接触，以避免
导线绝缘不良而引起误差。

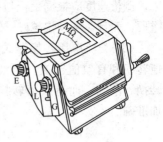

图 2-3　手摇发电式
绝缘电阻表

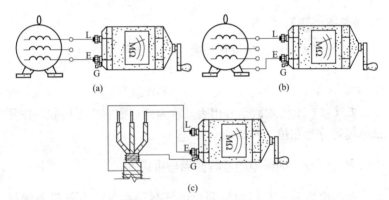

图 2-4　绝缘电阻表测量接线方式
(a) 测量绕组间的绝缘电阻；(b) 测量绕组对机壳的绝缘电阻；
(c) 测量缆芯对电缆外皮的绝缘电阻

绝缘电阻表的使用注意事项如下。

(1) 测量前应正确地选表。一般测量低压电气设备的绝缘电
阻时，应使用 500V 电压等级的绝缘电阻表，不能用高电压等级
的绝缘电阻表，否则可能造成设备绝缘被击穿。测量额定电压
为 500V 以上的电气设备的绝缘电阻时，应选用 1000V 或
2500V 电压等级的绝缘电阻表，不能用低电压等级的绝缘电阻
表，否则会因为电压偏低而影响测量的准确性。测量绝缘子、
母线及隔离开关应选用 2500～5000V 电压等级的绝缘电阻表。

（2）测量前必须将被测设备的电源全部切断，不得带电摇测，特别是电容性电气设备，在测试前还应充分对地放电，测试完毕后也应立即对被测设备放电。在测量中禁止他人接触被测设备，以防触电。

（3）测量前应对绝缘电阻表进行开路和短路试验。将表放水平位置，在未接测试线以前，先慢慢转动绝缘电阻表手柄，指针应指向"∞"位置；再将 L 和 E 两个接线端钮短路，慢慢转动绝缘电阻表手柄，指针应指向"0"位置。

（4）绝缘电阻表的测试线必须采用绝缘良好的两根单芯多股软线，最好使用表计专用测量线，不应使用绞形绝缘软线。测量时测试线要分开，不可互绞。

（5）绝缘电阻表在使用时，应水平放置，且应远离强磁场，操作人员要与带电部位保持安全距离。

（6）测量时顺时针摇动手柄，要均匀用力，逐渐使转速达到 120r/min（以听到表内"嗒嗒"声为准），待指针基本稳定后即可读数，一般读取 1min 后的稳定值。

（7）在绝缘电阻表没有停止转动和测试设备没有放电以前，不可用手触及测试设备和进行拆除导线的工作。

（8）在测量有电容的设备或线路的绝缘电阻时，读取数值后应先将绝缘电阻表线路接线端钮 L 的连线断开后，再减速停止转动，以防止被测试设备向绝缘电阻表反充电而损坏仪表。

【考题精选】

1. 使用绝缘电阻表时，下列做法不正确的是（A）。

（A）测量电气设备绝缘电阻时，可以带电测量电阻

（B）测量时绝缘电阻表应放在水平位置上，未接线前先转动绝缘电阻表做开路实验，看指针是否在"∞"处；再把 L 和 E 短接，轻摇手柄，看指针是否为"0"，若开路指"∞"，短路指"0"，说明绝缘电阻表是好的

(C) 绝缘电阻表测完后应立即将被测物放电

(D) 测量时，摇动手柄的速度由慢逐渐加快，并保持
120r/min 左右的转速约 1min，这时读数较为准确

2. 使用绝缘电阻表时摇动手柄要均匀，其转速一般保持在
(C) r/min 左右。

(A) 80　　　　　　　　　(B) 60

(C) 120　　　　　　　　 (D) 100

考 点 6　惠斯顿电桥的工作原理

电桥是一种比较式测量仪器，它利用比较法测量电路参数，其灵敏度和准确度都较高，广泛应用于电磁测量中。电桥可分为直流电桥和交流电桥两大类，直流电桥又可分为单臂电桥（惠斯顿电桥）和双臂电桥（开尔文电桥）。直流电桥主要用于测量电阻，其中单臂电桥主要用于测量 $1\sim10^6\Omega$ 的中阻值电阻，双臂电桥主要用于测量 $10^{-6}\sim1\Omega$ 的小阻值电阻。交流电桥可以测量电阻、电容、电感等交流参数。

惠斯顿电桥的外形及工作原理如图 2-5 所示，待测电阻 R_X 与标准电阻 R_2、R_3 和 R_4 连成四边形的桥式电路，4 个支路 ac、cb、bd、da 称为桥臂。成品惠斯顿电桥的外形虽各不相同，但内部结构基本一样，面板上的各个旋钮的作用也基本相同。

当电源接通后，调节电桥的一个或几个桥臂的电阻，使检流计的指针指示为零，即达到电桥平衡。电桥平衡时，$I_G=0$，即 c 点和 d 点的电位相等，则

$$U_{ac}=U_{ad}\quad\text{得}\quad I_XR_X=I_4R_4$$
$$U_{cb}=U_{db}\quad\text{得}\quad I_2R_2=I_3R_3$$

将两式相除，即

$$\frac{I_XR_X}{I_2R_2}=\frac{I_4R_4}{I_3R_3}$$

由于 $I_G=0$，所以 $I_X=I_2$，$I_4=I_3$，代入上式，得

$$R_X=\frac{R_2}{R_3}R_4$$

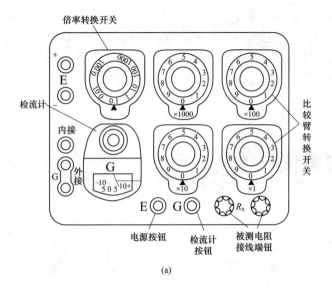

(a)

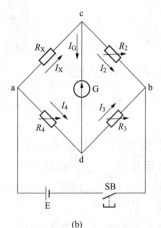

(b)

图 2-5　惠斯顿电桥

（a）外形；（b）工作原理

式中，R_2/R_3 称为电桥的比率臂，其比值（R_2/R_3）常配成各种固定的比例，构成仪表上的 ×0.001、×0.01、×0.1、×1、×10、×100、×1000 各挡。R_4 称为比较臂，一般为可调电阻，供测量时调节，使检流计指零。在测量时，可根据待测电阻的估计值选择一定的比率臂，然后调节比较臂使电桥平衡，则比较臂的数值乘以比率臂的倍数，就是待测电阻的数值。由此可见，提高电桥测量准确度的条件是标准电阻 R_2、R_3、R_4 的准确度要高，检流计的灵敏度也要高，以确保电桥真正处于平衡状态。

【考题精选】

1. 调节直流惠斯顿电桥平衡时，若检流计指针向标有"一"的方向偏转时，说明（C）。

（A）通过检流计电流大，应增大比较臂的电阻

（B）通过检流计电流小，应增大比较臂的电阻

（C）通过检流计电流小，应减小比较臂的电阻

（D）通过检流计电流大，应减小比较臂的电阻

2.（×）当直流惠斯顿电桥达到平衡时，检流计值越大越好。

考点 7　惠斯顿电桥的选用

（1）使用前应先将检流计的锁扣打开，调节调零器把指针调到零位。

（2）用万用表的欧姆挡估测待测电阻值，得出估计值。

（3）将待测电阻接到"R_x"接线端钮上，接线要采用较粗较短的导线，接头要拧紧，这样可以减少接线电阻和接触电阻对测量结果的影响。

（4）根据待测电阻的大小，选择合适的比率臂，要求比较臂的 4 个挡都能被利用，这样能保证测量结果的有效数字。如待测电阻 R_x 只有几十欧姆，应选用×0.01 的比率臂，待测电阻约为几百欧时，应选用×0.1 的比率臂。

（5）先接通电源，再按下检流计按钮，若发现检流计指针向"+"方向偏转，则需增加比较臂电阻，若指针向"一"方向偏

转，则需减少比较臂的电阻。如此反复调节比较臂电阻，直到检流计指针指到零位上，电桥平衡为止。调节过程中，不要把检流计按钮按死，只有调到接近平衡时，才按死按钮进行细调，以免指针猛烈撞击而损坏。

（6）电桥平衡时，先断开检流计按钮，再断开电源按钮。然后读出比较臂和比率臂的数值，即

待测电阻值＝比率臂倍率×比较臂读数

（7）测量完毕，拆下待测电阻，将检流计的锁扣锁上，防止搬动过程中损坏检流计。

（8）若使用外接电源，其电压应按规定选择，过高会损坏电桥，过低会降低灵敏度。若使用外接检流计，应将内附的检流计用短路片短接，将外接检流计接至"外接"接线端钮上。

【考题精选】

1. 直流惠斯顿电桥测量十几欧姆电阻时，比率应选为（B）。

　　（A）0.001　　　　　（B）0.01
　　（C）0.1　　　　　　（D）1

2. （√）直流惠斯顿电桥的比率的选择原则是，使比较臂级数乘以比率级数大致等于被测电阻的阻值。

考点 8　开尔文电桥的工作原理

惠斯顿电桥测量小电阻时，由于连接导线的电阻和接触电阻的影响，会造成很大的误差，因此测量小电阻时要用开尔文电桥。开尔文电桥的外形及工作原理如图 2-6 所示，它适用于测量低阻值电阻（1Ω 以下），如短导线电阻、分流器电阻、大中型电动机和变压器绕组的电阻、开关的接触电阻等。

开尔文电桥是将待测电阻 R_X 和标准电阻 R_4 串联后组成电桥的一个臂，而标准电阻 R_N 和 R_3 串联后组成了与其相对应的另一个臂，它相当于单电桥的比较臂，另外 R_X 与 R_N 之间用一

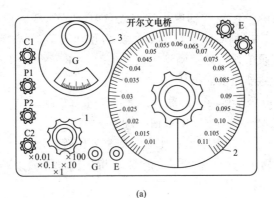

(a)

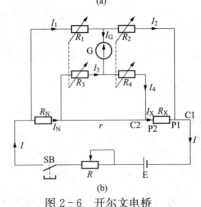

(b)

图 2-6 开尔文电桥

（a）外形；（b）工作原理

1—倍率旋钮；2—标准电阻读数盘；3—检流计

根电阻为 r 的粗导线连接。为了消除接线电阻和接触电阻的影响，待测电阻 R_X 要同时接在 4 个端钮上，其中 P1、P2 称为电位端钮，C1、C2 称为电流端钮，所以 R_X 要做成 4 端引线形式，如图 2-7 所示。

图 2-7 待测电阻引线形式

电阻 R_1、R_2、R_3、R_4 都是阻值不低于 10Ω 的标准电阻，R 是限流电阻。为了使待测电阻 R_X 的值便于计算及消除 r 对测量结果的影响，在调节双臂电阻时采用了机械联动的同步调节机构，使电阻 R_1、R_2、R_3、R_4 同时改变，而始终保持如下比例

$$\frac{R_3}{R_1}=\frac{R_4}{R_2}$$

在此比例下，不管 r 多大，电桥的平衡条件具有与惠斯顿电桥相同的形式，即

$$R_X=\frac{R_2}{R_1}R_N$$

从上面的分析看出，双臂电桥的平衡条件和单臂电桥的平衡条件形式上一致，而电阻 r 可以消除在平衡条件中，因此 r 的大小并不影响测量结果，这是双臂电桥的特点。

【考题精选】

1. 直流开尔文电桥的连接端分为（C）接头。
　　(A) 电压、电阻　　　　(B) 电压、电流
　　(C) 电位、电流　　　　(D) 电位、电阻

2. 直流开尔文电桥共有（D）个接头。
　　(A) 2　　　　　　　　(B) 3
　　(C) 6　　　　　　　　(D) 4

3. 直流开尔文电桥达到平衡时，被测电阻值为（A）。
　　(A) 倍率读数与可调电阻相乘
　　(B) 倍率读数与桥臂电阻相乘
　　(C) 桥臂电阻与固定电阻相乘
　　(D) 桥臂电阻与可调电阻相乘

4. （×）直流开尔文电桥的测量范围为 $0.01\sim11.00\Omega$。

考点 9　开尔文电桥的选用

开尔文电桥的使用方法与惠斯顿电桥基本相同，除遵守惠

斯顿电桥的有关使用事项以外，还应注意下列事项。

（1）待测电阻的外侧一对引线应接电桥的 C1、C2 端钮，内侧一对引线应接电桥的 P1、P2 端钮。实际使用时待测电阻往往只有两个端，测量时应从待测电阻引出 4 根线再接入电桥。接线要尽量选用短而粗的铜导线，触点要清理干净，接线间不得绞合，并要接牢，以减少测量误差。

（2）当电源接通后，调节电桥的各桥臂电阻，使检流计的指针指示为零，即达到电桥平衡。电桥平衡后，用已知电阻值（即调节盘读数）乘以倍率就是待测电阻的阻值，即

$$待测电阻值＝倍率×调节盘读数$$

（3）测量时工作电流很大，电源要尽量采用较大容量的低压电源，一般电压在 2～4V。若采用电池作电源，则操作要快，以免耗电过多，测量结束后应立即关断电源。

【考题精选】

1. 直流开尔文电桥的测量误差为（A）。

    （A）±2%   （B）±4%

    （C）±5%   （D）±1%

2. 直流开尔文电桥为了减少接线及接触电阻的影响，在接线时要求（A）。

    （A）电流端在电位端外侧   （B）电流端在电位端内侧

    （C）电流端在电阻端外侧   （D）电流端在电阻端内侧

考 点 10　惠斯顿电桥与开尔文电桥的区别

（1）结构不同。开尔文电桥待测电阻 R_X 与标准电阻 R_4 共同组成一个桥臂，标准电阻 R_N 和 R_3 组成另一个桥臂，R_X 与 R_N 之间用一阻值为 r 的导线连接起来。

（2）接线不同。开尔文电桥为了消除接线电阻和接触电阻的影响，待测电阻 R_X 要同时接在 4 个端钮上。

（3）测量电阻范围不同。惠斯顿电桥主要测量 $1～10^6 \Omega$ 的

中阻值电阻，开尔文电桥主要测量 $10^{-6}\sim1\Omega$ 的小阻值电阻。

（4）测量准确度不同。由于开尔文电桥可以较好地消除接触电阻和接线电阻的影响，因而在测量小电阻时，能够获得较高的准确度。

【考题精选】

1. 直流惠斯顿电桥用于测量中值电阻，直流开尔文电桥的测量电阻在（B）Ω 以下。

（A）10 　　　　　　　　（B）1

（C）20 　　　　　　　　（D）30

2. 直流单臂惠斯顿电桥测量小值电阻时，不能排除（A），而直流双臂开尔文电桥则可以。

（A）接线电阻及接触电阻 　（B）接线电阻及桥臂电阻

（C）桥臂电阻及接触电阻 　（D）桥臂电阻及导线电阻

3.（√）直流惠斯顿电桥有一个比率，而直流开尔文电桥有两个比率。

考点 11 信号发生器的工作原理

信号发生器又称为信号源，可供被测电路所需特定参数的电测试信号。信号发生器输出信号的波形有正弦信号、函数（波形）信号、脉冲信号和随机信号等，其中正弦信号是使用最广泛的测试信号，这是因为产生正弦信号的方法比较简单，而且用正弦信号测量比较方便，它在电子放大器增益的测量、相位差的测量、非线性失真的测量以及系统频域特性的测量中应用十分广泛。

信号发生器根据工作频率范围可划分为超低频信号发生器（0.0001～1Hz）、低频信号发生器（1Hz～1MHz）、高频信号发生器（100kHz～30MHz）、甚高频信号发生器（30～300MHz）、超高频信号发生器（300MHz 以上）等，但频率范围的划分不是绝对的，存在重叠的情况是与它们的应用范围有关。

低频信号发生器的主要部件有频率产生单元、调制单元、缓冲放大单元、可调衰减输出单元、显示单元、控制单元等，其外形如图2-8所示。

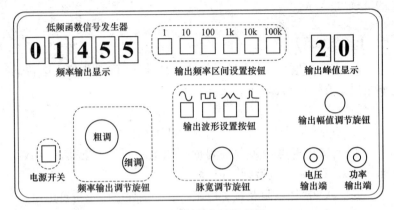

图2-8　低频信号发生器

（1）频率产生单元。基本波形发生电路可以由 RC 振荡器、文氏电桥振荡器或压控振荡器等电路产生，并实现频率调节，它是低频信号发生器的主要部分。

（2）调制单元。基本波形通过矩形波整形电路、正弦波整形电路、三角波整形电路完成正弦波、方波、三角波之间的波形转换。

（3）缓冲放大单元。将波形转换电路输出的波形进行信号放大，提供足够的输出功率。为了保证信号不失真，要求放大器的频率特性好，非线性失真小。

（4）可调衰减输出单元。一般采用连续衰减器和步级衰减器配合进行衰减，可将仪器输出信号进行 20dB（衰减 10 倍）、40dB（衰减 100 倍）或 60dB（衰减 1000 倍）衰减处理，输出各种幅度的函数信号。

早期的信号发生器都采用模拟电路，现代信号发生器越来越多地使用数字电路或单片机控制，内部电路结构上有了很大的变化。目前常用的信号发生器大多由集成电路与晶体管构成，其工作原理是采用恒流充放电来产生三角波，同时产生方波，改变充放电的电流值，就可得到不同的频率信号，当充电与放电的电流值不相等时，原先的三角波可变成各种斜率的锯齿波，同时方波就变成各种占空比的脉冲。另外，将三角波通过波形变换电路，就产生了正弦波。然后正弦波、三角波（锯齿波）、方波（脉冲）经函数开关转换由功率放大器放大后输出。

【考题精选】

1. 信号发生器按频率分类有（D）。

（A）低频信号发生器　　　　（B）高频信号发生器

（C）超高频信号发生器　　　（D）以上都是

2.（√）信号发生器的振荡电路通常采用 RC 串并联选频电路。

考点 ⑫　信号发生器的选用

（1）在选择信号发生器之前，应该明确需要的波形是函数波形、脉冲波形，还是其他的特殊波形等。

（2）了解所需要的信号频率、幅度、相位、占空比等波形的基本参数。

（3）了解信号发生器的性能是否能提供所需要的信号精度及稳定性。

（4）选择信号发生器同步输出通道数量，以便在同一时序下输出不同幅度、频率和相位的信号。

（5）考虑波形编辑能力。信号发生器波形编辑能力主要表现在以下几个方面：①面板按键直接编辑设置；②计算机通信软件编辑能力，一般通过通信接口传输（如 RS－232、GPIB、USB 等接口），此时信号发生器在通信接口基础上软件的编辑功能尤为重要；③波形直接下载功能（如通过示波器等采集仪器），把捕捉到的现场波形，直接传输到信号发生器内仿真输出等。

1. 信号发生器的幅值衰减 20dB，表示输出信号（C）倍。

（A）衰减 20　　　　　　（B）衰减 1

（C）衰减 10　　　　　　（D）衰减 100

2.（√）信号发生器由单片机控制的函数发生器产生信号的频率及幅值，并能测试输入信号的频率。

考点 13　示波器的工作原理

示波器是一种用途极广的电子测量仪器，它可以把非常抽象的、人们无法直接看到的电信号的变化规律转换成肉眼可以观察的波形，显示在示波管的屏幕上，供观察、理解、研究和分析之用。在电工测量中，示波器除了直接观察被测信号的波形外，还可以测量电参数、非电参数。随着科技的发展，它的功能正在不断地增多。

常见的示波器按用途及特点，可分为以下几大类。

（1）通用示波器。采用单束示波管，对电信号进行定性和定量观测的示波器，它电路结构简单、频带较窄、扫描线性差，仅用于观察波形。

（2）多踪示波器。将电子束利用电子开关形成多条扫描线，可以同时观测和比较两个以上信号的示波器，它存在时差，时序关系不准确。

（3）多线示波器。在示波管屏幕上显示的每个波形均由单独的电子束产生的示波器，它能在荧光屏同时显示两个以上同频信号的波形，没有时差，时序关系准确。

（4）取样示波器。经过取样技术，把高频信号模拟转换成低频信号，再用类似通用示波器的原理进行显示的示波器，它的有效频带可达兆赫级。

（5）记忆、存储示波器。能把有关的被测信号波形长时间地保留在屏幕上或存储于电路中，供比较、研究、分析和观测用的示波器，它具有存储信息的功能。

（6）逻辑示波器。用于分析数字系统的逻辑关系的示波器。

（7）数字示波器。内部带有微处理器，外部装有数字显示器的示波器，它可对显示的波形参数进行加、减、乘、除、求平均值、求平方根值、求均方根值等运算，其结果显示在数字显示器上。

通用示波器主要由垂直（Y 轴）放大系统、水平（X 轴）放大系统、触发扫描系统、示波管系统及电源等部分组成，其外形如图 2-9 所示。示波器所显示的波形，是待测信号随时间而变化的波形，也就是信号瞬时值与时间在直角坐标系中的函数图像，其工作原理如下。

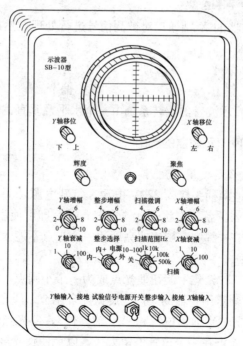

图 2-9　通用示波器

为了使示波管屏垂直方向能反映出待测信号的变化，需把待测信号接到 Y 输入端，经 Y 轴衰减器适当衰减后送至放大器放大，放大后产生足够大的信号加到示波管的 Y 轴偏转板上，以得到垂直方向适当大小的待测信号图形。为了使示波管屏水平方向能反映出时间的变化，需把与时间成正比的待测信号引入 X 轴系统的触发电路，在引入信号的正（或者负）极性的某一电平值产生触发脉冲，启动锯齿波扫描电路，产生扫描电压。扫描电压经 X 轴放大器放大，加到示波管的 X 轴偏转板上，荧光屏就显示出一条水平扫描线。此时，加在 Y 偏转板上的待测信号使电子束受到两个互相垂直的电场力的作用，导致电子束向合力方向偏转，从而在荧光屏上显示出待测信号的波形。

【考题精选】

1. 示波器的 X 轴通道对被测信号进行处理，然后加到示波管的（A）偏转板上。

  （A）水平　　　　　　　　（B）垂直

  （C）偏上　　　　　　　　（D）偏下

2. （×）示波管的偏转系统由一个水平及垂直偏转板组成。

考点 14　示波器的选用

1. 示波器的使用方法

（1）将电源插头接入 220V 电源，打开电源开关，指示灯亮表明仪器进入预备工作状态，预热 15min 后即可使用。

（2）调节"辉度"旋钮使亮度适中，光点不能太亮以防荧光屏被灼烧。

（3）调节"聚焦"旋钮使光点成为一个小圆点，如果光点不成小圆点，则需用"辅助聚焦"旋钮配合调节。

（4）调节" Y 轴移位"和" X 轴移位"，使光点位于屏幕中央。不可使光点在一个位置停留太久，以免使荧光屏受损老化。

（5）将被测信号接入" Y 轴输入"和"接地"，根据被测信号的幅度，适当选择"Y 轴衰减"的挡位。

（6）观察信号波形时，采用内扫描方式，将"X 轴衰减"置于"扫描"挡，然后将"扫描范围"置于所选择的频率挡，扫描频率应按输入信号频率为扫描频率的 1～12 倍这个原则来选择，该倍数也是显示完整波形的个数。波形个数越少，波形越清晰。

（7）为使波形稳定，扫描信号必须与输入信号整步。为此，"整步选择"开关应置于"内＋"或"内－"挡，并调节"整步增幅"，适当增大整步电压，同时调节"扫描微调"使波形稳定下来。

（8）如需测试工频交流波形，可将"Y 轴输入"和"试验信号"两个端钮用导线连接起来，试验信号由机内提供，整步信号可用"整步选择"中的"电源"挡。

（9）如在测试过程中，需要短时停止使用，可将"扫描范围"旋置 10～100 挡，使光点示波器不断慢速扫描，不要经常开闭电源，防止损伤示波管灯丝。

（10）示波器不使用时，应放置在干燥、通风处，防止受潮，损坏内部元件。长期不使用会导致电解电容失效。因此保管示波器不能放置太久，而要在一定时间内（如一个月）让其通电工作一段时间（2h）。

2. 示波器的选择

在示波器的选择上，除了需要考虑带宽、采样率、存储深度等三大主要指标外，还要考虑触发功能、脉冲上升时间、毛刺捕捉能力、测试一致性、扩展分析功能等因素。这些指标和功能之间是相互关联的，甚至在一定程度上还存在着制约关系。

（1）确定待测信号的形状和个数。如需观测一个低频正弦信号，可选择通用示波器，如 ST16 型等；若需同时观测比较两个信号或观测脉冲信号，可选择双踪或双线示波器，如 SR8、SR37 型等。

（2）确定模拟示波器还是数字示波器。数字示波器和模拟示波器各有其优缺点，传统的观点认为模拟示波器具有熟悉的控制面板、价格低廉，因而觉得使用方便。但是随着数字示波器的价格不断降低，以及不断增加的测量能力和实际上不受限制的测量功能，使其逐渐取代模拟示波器。

（3）确定待测信号带宽。带宽决定示波器对信号的基本测量能力，如果没有足够的带宽，示波器将无法测量高频信号，幅度将出现失真，边缘将会消失，细节数据将被丢失。作为一个基本准则，所使用示波器的带宽应至少高出被测信号中的最高频率 3 倍。

（4）确定采样速率。它指示波器对信号采样的频率，对于单次信号测量，最关键的性能指标就是采样速率。采样速率越快，所显示的波形的分辨率和清晰度越高，重要信息和事件丢失的概率就越小。

（5）确定存储深度。存储深度又称记录长度，是示波器所能存储的采样点多少的度量。如果需要不间断地捕捉一个脉冲串，则要求示波器有足够的存储器以便捕捉整个事件。将所要捕捉的时间长度除以精确重现信号所需的采样速率，可以计算出所要求的存储深度。

（6）确定触发功能。示波器的触发功能使信号在正确的位置点同步水平扫描，使信号特性清晰。大多数示波器只采用边沿触发方式，如果拥有其他触发功能在某些应用上是非常有用的，特别是对新设计产品的故障查询、事件分离等，从而最有效地利用采样速率和存储深度。

（7）确定脉冲上升时间。脉冲上升时间为脉冲自 10％幅度值上升至 90％幅度值的时间，一般要求示波器的脉冲上升时间比被测脉冲信号的上升时间小 3 倍以上，以消除明显的测量误差。

【考题精选】

1.（B）适合现场工作且要用电池供电的示波器。

(A) 台式示波器   (B) 手持示波器

(C) 模拟示波器   (D) 数字示波器

2. 高品质、高性能的示波器一般适合（C）使用。

(A) 实验   (B) 演示

(C) 研发   (D) 一般测试

3.（√）示波器的带宽是测量交流信号时，示波器所能测试的最大频率。

考点 15 晶体管特性图示仪的选用

晶体管特性图示仪是一种能在荧光屏上直接显示晶体管特性曲线的专用仪器，它通过荧光屏上的刻度及旋钮位置可以直接读出晶体管的各项应用参数和极限参数，可以观测 PNP 型或 NPN 型晶体管的共射、共基或共集接法的输出、输入等特性曲线和参数，还可以对二极管、稳压管、晶闸管等进行测定。

常用的晶体管特性图示仪型号有 QT1、JT1、DW4822 和 XJ4810 等，它们主要由示波器、基极阶梯信号和集电极扫描信号 3 部分组成，其工作原理基本相同，可以根据具体需要进行选用。JT1 型晶体管特性图示仪的外形如图 2-10 所示，面板上的开关旋钮按其作用可分为 4 大部分：①示波器控制部分，包括示波管控制、Y 轴作用、X 轴作用（面板的右上方）；②集电极扫描信号控制部分（面板左下方）；③基极阶梯信号控制部分（面板右下方）；④测试台（中下方）。

晶体管特性图示仪的使用方法如下。

（1）开启电源，指示灯发亮，预热 15min 后使用。

（2）接入被测管子。图示仪正下方有一斜台，上面有 1 对固定插座和 1 对可变插座，固定插座的 E 端固定接地，可变插座的接地极可以改变。可根据测量要求选择使用。如果测试二极管特性，可插入 E、C 孔内。

（3）调整好极性选择开关。图示仪有两个极性选择开关，一个是集电极扫描电压极性选择开关，另一个是阶梯电压极性选

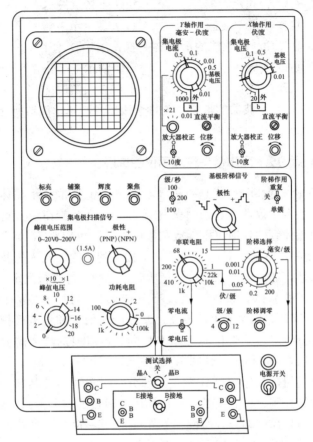

图 2-10　JT1 型晶体管特性图示仪

择开关。测试前，应根据被测晶体管的类型（NPN 还是 PNP），将极性选择开关放在正确位置：对于 NPN 型晶体管，放在正的位置；对于 PNP 型晶体管，则放在负的位置。

（4）调节标尺亮度旋钮，一般观测时用红色标尺，摄影时用黄色标尺。调节辉度、聚焦与辅助聚焦旋钮，使光点清晰，调节方法与示波器相似。

（5）将集电极扫描的全部旋钮调到需要的范围，通常是将峰值电压范围旋钮置于 0～20V 挡，峰值电压旋钮旋于 0，功耗限制电阻置于比较大的挡（如 1kΩ 以上），测试时根据需要再作相应的调整。

（6）将 Y 轴作用部分的毫安－伏/度与倍率调到需读测的范围。通常倍率开关先置于×1 处，在测试微电流时，倍率置于×0.1 处。

（7）将 X 轴作用部分的伏/度调到需读测的范围。

（8）将基极阶梯信号部分的极性、串联电阻、阶梯选择（毫安/级或伏/级）调到被测晶体管需读测的范围，阶梯作用视需要选择，通常置于重复，级/秒一般选 200 为宜。

（9）X 轴和 Y 轴的灵敏度校正。利用 X 轴和 Y 轴放大器校正开关，使它从"零点"扳至"－10 度"时，屏面上光点正好跳动 10 格。

（10）在测试中应特别注意阶梯选择、功耗限制电阻和峰值电压范围这 3 个开关转动的位置，这 3 个开关位置不当容易造成被测晶体管损坏。

（11）在测试前应对被测晶体管的性能和极限参数有所了解，测试中应注意被测晶体管是否过热。

（12）测试结束后，应将集电极扫描的峰值电压范围置于 0～20V 处，峰值电压旋至 0，功耗限制电阻置于比较大的位置，基极阶梯信号的阶梯选择开关置于小于 0.01 毫安/级处，并关掉电源，以防下次使用仪器时因不慎而损坏被测晶体管。

【考题精选】

1. 晶体管特性图示仪零电流开关的作用是测试管子的（B）。

　　（A）击穿电压、导通电流

　　（B）击穿电压、穿透电流

　　（C）反偏电压、穿透电流

　　（D）反偏电压、导通电流

2. 晶体管特性图示仪可观测（D）特性曲线。

(A) 共基极   (B) 共集电极

(C) 共发射极   (D) 以上都是

3. 使用晶体管特性图示仪时，应先预热（C）min 后，即可进行测试。

(A) 5   (B) 10

(C) 15   (D) 25

4. 晶体管特性图示仪的功耗限制电阻相当于晶体管放大电路的（B）电阻。

(A) 基极   (B) 集电极

(C) 限流   (D) 降压

考点 16　晶体管毫伏表的选用

1. 晶体管毫伏表的工作原理

晶体管毫伏表是专门用来测量低频交流电压的仪表，其刻度指示为正弦波的有效值，具有灵敏度高、量程大、输入阻抗高等优点。

晶体管毫伏表根据频率测量范围的要求，可分为检波放大式和放大检波式两种。检波放大式的特点是被测电压加到仪表输入端后，先检波，后放大。由于检波后得到的电压是直流，因此具有宽广的频率响应而被广泛地用于超高频毫伏表，但是被测电压未经放大就检波，在测量小电压时外界的干扰影响较大，因此只能作伏特表使用，如 DYC‐5 型、DA‐22 型、HFJ‐8型等。放大检波式的特点是被测电压先作交流放大，检波置于最后，使在大信号检波时产生良好的指示线性，同时便于对微弱电压的测量，因此可作毫伏表使用，如 DY‐5 型、DYF‐5 型等。

晶体管毫伏表由高阻分压器、射极输出器、低阻分压器、放大电路、检波电路、指示器和电源供给电路等几部分组成，其外形如图 2‐11 所示。当被测信号输入后，先经高阻分压器衰减，接入射极输出器，利用射极输出器高输入阻抗和低输出阻抗的特性，分别与前级高阻分压器和后级低阻分压器相匹配。被测信号电压经分压电路后，保持一定的大小送到放大电路进行电压放大。信号经放入电路后，加到检波电路进行检波，将被测正弦交流信号的电压转换成相应大小的直流电流，随后推动直流微安表指针偏转显示读数。

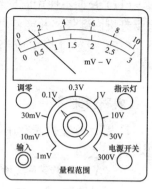

图 2-11　晶体管毫伏表

2. 晶体管毫伏表的使用方法

（1）接通电源开关。

（2）待电压指针来回摆动数次后，将红、黑测试线短路，然后转动调零电位器，将指针调整到零位。

（3）根据被测信号的大小，选择适当的量程。在不知被测电压大小的情况下，可先选在最高量程（300V）进行测试。

（4）将毫伏表接入被测电路，与被测电路并联。连接电路时，被测电路的公共地端应与毫伏表的接地线相连。连接时先接上地线，然后接另一端；测量完毕时，则应先断开不接地的一端，然后断开地线，以避免在较高灵敏度挡级（毫伏挡）时，因人手触及输入端而使表头指针过负荷打坏。

（5）根据毫伏表的大约指示值再选择电压测量范围挡，使读数精度最高，然后根据表面指示值读出读数。

（6）测试线短路时，指针稍有噪声偏转（1mV 挡不大于满度值的 2%）是正常的。

（7）所测交流电压中的直流分量不得大于 300V。

（8）由于仪器灵敏度较高，接地点必须良好。

（9）使用高灵敏度量程挡（如 100mV 以下各挡）在未进行测量时应将输入端短路，以免外来干扰使指针超出满刻度。

（10）仪器应经常保持清洁，并放置于干燥通风的环境中。

（11）长期不使用时应经常通电，使仪器依靠自身发出的热量驱赶机内潮气，并能使电容器处于良好状态。

（12）搬运过程中应当小心轻放，以免损坏表头造成精度下降。

【考题精选】

1. 晶体管毫伏表专用输入电缆线，其屏蔽层、线芯分别是（B）。

    （A）信号线、接地线   （B）接地线、信号线

    （C）保护线、信号线   （D）保护线、接地线

2. 晶体管毫伏表的最小量程一般为（B）。

    （A）10mV   （B）1mV

    （C）1V   （D）0.1V

3. 晶体管毫伏表测试频率范围一般为（D）。

    （A）5Hz～20MHz   （B）1kHz～10MHz

    （C）500Hz～20MHz   （D）100Hz～10MHz

第三章 电子元器件及电子电路

考点 1 二极管的结构和符号

二极管是一种电压与电流曲线（即伏安特性）呈非线性的电子元件，它是由 P 型半导体和 N 型半导体构成的 1 个 PN 结的半导体器件，具有重量轻、体积小、寿命长、耗电省等优点，几乎在所有的电子电路中，都要用到二极管。二极管具有按照外加电压的方向，使电流流动或不流动的单向导电性质，主要在电路中用作整流、检波、稳压、变容、续流、限幅、信号隔离、钳位保护、开关等。

二极管的结构是在一个 PN 结的 P 区和 N 区各接出一条引线，再封装在管壳内。PN 结通常采用半导体材料，如锗（Ge）、硅（Si）、砷化镓（GaAs）等，由 P 区引出的引线称为正（阳）极，由 N 区引出的引线称为负（阴）极。二极管在电路中常用字母 VD 表示，其结构及图形和文字符号如图 3-1 所示。

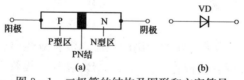

图 3-1 二极管的结构及图形和文字符号

(a) 结构；(b) 图形和文字符号

二极管按其 PN 结的结构可分为点接触型、面接触型和平面型 3 类，如图 3-2 所示。点接触型二极管的 PN 结是由一根很细的金属触丝（如三价元素铝）和一块半导体（如锗）的表面牢固地熔接在一起构成的，由于金属丝很细，形成的 PN 结面积很小，所以结电容很小，因此不能承受高的反向电压和大的电流，它适用于做高频检波和脉冲数字电路里的开关元件，也可用来作小电流整流。面接触型二极管的 PN 结是用合金法或扩散法做成的，由于 PN 结面积大，故可承受较大的电流而适用于做整流元件，但它极间电容较大，故不宜用于高频电路中。平面型二极管是一种特制的硅二极管，它的 PN 结面积可大可小，PN 结面积大时不仅能通过较大的电流，而且性能稳定可靠，可用于大功率整流；PN 结面积小时结电容也小，一般用于集成电路、开关电路、脉冲数字电路及高频整流。

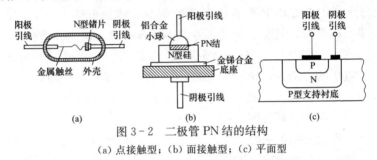

图 3-2　二极管 PN 结的结构

（a）点接触型；（b）面接触型；（c）平面型

【考题精选】

1. 点接触型二极管应用于（C）。
   （A）整流　　　　　　　　（B）稳压
   （C）开关　　　　　　　　（D）光敏
2. 半导体整流电路中使用的整流二极管应选用（D）。
   （A）变容二极管　　　　　　（B）稳压二极管
   （C）点接触型二极管　　　　（D）面接触型二极管

考点 2　二极管的工作原理

1. 二极管的特性

晶体二极管最重要的特性就是具有单向导电性，在电路中，一般情况下只允许电流从正极流向负极，而不允许电流从负极流向正极。

（1）正向特性。在电子电路中，将二极管的正极接在高电位端，负极接在低电位端，二极管就会导通，这种连接方式，称为正向偏置。二极管导通后，其电压与电流不呈线性关系，所以二极管是非线性半导体器件。

必须说明，当加在二极管两端的正向电压很小时，二极管仍然不能导通，流过二极管的正向电流十分微弱。只有当正向电压达到某一数值（锗管约为 0.1V，硅管约为 0.5V，称死区电压）以后，二极管才能真正导通。导通后二极管两端的电压称为正向压降，其大小基本上保持不变（锗管约为 0.3V，硅管约为 0.7V）。

（2）反向特性。在电子电路中，将二极管的正极接在低电位端，负极接在高电位端，此时二极管中几乎没有电流流过，二极管处于截止状态，这种连接方式，称为反向偏置。二极管处于反向偏置时，仍然会有微弱的反向电流流过二极管，称为漏电流。当二极管两端的反向电压增大到某一数值时，反向电流会急剧增大，二极管将失去单向导电特性，这种状态称为二极管的反向击穿。在二极管反向击穿后，如果有适当的限流电阻将电流限制在二极管能承受的范围内，则二极管不会损坏。如果没有适当的限流措施，则二极管会因电流过大造成过热而永久损坏。

2. 二极管的主要参数

为了保证二极管长期正常安全地工作，选用二极管时主要考虑以下 3 个参数。

（1）最大正向电流。指在规定的散热条件下，二极管长期安全运行时允许通过的最大正向电流的平均值。如果实际工作时正向电流的平均值超过此值，二极管可能会因过热而损坏。

（2）最大反向工作电压。指二极管允许承受的最高反向电压，常称为额定工作电压，一般规定最高反向工作电压为反向击穿电压的 1/2。

（3）最大反向电流。指二极管在最大反向工作电压下工作，流过的未被击穿时的反向电流，此值越小，二极管的质量越好。由于它与周围的温度有关，因此，二极管在使用时应注意温度条件。

3. 稳压二极管的特性

稳压二极管又称齐纳二极管，是一种特殊的面接触型硅（硅比锗的热稳定性要好）二极管。稳压二极管的正常工作区域是反向击穿区，只要反向电流限制在一定范围内，它虽击穿却不损坏，可以持续反复使用。由于稳压二极管在电路中与电阻串联后能起稳定电压作用，故称为稳压管，主要用来稳定直流电压，也有用于开关电路、浪涌保护电路、偏置电路和直流电平偏移电路等。

稳压二极管正向特性和普通二极管相似，而反向特性则不同。若在其两端加上反向电压，在被击穿前，其反向特性和普通二极管一样。但击穿后，反向特性表现为在极小的电压变化范围内，其电流在较大的范围内变化，即稳压二极管反向击穿后，尽管流过的电流变化很大，但其两端的电压却基本保持不变，稳压二极管就是利用这种反向特性达到稳压的目的。要使硅稳压二极管工作在反向击穿区，则必须加上反向电压，并使反向电压大于击穿电压。

【考题精选】

1. 当二极管外加反向电压时，反向电流很小，且不随（D）变化。

  (A) 正向电流   (B) 正向电压

  (C) 电压   (D) 反向电压

2. (×) 二极管两端加上正向电压就一定会导通。

考 点 ③ 常用二极管的符号

常用二极管根据材料不同，可分为硅二极管和锗二极管；根据用途不同，又可分为普通二极管、整流二极管、检波二极管、稳压二极管、光敏二极管、发光二极管、变容二极管等，它们功能不同，但基本参数相近。常用二极管外形如图3-3所示，其图形符号如图3-4所示。

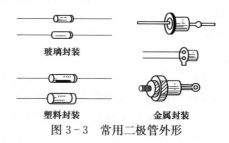

图3-3 常用二极管外形

<table>
<tr><td>(a)</td><td>(b)</td><td>(c)</td></tr>
<tr><td>(d)</td><td>(e)</td><td>(f)</td></tr>
<tr><td>(g)</td><td>(h)</td><td>(i)</td></tr>
<tr><td>(j)</td><td>(k)</td><td>(l)</td></tr>
</table>

图3-4 常用二极管的图形符号

（a）二极管；（b）发光二极管；（c）双向触发二极管；（d）双向击穿二极管；（e）稳压二极管；（f）隧道二极管；（g）肖特基二极管；（h）场效应二极管；（i）温度效应二极管；（j）磁敏二极管；（k）变容二极管；（l）恒流二极管

（1）整流二极管。常用的有2AZ、2CZ系列，用于不同功率的整流。

（2）检波二极管。常用的有2AP系列，用于高频电路检波及限幅等。

（3）稳压二极管。常用的有2CW、2DW系列，用于各种稳压电路。

（4）变容二极管。常用的有2CC系列，是一种可控电抗元件，接到LC振荡回路中构成调频电路。

（5）双基极二极管（又称单结晶体管，简称单结管）。常用的有 BT 系列，主要用于各种张弛振荡电路、定时电压读出电路。其优点是温度稳定性好、频率易调等。

（6）发光二极管。在电流（压）的作用下发光，具有高亮度、低功耗等优点。

（7）开关二极管。常用的有 2AK、2CK 系列，用于脉冲电路及开关电路。

（8）阻尼二极管。常用的有 2CN 系列，是一种高频高压整流二极管，在电视机行扫描电路中作阻尼和升压、整流用。

（9）硅堆、高压硅堆（又称硅柱、高压硅柱）。是一种硅高频高压整流二极管，能耐几千伏甚至上万伏的高压，常用于电视机中作高频高压整流器件。

（10）其他二极管。如 TVP 二极管（瞬时电压抑制二极管）、隧道二极管、光敏二极管、压敏二极管、磁敏二极管、温敏二极管等。

【考题精选】

1. 如题图 2 所示为（A）的图形符号。
　　（A）光敏二极管　　　　　　（B）整流二极管
　　（C）稳压二极管　　　　　　（D）普通二极管

2.（×）稳压二极管的符号与普通二极管的符号是相同的。

题图 2　图形符号

考点 4　晶体管的结构和符号

晶体管又称晶体三极管，简称三极管，它是由 2 个 PN 结和 3 层半导体制成的半导体器件，具有结构牢固、寿命长、体积小、耗电小等优点，是放大电路、振荡电路及各种电子设备的关键元件，应用十分广泛。晶体管能把微弱的电信号放大，推动负载（喇叭、显像管、继电器、仪表等）工作；又能工作于开关状态，显示出"0"和"1"两个数码，是构成数字集成电路的基础。

晶体管和二极管一样，也是由 P 型半导体和 N 型半导体构成的，所不同的是晶体管有 3 层半导体、2 个 PN 结、3 个电极，其内部结构及图形与文字符号如图 3-5 所示。2 个 PN 结分别称为发射结和集电结，它把整块半导体基片分成 3 部分，中间部分是基区，两侧部分是发射区和集电区，从 3 个区引出的 3 个电极分别称为发射极（E 极）、基极（B 极）和集电极（C 极）。晶体管内部结构的特点是发射区的掺杂浓度大于基区，基区非常薄，集电区的掺杂浓度较小，集电结面积较发射结大。

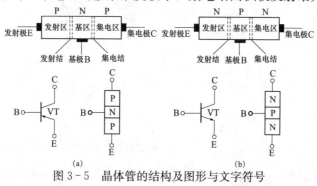

图 3-5 晶体管的结构及图形与文字符号

(a) PNP 型；(b) NPN 型

按晶体管内部半导体排列顺序的不同，晶体管可分为 PNP 管和 NPN 管两大类，基区是 P 型半导体的称为 NPN 型晶体管，基区是 N 型半导体的称为 PNP 型晶体管。这两类晶体管的电压极性和电流方向是相反的，PNP 型晶体管发射极 E 箭头朝内，表示电流从发射极流向集电极；NPN 型晶体管发射极 E 箭头朝外，表示电流从集电极流向发射极。

晶体管采用塑料、陶瓷、金属等封装，其外形如图 3-6 所示。国产晶体管常用型号有 3AX（PNP 型低频小功率管）、3BX（NPN 型低频小功率管）、3CG（PNP 型高频小功率管）、3DG（NPN 型高频小功率管）、3AD（PNP 型低频大功率管）、3DD（NPN 型低频大功率管）、3CA（PNP 型高频大功率管）、3DA（NPN 型高频大功率管）等。进口产品有美国生产的 2N6275、

2N5401、2N5551 等，韩国三星电子公司生产的 9011～9018 等系列，其中 9011、9013、9014、9016、9017、9018 为 NPN 型晶体管，9012、9015 为 PNP 型晶体管，9016、9018 为高频晶体管（特征频率在 500MHz 以上），9012、9013 为功率放大晶体管（耗散功率为 625mW 以上）。

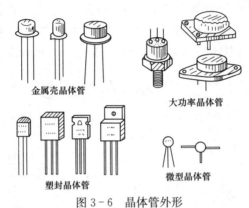

图 3-6　晶体管外形

1. 如题图 3 所示，为（B）晶体管图形符号。

　（A）锗管

　（B）NPN 型

　（C）PNP 型

　（D）硅管

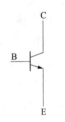

题图 3　晶体管的图形符号

2.（√）晶体管有两个 PN 结、三个引脚、三个区域。

考点 5　晶体管的工作原理

1. 晶体管的主要作用

（1）电流放大作用。晶体管最基本的作用是电流放大，它可以把微弱的电信号变成具有一定强度的信号。当给晶体管的基极注入一个微小的电流时，可以在它的集电极上得到一个放大了的集电极电流。这就是晶体管的电流放大作用，所以晶体管是电流控制型器件。

1) 晶体管电流放大的条件。要使晶体管实现电流放大，必须满足发射结正偏，集电结反偏。对于 NPN 管，3 个电极的电位应满足 $U_C > U_B > U_E$；对于 PNP 管，则应满足 $U_C < U_B < U_E$。

2) 晶体管各电极电流的分配关系。实验表明，3 个电极的电流关系满足下式

$$I_E = I_B + I_C$$

因 $I_C \gg I_B$，上式也可写成：$I_E \approx I_C$。

3) 晶体管的电流放大。由实验可知，适当地改变发射结的正向偏置电压，使基极电流有一微小的变化，便可测得集电极电流有较大的变化。晶体管的电流放大能力用交流电流放大系数表示，即

$$\beta = \frac{\Delta I_C}{\Delta I_B}$$

通常 β 值在 30～100 较为合适，太小放大作用差，太大性能不稳定。

（2）电子开关作用。在数字电路中，晶体管具有电子开关的作用。由于数字电路只与两个值有关，即"1"或"0"、"开"或"关"、"高电平"或"低电平"，因此，对于 NPN 型晶体管来说，当它的基极 B 为高电平"1"时，晶体管导通，这时集电极 C 和发射极 E 相当于接通的开关。而当基极 B 为低电平"0"时，晶体管截止，相当于开关断开，这就形成了一种电子开关。而对于 PNP 型晶体管来说，其极性正好与 NPN 型的晶体管相反。

2. 晶体管的工作状态

晶体管在电路中有各种接法，但工作状态只有 3 种：放大状态、饱和状态和截止状态。晶体管要起放大作用，就应当处于放大状态；晶体管要起开关作用，就应当处于饱和导通状态

或截止状态。

（1）放大状态。无论是 PNP 型还是 NPN 型晶体管，要使其进入放大状态，必须给晶体管各个电极加上合适的直流电压，即发射极接正向电压（正偏），集电极接反向电压（反偏）。若同时满足这两个条件，晶体管就处于放大状态，这时基极电流对集电极电流起着控制作用，使晶体管具有电流放大作用。

（2）截止状态。当加在晶体管发射结的电压小于 PN 结的导通电压时，基极电流为零，集电极电流和发射极电流都为零。这时晶体管失去了电流放大作用，集电极和发射极之间相当于开关的断开状态，这种状态我们称为截止状态。

（3）饱和导通状态。当加在晶体管发射结的电压大于 PN 结的导通电压，并当基极电流增大到一定程度时，集电极电流不再随着基极电流的增大而增大，而是处于某一定值附近不变。这时晶体管失去了电流放大作用，集电极和发射极之间相当于开关的导通状态，这种状态我们称为饱和导通状态。

3. 晶体管主要技术参数

（1）直流参数。

1）共发射极直流电流放大倍数 h_{FE}。指在共发射极电路中，无信号输入（静态）的情况下，晶体管 I_C 与 I_B 的比值，即 $h_{FE}=I_C/I_B$。

2）集电极-基极反向截止电流 I_{CBO}。又称为集电极-基极反向饱和电流，是指晶体管发射极开路时，在集电结上加上规定的反向偏置电压时的集电极和基极之间的电流。

在一定温度下，I_{CBO} 数值很小，基本上是一个常数。I_{CBO} 受温度的影响较大，温度升高，I_{CBO} 增加。无论硅管或锗管，作为工程上的估算，一般都按温度每升高 10℃，I_{CBO} 增大 1 倍来考虑。一般小功率锗管的 I_{CBO} 为几微安到几十微安；硅管的 I_{CBO} 要小得多，可达到纳安级，因此硅管的热稳定性比锗管好。

3）集电极-发射极反向截止电流 I_{CEO}。又称穿透电流，是指晶体管基极开路时，在发射结加上正向偏置电压、集电结加上反向偏置电压时的集电极流向发射极的电流，其大小为 $I_{CEO}=(1+\beta)\,I_{CBO}$。

当温度升高时，I_{CBO} 增加，则 I_{CEO} 增加更快，对晶体管的工作影响更大。因此 I_{CEO} 是衡量晶体管质量好坏的重要参数，其值越小越好。

（2）交流参数。

1）共发射极交流电流放大倍数 β。指在共发射极电路中，有信号输入（动态）的情况下，晶体管 I_C 变化量与 I_B 变化量的比值，即 $\beta=\Delta I_C/\Delta I_B$。

β 与 h_{FE} 两者关系密切，一般情况下较为接近，但两者含义不同而且在不少场合两者并不等同甚至相差很大。常用的小功率晶体管，β 的取值范围为 20～150，大功率晶体管的 β 值一般较小（10～30）。β 受温度的影响较大，温度升高，β 增加。选用晶体管时，既要考虑 β 值大小，又要考虑晶体管的稳定性能。

2）共基极交流电流放大倍数 α。指在共基极电路中，有信号输入（动态）的情况下，晶体管 I_C 变化量与 I_E 变化量的比值，即 $\alpha=\Delta I_C/\Delta I_E$，$\alpha$ 和 β 有如下关系 $\beta=\alpha/(1-\alpha)$。

3）共基极截止频率 f_a。指晶体管共基极应用时的频率限制，在晶体管产品系列中，常根据 f_a 的大小划分低频管和高频管。国家规定 $f_a<3MHz$ 的为低频管，$f_a\geqslant 3MHz$ 的为高频管。

（3）极限参数。

1）集电极最大电流 I_{CM}。指晶体管集电极允许通过的最大电流。当 $I_C>I_{CM}$ 时，管子不一定会烧坏，但 β 等参数将发生明显变化，会影响管子正常工作，故 I_C 一般不能超出 I_{CM}。

2）集电极最大允许功耗 P_{CM}。指晶体管参数变化不超过规定允许值时的最大集电极耗散功率。使用晶体管时，实际功耗不允许超过 P_{CM}，因为功耗过大往往是晶体管烧坏的主要原因。

3）集电极-发射极击穿电压 BU_{CEO}。指晶体管基极开路时，允许加在集电极和发射极之间的最高电压。通常情况下，集电极和发射极之间的电压不能超过 BU_{CEO}，否则会使晶体管击穿或特性变坏。

4）集电极-基极击穿电压 BU_{CBO}。指晶体管发射极开路时，允许加在集电极和基极之间的最高电压。通常情况下，集电极和基极之间的电压不能超过 BU_{CBO}。

1. 测得某电路板上晶体管 3 个电极对地的直流电位分别为 $V_E = 3V$，$V_B = 3.7V$，$V_C = 3.3V$，则该管工作在（B）。

　　（A）放大区　　　　　　（B）饱和区

　　（C）截止区　　　　　　（D）击穿区

2. 晶体管的 f_a 高于或等于（C）为高频管。

　　（A）1MHz　　　　　　（B）2MHz

　　（C）3MHz　　　　　　（D）4MHz

考点 6　三端集成稳压器型号

三端集成稳压器是一种典型的串联调整式稳压器，它采用了线性集成电路的通用线路理论和技术，将启动、取样、基准、比较放大和调整电路以及过电流、过电压和过热等保护电路全部都制作在一块硅晶片上，其工作原理与分立元器件构成的串联调整式稳压器电路完全相同。三端集成稳压器只有 3 个引出端子，即电压输入端、电压输出端和公共接地端，因而它具有外接元件少、安装调试方便、稳压精度高、性能稳定、价格低廉等优点，现已成为集成稳压器的主流产品，得到了广泛的应用。三端集成稳压器根据国家标准，其型号意义如下。

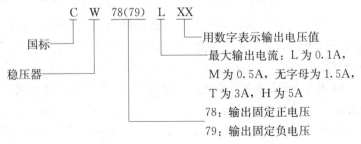

1. 三端集成稳压器 W7905，其输出电压为（B）V。

    （A）＋5   （B）－5

    （C）＋7   （D）＋8

2. CW7806 的输出电压、最大输出电流为（A）。

    （A）6V、1.5A   （B）6V、1A

    （C）6V、0.5A   （D）6V、0.1A

考点 7 三端集成稳压器的选用

三端集成稳压器包含 78×× 和 79×× 两大系列，78×× 系列是三端正输出稳压器，79×× 系列是三端负输出稳压器，其中 ×× 表示固定电压输出的数值。两大系列的稳压器外形相同，但引脚排列顺序不同，对于金属封装的 78×× 系列稳压器，金属外壳为公共地端，而同样封装的 79×× 系列稳压器，金属外壳是负电压输入端，对于塑料封装的稳压器，使用时一般要加装散热片。三端集成稳压器的封装及引脚排列如图 3-7 所示，

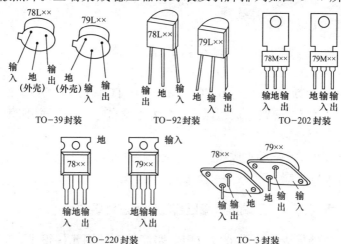

图 3-7 三端集成稳压器的封装及引脚排列

其中最常用的是 TO‐220、TO‐202 两种封装形式，使用时应对照封装外形图，引脚不能接错。

目前，以美国仙童公司的 μA7800（正输出）和 μA7900（负输出）系列产品作为通用系列标准，国产对应的有 CW7800 和 CW7900 系列稳压器。各系列的输出电压有 5V，6V，7V，8V，9V，10V，12V，15V，18V，20V 和 24V 共 11 个档次。输出电流有 5A（CW78H、CW79H）、3A（CW78T、CW79T）、1.5A（CW7800、CW7900）、0.5A（CW78M、CW79M）、0.1A（CW78L、CW79L）共 5 个档次。由于稳压器内部设有可靠的保护电路，使用时不易损坏，但不足之处是输出电压不能调整，不能直接输出非标称值电压，电压稳定度还不够高，应用起来不太方便。

选用三端集成稳压器时，首先要考虑的是输出电压是否要求可以调整。若不需调整输出电压，则可选用输出固定电压的稳压器；若要调整输出电压，则应选用可调式稳压器。稳压器的类型选定后，就要进行参数的选择，其中最重要的参数就是输出最大电流值，这样大致即可确定出集成稳压器的型号。

【考题精选】

1. 78 及 79 系列三端集成稳压器的封装通常采用（A）。
   （A）TO‐220 和 TO‐202 （B）TO‐110 和 TO‐202
   （C）TO‐220 和 TO‐101 （D）TO‐110 和 TO‐220

2. （√）三端集成稳压器可分为正输出电压和负输出电压两大类。

3. （√）三端集成稳压器有三个接线端，分别是输入端、接地端和输出端。

考点 8　三端集成稳压器的使用注意事项

三端集成稳压器虽然应用电路简单，外围元件很少，但若使用不当，同样会出现稳压器被击穿或稳压效果不良的现象，所以在使用中必须注意以下事项。

(1) 要防止产生自激振荡。三端集成稳压器内部电路放大级数多，开环增益高，工作于闭环深度负反馈状态，若不采取适当补偿移相措施，则在分布电容、电感的作用下，电路可能产生高频寄生振荡，从而影响稳压器的工常工作。

(2) 输入电压比输出电压不要高太多，否则会严重发热，一般高 3～5V 比较理想。

(3) 为了提高稳压性能，应注意电路的连接布局。一般稳压电路不要离滤波电路太远，另外，输入线、输出线和接地线应分开布设，并采用较粗的导线且要焊牢。

(4) 在使用中应注意防止输入端对地短路、输入端和输出端反接、输入端滤波电路断路、输出端与其他高电压电路连接、稳压器接地端开路等问题，以避免损坏稳压器。

(5) 三端集成稳压器是一个功率器件，它的最大功耗取决于内部调整管的最大结温。因此，要保证集成稳压器能够在额定输出电流下正常工作，就必须为集成稳压器采取适当的散热措施。稳压器的散热能力越强，它所承受的功率也就越大。

【考题精选】

1. (×) 不同型号、不同封装的三端集成稳压器，三个引脚的功能是一样的。

2. (√) 三端集成稳压器选用时既要考虑输出电压，又要考虑输出电流的最大值。

考点 9 常用逻辑门电路的种类

门电路是开关电路的一种，它具有一个或多个输入端，而输出端只有一个。当输入端满足一定条件时，门电路便"开门"，允许信号通过；当输入端不满足一定条件时，门电路便"关门"，不允许信号通过，从而实现了对各种信号的逻辑控制，因此广泛应用在自动控制和自动检测装置中。

门电路因输入量与输出量之间符合一定逻辑关系，所以门电路也称逻辑门电路。基本的逻辑门电路有"与"门、"或"门、"非"门3种，利用基本逻辑门电路进行一定的组合，可构成4种常用的逻辑门电路，即"与非"门、"或非"门、"与或非"门、"异或"门。

逻辑门电路的逻辑式、图形符号、逻辑功能见表3-1。

表3-1　逻辑门电路的逻辑式、图形符号、逻辑功能

门电路	逻辑式	图形符号	逻辑功能
与门	$Y=A \cdot B$	A—B—[&]—Y	有0出0 全1出1
或门	$Y=A+B$	A—B—[≥1]—Y	有1出1 全0出0
非门	$Y=\overline{A}$	A—[1]o—Y	反相
与非门	$Y=\overline{A \cdot B}$	A—B—[&]o—Y	有0出1 全1出0
或非门	$Y=\overline{A+B}$	A—B—[≥1]o—Y	有1出0 全0出1
与或非门	$Y=\overline{AB+CD}$	A—B—C—D—[& ≥1]o—Y	当 $AB=0$ 时，$Y=\overline{CD}$ $CD=0$ 时，$Y=\overline{AB}$
异或门	$Y=A\overline{B}+\overline{A}B$ $=A \oplus B$	A—B—[=1]o—Y	相同出0 相异出1

【考题精选】

1. 符合有"0"得"1"，全"1"得"0"的逻辑关系的逻辑

门是（D）。

    （A）或门   （B）与门

    （C）非门   （D）与非门

  2. 符合有"1"得"1"，全"0"得"0"的逻辑关系的逻辑门是（A）。

    （A）或门   （B）与门

    （C）非门   （D）与非门

  3. 下列不属于组合逻辑门电路的是（A）。

    （A）与门   （B）或非门

    （C）与非门   （D）与或非门

  4.（√）常用逻辑门电路的逻辑功能有与非、或非、与或非等。

  5.（√）逻辑门电路表示输入与输出逻辑变量之间对应的因果关系，最基本的逻辑门是与门、或门和非门。

考点 10 常用逻辑门电路的主要参数

  逻辑门电路中应用最普遍的莫过于"与非"门电路，其代表性产品为 TTL "与非"门集成电路，其外形如图 3-8 所示。TTL "与非"门集成电路有多种系列，参数很多，制造厂家通常都要为用户提供数据手册。下面仅举出几个能反映性能的主要参数，并对这些参数有一个数量概念，便于今后应用。

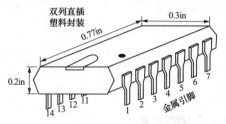

图 3-8 TTL "与非"门集成电路外形

（1）输出高电平电压和输出低电平电压。数字电路中的高、低电压常用高、低电平来描述，并规定在正逻辑体制中，用逻辑"1"和"0"分别表示高、低电平。对于通用的 TTL "与非"门电路，输出高电平电压为 2.4V，输出低电平电压为 0.4V。

（2）噪声容限电压。是用来表征门电路抗干扰能力的参数，其值越大，则抗干扰能力越强。低电平噪声容限电压为 0.5V，高电平噪声容限电压为 1.1V。

（3）扇出系数。是指一个"与非"门能带同类门的最大数目，其大小反映了带负载的能力。通常基本的 TTL "与非"门电路，其扇出系数约为 10，而性能更好的门电路可达 30～50。

（4）平均传输延迟时间。是表征门电路开关速度的参数，当门电路在输入脉冲波形的作用下，其输出波形相对于输入波形有一定的时间延迟，此延迟时间越小越好，通常为 20～40ns。

（5）输入高电平电流和输入低电平电流。当某一输入端接高电平、其余输入端接低电平时，流入该输入端的电流称为输入高电平电流，约为 $50\mu A$。而当某一输入端接低电平、其余输入端接高电平时，从该输入端流出的电流称为输入低电平电流，约为 1.6mA。

【考题精选】

1. TTL 与非门电路低电平的产品典型值通常不高于（B）V。

  （A）1   （B）0.4

  （C）0.8   （D）1.5

2.（√）TTL 与非门电路中衡量带负载能力的参数称为扇出系数。

考点 11 晶闸管型号

晶闸管是晶体闸流管的简称，是一种大功率硅半导体器件，在电路中相当于可控开关，具有闸门的功能，能够控制大电流的流通，闸流管由此得名。晶闸管具有体积小、重量轻、功耗低、效率高、寿命长及使用方便等优点，在家用电器、电子测量仪器和工业自动化设备中应用广泛，可用于可控直流电源、交流调压开关、无触点继电器，以及变频、调速、控温、控湿、稳压等电路。

晶闸管主要有单向晶闸管、双向晶闸管、可关断晶闸管、光控晶闸管等，由于单向晶闸管被大量和广泛使用，因此它也称为普通晶闸管或简称晶闸管。目前国产晶闸管的型号有 3CT、KP 两大系列，其命名方法及含义如下。

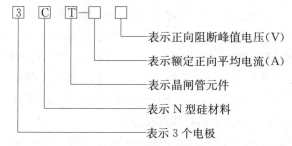

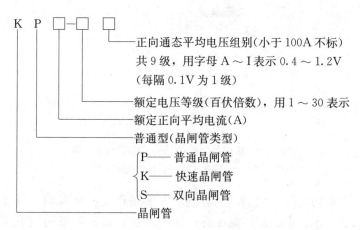

例如，3CT - 5/500 表示额定电流为 5A，额定电压为 500V 的普通型晶闸管；KP200 - 18F 表示额定电流为 200A，额定电压为 1800V，正向通态平均电压组别为 F 的普通型晶闸管。

【考题精选】

1. 晶闸管型号 KS20 - 8 中的 8 表示（A）。

（A）允许的最高电压 800V （B）允许的最高电压 80V

（C）允许的最高电压 8V （D）允许的最高电压 8kV

2. （×）晶闸管型号 KS20 - 8 表示三相晶闸管。

考点 12 晶闸管的结构特点

1. 单向晶闸管的结构特点

单向晶闸管是一种 PNPN 四层功率半导体器件，广泛地用于可控整流、交流调压、逆变器和开关电源电路中。单向晶闸管有 3 个 PN 结，并引出 3 个电极，其内部结构及图形与文字符号如图 3 - 9 所示。其中，第 1 层 P 型半导体引出的电极叫阳极 A，第 3 层 P 型半导体引出的电极叫控制极（或称门极）G，第 4 层 N 型半导体引出的电极叫阴极 K。

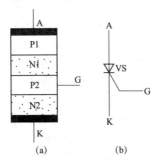

图 3 - 9 单向晶闸管的结构及图形与文字符号

(a) 结构；(b) 图形与文字符号

单向晶闸管只能单向导通，导通条件是：除在阳、阴极间加上一定大小的正向电压外，还要在控制极和阴极间加正向触发电压。一旦管子触发导通，控制极即失去控制作用，控制极电压变为零，此时单向晶闸管仍然保持导通。要使单向晶闸管关断，必须去掉阳极正向电压，或者给阳极加反向电压，或者降低正向阳极电压，使通过单向晶闸管的电流降低到维持电流（单向晶闸管导通的最小电流）以下。

常用的单向晶闸管有 3CT（老型号）系列和 KP 系列，其外形如图 3-10 所示。单向晶闸管种类很多，按功率大小，可分为小功率、中功率和大功率 3 种，一般从外观上即可进行识别。小功率管多采用塑封或金属壳封装；中功率管控制极管脚比阴极管脚细，阳极带有螺栓；大功率管控制极上带有金属编织套，像一条辫子。一般额定电流小于 200A 的多为螺栓形晶闸管，大于 200A 的多为平板形晶闸管。

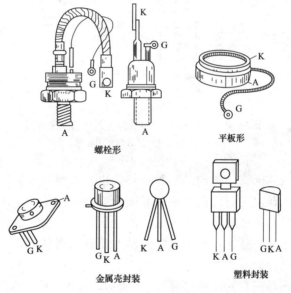

图 3-10　单向晶闸管外形

2. 双向晶闸管的结构特点

双向晶闸管属于 NPNPN 五层功率半导体器件，是在单向晶闸管的基础上发展起来的，它不仅能代替两只反极性并联的单向晶闸管，而且只有一个控制极，仅需一个触发电路，是比较理想的交流开关器件。双向晶闸管广泛用于交流调压、交流调速、交流开关、调光等电路，还用于固态继电器和固态接触器中。

双向晶闸管也有 3 个电极，可双向导通，故控制极 G 以外的两个电极统称为主电极，分别用 T1、T2 表示，而不再分阳极或阴极，其结构及图形与文字符号如图 3-11 所示。双向晶闸管的特点是当 G 极和 T2 极相对于 T1 极的电压均为正时，T2 是阳极，T1 是阴极；反之，当 G 极和 T2 极相对于 T1 极的电压均为负时，T1 变为阳极，T2 变为阴极。

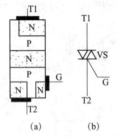

图 3-11　双向晶闸管的结构及图形与文字符号
(a) 结构；(b) 图形与文字符号

双向晶闸管与单向晶闸管一样，也具有触发控制特性。不过，它的触发控制特性与单向晶闸管有很大的不同，这就是无论在阳极和阴极间接入何种极性的电压，只要在它的控制极上加上一个触发脉冲，也不管这个脉冲是什么极性的，都可以使双向晶闸管导通。

双向晶闸管的外形如图 3-12 所示，通常螺栓形双向晶闸管的螺栓一端为主电极 T2，较细的引出线端为控制极 G，较粗的引出线端为主电极 T1。金属封装双向晶闸管的外壳为主电极 T2，塑封双向晶闸管的中间引脚为主电极 T2，该极与自带小散热片相连。小功率双向晶闸管一般采用塑料封装，有的还带小散热片，典型产品有 BCM1AM（1A、600V）、BCM3AM（3A、600V）、2N6075（4A、600V）、MAC218-10（8A、100V）等。

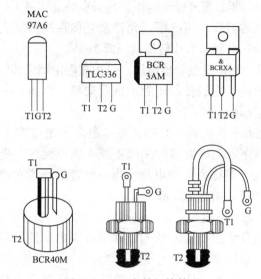

图 3 - 12 双向晶闸管外形

【考题精选】

1. 普通晶闸管边上 N 层的引出极是（B）。
   (A) 漏极　　　　　　　（B) 阴极
   (C) 门极　　　　　　　（D) 阳极
2. 普通晶闸管中间 P 层的引出极是（C）。
   (A) 漏极　　　　　　　（B) 阴极
   (C) 门极　　　　　　　（D) 阳极
3. 普通晶闸管属于（B) 器件。
   (A) 不控　　　　　　　（B) 半控
   (C) 全控　　　　　　　（D) 自控

考 点 ⑬　晶闸管的主要参数

表征晶闸管元件性能的技术参数很多，下面只介绍与应用直接有关的主要技术参数。

（1）正向断态重复峰值电压。是指在额定结温下，门极断路和晶闸管正常阻断的情况下，允许重复加在晶闸管上的最大正向峰值电压，一般取值比转折电压低100V。

（2）反向断态重复峰值电压。是指在额定结温和门极断路的情况下，允许重复加在晶闸管上的反向峰值电压，一般取值比反向击穿电压低100V。

（3）通态平均电流。是指在环境温度不超过40℃和在规定的散热条件下，允许通过的工频正弦半波电流在一个周期内的最大平均值，简称为正向电流。当晶闸管的导通角减小时，允许的平均电流必须适当降低。

（4）通态平均电压。是指晶闸管在正向通过工频正弦半波额定平均电流且结温稳定时的阳极和阴极间电压的平均值，也就是导通时的管压降，这个电压越小越好。

（5）维持电流。是指在规定的环境温度和门极断路的情况下，维持晶闸管持续导通时需要的最小阳极电流。当实际阳极电流小于维持电流时，晶闸管自动从导通状态回到阻断状态。

【考题精选】

1. 晶闸管反向断态重复峰值电压是指在额定结温和门极断路的情况下，允许重复加在晶闸管上的反向峰值电压，一般取值比反向击穿电压低（D）V。

（A）30　　　　　　　　（B）50

（C）80　　　　　　　　（D）100

2.（√）在规定条件下，只要通过晶闸管电流的有效值不超过该管的额定电流的有效值，管子的发热是允许的。

考点 14　晶闸管的选用

正确地选择晶闸管对保证整机设备的可靠性及降低设备成本具有重要意义，选择时要综合考虑其使用环境、冷却方式、线路形式、负载性质等因素，在保证所选元件各参数具有裕量的条件下兼顾经济性。

（1）晶闸管若用于交直流电压控制、可控整流、交流调压、逆变电源、开关电源保护电路等，可选用普通晶闸管。

（2）晶闸管若用于交流开关、交流调压、交流电动机线性调速、灯具线性调光及固态继电器、固态接触器等电路中，应选用双向晶闸管。

（3）晶闸管若用于交流电动机变频调速、斩波器、逆变电源及各种电子开关电路等，可选用门极关断晶闸管。

（4）正反向电压的选择。晶闸管工作时，必须能够以电源频率重复地经受一定的过电压而不影响其工作，所以正反向峰值电压参数应保证在使用电压峰值的2~3倍以上。

（5）额定电流的选择。晶闸管通常是在小于170℃的导通角工作，所以它的额定电流应选择其正常工作电流平均值的1.5~2倍。

（6）晶闸管的正向压降、门极触发电流及触发电压等参数应符合应用电路（指门极的控制电路）的各项要求，不能偏高或偏低，否则会影响晶闸管的正常工作。

【考题精选】

1. 双向晶闸管的额定电流是用（A）来表示的。

　（A）有效值　　　　　　（B）最大值

　（C）平均值　　　　　　（D）最小值

2.（×）额定电流为100A的双向晶闸管与额定电流为50A的两支反并联的普通晶闸管，两者的电流容量是相同的。

考点 15 单结晶体管的结构特点

单结晶体管简称单结管，它是由1个PN结和2只内基极电阻构成的3端半导体器件，具有电路简单、热稳定性好等优点，可广泛用于定时、振荡、双稳态电路以及构成晶闸管的触发电路。

单结晶体管的结构及图形与文字符号如图 3-13 所示，由于它只有 1 个 PN 结，故称为单结晶体管；又由于它有 2 个基极，故又称为双基极二极管。单结晶体管的外形与晶体管相似，也有 3 个电极，其中 1 个是发射极 E，另外 2 个是第 1 基极 B1 和第 2 基极 B2。

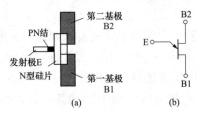

图 3-13　单结晶体管的结构及图形与文字符号

（a）结构；（b）图形与文字符号

单结晶体管是一种具有负阻特性的元件，即当流经它的电流增加时，电压降不是随之增加而是随之减小。利用单结晶体管的负阻特性和 RC 电路的充放电特性，可以组成自激振荡电路，产生晶闸管控制极所需要的触发脉冲信号。国产单结晶体管典型产品有 BT32～BT37，型号中的 B 表示半导体，T 表示特种管，3 表示有 3 个引出端，末尾数字是产品序号。国外典型产品有 2N2646、2N2648（美国）、2SH21（日本）等。

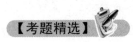【考题精选】

1. 单结晶体管的结构中有（B）个电极。

    （A）4　　　　　　　　（B）3

    （C）2　　　　　　　　（D）1

2. 单结晶体管的结构中有（B）个基极。

    （A）1　　　　　　　　（B）2

    （C）3　　　　　　　　（D）4

3. 单结晶体管在电路图中的文字符号是（B）。

    （A）SCR　　　　　　　（B）VT

    （C）VD　　　　　　　（D）VC

4.（√）单结晶体管是一种特殊类型的二极管。

5.（×）单结晶体管只有一个 PN 结，其图形符号与普通二极管图形符号一样。

考点 16 运算放大器的基本结构

集成运算放大器简称集成运放，又称计算放大器（因为能完成信号的计算）或差动放大器（因为有两个输入端），它是采用半导体集成工艺制造的一种由多级直接耦合放大电路组成的高增益模拟集成电路。由于早期应用于模拟计算机中，用以实现数学运算，故得名"运算放大器"，此名称一直延续至今。集成运算放大器可以取代分立器件，成为电子电路的组成单元，目前已经广泛应用于计算机、自动控制、精密测量、通信、信号处理以及电源等电子技术应用的所有领域。

集成运算放大器内部电路非常复杂，通常是将几十个甚至上百个的晶体管和少量电阻以及个别小电容集成在一块 P 型硅半导体材料上，以构成输入级、中间放大级、输出级及偏置电流源等，如图 3-14 所示。

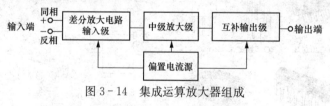

图 3-14 集成运算放大器组成

（1）输入级。使用高性能的差分放大电路，要求输入阻抗高、零点漂移小，必须对共模信号有很强的抑制力，采用双端输入、双端输出的形式。

（2）中间放大级。一般由共发射极组成多级耦合放大电路，主要用于高增益的电压放大，提供足够大的电压与电流，以保证运放的运算精度。

（3）输出级。输出级与负载相连，要求输出阻抗低，带负载能力强。为了提高电路驱动负载的能力，一般采用由 PNP 和

NPN 两种极性的晶体管或复合管组成互补对称输出级电路，以提供大的输出电压或电流。

（4）偏置电流源。一般由各种恒流源电路组成，给上述各级电路提供稳定合适的偏置电流，以稳定工作点，此外电路还备有过电流保护电路。

以集成运算放大器作为放大电路，利用电阻和电容作为反馈网络，可实现各种各样的电路功能，如低频信号放大、视频信号放大、低通滤波器、高通滤波器、带通滤波器、带阻滤波器、模拟信号的发生和转换等，其中微分电路可把矩形波转换为尖脉冲波，积分电路可将矩形脉冲波转换为锯齿波或三角波。

集成运算放大器型号很多，封装形式多样，内部运放单元数量有 1、2、4 等几种，常用封装形式有金属外壳（TO）封装、双列直插（DIP）封装、陶瓷扁平（Cerpack）封装、片状（SOP）封装等。集成运算放大器在电路中常用字母 A 或 N 表示，其外形及图形符号如图 3-15 所示。

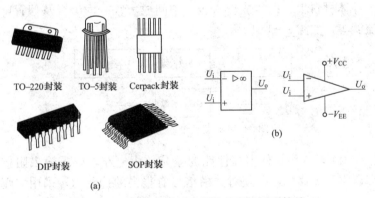

图 3-15　集成运算放大器的外形及图形符号
（a）外形；（b）图形符号

【考题精选】

1. 集成运算放大器的中间级通常实现（B）功能。

(A) 电流放大   (B) 电压放大

  (C) 功率放大   (D) 信号传递

 2. (D) 作为集成运算放大器的输入极。

  (A) 共射极放大电路   (B) 共基极放大电路

  (C) 共集电极放大电路   (D) 差动放大电路

 3. 下列集成运算放大器的应用能将矩形波变为尖顶脉冲波的是 (C)。

  (A) 比例应用   (B) 加法应用

  (C) 微分应用   (D) 比较器应用

考点 17   运算放大器的主要参数

  (1) 开环电压放大倍数。指集成运算放大器在无外加反馈回路的情况下，输出开路电压与输入差模电压之比，即差模电压的放大倍数。开环电压放大倍数越高，所构成的运算电路越稳定，运算精度越高。

  (2) 最大输出电压。指额定的电源电压下，集成运算放大器的最大不失真输出电压的峰—峰值。

  (3) 输入电阻。指开环和输入差模信号时，集成运算放大器的输入电阻，它反映了输入端向信号源索取电流的大小，要求越大越好。

  (4) 输出电阻。指开环和输入差模信号时，集成运算放大器的输出电阻，它反映了集成运放在输出信号时的带负载能力。

  (5) 输入失调电流。指输入信号为零时，两个输入端静态基极电流之差，一般在几百纳安级，高质量的小于 $1nA$。

  (6) 输入偏置电流。指输入信号为零时，两个输入端静态基极电流的平均值，一般为几百纳安。

  (7) 共模抑制比。它反映了集成运算放大器对共模输入信号（通常是干扰信号）的抑制能力，其值越大越好，理想的集成运算放大器为无穷大。

  (8) 转换速率。转换速率又称为压摆率，它表示集成运算放大器输入为大信号时输出电压随时间的最大变化率。其值越大，集成运算放大器的高频性能越好。

为分析简便起见，常将集成运算放大器理想化。理想集成运算放大器具有以下特点：开环电压放大倍数→∞；输入电阻→∞；输出电阻→0；共模抑制比→∞；输入失调电流＝0；输入偏置电流＝0。

【考题精选】

1. 理想集成运算放大器的输出电阻为（C）。

　　(A) 10Ω　　　　　　　　(B) 100Ω

　　(C) 0Ω　　　　　　　　(D) 1kΩ

2. 符合理想集成运算放大器条件的是（B）。

　　(A) 开环电压放大倍数→0

　　(B) 输入电阻→∞

　　(C) 输出电阻→∞

　　(D) 共模抑制比→0

考点 18　运算放大器的使用注意事项

（1）运算放大器按其技术指标可分为通用型、高速型、高阻型、低功耗型、大功率型、高精度型等；按其内部电路可分为双极型（由晶体管组成）和单极型（由场效应晶体管组成）；按每一集成片中运算放大器的数目可分为单运算放大器、双运算放大器和四运算放大器，通常是根据实际要求来选用运算放大器。

（2）认真查阅有关运算放大器手册，了解各引脚排列位置，外围电路，切勿接错。特别要注意正、负电源，同相输入端、反相输入端以及输出端的位置。

（3）电源电压不要超出手册中给出的额定值，且极性不能接反。仔细分析最大负载电流，不要超过手册中规定的数值，更不应对地短路。

（4）消振。由于运算放大器内部晶体管的极间电容和其他寄生参数的影响，很容易产生自激振荡，破坏正常工作。为了使运算放大器能稳定地工作，就需要外加一定的频率补偿网络，通常是外接 RC 消振电路或消振电容，用它来破坏产生自激振荡的条件，以消除自激振荡。检查是否已消振，可将输入端接地，用示波器观察输出端有无自激振荡（自激振荡产生具有较高频率的波形）。目前由于集成工艺水平的提高，运算放大器内部已配有消振元件，无须外部消振。

（5）调零。由于运算放大器内部参数不可能完全对称，以至于当输入信号为零时，仍有输出信号。为了提高电路的运算精度，在使用时要外接调零电路，对失调电压和失调电流造成的误差进行补偿。调零时应将电路接成闭环，并先消振，后调零。调零方法有两种：一种是在无输入时调零，即将两个输入端接"地"，调节调零电位器，使输出电压为零；另一种是在有输入时调零，即按已知输入信号电压计算输出电压，而后将实际值调整到计算值。

（6）安全保护。运算放大器的安全保护有 3 个方面，即电源保护、输入端保护及输出端保护。为了防止正、负电源极性接反，可用两个二极管分别串联在电源正、负极的输入端进行保护。当输入端所加的差模或共模电压过高时会损坏输入级的晶体管，为此，在输入端接入两个反向并联的二极管进行保护，将输入电压限制在二极管的正向压降以下。为了防止输出电压过大，可在输出端接入两个反向串联的稳压二极管进行保护，将输出电压限制在 U_Z+U_D 的范围内，U_Z 是稳压管的稳定电压，U_D 是它的正向压降。

【考题精选】

1.（×）集成运放工作在非线性场合也要加负反馈。

2.（√）集成运放不仅能应用于普通的运算电路，还能用于其他场合。

基 础 篇

考 点 ⑲ 单管基本放大电路的组成

单个晶体管放大电路在放大信号时，总有 2 个电极作为信号的输入端，同时也应有 2 个电极作为输出端。根据晶体管 3 个电极与输入、输出端子的连接方式，可归纳为 3 种基本放大电路：共发射极电路（共射电路）、共集电极电路（共集电路）以及共基极电路（共基电路）。

共射电路的特点是输出电压与输入电压反相、电压放大倍数很大（几百至千倍）、电流放大倍数较大（几十至几百倍）、输入电阻较小（几百欧）、输出电阻较大（几十千欧），所以，一般只要对输入电阻、输出电阻和频率响应没有特殊要求的地方，均优先采用。因此，共射电路被广泛用作低频电压放大和开关电路。共射放大电路如图 3-16 所示，它是以发射极为输入和输出回路的公共端，外来信号从基极输入，放大后的信号从集电极输出，电路中各元件的作用如下。

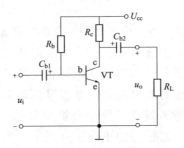

图 3-16 晶体管共发射极放大电路

（1）晶体管 VT 是放大元件，利用它的电流放大作用，在集电极电路中获得放大了的电流，这电流受输入信号的控制。

（2）集电极电源 U_{cc} 除了为输出信号提供能量外，它还保证集电结处于反向偏置，以使晶体管起到放大作用，U_{cc} 一般为几伏到几十伏。

（3）集电极负载电阻 R_c 简称为集电极电阻，它主要是将集电极电流的变化变换为电压的变化，以实现电压放大，R_c 的阻值一般为几千欧到几十千欧。

（4）基极电阻 R_b 的作用是使发射结处于正向偏置，并提供大小适当的基极电流，以使放大电路获得合适的工作点，R_b 的阻值一般为几十千欧到几百千欧。

（5）耦合电容 C_{b1} 和 C_{b2}，它们一方面起到隔直作用，即 C_{b1} 用来隔断放大电路与信号源之间的直流通路，而 C_{b2} 则用来隔断放大电路与负载之间的直流通路，使三者之间无直流联系，互不影响；另一方面又起到交流耦合作用，保证交流信号畅通无阻地经过放大电路，沟通信号源、放大电路和负载三者之间的交流通路。通常耦合电容的值取得较大（对交流信号的容抗近似为零），一般为几微法到几十微法，用的是极性电容器，连接时要注意其极性。

（6）在放大电路中，通常把输入、输出和电源极性（"＋"或"－"）的公共端称为"接地端"，用符号"⊥"表示。通常假设接地端的电位为零，并将它作为电路中其他各点电位的参考点，电子设备中的接地端一般与机壳连接在一起。

【考题精选】

1. 在共射极放大电路中，当其他参数不变只有负载电阻增大时，电压放大倍数将（B）。

（A）减少 　　　　　　（B）增大

（C）保持不变 　　　　（D）大小不变，符号改变

2.（√）分压式偏置共发射极放大电路是一种能够稳定静态工作点的放大器。

考点 ⑳　共集电极放大电路的性能特点

共集电极放大电路（简称为共集电路）由于电源 U_{cc} 对交流信号相当于短路，故集电极成为输入和输出回路的公共端，外来信号从基极输入，放大后的信号从发射极输出，由此该放大

电路常称为射极输出器，其电路如图 3－17 所示。

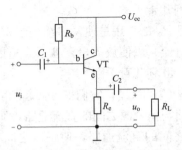

图 3－17　晶体管共集电极放大电路

　　共集电路的特点是输出电压与输入电压同相，且大小基本相等，因而输出端电位跟随着输入端电位的变化而变化，这就是射极输出器的跟随作用。射极输出器的输入电阻很大（几百千欧）、输出电阻很小（几十欧）、电压放大倍数接近于 1 而小于 1（没有电压放大作用）、只有电流放大作用（几十至几百倍），由于具有这些特点，常被用作多级放大电路的输入级（因输入电阻很大，可减轻信号源的负担）、输出级（因输出电阻很小，可以提高带载能力）或作为隔离用的中间级（因具有电压跟随，可起缓冲、隔离作用）。

【考题精选】

　　1. 为了减小信号源的输出电流，降低信号源负担，常用共集电极放大电路的（A）特性。

　　（A）输入电阻大　　　　　（B）输入电阻小

　　（C）输出电阻大　　　　　（D）输出电阻小

　　2. 射极输出器的输出电阻小，说明该电路的（A）。

　　（A）带负载能力强　　　　（B）带负载能力差

　　（C）减轻前级或信号源负荷（D）取信号能力差

　　3. 多级放大电路之间常用共集电极放大电路，是利用其（C）特性。

（A）输入电阻大，输出电阻大

（B）输入电阻小，输入电阻大

（C）输入电阻大，输出电阻小

（D）输入电阻小，输出电阻小

考点 21 共基极放大电路的性能特点

共基极放大电路（简称共基电路）是以基极为输入和输出回路的公共端，外来信号从发射极输入，放大后的信号从集电极输出，其电路如图 3-18 所示。

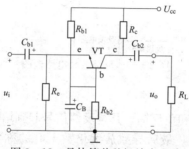

图 3-18 晶体管共基极放大电路

共基电路的特点是输出电压与输入电压同相、输出电阻很大（几百千欧）、输入电阻很小（几十欧）、电流放大倍数接近于 1 而小于 1（没有电流放大作用）、只有电压放大作用（几百倍），由于具有这些特点，使得晶体管结电容的影响不显著，因而频率响应得到很大改善，故常用于宽频带放大器中。

【考题精选】

1. 在晶体管组成的三种基本放大电路中，输入电阻最小的放大电路是（C）。

（A）共射极放大电路 　　（B）共集电极放大电路

（C）共基极放大电路 　　（D）差动放大电路

2. （√）共基极放大电路具有电压放大作用，其共基极电路输出电压和输入电压同相位。

考点 22 放大电路中负反馈的概念

凡是将放大电路（或某个系统）输出端的信号（电压或电流）的一部分或全部通过某种电路（反馈电路）引回到输入端，就称为反馈，由电阻或电容等元件组成的反馈信号引导电路，称为反馈电路，反馈放大电路框图如图 3-19 所示。

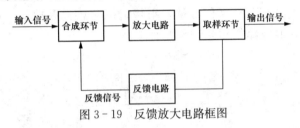

图 3-19 反馈放大电路框图

1. 反馈的形式

（1）正反馈和负反馈。凡是反馈信号起到增强输入信号，使净输入信号增强，最后导致放大倍数上升的称为正反馈；凡是反馈信号起到削弱输入信号，使净输入信号减小，最后导致放大倍数下降的称为负反馈。

正反馈和负反馈的判断，通常采用"瞬时极性法"，其基本原则是：放大器在有信号输入时，集电极与基极瞬时极性相反、发射极与基极瞬时极性相同、电阻、电容等元件不改变瞬时极性。判断时，首先在放大器的输入端给它一个假想的输入信号，使基极为正，逐步标出放大器各点的瞬时极性。最后看反馈信号对输入信号是起加强作用还是削弱作用，即可确定是正反馈还是负反馈。

（2）直流反馈和交流反馈。如果反馈信号只包含直流成分，称为直流反馈；如果反馈信号只包含交流成分，则称为交流反馈。直流负反馈在电路中的主要作用是稳定静态工作点，而交流负反馈的主要作用是改善放大器的性能。

（3）电压反馈和电流反馈。凡是反馈信号与输出电压成正比的称为电压反馈，凡是反馈信号与输出电流成正比的称为电流反馈。判断是电压反馈还是电流反馈的方法是把输出端短路，使得输出电压为零，如果这时反馈信号也随之为零，那就是电压反馈。如果这时反馈信号不为零，那就是电流反馈。

（4）串联反馈和并联反馈。输入信号和反馈信号串联后形成放大器的净输入电压，称为串联反馈。输入信号和反馈信号并联后形成放大器的净输入电流，称为并联反馈。判断是串联反馈还是并联反馈的方法是把输入端短路，若这时反馈信号同样被短路，净输入信号为零，则为并联反馈。若这时净输入信号不为零，则为串联反馈。

2. 负反馈的类型

由上述反馈的形式可组合成 4 种类型的负反馈，即：串联电流负反馈、并联电流负反馈、串联电压负反馈、并联电压负反馈，它们不仅都能实现把放大电路输出信号的一部分或全部送回输入端，使合成后的净输入信号再进行放大，而且都具有如下共同特点。

（1）负反馈使放大器的电压放大倍数降低。引入负反馈后，虽然放大倍数降低了，但是换来了很多好处，在很多方面改善了放大电路的工作性能。至于因负反馈而引起放大倍数的降低，则可通过增加放大电路的级数来提高。

（2）负反馈使放大器的稳定性提高。当外界条件变化时（如环境温度变化、管子老化、元件参数变化、电源电压波动等），即使输入信号一定，仍将引起输出信号的变化。因此当某种原因使输出信号减小时，则反馈信号也相应减小，于是净输入信号和输出信号也就相应增大，以牵制输出信号的减小，而使放大电路能比较稳定地工作。

（3）负反馈使放大器输出信号的波形失真大大减小。由于工作点选择不合适，或者输入信号过大，都将引起输出信号波形的失真。但引入负反馈之后，可将输出端的失真信号反馈到输入端，使净输入信号发生某种程度的失真，经过放大之后，即可使输出信号的失真得到一定程度的补偿。

（4）负反馈使放大器输入电阻和输出电阻发生改变。串联负反馈使输入电阻增大，并联负反馈使输入电阻减小。电压负反馈使输出电阻减小，电流负反馈使输出电阻增大。

（5）负反馈放大电路还能提高电路的抗干扰能力，降低噪声，改善放大电路的频率，达到展宽频带的目的。

【考题精选】

1. 如果电路需要稳定输出电流，且增大输入电阻，应选用（C）负反馈。

    （A）电压串联   （B）电压并联

    （C）电流串联   （D）电流并联

2. 如题图 4 所示，该电路中 R_{F1} 支路的反馈类型为（A）。

    （A）电压串联负反馈   （B）电压并联负反馈

    （C）电流串联负反馈   （D）电流并联负反馈

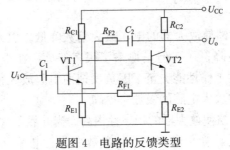

题图 4　电路的反馈类型

考点 23　单相整流稳压电路的组成

在电子线路和自动控制装置中需要用到电压非常稳定的直流电源，为了得到直流电源，除了用直流发电机外，目前广泛采用各种半导体元器件组成的直流稳压电源。单相整流稳压电路由整流电路、滤波电路、稳压电路组成，其原理方框图如图 3-20 所示，它表示把交流电变换为直流电的整个过程。

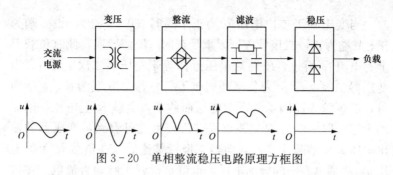

图 3-20 单相整流稳压电路原理方框图

1. 单相整流电路

将交流电转变为直流电的过程称为整流，承担整流任务的电路称为整流电路。整流电路按波形可分为半波整流电路和全波整流电路；按相数可分为单相整流电路和三相整流电路。单相整流电路有 3 种形式，即单相半波整流电路、单相全波整流电路、单相桥式整流电路。在单相整流电路中，利用二极管的单向导电性将交流电变成直流电，这种用作整流的二极管称为整流二极管，简称为整流管。在分析整流电路时，为方便起见，我们把二极管当作理想器件，即认为其正向导通时电阻为零，反向截止时电阻为无穷大。

（1）单相半波整流电路。单相半波整流电路是由交流电源、变压器、整流二极管 VD 和负载 R 组成，其电路及波形如图 3-21所示。

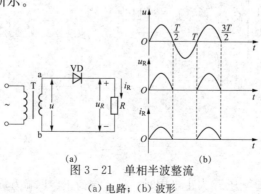

(a)   (b)

图 3-21　单相半波整流

（a）电路；（b）波形

当变压器 T 二次电压 u 为正半周时（$0 \sim T/2$），设 a 端为正、b 端为负，二极管 VD 因承受正向电压而导通，此时负载 R 上有电流 i_R 流过，R 两端电压近似等于变压器二次电压 u。当变压器二次电压 u 为负半周时（$T/2 \sim T$），b 端为正、a 端为负，二极管 VD 因承受反向电压而截止，负载 R 上电压、电流均为零。以后的过程交替重复进行。由此可看到，变压器的输出电压 u 虽然是交变的，但经二极管整流后，在负载 R 上的电压 u_R 却是单方向的脉动电压，也就是得到了脉动直流电。在这种电路中，负载 R 上的电压只有电源电压的半个波，所以称为半波整流电路。

半波整流输出直流电压的平均值 $U_L = 0.45u$，输出直流电流的平均值 $I_L = 0.45u/R$，二极管承受的最大反向电压 $U_{RM} = \sqrt{2}u = 1.41u$。半波整流的优点是电路简单、元件少，缺点是电源利用率低、直流脉动大，不易滤成平滑的直流，故一般用在输出电流小、对直流电的波形要求不高的场合，如稳压电源中的辅助电源等。

（2）单相全波整流电路。单相全波整流电路实际上是由两个单相半波整流电路组成的，其电路及波形如图 3-22 所示。

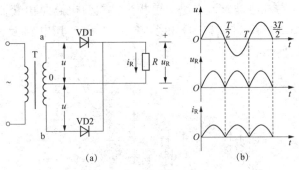

图 3-22　单相全波整流

(a) 电路；(b) 波形

当交流电压 u 为正半周时，设 a 端为正、b 端为负，二极管

VD1 导通，VD2 截止，电流 i_R 经 VD1 流过负载 R。当交流电压 u 为负半周时，b 端为正、a 端为负，二极管 VD1 截止，VD2 导通，电流 i_R 经 VD2 流过负载 R。可见，在交变电压的一个周期内，两个二极管轮流导通，通过负载 R 的电流的方向是不变的，即负载得到全波脉动直流电。

全波整流输出直流电压的平均值 $U_L = 0.9u$，输出直流电流的平均值 $I_L = 0.9u/R$，流过每个二极管的平均电流 $I_{VD1} = I_{VD2} = I_L/2$，二极管承受的最大反向电压 $U_{RM} = 2\sqrt{2}\,u \approx 2.83u$。全波整流的特点是输出直流电压高、直流脉动小、变压器利用率比半波整流时高，但变压器二次绕组要有中心抽头，二次侧利用率较低，二极管所承受的反向电压较高，适用于输出电流较大、稳定性高的场合，如稳压电源的主回路。

（3）单相桥式整流电路。单相桥式整流电路是由 4 个二极管接成电桥组成的，电路如图 3-23 所示，其波形与图 3-22（b）相似。

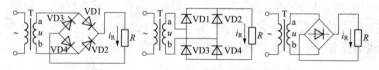

图 3-23 单相桥式整流电路

当交流电压 u 为正半周时，设 a 端为正、b 端为负，二极管 VD1、VD4 导通，VD2、VD3 截止，电流经 VD1、VD4 流过负载 R。当交流电压 u 为负半周时，b 端为正、a 端为负，二极管 VD1、VD4 截止，VD2、VD3 导通，电流经过 VD2、VD3 流过负载 R。由上可见，在交流电的一个周期内，4 个二极管中，2 个 2 个地轮流导通，流过负载 R 的电流方向是不变的，即在负载 R 上得到全波脉动直流电压和电流。

桥式整流电路输出直流电压的平均值 $U_L = 0.9u$，输出直流电流的平均值 $I_L = 0.9u/R$，流过每个二极管的平均电流 $I_{VD} =$

$I_L/2$，二极管承受的最大反向电压 $U_{RM}=\sqrt{2}u\approx1.41u$。桥式整流电路的特点是输出直流电压高、输出直流电流脉动小、二极管承受反向电压低、变压器二次侧无中心抽头，利用率高，但所用二极管较多、整流器内阻较大（在每个半周内，电流都需流经2个二极管），适用场合同单相全波整流电路，但在所有的二极管耐压都较低时，用此电路比较恰当。

2. 滤波电路

由于半波或全波整流得到的直流电压是不平直的（称为脉动电压），它包含直流成分和交流成分，这对要求输出直流电压比较平稳的线路就不符合要求，因此必须把直流电压中的交流成分滤掉，滤波电路就是为了得到脉动很小的直流电而设计的。常用的滤波电路有电容滤波电路、阻容滤波电路、电感滤波电路、电感电容滤波电路、π型滤波电路。

（1）电容滤波电路（C滤波器）。电容滤波电路是采用与负载并联电容器 C 的滤波方法，其电路如图 3-24 所示。该电路的特点是电路简单、输出电压的脉动小，但负载直流电压较高，随着负载电流的增大电压将下降，外特性较差，一般适用于负载电压较高、负载电流较小且变动不大的场合。

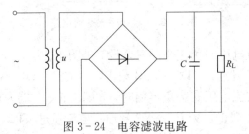

图 3-24   电容滤波电路

电容滤波电路输出电压的脉动大小与电容器的放电时间常数 $R_L C$ 有关，$R_L C$ 大脉动就小。日常应用中应注意，带有滤波电容的整流电路，在接通电源的瞬时，其充电电流很大，为避免整流二极管因过电流而损坏，故在选用整流二极管的最大整流电流时应选得比实际工作电流要大些。

（2）阻容滤波电路（RC 滤波器）。阻容滤波电路由电阻 R 和电容 C 组成，其电路如图 3-25 所示。该电路的电阻对于交直流电流具有同样的降压作用，使脉动电压的交流分量较多地降落在电阻上起到了较好的滤波作用，电路 R 值越大、C 值越大，滤波效果越好，但 R 值增大将使直流压降增加。阻容滤波电路与电容滤波电路相比输出电压脉动小，主要适用于负载电流小而又要求输出电压脉动小的场合。

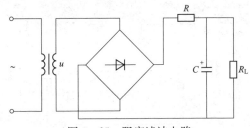

图 3-25　阻容滤波电路

（3）电感滤波电路（L 滤波器）。电感滤波电路是采用与负载串联电感线圈 L 的滤波方法，其电路如图 3-26 所示。该电路利用电感线圈对整流电路交流分量的阻抗，减弱整流电压中的交流分量，阻抗越大，滤波效果越好。电感滤波电路峰值电流很小，输出特性较平坦，外特性较好，但体积大，一般适用于低电压、大电流的场合。

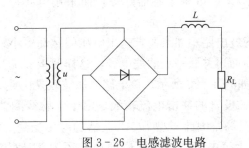

图 3-26　电感滤波电路

（4）电感电容滤波电路（LC 滤波器）。为了进一步减小输出电压的脉动程度，在滤波电容之前串接一个铁芯电感线圈 L，这样就组成了电感电容滤波器，其电路如图 3-27 所示。该电路由于通过电感线圈的电流发生变化时，线圈中要产生自感电动势阻碍电流的变化，因而使负载电流和负载电压的脉动大为减小。频率越高，电感越大，滤波效果越好。而后又经过电容滤波器滤波，再一次滤掉交流分量。这样，便可以得到甚为平直的直流输出电压。

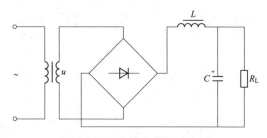

图 3-27　电感电容滤波电路

但是，由于电感线圈的电感较大（一般在几亨到几十亨的范围内），其匝数较多，电阻也较大，因而其上也有一定的直流压降，造成输出电压的下降。它适用于电流较大、要求输出电压脉动很小的场合，用于高频时更为适合，若在电流较大、负载变动较大、并对输出电压的脉动程度要求不太高的场合下（如晶闸管电源），也可将电容器除去，而采用电感滤波器（L 滤波器）。

（5）π 型滤波电路。如果要求输出电压的脉动更小，可以在 LC 滤波器的前面再并联一个滤波电容，这样便构成 π 型 LC 滤波器，其电路如图 3-28 所示。该电路的滤波效果比 LC 滤波器更好，但整流二极管的冲击电流较大。由于电感线圈的体积大而笨重，成本又高，因此 π 型 LC 滤波器的应用受到一定限制。如果用电阻去代替电感线圈，这样便构成了 π 型 RC 滤波器，但滤波效果会下降，所以这种滤波电路主要适用于负载电流较小而又要求输出电压脉动很小的场合。

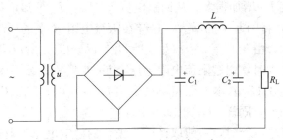

图 3-28 π 型 LC 滤波电路

3. 稳压电路

稳压电路的作用是：当电源电压在一定范围内波动，或负载电流在一定范围内变化时，使输出的直流电压基本上保持稳定不变。最简单的稳压管稳压电路如图 3-29 所示，稳压管作为自动调整元件与负载 R_L 并联，限流电阻 R 与硅稳压管 VD5 组成稳压电路。

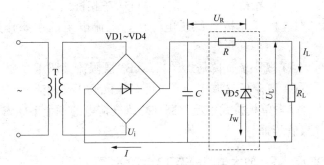

图 3-29 稳压管稳压电路

从图 3-29 中可知，I_W 为流过稳压管的工作电流，I_L 为负载电流，回路电流 $I = I_W + I_L$。U_R 为限流电阻 R 上的压降，U_L 为输出直流电压，回路电压 $U_i = U_R + U_L$。假定负载电流 I_L 不变，如果电网电压增大，引起输入电压 U_i 的增大，输出电压 U_L 也随之增大，即稳压管两端电压 U_W 增大。

根据稳压管的伏安特性可知，当 U_W 稍有增大时，流过稳压

管的电流 I_W 增加很多。从回路电流 $I=I_W+I_L$ 可知，I_L 不变，I_W 增大，将引起 I 的增大，这样在限流电阻 R 上的压降 U_R 也随之增大，由于 $U_i=U_R+U_L$，即 $U_L=U_i-U_R$，所以当回路输入电压增大时，引起限流电阻上压降 U_R 也增大，结果使负载上的输出电压 U_L 基本上保持不变。当 U_i 减小时，稳压过程与上述情况相反，同样，U_L 也基本上保持不变。

选择稳压管时，一般取稳压二极管的稳定电压为负载电压，即：$U_W=U_L$，若一只稳压二极管的稳压值不够，可用多只稳压二极管串联；取稳压二极管的最大稳定电流 I_{WM} 为负载电流 I_L 的两倍以上，即：$I_{WM} \geqslant 2I_L$。

【考题精选】

1. 在整流电路中，（A）整流电路输出的直流脉动最大。

    （A）单相半波   （B）单相全波

    （C）单相桥式   （D）三相桥式

2. 在硅稳压二极管稳压电路中，限流电阻的主要作用是（B）。

    （A）既限流又降压   （B）既限流又调压

    （C）既降压又调压   （D）既调压又调流

3. （√）单相桥式整流电路在输入交流电的每个半周内都有两只二极管导通。

考点 24　放大电路静态工作点的计算

放大电路的静态是放大电路没有输入信号时的工作状态，也就是放大电路只加直流电压时的情况，放大电路的质量高低，与它的静态有很大关系。放大电路的静态工作点（也称直流工作点）是指输入信号为零时，放大电路的基极电流 I_B、集电极电流 I_C、集电极与发射极间的电压 U_{CE} 的值。静态工作点的值既然是直流量，故可用放大电路的直流通路来分析计算。所谓直流通路，是指直流信号流通的路径，因电容具有隔直作用，

166

所以电容在直流通路中可视为开路，共射放大电路的直流通路如图3-30所示。

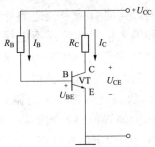

图3-30　共射放大电路的直流通路

由共射放大电路的直流通路，可得静态时的基极电流 I_B 为

$$I_B = \frac{U_{CC} - U_{BE}}{R_B} \approx \frac{U_{CC}}{R_B}$$

由于 U_{BE}（硅管约为 $0.6V$）比 U_{CC} 小得多，故可忽略不计。根据晶体管的电流放大原理，由 I_B 可得静态时的集电极电流 I_C 为

$$I_C = \beta I_B + I_{CEO} \approx \beta I_B$$

根据回路电压定律，静态时的集电极与发射极间的电压 U_{CE} 为

$$U_{CE} = U_{CC} - R_C I_C$$

【考题精选】

1. 固定偏置共射极放大电路，已知 $R_B = 300\text{k}\Omega$，$R_C = 4\text{k}\Omega$，$U_{CC} = 12V$，$\beta = 50$，则 I_{BQ} 为（A）。
　　（A）$40\mu A$　　　　　　（B）$30\mu A$
　　（C）40mA　　　　　　（D）$10\mu A$

2. 固定偏置共射极放大电路，已知 $R_B = 300\text{k}\Omega$，$R_C = 4\text{k}\Omega$，$U_{CC} = 12V$，$\beta = 50$，则 U_{CEQ} 为（B）V。
　　（A）6　　　　　　　　　（B）4
　　（C）3　　　　　　　　　（D）8

考点 25　放大电路静态工作点的稳定方法

放大电路工作时，需要有一个合适的静态工作点，否则容易使放大后的波形和输入信号的波形不能保持一致，造成波形非线性失真。根据对晶体管工作状态的要求不同，静态工作点也不同，这可通过改变 I_B 的大小来获得。因此，I_B 很重要，它确定了晶体管的工作状态，通常称它为偏置电流，简称偏流。产生偏流的电路，称为偏置电路，当 R_B 一经选定后，I_B 也就固定不变，故其电路称为固定偏置电路。

固定偏置电路虽然简单和容易调整，但在外部因素（如温度变化、晶体管老化、电源电压波动等）的影响下，将引起静态工作点的变动，严重时使放大电路不能正常工作。静态工作点受温度的影响最大，当温度升高后，I_B 的静态值会增大。为此，需要改进偏置电路，改进的思路是温度升高后，I_B 能自动减小，以使静态工作点基本稳定。稳定静态工作点的方法可以归纳为 3 种，即采用分压式偏置电路、电流负反馈式偏置电路、温度补偿电路。

【考题精选】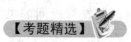

1. 分压式偏置共射放大电路，当温度升高时，其静态值 I_{BQ} 会（B）。

　　（A）增大　　　　　　　　（B）变小

　　（C）不变　　　　　　　　（D）无法确定

2. 分压式偏置共射极放大电路中稳定工作点效果受（C）影响。

　　（A）R_C　　　　　　　　（B）R_B

　　（C）R_E　　　　　　　　（D）U_{CC}

考点 26　放大电路波形失真的分析

对放大电路有一基本要求，就是输出信号尽可能不失真。

所谓失真，是指输出信号的波形不像输入信号的波形。引起失真的原因有多种，其中最基本的一个，就是由于静态工作点不合适或者输入信号太大，使放大电路的工作范围超出了晶体管特性曲线上的线性范围，这种失真通常称为非线性失真，输出波形失真与静态工作点的关系如图 3-31 所示。

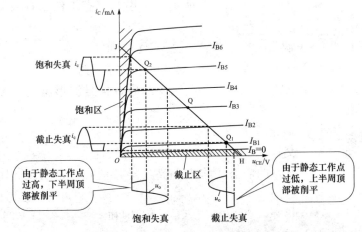

图 3-31　输出波形失真与静态工作点的关系

图 3-31 中的静态工作点 Q_1 的位置太低，即使输入的是正弦电压，但在它的负半周，晶体管进入截止区工作，使输出信号的正半周被削平，这是由于晶体管的截止而引起的，故称为截止失真。消除截止失真的方法为减小 R_B，增大 I_B，使 Q 点适当上移。

图 3-31 中的静态工作点 Q_2 的位置太高，即使输入的是正弦电压，但在它的正半周，晶体管进入饱和区工作，使输出信号的负半周被削平，这是由于晶体管的饱和而引起的，故称为饱和失真。消除饱和失真的方法为增大 R_B，减小 I_B，使 Q 点适当下移。

因此，要放大电路不产生非线性失真，必须有一个合适的静态工作点，工作点 Q 应大致选在交流负载线的中点。此外，输入信号的幅值不能太大，以避免放大电路的工作范围超出了晶体管特性曲线上的线性范围。在小信号放大电路中，此条件一般都能满足。

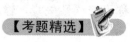

1. 基极电流 I_B 的数值较大时，易引起静态工作点 Q 接近（B）。

    （A）截止区   （B）饱和区

    （C）死区   （D）交越失真

2. 放大电路的静态工作点偏低易导致信号波形出现（A）失真。

    （A）截止   （B）饱和

    （C）交越   （D）非线性

3. 放大电路的静态工作点偏高易导致信号波形出现（B）失真。

    （A）截止   （B）饱和

    （C）交越   （D）非线性

4. 固定偏置共射放大电路出现截止失真，是（B）。

    （A）R_B 偏小   （B）R_B 偏大

    （C）R_C 偏小   （D）R_C 偏大

考点 27　多级放大电路的耦合方法

几乎在所有情况下，放大器的输入信号都很微弱，一般为毫伏或微伏级，单级放大电路的电压放大倍数一般可以达到几十倍，但在多数场合，这样的放大倍数是不够的。为了达到更高的放大倍数，常常把若干个基本放大电路串联起来，组成多级放大电路，对微弱信号进行连续放大。

多级放大器中的每个单级基本放大电路称为一个"级"，级和级之间的连接称为耦合。常用的耦合方法有阻容耦合、变压器耦合和直接耦合 3 种，前两种只能放大交流信号，后一种既能放大交流信号又能放大直流信号，其中变压器耦合在放大电路中已经逐渐减少使用。

1. 阻容耦合放大器

用电阻和电容把前后级放大器连接起来的多级放大器称为阻容耦合放大器，其电压放大倍数为各级电压放大倍数的乘积，阻容耦合两级放大电路如图 3 - 32 所示。

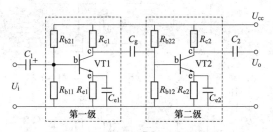

图 3 - 32　阻容耦合两级放大器

图 3 - 32 中电容器 C_g 是起耦合作用的关键元件，称为耦合电容器，两级放大器之间是通过电容 C_g 和基极电阻 R_{b22} 耦合的。由于耦合电容有隔直作用，它可使前、后级的直流工作状态相互之间互不影响，故各级放大电路的静态工作点可以单独设置。而且由于耦合电容的容量较大（几微法到几十微法），容抗很小，所以交流信号能顺利地通过它输入到下一级，起到通交流的作用。

阻容耦合放大器的优点是结构简单、成本低、失真小，而且只要耦合电容选得足够大，就可以做到前一级的输出信号在一定的频率范围内几乎不衰减地加到后一级的输入端上，使信号得到了充分的利用，故常用在多级分立元件交流放大电路中作电压放大。但是阻容耦合也有很大的局限性，首先，它不适合于传送缓慢变化的信号，因为这一类信号在通过耦合电容加到下一级时，就受到很大的衰减。至于直流成分的变化，则根本不能反映。其次，在集成电路中，要想制造大容量的电容是很困难的，因而这种耦合方式在线性集成电路中几乎无法采用。

2. 变压器耦合放大器

因为变压器能够通过磁路的耦合把一次侧的交流信号传送到二次侧，所以也可以用它作为耦合元件，传递交流信号。用变压器把前后级放大器连接起来的多级放大器称为变压器耦合放大器，其两级放大电路如图 3-33 所示。

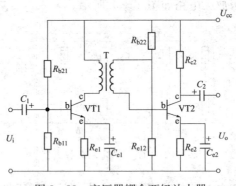

图 3-33　变压器耦合两级放大器

图 3-33 中耦合变压器 T 的作用是将被前级放大器放大了的交流信号电压从一次侧感应到二次侧，再加到后级的输入端。在阻容耦合时，阻抗不容易匹配。在变压器耦合时，由于变压器具有阻抗变换的性质，可以把后级低输入阻抗升高。所以为了取得阻抗匹配，使放大器后级从前级中获得最大的信号功率，常常采用变压器耦合。

耦合变压器具有隔直流、通交流的性能，它即能确保任何一级的直流电压、电流，都不可能通过变压器传给其他各级，使各级放大器的直流工作状态不会互相影响，而又能顺利地将交流信号输送到下一级。负载从信号源中要获得最大的信号功率的条件是负载的电阻要等于信号源的内阻，即"阻抗匹配"。变压器耦合的主要缺点是它需要磁性元件和铜线，既消耗有色金属，又使体积较大，不能实现集成化，此外，频率特性也比较差。目前，在半导体收音机的中频放大级和扩音机的功率放大级中还经常用到。

3. 直接耦合放大器

在工业自动控制系统中，经常要将一些物理量（如温度、转速）的变化通过传感器转化为相应的电信号，而这类电信号往往变化极其缓慢（即频率近似为零），或是极性固定不变的直流信号。为了放大缓慢变化的信号或直流信号，不能采用阻容耦合或变压器耦合，而只能采用直接耦合的方式，把前级的输出端直接接到后级的输入端。因此，级间无耦合元件的放大器称为直接耦合放大器，又称为直流放大器，其两级放大电路如图 3-34 所示。

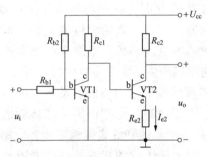

图 3-34 直接耦合两级放大器

直接耦合似乎很简单，其实不然，它所带来的问题远比阻容耦合严重。其中主要有两个问题需要解决：一个是前、后级的静态工作点互相影响的问题；另一个是零点漂移的问题。虽然存在上述两个问题，但由于不采用电容元件，因此适合于集成化，在集成运算放大器内部，级间都是直接耦合的。此外，也因它具有良好的低频特性，所以在低频特性要求高的交流信号放大电路中也采用直接耦合放大器。

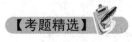【考题精选】

1. 能用于传递交流信号，电路结构简单的耦合方式是（A）。

(A) 阻容耦合　　　　　　(B) 变压器耦合

(C) 直接耦合　　　　　　(D) 电感耦合

2. (√) 分立元件的多级放大电路的耦合方式通常采用阻容耦合。

考点 28　差动放大电路的工作原理

在直接耦合放大电路中抑制零点漂移最有效的电路结构是差动放大电路，因此，在要求较高的多级直接耦合放大电路的前置级广泛采用这种电路。所谓零点漂移，就是在无输入信号或输入信号不发生变化时，输出电压发生无规则的缓慢变化。产生零点漂移的原因很多，其中温度变化影响最为严重。由于直接耦合，前级的零点漂移传到后级进行放大，一级又一级传下去，结果在输出端产生的零点漂移较为严重。

用两个晶体管组成的最简单的差动放大电路如图 3-35 所示，输入信号电压 U_{i1} 和 U_{i2} 分别由两个晶体管的基极输入，输出电压 u_o 则取自两个晶体管的集电极之间。电路结构对称，在理想的情况下，两个晶体管的特性及对应电阻元件的参数值都相同，因而它们的静态工作点也必然相同。

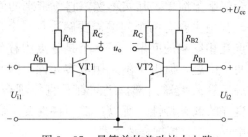

图 3-35　最简单的差动放大电路

在静态时，无输入信号，可视为两边输入端短路。由于电路的对称性，两边的集电极电流相等，集电极电位也相等，故输出电压为零。当温度升高时，两个晶体管的集电极电流都增大，集电极电位都下降，由于两个晶体管所处的环境一样，温度变化相同，故它们的变化量都相等。虽然每个晶体管都产生了零点漂移，但是由于两集电极电位的变化是互相抵消的，所以输出电压依然为零，即零点漂移完全被抑制了。对称差动放大电路对两个晶体管所产生的同向漂移（不管是什么原因引起的）都具有抑制作用，这是它的突出优点。

当有信号输入时，对称差动放大电路的工作情况可以分为下列几种输入方式来分析。

（1）共模输入。两个输入信号电压的大小相等，极性相同，这样的输入称为共模输入。在共模输入信号的作用下，对于完全对称的差动放大电路来说，显然两个晶体管的集电极电位变化相同，因而输出电压等于零，所以它对共模信号没有放大能力，即放大倍数为零。实际上，前面所讲的差动放大电路对零点漂移的抑制就是该电路抑制共模信号的一个特例。因为折合到两个输入端的等效漂移电压如果相同，就相当于给放大电路加了一对共模信号。所以，差动电路抑制共模信号能力的大小，也反映出它对零点漂移的抑制水平，这一作用是很有实际意义的。

（2）差模输入。两个输入信号电压的大小相等，而极性相反，这样的输入称为差模输入（差动输入）。在差模输入信号的作用下，两个晶体管的集电极电位一增一减，呈现异向变化，其差值即为输出电压。输出电压的大小为两个晶体管各自输出电压变化量的两倍，可见差动放大电路能有效地放大差模输入信号。

（3）比较输入。两个输入信号电压既非共模，又非差模，它们的大小和相对极性是任意的，这样的输入称为比较输入。在比较输入信号的作用下，输出电压的大小和相位与两个输入信号比较的结果有关，常作为比较放大来运用，在自动控制系统中是常见的。

【考题精选】

1. 差动放大电路能放大（D）。

（A）直流信号　　　　　（B）交流信号

（C）共模信号　　　　　（D）差模信号

2. 差动放大电路中，差模输入信号是指两个输入信号电压（B）。

（A）大小相等，极性相同　（B）大小相等，极性不同

（C）大小不等，极性相同　（D）大小不等，极性不同

考点 29　功率放大电路的使用注意事项

功率放大电路常作为多级放大器的末级，这一级放大电路将送来的低频信号进行功率放大，它不仅有较大的电压输出，还有较大的电流输出，也就是说能输出足够大的功率去驱动执行机构，如扬声器、继电器、伺服电动机等。因此，把这一级称为功率放大器，也称为功放电路，担任功率放大的晶体管称为功放管。

电压放大电路和功率放大电路都是利用晶体管的放大作用将信号放大，所不同的是，前者的目的是输出足够大的电压，而后者主要是要求输出最大的功率；前者是工作在小信号状态，而后者工作在大信号状态。功率放大电路为了获得较大的输出功率，往往让功放管工作在极限状态，因此对功率放大电路的基本要求是：信号失真要小、有足够的输出功率、电路效率高、电路的散热性能好。

以晶体管的静态工作点位置来分类，功率放大器可以分成甲类、乙类和甲乙类。甲类功率放大器的静态工作点位于放大区的中点，其特点是输出信号失真小，但效率低。乙类功率放大器的静态工作点邻近截止区，放大器只有半波输出。要输出完整的全波，必须采用两个晶体管组合起来交替工作。这种电路效率高，但输出信号失真较大。甲乙类功率放大器的静态工作点略高于乙类功率放大器，效率仍然较高，输出信号失真比乙类功率放大器要小。

功率放大电路的工作电压、电流都很大，在给负载输出功

率的同时，功放管也要消耗一部分功率，使管子本身升温发热。当功放管温度升高到一定程度（锗管一般为75～90℃，硅管为150℃）后，就会损坏晶体结构。为此，应将功放管的集电极（管壳）安装在金属片上进行散热，金属片用铝和铜材料制作，形状为凹凸形，颜色为黑色，通常称为散热器、散热片或散热板。加装了散热片的功放管可充分发挥管子的潜力，增加输出功率而不损坏功放管。

功放管使用不当容易造成击穿损坏，防止击穿的措施主要有：使用功率容量大的功放管，耐压和散热要留有充分的余地，以确保功放管工作在安全区域内；功放管在使用中应尽量避免电源剧烈波动、输入信号突然大幅增加、负载出现短路、开路或过负荷等，以免出现过电压和过电流；在感性负载的两端并联保护二极管（或二极管加电容），以防止感性负载引起功放管的过电压和过电流，在功放管的C、E端并联稳压二极管以吸收瞬时过电压。

 【考题精选】

1. 单片集成功率放大器件的功率通常在（B）左右。
   (A) 10W   (B) 1W
   (C) 5W   (D) 8W
2. 音频集成功率放大器的电源电压一般为（C）V。
   (A) 5   (B) 10
   (C) 5～8   (D) 6

考点 30 RC振荡器的工作原理

在需要较低频率（200kHz以下）的振荡信号的场合时，常采用RC振荡器，其选频回路由电阻R和电容C元件组成。最常用的RC桥式振荡器（又称为RC串并联振荡电路）如图3-36所示，它由选频电路和放大电路组成。放大电路是采用二级阻容耦合放大电路；选频电路是R_1和C_1串联与R_2和C_2

并联后再串联的电路；正反馈电路是和选频电路共用，正反馈信号从 R_2C_2 两端取出。R_T 和 R_{E1} 组成负反馈电路，负反馈信号从 R_{E1} 两端取出，加到放大电路输入端。选频电路 R_1C_1、R_2C_2 和负反馈电路 R_TR_{E1} 组成电桥的 4 个臂，放大电路的输出端和输入端分别接到电桥的两个对角上。

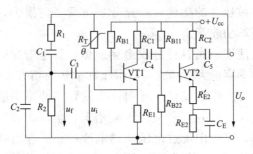

图 3-36　RC 桥式振荡器

1. RC 振荡器的选频作用

放大电路的输出电压 U_o 就是 RC 串并联电路的输入电压，R_2C_2 两端电压就是正反馈电压 u_f，也是放大电路的输入电压 u_i。通过复数运算并取 $R_1=R_2=R$，$C_1=C_2=C$，则电路的振荡频率表示为

$$f_0=\frac{1}{2\pi RC}$$

电路各种谐波中，只有频率 $f=f_0$ 的正弦波信号在电路中发生谐振，其他频率的正弦波信号在电路中不能产生谐振。当电路发生谐振时，电路呈电阻性，反馈电压 u_f（即放大电路的 u_i）最大，并且 $U_o=3u_f$，振荡电路输出电压也最大，这就是 RC 振荡器的选频特性。

2. RC 振荡器的振荡过程

当电源接通时，电路中电流产生瞬变过程，这个电流是非正弦波，它包含各种频率的正弦波，其中 $f=f_0$ 的正弦波电流在电路中发生谐振，经过两级放大电路，反相两次，U_o 和 u_i 同相，即 u_f 和 U_o 同相，故反馈信号是正反馈。电路中电流经放大→正反馈→再放大……的循环过程，使 $f = f_0$ 的正弦波电流幅值逐渐加大，直到晶体管趋于饱和，输出电压 U_o 的幅值便固定下来，通过输出电路，输出一定幅值及频率为 f_0 的正弦波信号。反馈电阻 R_T 是热敏电阻，利用它的非线性可以自动稳幅。

【考题精选】

1. RC 选频振荡电路，能产生电路振荡的放大电路的放大倍数至少为（B）。

    （A）10   （B）3

    （C）5   （D）20

2. RC 选频振荡电路适合（B）kHz 以下的低频电路。

    （A）1000   （B）200

    （C）100   （D）50

考 点 ③1 LC 正弦波振荡器的工作原理

LC 正弦波振荡器一般用在产生振荡频率比较高（几千赫到几百兆赫）的场合，LC 和 RC 振荡器产生正弦振荡的原理基本相同，它们在电路组成方面的主要区别是：RC 振荡器的选频网络由电阻和电容组成，而 LC 振荡器的选频网络则由电感和电容组成。

1. LC 振荡器（变压器反馈式）

典型的 LC 振荡器（变压器反馈式）如图 3-37 所示，它由放大电路、变压器反馈电路和 LC 选频电路组成，该电路容易实现匹配、易于起振、输出幅值大，所以效率较高，应用较普遍，但缺点是频率稳定度不是很高，输出正弦波形不够理想。

放大电路是由晶体管 VT、电阻 R_1、R_2、R_3 和 C_2 组成分压式偏置电路；选频电路是由 LC 并联电路组成，它又是代替晶体管集电极的负载电阻 R_C；正反馈电路是由变压器二次绕组 N_2 组成，输出电路是由变压器二次绕组 N_3 与负载 R_L 组成。

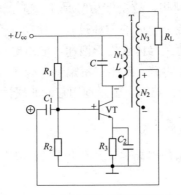

图 3-37　*LC* 振荡器（变压器反馈式）

（1）*LC* 振荡器的选频作用。*LC* 并联电路是选频电路，当它发生并联谐振时，阻抗最大。并联谐振的条件是信号源发出的信号频率 f 与 *LC* 并联电路的固有频率 f_0 相等时，电路发生谐振，谐振频率为

$$f_0 = \frac{1}{2\pi\sqrt{LC}}$$

当将振荡电路与电源接通时，在扰动信号中只有频率为 f_0 的正弦分量才发生并联谐振。在并联谐振时，*LC* 并联电路的阻抗最大，并且是电阻性的（相当于晶体管集电极的负载电阻 R_C）。因此，对 f_0 这个频率来说，电压放大倍数最高，当满足自激振荡的条件时，就产生自激振荡。对于其他频率的分量，不能发生并联谐振，这就达到了选频的目的。在输出端得到的只是频率为 f_0 的正弦信号。当改变 *LC* 电路的参数 L 或 C 时，输出信号的振荡频率也就改变。

（2）*LC* 振荡器的振荡过程。振荡电路满足振幅条件，主要是选择适当的变压器反馈绕组的匝数 N_2，使反馈电压足够大，另外设计足够大的电压放大倍数的放大电路。振荡电路满足相位条件是取变压器绕组的极性，达到正反馈要求。当振荡电路满足振幅条件和相位条件时，振荡电路接通电源，电路中产生

电压或电流的瞬变过程，通过放大、正反馈、选频，再通过变压器二次绕组 N_3 输出频率等于 f_0 的正弦波信号。

2. LC 振荡器（电感三点式）

典型的 LC 振荡器（电感三点式）如图 3-38 所示，它的工作频率范围可从数百千赫至数十兆赫，但反馈电压高次谐波阻抗大，输出正弦波形不理想。电感三点式振荡器与变压器反馈式振荡器相比，就是只用了一个有抽头的电感线圈，电感线圈的 3 个点分别通过 C_1、C_2 及 C_E（对交流都可视作短路）与晶体管的 3 个极相连，故称为电感三点式振荡器。反馈线圈 L_2 是电感线圈的一段，通过它的两端将反馈电压送到输入端，这样，可以保证实现正反馈。电感三点式振荡器的振荡频率为

$$f_0 = \frac{1}{2\pi\sqrt{LC}} = \frac{1}{2\pi\sqrt{(L_1 + L_2 + 2M)\,C}}$$

式中：M 为线圈 L_1 与 L_2 之间的互感系数，通常改变电容 C 来调节振荡频率。

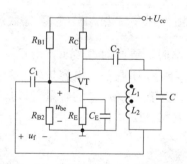

图 3-38　LC 振荡器（电感三点式）

3. LC 振荡器（电容三点式）

典型的 LC 振荡器（电容三点式）如图 3-39 所示，它的工作频率范围可从数百千赫至一百兆赫以上，由于反馈电压是从电容两端取出，对高次谐波阻抗小，因而可将高次谐波滤除，所以输出波形好，通常用在调幅和调频接收机中，利用同轴电容器来调节振荡频率。电容三点式振荡器的 C_1 和 C_2 串联并与

电感 L 一起组成选频电路和反馈电路，C_1 和 C_2 的 3 个点分别通过 C_3、C_4 及 C_E（对交流都可视作短路）与晶体管的 3 个极相连，故称为电容三点式振荡器。反馈电压从 C_2 两端取出，通过它将反馈电压送到输入端，这样，可以保证实现正反馈。电容三点式振荡器的振荡频率为

$$f_0 = \frac{1}{2\pi\sqrt{LC}} = \frac{1}{2\pi\sqrt{L\dfrac{C_1 C_2}{C_1 + C_2}}}$$

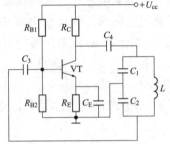

图 3-39　LC 振荡器（电容三点式）

调节振荡频率时，要同时改变 C_1 和 C_2，显得很不方便。因此，通常再与线圈 L 串联一个电容量较小的可变电容，用它来调节振荡频率。由于 C_1 和 C_2 的容量可以选得较小，故振荡频率一般可达到 100MHz 以上。

【考题精选】

1. LC 选频振荡电路，当电路频率小于谐振频率时，电路性质为（B）。

  (A) 电阻性   (B) 感性

  (C) 容性   (D) 纯电容性

2. LC 选频振荡电路，当电路频率高于谐振频率时，电路性质为（C）。

  (A) 电阻性   (B) 感性

(C) 容性　　　　　　　　(D) 纯电容性

3. LC 选频振荡电路达到谐振时，选频电路的相位移为 (A)。

　　(A) $0°$　　　　　　　　　(B) $90°$

　　(C) $180°$　　　　　　　　(D) $-90°$

考点 32　串联式稳压电路的工作原理

　　经整流和滤波后的电压往往会随交流电源电压的波动和负载的变化而变化。电压的不稳定有时会产生测量和计算的误差，引起控制装置的工作不稳定，甚至根本无法正常工作，特别是精密电子测量仪器、自动控制、计算装置及晶闸管的触发电路等都要求有很稳定的直流电源供电。最简单的直流稳压电源是采用稳压管来稳定电压，但它输出电压的大小是固定的，基本上由稳压管的稳定电压决定，在使用中很不方便。而恒压源的输出电压是可调的，并引入了电压负反馈使输出电压更为稳定。

　　串联负反馈式稳压电路如图 3‑40 所示，图中 V_1 是整流滤波电路的输出电压，VT 为大电流调整晶体管，A 为比较放大电路，V_{REF} 为基准电压，由稳压管 DZ 与限流电阻 R 串联所构成的简单稳压电路获得，R_1 与 R_2 组成反馈网络，是用来反映输出

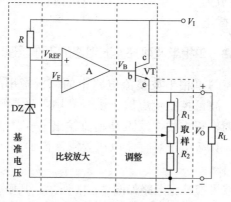

图 3‑40　串联负反馈式稳压电路

电压变化的取样环节。这种稳压电路的主回路是起调整作用的晶体管与负载串联，故称为串联式稳压电路。

串联负反馈式稳压电路稳压原理可简述如下：当输入电压 V_I 增加（或负载电流 I_o 减小）时，导致输出电压 V_o 增加，随之反馈电压 V_F 也增加。V_F 与基准电压 V_{REF} 相比较，其差值电压经比较放大电路放大后使 V_B 和 I_C 减小，调整管 VT 的 c-e 极间电压 V_{ce} 增大，使 V_o 下降，从而维持 V_o 基本恒定。同理，当输入电压 V_I 减小（或负载电流 I_o 增加）时，也将使输出电压 V_o 基本保持不变。

由此可见，输出电压的变化量是由反馈网络取样经放大电路放大后去控制调整管 VT 的 c-e 极间的电压降，从而达到稳定输出电压 V_o 的目的，所以通常称晶体管 VT 为调整管，这个调整过程实质上是一个负反馈过程。

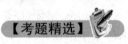【考题精选】

1. 串联型稳压电路的调整管接成（B）电路形式。
   (A) 共基极　　　　　　　(B) 共集电极
   (C) 共射极　　　　　　　(D) 分压式共射极
2. 串联型稳压电路的调整管工作在（A）状态。
   (A) 放大　　　　　　　　(B) 饱和
   (C) 截止　　　　　　　　(D) 导通

考点 33 　单相半波可控整流电路的工作原理

把不可控的单相半波整流电路中的二极管用晶闸管代替，就成为单相半波可控整流电路，由于只用一只晶闸管，因此电路很简单，调整很方便，缺点是整流输出电压脉动大、设备利用率不高等，只适用于对直流电压要求不高的小功率可控整流设备中。

单相半波可控整流电路如图 3-41 所示，其中 R_L 为电阻性负载。在输入交流电压 u 的正半周时，晶闸管 VS 承受正向电压。假如在某一时刻给控制极加上触发脉冲，晶闸管导通，负载上得到电压。当交流电压 u 下降到接近于零值时，晶闸管正向电流小于维持电流而关断。在电压 u 的负半周时，晶闸管承受反向电压，不可能导通，负载电压和电流均为零。直到下一个周期的正半周到来时，再在相应的时刻给控制极加上触发脉冲，晶闸管再行导通。如此循环往复，在负载上得到单一方向的直流电压。显然，在晶闸管承受正向电压的时间段内，改变控制极触发脉冲的输入时刻（移相），负载上得到的电压波形就随之改变，这样就控制了负载上输出电压的大小。

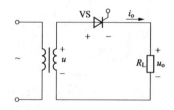

图 3-41　单相半波可控整流电路

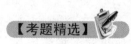

1. 单相半波可控整流电路的电源电压为 220V，晶闸管的额定电压要留 2 倍裕量，选购（D）的晶闸管。

（A）250V　　　　　　　（B）300V

（C）500V　　　　　　　（D）700V

2. 单相半波可控整流电路电阻性负载的输出电压波形中一个周期内会出现（B）个波峰。

（A）2　　　　　　　　　（B）1

（C）4　　　　　　　　　（D）3

考点 34　单相半波可控整流电路的计算

晶闸管从开始承受正向电压起到触发导通其间的电角度称为触发延迟角（又称移相角），用 α 表示，单相半波可控整流电路的触发延迟角范围为 $0°\sim180°$。晶闸管在一个周期内导通的电角度称为导通角，用 θ 表示，$\theta=\pi-\alpha$。很显然，触发延迟角越小，导通角越大，输出电压越高。

整流输出电压的平均值可以用触发延迟角表示，即

$$U_{\circ}=0.45U\times\frac{1+\cos\alpha}{2}$$

上式表明，当 $\alpha=0$ 时（$\theta=180°$），晶闸管在正半周全导通，$U_{\circ}=0.45U$，输出电压最高，相当于不可控的二极管单相半波整流电压。若 $\alpha=180°$ 时（$\theta=0°$），晶闸管全关断，$U_{\circ}=0$。

根据欧姆定律，负载的电流平均值为

$$I_{\circ}=\frac{U_{\circ}}{R_{L}}=0.45\frac{U}{R_{L}}\times\frac{1+\cos\alpha}{2}$$

通过晶闸管的电流平均值为

$$I_{VS}=I_{\circ}$$

晶闸管所承受的最高正向和反向电压均为输入交流电压幅值的 $\sqrt{2}$ 倍。

【考题精选】

1. 单相半波可控整流电路中晶闸管所承受的最高电压是（A）。

    （A）$1.414U$ （B）$0.707U$

    （C）U （D）$2U$

2. 带有电阻性负载的单相半波可控整流电路中，（B）的移相范围是 $0°\sim180°$。

    （A）导通角 θ （B）触发延时角 α

    （C）补偿角 φ （D）逆变角 β

3. （×）单相半波可控整流电路中，触发延迟角越大，输出电压越大。

考点 35 单相桥式可控整流电路的工作原理

单相半波可控整流电路虽然有电路简单、调整方便、使用

元件少的优点，但有整流电压脉动大、输出整流电流小的缺点。较常用的是单相半控桥式整流电路（简称为半控桥），它与单相半波可控整流电路相比，整流输出电压较大、脉动较小、设备利用率较高等，所以应用较广。

单相半控桥式整流电路如图 3-42 所示，它与单相不可控桥式整流电路相似，只是其中两个臂中的二极管被晶闸管所取代。晶闸管 VS1、VS2 的阴极接在一起，组成共阴极的电路；二极管 VD1、VD2 组成共阳极的电路。在任何时刻都必须有共阴极组的一个晶闸管和共阳极组的一个二极管同时导通，才能使整流电流流通。

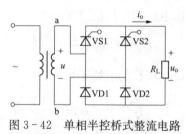

图 3-42　单相半控桥式整流电路

在变压器二次绕组电压 u 的正半周（a 端为正）时，VS1 和 VD2 承受正向电压。这时如对晶闸管 VS1 引入触发信号，则 VS1 和 VD2 导通，而 VS2 和 VD1 都因承受反向电压而截止。同样，在电压 u 的负半周（a 端为负）时，VS2 和 VD1 承受正向电压。这时，如对晶闸管 VS2 引入触发信号，则 VS2 和 VD1 导通，而 VS1 和 VD2 都因承受反向电压而截止。改变触发脉冲的时间，即改变触发延迟角 α 的大小，就能改变整流电路输出电压 u_o 的大小。当 $\alpha = 0°$ 时，输出波形同单相桥式整流电路，输出电压 u_o 最大；增大 α，输出电压 u_o 减小；当 $\alpha = 180°$ 时，输出电压 u_o 为零。

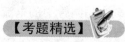【考题精选】

1. 单相桥式可控整流电路中，触发延时角越大，输出电压

(B)。

    (A) 越大   (B) 越小

    (C) 为零   (D) 不变

2. 单相桥式可控整流电路电感性负载，当触发延时角等于(B)，续流二极管中的电流与晶闸管中的电流相等。

    (A) 90°   (B) 60°

    (C) 120°   (D) 300°

考点 36　单相桥式可控整流电路的计算

当单相桥式可控整流电路接电阻性负载时，与单相半波可控整流相比其输出电压的平均值要大一倍，即

$$U_o = 0.9U \times \frac{1+\cos\alpha}{2}$$

根据欧姆定律，负载的电流平均值为

$$I_o = \frac{U_o}{R_L} = 0.9\frac{U}{R_L} \times \frac{1+\cos\alpha}{2}$$

流过晶闸管和二极管的电流平均值为

$$I_{VS} = I_{VD} = \frac{1}{2}I_o$$

晶闸管所承受的最高正向和反向电压及二极管承受的最高反向电压均等于输入交流电压幅值的$\sqrt{2}$倍。

【考题精选】

1. 单相桥式可控整流电路的变压器二次电压为 20V，每个整流二极管所承受的最大反向电压为（B）。

    (A) 20V   (B) 28.28V

    (C) 40V   (D) 56.56V

2. 单相桥式可控整流电路电阻性负载，晶闸管中的电流平均值是负载的（A）倍。

    (A) 0.5   (B) 1

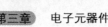

(C) 2　　　　　　　　　(D) 0.25

考点 ③⑦　单结晶体管触发电路的工作原理

要使晶闸管导通，除了加正向阳极电压外，在控制极与阴极之间还必须加触发电压。产生触发电压的电路称为晶闸管的触发电路。触发电路的种类很多，最常用的是单结晶体管触发电路，它具有简单、可靠、触发脉冲前沿陡、抗干扰能力强以及温度补偿性能好等优点，所以多用于 50A 以下的中小容量的单相可控整流电路中。

单结晶体管触发的单相半控桥式整流电路如图 3-43 所示，其各处电压的波形如图 3-44 所示，电阻 R_1 上的脉冲电压 u_g 就是用来触发晶闸管的。

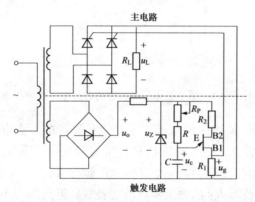

图 3-43　单结晶体管触发的单相半控桥式整流电路

假设在接通电源之前，电容 C 上的电压 u_c 为零，在接通电源后，电源就经 R 向电容 C 充电，使其端电压按指数曲线升高。电容器上的电压就加在单结晶体管的发射极 E 和第一基极 B1 之间。当 u_c 等于单结晶体管的峰点电压 U_P 时，单结晶体管导通，其电阻 R_{B1} 急剧减小，电容器向 R_1 放电。由于电阻 R_1 取得较小，放电很快，放电电流在 R_1 上形成一个脉冲电压 u_g。由于电阻 R 取得较大，当电容电压下降到单结晶体管的谷点电压时，

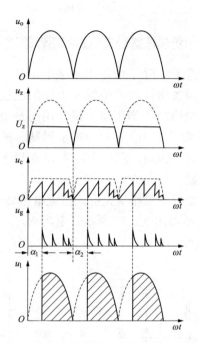

图 3-44 单结晶体管触发电路各处电压的波形

电源经过电阻 R 供给的电流小于单结晶体管的谷点电流,于是单结晶体管截止。电源再次经 R 向电容 C 充电,重复上述过程,于是在电阻 R_1 上就得到一个又一个的脉冲电压 u_g。

改变电位器 R_P 的数值可以改变触发延迟角的大小,从而调节输出脉冲电压的频率。输出脉冲电压的宽度,主要取决于电容器放电的时间常数 $\tau = R_1 C$,R_1 或 C 太小,放电快,触发脉冲的宽度小,不能使晶闸管触发,通常 τ 的值必须在 $10\mu s$ 以上。电阻 R_2 用于单结晶体管的温度补偿,当温度变化时,单结晶体管 PN 结的正向压降也将变化,通过 R_2 可以补偿两个基极(B1、B2)间的电压,从而使峰点电压 U_P 保持不变。

由于每半个周期内第一个脉冲将使晶闸管触发后,后面的脉冲均无作用,因此,第一个脉冲的稳定性非常重要。电路中一是采用了稳压管将整流电压 u_o 变换成梯形波（所谓削波，是指削去正弦波顶上一块），并稳定在一个电压值 U_Z 上，使单结晶体管输出的脉冲幅度和每半周产生第一个脉冲的时间不受交流电源电压的波动的影响。二是通过同步变压器将触发电路与主电路接在同一电源上，每当主电路的交流电源电压过零值时，单结晶体管上的电压也过零值，两者同步，这样才能使每半周产生第一个脉冲的时间保持不变。

【考题精选】

1.（D）触发电路输出尖脉冲。
（A）交流变频 　　　　（B）脉冲变压器
（C）集成 　　　　　　（D）单结晶体管

2. 单结晶体管触发的同步电压信号来自（C）。
（A）负载两端 　　　　（B）晶闸管
（C）整流电源 　　　　（D）脉冲变压器

考点 38　晶闸管的过电流保护方法

晶闸管虽然具有很多优点，但是，由于晶闸管的热容量很小，一旦发生过电流时，温度就会急剧上升可能把 PN 结烧坏，造成元件内部短路或开路，这是晶闸管的主要弱点。因此，在各种晶闸管装置中必须采取适当的过电流保护措施。

晶闸管发生过电流的原因主要有：负载端过负荷或短路；某个晶闸管被击穿短路，造成其他元件的过电流；触发电路工作不正常或受干扰，使晶闸管误触发，引起过电流。晶闸管承受过电流能力很差，如一个 100A 的晶闸管过电流为 400A 时，仅允许持续 0.02s，否则将因过热而损坏。由此可知，晶闸管允许在短时间内承受一定的过电流，所以，过电流保护的作用就在于当发生过电流时，在允许的时间内将过电流切断，以防止元件损坏。

晶闸管过电流的保护措施有以下几种。

1. 快速熔断器

普通熔丝由于熔断时间长，用来保护晶闸管很可能在晶闸管烧坏之后熔断器还没有熔断，这样就起不了保护作用。因此必须采用专用于保护晶闸管的快速熔断器。快速熔断器用的是银质熔丝，在同样的过电流倍数之下，它可以在晶闸管损坏之前熔断，这是晶闸管过电流保护的主要措施。

快速熔断器的接入方式有3种，如图3-45所示。

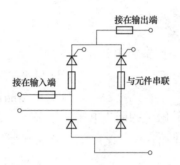

图3-45　快速熔断器的接入方式

第1种接入方式是将快速熔断器接在输出（负载）端，这种接法对输出回路的过负荷或短路起保护作用，但对元件本身故障引起的过电流不起保护作用。第2种接入方式是将快速熔断器与元件串联，可以对元件本身的故障进行保护。以上两种接法一般需要同时采用。第3种接入方式是将快速熔断器接在输入端，这样可以同时对输出端短路和元件短路实现保护，但是快速熔断器熔断之后，不能立即判断是什么故障。

快速熔断器的额定电流指的是有效值，而晶闸管的额定电流指的是平均值。因此，在选取熔断器的额定电流时，应该尽量接近实际工作电流的有效值，而不是按所保护的元件的额定电流（平均值）选取。

2. 过电流继电器

在输出端（直流侧）装直流过电流继电器，或在输入端（交流侧）经电流互感器接入灵敏的过电流继电器，都可在发生过电流故障时动作，使输入端的开关跳闸。这种保护措施对过负荷是有效的，但是在发生短路故障时，由于过电流继电器的动作及自动开关的跳闸都需要一定时间，如果短路电流比较大，这种保护方法不够有效。

3. 过电流截止保护

利用过电流的信号将晶闸管的触发脉冲移后，使晶闸管的导通角减小或者停止触发。

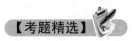

1. 晶闸管电路中采用（D）的方法来实现过电流保护。
   （A）接入电流继电器　　　（B）接入热继电器
   （C）并联快速熔断器　　　（D）串联快速熔断器

2. 晶闸管电路中串入快速熔断器的目的是（B）。
   （A）过电压保护　　　　　（B）过电流保护
   （C）过热保护　　　　　　（D）过冷保护

考点 39　晶闸管的过电压保护方法

晶闸管耐受过电压的能力极差，当电路中电压超过其反向击穿电压时，即使时间极短，也容易损坏。如果正向电压超过其转折电压，则晶闸管误导通，这种误导通次数频繁时，导通后通过的电流较大，也可能使元件损坏或使晶闸管的特性下降。因此，必须采取措施消除晶闸管上可能出现的过电压。

晶闸管发生过电压的原因主要有：电路中一般都接有电感元件，在切断或接通电路时，从一个元件导通转换到另一个元件导通时，电路中的电压往往都会引起晶闸管过电压；当熔断器熔断时，还有雷击时也会引起晶闸管过电压。

晶闸管过电压的保护措施有阻容保护和硒堆保护，硒堆可以单独使用，也可以和阻容元件共同使用，如图 3-46 所示。阻容保护是过电压保护的基本方法，它将阻容吸收元件并联在整流装置的交流侧（输入端）或直流侧（输出端）或元件侧。阻容保护利用电容来吸收过电压，其实质就是将造成过电压的能量变成电场能量储存到电容器中，然后释放到电阻中去消耗掉。硒堆（硒整流片）是非线性电阻元件，具有较陡的反向特性。硒堆保护是将硒堆并联在整流装置的交流侧（输入端），当硒堆上电压超过某一数值后，它的电阻迅速减小，而且可以通过较大的电流，把过电压能量消耗在非线性电阻上，而硒堆并不损坏。

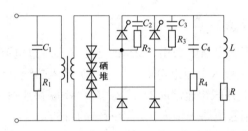

图 3-46　阻容保护与硒堆保护

【考题精选】

1. 晶闸管两端（C）的目的是实现过电压保护。
  （A）串联快速熔断器　　　（B）并联快速熔断器
  （C）并联压敏电阻　　　　（D）串联压敏电阻
2. 晶闸管两端（B）的目的是防止电压尖峰。
  （A）串联小电容　　　　　（B）并联小电容
  （C）并联小电感　　　　　（D）串联小电感

第四章 低压电器与传感器

考点 ① 常用低压电器的符号及作用

低压电器是电气控制系统的基本组成元件，这些系统的优劣与所用低压电器的性能直接相关。维修电工经常遇到的低压电器，是指在额定电压交流 1200V 或直流 1500V 以下能够根据外界的要求或所施加的信号、自动或手动地接通或断开电路，从而连续或断续地改变电路的参数或状态，以实现对电路或非电对象的切换、变换、检测、控制、保护和调节的电气设备。常用低压电器有低压熔断器、低压开关、低压断路器、按钮开关、行程开关、低压接触器、热继电器、时间继电器、中间继电器、速度继电器、压力继电器等。

1. 低压熔断器

低压熔断器是一种最简单的保护电器，它在电路和用电设备出现过负荷或短路故障时能进行有效的保护，其显著特点是结构简单、使用方便、体积小、重量轻、维护容易、价格低廉，因此广泛用在低压配电系统和用电设备中。使用时，熔断器串联在所保护的电路中，当电路正常工作时，流过的电流小于或等于熔断器熔体的额定电流，熔断器视同导线；当电路出现过负荷或短路故障时，便有很大的电流通过，使熔体发热而熔断，从而切断故障电流，保护线路和用电设备。

低压熔断器可分为瓷插式、螺旋式、无填料封闭管式、有填料封闭管式、快速式熔断器等，主要由熔断体（简称熔体）和熔管（安装熔体的绝缘管或绝缘底座）组成。熔体是整个熔断器的核心，一般由低熔点、易熔断、导电性能好、不易氧化的金属材料制成丝状或片状。熔体采用两类材料：一类由铅锡合金和锌等低熔点金属制成，由于熔点低不易灭弧，一般用在小电流的电路中；另一类由银、铜等高熔点金属制成，灭弧容易，一般用在大电流电路中。熔管起到密封熔体和灭弧的作用。

低压熔断器图形符号及文字符号如图4-1所示。

2. 低压刀开关

低压刀开关旧称闸刀开关，是一种利用动触头（触刀）和静触头（刀座）的契合或分离状态，以达到接通或分断电路为目的的开关。其作用是：①隔离电源，以确保电路和设备维修的安全；②分断负载，作为不频繁地接通和分断额定电流以下的负载，如不频繁地接通和分断容量不大的低压电路或直接启动小容量电动机。

常用的低压刀开关是由刀开关和熔断器组合而成的负荷开关，负荷开关又分为开启式和封闭式两种。通常，除特殊的大电流低压刀开关外，一般都采用手动操作方式。

低压刀开关图形符号及文字符号如图4-2所示。

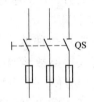

图4-1　低压熔断器图形　　图4-2　低压刀开关图形
　　符号及文字符号　　　　　符号及文字符号

开启式负荷开关又称为闸刀开关或瓷底胶盖刀开关，它具有结构简单、价格低廉、使用维修方便等优点，主要用于交流电压380V、电流60A及以下的线路中作为配电开关及照明电路、电阻和电热回路的控制开关用，也可作为小容量的三相异步电动机的不频繁启动、停止的控制开关。这类开关在装配上合格的熔丝后，还可起到短路保护的作用。

封闭式负荷开关又称为铁壳开关，它是在开启式负荷开关的基础上改进设的，其灭弧性能、操作性能等均优于开启式负荷开关。其特点是闸刀上装有速断弹簧，分闸时能使闸刀快速断开，以利于熄灭电弧。另外，还装有机械连锁装置，使得在开关合闸后打不开铁壳，而铁壳在打开后合不上开关。因此它具有通断性能较好、操作方便和使用安全等优点，主要用于乡镇、工矿企业及农村电力排灌和照明等各种配电装置中，也可作为不频繁启动和分断 15kW 以下电动机及线路末端的短路保护之用。

3. 低压断路器

低压断路器旧称自动空气开关或自动开关，它既可以手动接通和分断正常负载电流和过负荷电流，又能自动对失电压、欠电压、过负荷、漏电和短路进行保护。在低压电网和电力拖动系统中，它主要用来在电路一旦发生短路、严重过负荷、欠电压等状况时，自行切断电源，以保护电路内的电气设备，同时也可用于不频繁启动的小容量电动机电源的接通与切断。

低压断路器可分为塑壳式、万能式、小型模数式、限流式、直流快速式、灭磁式和漏电保护式等，具有多种保护功能、操作方便、工作可靠、动作值可调、分断能力高、安全等优点，特别是保护动作后，不需要更换零部件，因此在各种动力线路中和机床设备获得广泛应用。目前，采用微处理器技术制造的断路器称为电子式断路器，它具有电子脱扣器可调精度高、分断能力强、飞弧短、抗振动等特点，是逐渐取代电磁式断路器的更新换代产品。

低压断路器图形符号及文字符号如图 4 - 3 所示。

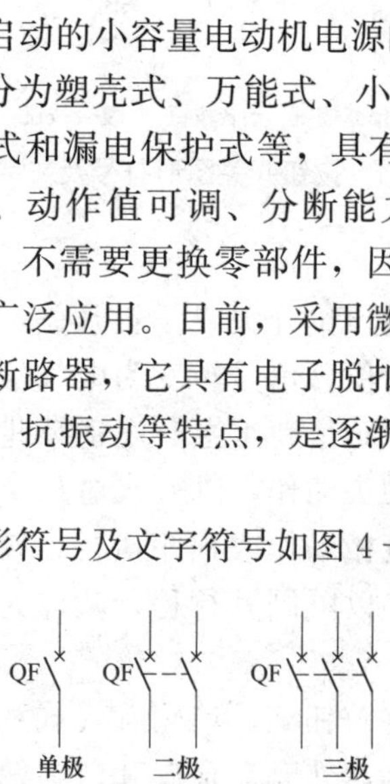

图 4 - 3　低压断路器图形符号及文字符号

4. 按钮开关

按钮开关是一种短时接通或断开小电流电路的手动控制电器，它一般情况下不直接控制主电路的通断，而是在控制电路中发出指令，以远距离控制接触器、继电器等，再由它们去控制主电路。

按钮开关一般由按钮帽、复位弹簧、桥式动触头、静触头、接线柱和外壳组成，其触头有动合（常开）触头、动断（常闭）触头及组合触头（常开、常闭组合为一体的按钮），触头工作电流较小，通常不超过5A。工作过程是：按下按钮帽时，桥式动触头向下运动，动断（常闭）静触头首先断开，继而动合（常开）静触头闭合，松开按钮后，按钮在复位弹簧的作用下，动触头向上运动，恢复到原来位置。

按钮开关图形符号及文字符号如图4-4所示。

动断按钮　动合按钮　　复合按钮

图4-4　按钮开关图形符号及文字符号

5. 行程开关

行程开关又称为限位开关或位置开关，它的作用与按钮开关相同，能将机械的位移信号转变为电气信号，只是其触头的动作不是靠手按动，而是利用生产设备某些运动部件的机械位移来碰撞开关，使触头动作，以完成对某个电路的接通或分断的控制，从而控制机械动作或程序执行。如果将行程开关装设在工作机械的终点，以限制其行程，就称为限位开关或称为终点开关。

行程开关可分为按钮式、单轮旋转式和双轮旋转式等，其基座一般用塑料压制，外壳有金属和塑料两种，壳内装有1对动合触头（常开）和1对动断触头（常闭）。一般用途的行程开关，主要用于机床、自动生产线及其他生产机械的限位和程序控制。起重设备专用的行程开关，主要用于限制起重机及各种冶金辅助设备的行程。

行程开关图形符号及文字符号如图4-5所示。

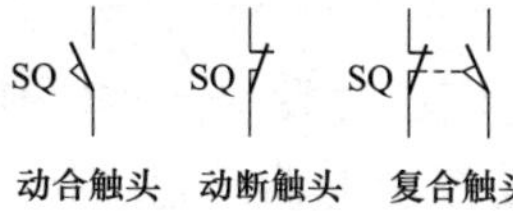

动合触头　动断触头　复合触头

图4-5　行程开关图形符号及文字符号

6. 低压接触器

低压接触器是一种在电气控制系统中利用电磁、液压或气动原理通过远距离（或就近）频繁地接通和断开交、直流主回路和大容量控制电路的控制电器，它具有结构紧凑、动作快、操作频率高、性能稳定、使用安全、工作可靠、维修方便、控制容量大、寿命长、能远距离操作以及欠电压、零电压保护等优点，主要用来控制交、直流电动机、电焊机、电热装置、照明回路、电容器组等，广泛应用在低压配电系统、电力拖动和自动控制系统中。

低压接触器的种类繁多，目前应用最广泛的是空气电磁式有触头的交流接触器和直流接触器，前者由交流电流励磁，主要用在接通和断开交流主回路；后者由直流电流励磁，主要用在精密机床上的直流电动机控制和接通或断开直流主回路。

低压交流接触器图形符号及文字符号如图4-6所示。

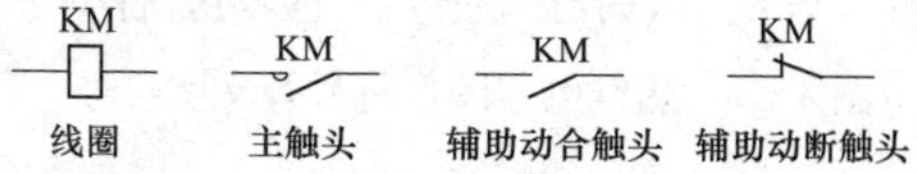

线圈　　主触头　辅助动合触头　辅助动断触头

图4-6　低压交流接触器图形符号及文字符号

交流接触器的触头按其功能分为主触头和辅助触头。主触头接在主回路中，可通过较大电流。辅助触头较小，常用于通断小电流的控制信号回路。触头按其状态分为动合（常开）触头和动断（常闭）触头，动合、动断触头是指在电磁系统中未通电时触头所处的通断状态。线圈通电时，动断触头先断开，动合触头随之闭合；线圈断电时，动合触头先断开，动断触头随之闭合。

7. 热继电器

热继电器是利用电流通过发热元件时使双金属片弯曲而推动执行机构动作的自动控制电器，它结构简单、体积小、价格低、保护特性好，常与接触器配合使用，主要用于电动机的过负荷、断相及其他电气设备发热状态的控制，有些型号的热继电器还具有断相及电流不平衡的保护。热继电器的动作时间，与过负荷电流的大小按反时限变化，即过负荷电流倍数越大，热继电器动作时间越短；过负荷电流倍数越小，热继电器动作时间越长。由于发热元件受热变形需要时间，故热继电器不能作短路保护。

热继电器常见的有双金属片式、热敏电阻式和易熔合金式等，其中双金属片式热继电器因结构简单、体积小、成本低以及在选择合适的热元件的基础上能得到良好的反时限特性等优点，应用最为广泛，并且常与接触器组合成磁力启动器。

热继电器图形符号及文字符号如图4-7所示。

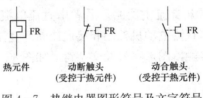

热元件   动断触头   动合触头
         （受控于热元件）   （受控于热元件）

图4-7 热继电器图形符号及文字符号

8. 时间继电器

时间继电器是具有延时功能的继电器，它利用电磁或机械动作原理，将输入信号经过一定的延时后，执行部分才会动作并输出信号，进而操纵控制电路。它作为辅助元件，广泛应用于生产过程中按时间原则制定的工艺程序，如鼠笼式异步电动机的几种降压启动均可由时间继电器发出自动转换信号。

时间继电器主要有电磁式、电动式、空气阻尼式、电子式等，它们的延时方式均有通电延时型和断电延时型两种，目前电力拖动线路中应用较多的是空气阻尼式时间继电器和电子式时间继电器。

时间继电器图形符号及文字符号如图4-8所示。

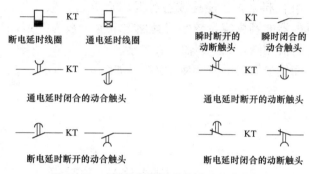

图4-8 时间继电器图形符号及文字符号

空气阻尼式时间继电器又称气囊式时间继电器，它是根据空气阻尼的原理制成的，主要由电磁系统、触头和延时机构等组成，利用空气通过小孔节流的原理来获得延时动作，其结构简单、调整简便、工作可靠、价格较低、延时范围较大（0.4～180s），易构成通电延时型和断电延时型，更换一只线圈便可用于直流电路，但延时精度较低，一般使用在要求不高的场合。

电子式时间继电器又称为晶体管式时间继电器，它主要是利用电容器充放电过程的时间或脉冲计数的原理，通过电子开关电路使继电器产生延时动作，具有体积小、精度高、延时范围大（0.1s～1h）、调节方便、消耗功率小、寿命长等优点。

9. 中间继电器

中间继电器即辅助继电器，借助它可以在其他继电器的触头数量或触头容量不够时来扩大它们的触头数或增大触头容量，起到中间转换（传递、放大、翻转、分路和记忆等）的作用，故称为中间继电器。从本质上来看，中间继电器也是电压继电器，仅触头数量较多而已，它适用于交流电压至 380V 及直流电压至 220V 的控制电路中，主要用于传递多个信号和同时控制多个电路，也可以直接控制小容量电动机或其他电气执行元件。

中间继电器种类很多，而且除专门的中间继电器外，额定电流较小的接触器（5A）也常被用作中间继电器。将多个中间继电器组合起来，还能构成各种逻辑运算与计数功能的线路。中间继电器的触头容量较小（其额定电流一般为 5A），各触头的额定电流相同，无主、辅触头之分。

中间继电器图形符号及文字符号如图 4-9 所示。

图 4-9　中间继电器图形符号及文字符号

10. 速度继电器

速度继电器是反映转速和转向的继电器，它可以将旋转速度的快慢作为动作信号接通或断开控制电路，常与接触器配合实现对电动机的反接制动控制，故又称为反接制动继电器。

速度继电器图形符号及文字符号如图 4-10 所示。

图 4-10　速度继电器图形符号及文字符号

常用的速度继电器有 JY1 型和 JFZ0 型两种，其中，JY1 型可在 700～3600r/min、JFZ0-1 型可在 300～1000r/min、JFZ0-2 型可在 1000～3600r/min 范围内可靠地工作。它们都具有两个动合触头、两个动断触头，触头额定电压为 380V，额定电流为 2A。一般速度继电器的转轴在 130r/min 左右即能动作，在

100r/min 时触头即能恢复到正常位置。

11. 压力继电器

压力继电器（又称压力开关）是利用液体的压力来开启或闭合电气触头的液压电气转换元件，当系统压力达到压力继电器的调定值时，发出电信号，控制电气元件动作。在电力拖动中，压力继电器主要用于机床的气压、水压和油压系统，根据压力源的变化，发出相应的工作指令或信号，以实现油路转换、泵的加载或卸荷、执行元件的顺序动作、系统的安全保护、连锁等功能。

压力继电器有柱塞式、膜片式、弹簧管式、波纹管式 4 种结构形式，其中弹簧管式主要由压力传送装置和微动开关等组成。液体或气体压力经压力入口推动橡皮膜和滑竿克服弹簧反向拉力向上运动，当压力达到设定压力值时，滑竿触动微动开关使其闭合，发出控制信号。旋转调压螺母可以改变弹簧的压缩量，从而调节设定压力值。压力继电器必须安装在压力有明显变化的地方才能输出电信号，若将压力继电器放在回油路上，由于回油路直接接回油箱，压力也没有变化，所以压力继电器也不会工作。

压力继电器图形符号及文字符号如图 4-11 所示。

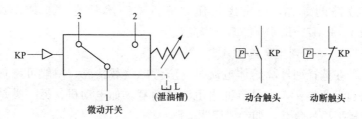

图 4-11 压力继电器图形符号及文字符号

【考题精选】

1. 熔断器在低压电路中主要起（B）保护作用。

（A）轻度过负荷 　　（B）短路

（C）失电压 　　（D）欠电压

2.（√）低压断路器是一种装有灭弧装置的控制和保护电器，因此可以安全地带负荷合闸和分闸。

3.（×）热继电器是一种保护电器，它主要用于线路的速断保护。

4.（√）在供配电系统和设备自动系统中刀开关通常用于电源隔离。

5.（√）断路器可分为万能式和塑料外壳式。

6.（×）行程开关的作用是将机械行走的长度用电信号传出。

考点 2 　熔断器的选用

1. 熔断器种类的确定

根据负载的保护特性和短路电流的大小来选择熔断器的类型。例如，电动机过负荷保护用的熔断器采用具有锌质熔体和铅锡合金熔体的熔断器。对于车间配电线路的保护熔断器，如果短路电流较大，就要选用分断能力大的熔断器，有时甚至还需要选用有限流作用的熔断器，如 RT0 系列熔断器。在经常发生故障的地方，应考虑选用"可拆式"熔断器，如 RC1A、RL1、RM7、RM10 等系列产品。

2. 熔体额定电流的确定

在选择和计算熔体电流时，应考虑负载情况，一般可将负载划为两类：一类是有冲击电流的负载，如电动机；另一类是比较平稳的负载，如一般照明电路。

（1）对于电炉、照明等阻性负载电路的短路保护，熔体的额定电流应稍大于或等于负载的额定电流。对于装在电能表出线上的熔断器，其熔丝额定电流应按 0.9～1 倍电能表额定电流来选择。

（2）对一台电动机负载的短路保护，熔体的额定电流应等于

1.5~2.5 倍电动机的额定电流，若取 2.5 倍仍不能满足时，最大可以取到 3 倍，即

$$I_N＝（1.5～2.5）I_{ND}$$

（3）对于多台电动机负载的短路保护，应按下式计算熔体的额定电流，即

$$I_N＝（1.5～2.5）I_{NDmax}＋\sum I_{ND}$$

式中　I_{NDmax}——最大一台电动机容量的额定电流，A；

　　　$\sum I_{ND}$——其他各台电动机额定电流的总和，A。

在电动机功率较大，而实际负载较小时，熔体额定电流可适当选小些，小到以电动机启动时熔丝不断为准。

3. 熔断器熔管额定电流的确定

熔断器熔管的额定电流必须大于或等于所装熔体的额定电流。

4. 熔断器额定电压的选择

熔断器的额定电压必须大于或等于线路的工作电压。

5. 熔断器上下级配合

为满足选择性保护的要求，应注意上下级间的配合。选择熔体时，应考虑其特性曲线的误差范围，使得下一级（支路）熔断器的全部分断时间较上级（主电路）熔断器熔体加热到熔化温度的时间小。一般要求上一级熔断器的熔断时间至少是下一级的 3 倍以上。为了保证动作的选择性，当上下级采用同型号熔断器时，其电流等级以相差 2 级为宜。若上下级采用不同型号的熔断器，则应根据保护特性上给出的熔断时间选取。

【考题精选】

1. 对于电阻性负载，熔断器熔体的额定电流（C）电路的工作电流。

　　（A）远大于　　　　　　　（B）不等于

　　（C）略大于或等于　　　　（D）略小于或等于

2. 熔断器的额定分断能力应大于电路中可能出现的最大

(A)。

　　（A）短路电流　　　　　（B）工作电流

　　（C）过负荷电流　　　　（D）启动电流

　　3. 单台电动机的启动系数取 2.5 仍不能满足时，可以放大到不超过（A）。

　　（A）3　　　　　　　　　（B）4

　　（C）5　　　　　　　　　（D）6

考点 3　断路器的选用

　　1. 根据使用环境和工作场所选择断路器的结构形式

　　万能断路器的短路分断能力较强，又有短延时脱扣能力，常用作主开关；塑料外壳式断路器的短路分断能力较低，且多无短延时脱扣能力，常用作支路开关。

　　2. 根据额定工作电压、脱扣器的类型和整定电流等选择断路器的型号

　　（1）断路器的额定电压和额定电流应不小于线路正常的工作电压和计算负载电流。

　　（2）断路器的额定短路通断能力应不小于线路可能出现的最大短路电流，一般按有效值计算。

　　（3）断路器欠电压脱扣器额定电压等于线路额定电压。

　　（4）断路器的分励脱扣器额定电压等于控制电源电压。

　　（5）电动传动机构的额定工作电压等于控制电源电压。

　　（6）用于照明线路保护的断路器，长延时过电流脱扣器的整定电流应不大于电路的负载电流，瞬时过电流脱扣器的整定电流应等于 6 倍电路的计算负载电流。

　　（7）断路器作为单台电动机的短路保护时，瞬时脱扣器的整定电流为电动机启动电流的 1.35 倍（DW 系列断路器）或 1.7 倍（DZ 系列断路器）。

　　（8）电动机保护用断路器长延时电流整定值等于电动机额定电流。

（9）用作主开关的配电用断路器，其分断能力应大于变压器低压侧的短路电流值，脱扣器的额定电流应大于等于变压器的额定电流。短路保护的整定电流一般为变压器额定电流的 6～10 倍，过负荷保护的整定电流应等于变压器的额定电流。

（10）断路器用于短路电流很大的电气电路中时，应选用限流型断路器。

（11）初步选定断路器的类型后，要与上、下级开关的保护特性进行配合，以免越级跳闸，发生事故。

【考题精选】

1. 短路电流很大的电气电路中，宜选用（B）断路器。
   （A）塑壳式　　　　　　（B）限流型
   （C）框架式　　　　　　（D）直流快速断路器
2. （×）短路电流很大的场合宜选用直流快速断路器。

考点 4 接触器的选用

由于低压接触器的安装场所与控制的负载不同，其操作条件与工作的繁重程度也不相同，因此必须对控制负载的工作情况以及低压接触器本身的性能有一个较全面的了解，以求尽可能经济、正确地选用接触器。接触器铭牌上所规定的电压、电流以及控制功率等数据是在某一使用条件下的额定数据，而电气设备实际使用时的工作条件是千差万别的，故在选择接触器时必须根据实际使用条件正确选择。

（1）低压接触器产品系列是根据使用类别设计的，选择类别时应根据控制负载实际工作任务的繁重程度综合考虑。

1）一般任务型的典型机械有压缩机、泵类、通风机、阀门、升降机、传送带、电梯、离心机、搅拌机、冲床、剪床、空调机等，一般任务型的机械常选择 CJ10 系列或 CJ20 系列低压接触器。

2）重任务型的典型机械有工作母机（车、钻、铣、磨）、升降设备、轧机辅助设备、卷扬机、绞盘、离心机、破碎机等，重任务型的机械选择 CJ10Z 系列低压接触器较为合适，但应降低容量使用，以满足电寿命的要求。当电动机控制功率超过 20kW 时，宜选用 CJ20 系列低压接触器；对于大、中容量的绕线转子式电动机，则可选用 CJ12 系列低压接触器。

3）特重任务型的典型设备有印刷机、拉丝机、镗床、港口起重设备等，虽然这类设备数量少，但均用于较为重要的部门，特重任务型的机械选择 CJ10Z 系列、CJ12 系列低压接触器较为合适，但选择时应特别注意，必须使低压接触器的电寿命达到较高的数值，并满足使用要求。由于 CJ10Z 系列低压接触器是按重任务设计的，因此可按电寿命来选用。同时，也可粗略地按电动机的启动电流作为 CJ12 系列低压接触器的额定使用电流，从而获得较高的电寿命。

（2）根据电路中负载电流的种类来选择低压接触器的类型，交流负载选用交流低压接触器，直流负载选用直流低压接触器。若控制系统主要是交流负载，直流负载的容量较小，可全部使用交流低压接触器，但触头的额定电流应适当大些。

（3）低压接触器铭牌上的额定电压是指主触头的额定绝缘电压，电压等级有 36V、110V、220V、380V 等。选用时，其主触头额定绝缘电压应大于或等于所控制电路的额定电压。

（4）低压接触器铭牌上的额定电流是指主触头的额定电流，选用时，其主触头额定电流应大于或等于负载额定工作电流。对于中、小容量的电动机，当额定电压为 380V 时，其额定电流值一般可按 2 倍的额定功率（kW）来估算，即 $I_N = 2P_N$，如额定功率为 5kW 的电动机，其额定电流大约为 $I_N = 2 \times 5 = 10A$。

（5）低压接触器线圈的额定电压不一定等于主触头的额定绝缘电压，对于同一系列、同一容量等级的低压接触器，其线圈的额定电压有多种规格，故应指明线圈的额定电压。在通常情况下，线圈的额定电压应和控制回路的电压相同。当线路简单、使用电器较少时，为了省掉控制变压器可直接选用 380V 或

220V 电压的线圈。如线路较复杂，使用电器较多（超过 5 个）或不太安全的场所，可选用 24V、36V、48V、110V 或 127V 电压的线圈。另外，还要注意线圈的电压是直流还是交流，要求与控制回路的电压匹配。

（6）各类低压接触器的触头数量不同，应根据系统控制要求确定低压接触器主触头和辅助触头的数量和类型。一般低压接触器的主触头有 3 组（主动合触头），辅助触头有 4 组（2 组动合、2 组动断），最多可达到 6 组（3 组动合、3 组动断）。当辅助触头数量不能满足要求时，可用增加中间继电器的方法来解决。

（7）如果低压接触器是用来控制电动机的频繁启动、正反转或反接制动，应将低压接触器主触头额定电流降低使用，一般可降低一个电流等级。

（8）低压接触器的操作频率是指低压接触器每小时通断的次数，当通断电流较大及通断频率过高时，会引起触头过热，甚至熔焊。操作频率超过规定值，应选用额定电流大一级的低压接触器。

【考题精选】

1.（×）目前我国生产的接触器额定电流一般大于或等于 630A。

2.（×）交流接触器与直流接触器可以互相替换。

考点 5　热继电器的选用

热继电器选择的是否得当，决定了它能否可靠地对电动机进行过负荷保护，选用时应按电动机的工作环境要求、启动情况、负载性质等方面综合考虑。

（1）原则上按被保护电动机的额定电流选择热继电器。一般应使热继电器的额定电流接近或略大于电动机的额定电流，即热继电器的额定电流为电动机额定电流的 $0.95 \sim 1.05$ 倍。但对于过负荷能力较差的电动机，应选热继电器的额定电流为电动机额定电流的 60%～80%。当电动机因带负载启动而启动时间较长，或电动机的负载是冲击性的负载（如冲床等）时，则热继电器的整定电流应稍大于电动机的额定电流。

（2）在非频繁启动的场合，必须保证热继电器在电动机启动过程中不致误动作。通常在电动机启动电流为其额定电流的 6 倍、启动时间不超过 6s 的情况下，只要很少连续启动，就可按电动机的额定电流来选择热继电器。

（3）断相保护用热继电器在选用时，星形接法的电动机一般采用两相结构的热继电器，而三角形接法的电动机，若热继电器的热元件接于电动机的每相绕组中，则选用三相结构的热继电器；若发热元件接于三角形接线电动机的电源进线中，则应选择带断相保护装置的三相结构热继电器。

（4）双金属片式热继电器一般用于轻载、不频繁启动电动机的过负荷保护。对比较重要的、容量大的电动机，可考虑选用电子式热继电器进行保护，也可用过电流继电器（延时动作型的）作它的过负荷和短路保护。

【考题精选】

1. 对于三角形联结的异步电动机应选用（B）结构的热继电器。

　　（A）四相　　　　　　　　（B）三相
　　（C）两相　　　　　　　　（D）单相

2.（×）三角形联结的异步电动机可选用两相结构的热继电器。

考点 6　中间继电器的选用

选用中间继电器，主要依据控制电路的电压等级，同时还要考虑触头的数量、种类及容量、操作频率、工作制等是否满足控制线路的要求。不同的使用场合及使用条件下选用中间继电器时，还要考虑其特殊的行业要求。例如，电力系统中所使用的中间继电器要求线圈和触头的工作电流较小，接通和断开的频率较低，动作的准确性、可靠性要求较高，因此应选择有较高的热稳定性和电动稳定性的中间继电器；而电力拖动控制系统中应选择线圈和触头工作电流均较大，接通和断开频率高，寿命长的中间继电器；电信部门所需的中间继电器则要求线圈和触头的工作电流较小，但要有较高的接通和断开频率，且动作要迅速灵敏。

【考题精选】

1. 中间继电器的选用依据是控制电路的（A），所需触头的数量、种类和容量等。

　　（A）电压等级　　　　　　（B）短路电流

　　（C）阻抗大小　　　　　　（D）绝缘等级

2. 用来增加控制电路中的信号数量或将信号放大的继电器是（B）。

　　（A）热继电器　　　　　　（B）中间继电器

　　（C）接触器　　　　　　　（D）压力继电器

考点 7　主令电器的选用

1. 按钮开关的选用

（1）根据使用场合，确定按钮开关的种类，选择开启式、防水式、防爆式、防腐式等。

（2）根据用途，确定合适的按钮开关形式，选择按钮式、紧急式、钥匙式、保护式、指示灯式等。

（3）根据电气控制回路的需要，确定不同的按钮开关数及触头数目，选择单钮、双钮、三钮、多钮等。

（4）根据工作状态指示和工作情况的要求，选择按钮开关及指示灯的颜色。按钮开关颜色有红、绿、黑、黄、白、蓝、灰等，供不同工作情况使用。停止或急停按钮开关：红色；启动控制按钮开关：绿色；点动按钮开关：黑色；应急或干预按钮开关：黄色。由于电气控制柜上的按钮开关颜色过于繁杂，造成区分困难，因此近年来采用直接在按钮开关上用标牌标注其功能，但停止或急停按钮开关仍必须使用红色。

2. 行程开关的选用

（1）根据安装环境来选择行程开关的防护形式是开启式还是防护式。

（2）根据控制对象来选择行程开关的种类。当生产机械运动速度不是太快时，通常选用一般用途的行程开关；而当生产机械行程通过的路径上不宜装设直动式行程开关时，应选用凸轮轴传动式的行程开关。

（3）根据生产机械与行程开关的传力与位移关系来选择行程开关的头部结构形式（即操作方式）。

【考题精选】

1. 行程开关根据安装环境选择防护方式，如开启式或（C）。

 （A）防火式   （B）塑壳式

 （C）防护式   （D）铁壳式

2.（×）按钮和行程开关都是主令电器，因此两者可以互换。

考点 8　指示灯的选用

指示灯（又称信号灯）是一种信号监视元件，它主要是以光亮指示的方式引起操作者注意或者指示操作者进行某种操作，并作为某一种状态或指令正在执行或已被执行的指示。指示灯的颜色按标准化统一规定有红、黄、绿、蓝和白色，选用时应根据指示灯通电发光后所反映的信息来选择颜色。传统的指示灯为小灯泡（珠），其工作电压一般为 6V，新型的指示灯通常采用 LED 灯，它光效高、耗电少、寿命长、易控制、免维护、安全环保，是新一代固体冷光源。

（1）红色。紧急情况、危险状态，须立即采取行动。

（2）黄色。不正常须监视或不正常临界状态。

（3）绿色。安全运行、正常状态，允许进行操作。

（4）蓝色。强制性状态，操作人员须采取行动。

（5）白色。没有特殊意义，其他状态，如对红、黄、绿或蓝存在不确定时，允许使用白色。

【考题精选】

1. 选用 LED 指示灯的优点之一是（A）。
   （A）使用寿命长　　　　（B）发光强
   （C）价格低　　　　　　（D）颜色多

2. 选用 LED 指示灯的优点之一是（B）。
   （A）发光强　　　　　　（B）用电省
   （C）价格低　　　　　　（D）颜色多

3. （√）电气控制电路中的指示灯要根据所指示的功能不同而选用不同的颜色。

考点 9 控制变压器的选用

控制变压器和普通变压器原理没有区别，只是用途不同，它适用于交流 50Hz（或 60Hz）、电压 660V 及以下电路中，在额定负载下可连续长期工作，通常用于机床、机械设备中作为电器的控制照明及指示灯电源。控制变压器为固定式，在运行中不能轻易移动。

控制变压器常用的型号有 BK 和 JBK 两种系列，其中 BK 系列的结构为壳式，安装方式为立式，用于电压 500V 及以下电路中；JBK 系列是专为机床而设计的，称为机床控制变压器，它采用进口材料和先进工艺制造，具有工作可靠、耗能低、体积小、接线安全、适应性广等特点，是控制变压器更新换代的产品，用于电压 660V 及以下电路中。

控制变压器的参数选择应满足电气元件电压的要求，并保证控制电路安全和可靠；主要根据控制电路所消耗的功率选择合适的容量及一次侧、二次侧的电压等级来选择。控制变压器的容量等于用电需求的容量和变压器自身的损耗之和，一般来说，所选用控制变压器的功率比电器的功率大 20% 即可，选小了容易烧毁，选大了不经济。根据经验，一般简单的电路控制变压器的功率选 200W 即可。

【考题精选】

1. BK 系列控制变压器应用于机械设备中一般电器的（C）、局部照明及指示灯电源。

(A) 电动机 　　　　　(B) 油泵

(C) 控制电源 　　　　(D) 压缩机

2. JBK 系列机床控制变压器适用于机械设备中一般电器的控制、工作照明、(B) 的电源之用。

(A) 电动机 　　　　　(B) 信号灯

(C) 油泵 　　　　　　(D) 压缩机

考点 10 定时器（时间继电器）的选用

每一种时间继电器各有特点，通常应根据使用目的、要求它发挥的作用来选择具有相应特点的时间继电器。

(1) 类型选择。在延时要求不太高的场合，一般采用价格较低的空气阻尼式时间继电器；如对延时要求较高，应采用电动式或电子式时间继电器。

(2) 延时方式的选择。时间继电器有通电延时和断电延时两种，应根据控制线路的要求来选择哪一种延时方式的时间继电器。

(3) 线圈电压的选择。根据控制线路电压来选择时间继电器吸引线圈的电压。

(4) 复位时间的选择。时间继电器动作后需要一定的复位时间，复位时间应比固有动作时间稍长一些，否则可能增加延时误差甚至不能产生延时。在要求组成重复延时电路和操作频繁的场合，更应考虑这一点。

（5）根据电源参数选择。要注意电源参数变化的影响，在电源电压波动大的场合，采用空气阻尼式或电动式时间继电器比采用电子式好，而在电源频率波动大的场合，不宜采用电动式时间继电器。

（6）根据环境温度选择。在温度变化较大处，则不宜采用空气阻尼式、电子式时间继电器。

【考题精选】

1. 时间继电器一般用于（D）中。

（A）网络电路　　　　　（B）无线电路

（C）主电路　　　　　　（D）控制电路

2. 对于环境温度变化大的场合，不宜选用（A）时间继电器。

（A）晶体管式　　　　　（B）电动式

（C）液压式　　　　　　（D）手动式

3. 控制两台电动机错时停止的场合，可采用（B）时间继电器。

（A）通电延时型　　　　（B）断电延时型

（C）气动型　　　　　　（D）液压型

考点 11 压力继电器的选用

选择压力继电器的主要依据是它在系统中的作用、额定压力、最大流量、压力损失数值、工作性能参数和使用寿命等，通常按照液压系统的最大压力和通过阀的流量，从产品样本中选择压力继电器的压力范围、接口管径及符合电路中的额定电压。

（1）压力继电器能够发出电信号的最低工作压力和最高工作

压力的差值称为压力范围，压力继电器应在此压力范围内选择。

（2）对于接入控制油路上的各类压力继电器，由于通过的实际流量很小，因此可按最小额定流量选取，使液压装置结构紧凑。

（3）可根据系统性能要求选择压力继电器的结构形式，如低压系统可选用直动型压力继电器，而中高压系统应选用先导型压力继电器，根据空间位置、管路布置等情况选用板式、管式或叠加式连接的压力继电器。

【考题精选】

1. 压力继电器选用时首先要考虑所测对象的压力范围，还要符合电路中的额定电压，所测管路（C）。

　　（A）绝缘等级　　　　　（B）电阻率
　　（C）接口管径的大小　　（D）材料

2. 压力继电器选用时，首先要考虑所测对象的压力范围，还要符合电路中的额定电压、（D）、所测管路接口管径的大小。

　　（A）触头的功率因数　　（B）触头的电阻率
　　（C）触头的绝缘等级　　（D）触头的电流容量

考点 ⑫ 光敏开关的结构

光敏开关（又称为光电传感器或光电开关）全称光敏接近开关，是接近开关的一种形式，它采用脉冲调制的主动式光电探测系统，可以将接收到的光强度的变化转换成电信号的变化，从而实现自动控制的目的。光敏开关采用集成电路技术和表面安装工艺制成，具有体积小、功能多、寿命长、精度高、响应速度快、检测距离大、相互干扰小、可靠性高、工作区域稳定等特点，可非接触、无损伤地迅速检测各种固体、液体、透明体、黑体、柔软体和烟雾等物质的状态，广泛应用于自动计数、安全保护、自动报警和限位控制等方面。

光敏开关按结构可分为放大器分离型、放大器内藏型和电源内藏型，主要由发射器、接收器和检测电路组成。发射器对准目标不间断地发射受调制的脉冲光束，发射的光源一般来源于发光二极管（LED）和激光二极管。接收器由光敏二极管或光敏晶体管组成，在接收器的前面，装有透镜和光圈等。检测电路能滤出有效信号和应用该信号。

光敏开关外形及图形与文字符号如图4-12所示。

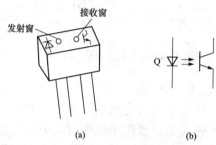

图4-12　光敏开关外形及图形与文字符号
(a) 外形；(b) 图形与文字符号

（1）放大器分离型光敏开关。将放大器与传感器分离，并采用专用集成电路和混合安装工艺制成，因此，该类型采用端子台连接方式，并可交、直流电源通用。

（2）放大器内藏型光敏开关。将放大器与传感器一体化，采用专用集成电路和表面安装工艺制成，使用直流电源工作。

（3）电源内藏型光敏开关。将放大器、传感器与电源装置一体化，采用专用集成电路和表面安装工艺制成，它一般使用交流电源，适用于在生产现场取代接触式行程开关，可直接用于强电控制电路。

【考题精选】

1. 光敏开关按结构可分为（B）、放大器内藏型和电源内藏型三类。

　　(A) 放大器组合型　　　　(B) 放大器分离型

(C) 电源分离型 　　　　　 (D) 放大器集成型

2. 光敏开关可以非接触、 (D) 地迅速检测和控制各种固体、液体、透明体、黑柔软体、烟雾等物质的状态。

(A) 高亮度 　　　　　　　 (B) 小电流

(C) 大力矩 　　　　　　　 (D) 无损伤

3. 光敏开关的发射器部分包含 (C)。

(A) 计数器 　　　　　　　 (B) 解调器

(C) 发光二极管 　　　　　 (D) 光敏晶体管

考点 ⑬　光敏开关的工作原理

光敏开关的工作原理如图 4-13 所示，工作原理是：由振荡回路产生的调制脉冲经发射电路后，由发光管 GL 发射出光脉冲。当被测物体进入受光器作用范围时，被反射回来的光脉冲进入光敏三极管 DU，并在接收电路中将光脉冲解调为电脉冲信号。电脉冲信号再经放大器放大和同步选通整形，然后用数字积分或 RC 积分方式排除干扰，最后经延时（或不延时）触发驱动器输出光敏开关控制信号。

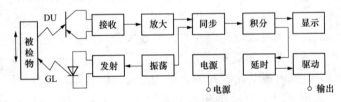

图 4-13　光敏开关的工作原理

【考题精选】

1. 光敏开关的接收器根据所接收到的光线强弱对目标物体实现探测，产生 (A)。

(A) 开关信号 　　　　　　 (B) 压力信号

(C) 警示信号 　　　　　　 (D) 频率信号

2. 光敏开关将（C）在发射器上转换为光信号射出。

  （A）输入压力　　　　　　　（B）输入光线

  （C）输入电流　　　　　　　（D）输入频率

考点 14　光敏开关的选择

常用的光敏开关有对射式光敏开关、漫反射式光敏开关、镜面反射式光敏开关、槽式光敏开关和光纤式光敏开关，在不同的场合应使用不同的光敏开关。例如，在电磁振动供料器上经常使用光纤式光敏开关，在间歇式包装机包装膜的供送中经常使用漫反射式光敏开关，在连续式高速包装机中经常使用槽式光敏开关。

（1）对射式光敏开关。发射器和接收器是相互分开的，分开的距离可达 50m，在光束被中断时会产生一个变化的开关信号。该型能辨别不透明的反光物体、有效距离大、不易受干扰，适合在野外或者有灰尘的环境中使用，但装置的消耗高，发射器和接收器都必须敷设信号电缆。

（2）漫反射式光敏开关。发射器和接收器构成单个的标准部件，当发射光束时，目标产生漫反射。当有足够的组合光返回接收器时，开关状态发生变化。该型的有效作用距离是由目标的反射能力、目标的表面性质和颜色决定的，典型值为 3m，漫反射光束对目标上的灰尘和目标变化的反射性能敏感。

（3）镜面反射式光敏开关。由发射器和接收器构成，从发射器发出的光束在对面的反射镜被反射，即返回接收器，当光束被中断时会产生一个变化的开关信号。光的通过时间是 2 倍的信号持续时间，有效作用距离为 0.1～20m。该型可辨别不透明的物体，借助反射镜部件可形成高的有效距离，且不易受干扰，适合在野外或者有灰尘的环境中使用。

（4）槽式光敏开关。通常是标准的 U 形结构，其发射器和接收器分别位于 U 形槽的两边，并形成一光轴。当被检测物体经过 U 形槽且阻断光轴时，光电开关就产生了检测到的开关量信号。该型比较安全可靠，适合高速检测、分辨透明与半透明物体。

（5）光纤式光敏开关。采用塑料或玻璃光纤引导信号，以实现被检测物体不在相近区域的检测，在检测远距离物体时应优先选用。塑料光纤价格较低，普通检测时使用；玻璃光纤价格较高，高精度检测时使用。该型分为对射式和直接反射式，对射式是把光纤套入发射器和接收器，光纤检测头相对安置；直接反射式的发射器与接收器构为一体，把光纤套入发射器与接收器（光纤放大器），光纤头为两根光纤并行，直接检测物体。

【考题精选】

1. 新型光敏开关具有体积小、功能多、使用寿命长、（B）、响应速度快、检测距离远以及抗光、电、磁干扰能力强等特点。

    （A）耐压高   （B）精度高

    （C）功率大   （D）电流大

2. 当检测远距离的物体时，应优先选用（A）光敏开关。

    （A）光纤式   （B）槽式

    （C）对射式   （D）漫反射式

3. 当被检测体的表面光亮或其反光率极高时，应优先选用（D）光敏开光。

    （A）光纤式   （B）槽式

    （C）对射式   （D）漫反射式

考点 15 光敏开关的使用注意事项

（1）避免强光源。光敏开关在环境照度较高时，一般都能稳定工作，但应回避将接收器光轴正对太阳光、白炽灯等强光源。在不能改变接收器光轴与强光源的角度时，可在接收器上方四周加装遮光板或套上遮光长筒。

（2）防止相互干扰。新型光敏开关通常都具有自动防止相互干扰的功能，然而，对射式光敏开关在几组并列靠近安装时，则应防止邻组干扰和相互干扰。防止这种干扰最有效的方法是发射器和接收器交叉设置，超过两组时还应拉开组距。当然，使用不同频率的开关也是一种好方法。

（3）镜面角度影响。当被测物体有光泽或遇到光滑金属表面时，有近似镜面的作用，这时应将发射器与检测物体安装成10°～20°的夹角，以使其光轴不垂直于被检测物体，从而防止误动作。

（4）排除背景物影响。使用反射式扩散型发射器和接收器时，有时由于检测物离背景物较近，可能会使光敏开关不能稳定检测。因此可以改用距离限定型发射器和接收器，或者采用远离背景物、拆除背景物、将背景物涂成无光黑色或设法使背景物粗糙、灰暗等方法加以排除。

（5）消除台面影响。发射器和接收器在贴近台面安装时，可能会出现台面反射的部分光束照到接收器而造成工作不稳定，对此，可使接收器与发射器离开台面一定距离并加装遮光板。

（6）光敏开关的透镜应当用擦镜纸擦拭灰尘或污物，严禁用稀释剂等化学物品擦拭，以免损坏塑料镜。高压线、动力线和光敏开关的配线不应放在同一配线管或线槽内，否则会由于感应而造成光敏开关的误动作或损坏。要尽量避开可能造成光敏开关误动作的场所，如灰尘较多的场所、腐蚀性气体较多的场所、水（油、化品）有可能直接飞溅的场所、户外或太阳光等有强光直射而无遮光措施的场所、环境温度变化超出产品规定范围的场所、振动或冲击大而未采取避振措施的场所。

【考题精选】

1. 光敏开关的配线不能与（C）放在同一配线管或线槽内。
   （A）光纤线　　　　　　　（B）网络线
   （C）动力线　　　　　　　（D）电话线

2. 光敏开关在几组并列靠近安装时，应防止（B）。
   （A）微波　　　　　　　　（B）相互干扰
   （C）无线电　　　　　　　（D）噪声

3.（×）光敏开关的抗光、电、磁干扰能力强，使用时可以不考虑环境条件。

考点 16　接近开关的结构

为了克服有触点行程开关可靠性较差、使用寿命短和操作频率低的缺点，近年来在机床上推广使用晶体管无触点行程开关，也称为接近开关。它是一种无触点式主令电器，能无接触、无压力地检测金属体及其他物质的存在，具有灵敏度高、频率响应快、重复定位精度高等优点，所具有的功能已远远超出行程开关的行程控制及限位保护。接近开关还可用于高速计数、测速、液面控制、检测零件尺寸以及用作无触点按钮等，在自动控制系统中获得广泛的应用。

接近开关的外形及图形与文字符号如图 4 - 14 所示。

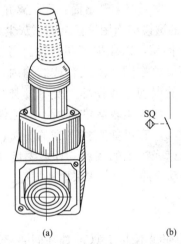

（a）　　　　　　　　　　（b）

图 4 - 14　接近开关的外形及图形与文字符号

（a）外形；（b）图形与文字符号

（1）高频振荡电感式接近开关。这种接近开关简称电感式接近开关，它是利用金属目标在接近这个能产生电磁场的接近开关时，使金属目标内部产生涡流，这个涡流反作用到接近开关，从而导致振荡衰减，以至停振。由振荡器振荡及停振的变化识别出有无金属目标移近，进而控制开关的通断。电感式接近开关所能检测的物体必须是导电体。

（2）电容式接近开关。这种接近开关的测量头通常是构成电容器的一个极板，而另一个极板是物体本身。当物体移向接近开关时，不论它是否为导体，由于它的接近，使物体与接近开关的极距、介电常数等发生变化，从而使电容量发生变化，使得和测量头相连的电路状态也随之发生变化，由此便可控制开关的接通或断开。电容式接近开关识别的对象，不限于导体，可以是绝缘的液体或粉状物等。

（3）霍尔接近开关。这种接近开关是利用霍尔元件制成的，当磁性物件移近霍尔接近开关时，开关检测面上的霍尔元件因产生霍尔效应而使开关内部电路状态发生变化，由此识别附近有磁性物体存在，进而控制开关的通或断。霍尔接近开关的检测对象必须是磁性物体。

（4）光电式接近开关。这种接近开关是利用光电效应，将发光器件与光电器件按一定方向装在同一个检测头内，当有反光面（被检测物体）接近时，光电器件接收到反射光后便输出信号，由此便可识别有物体接近。

（5）热释电式接近开关。这种接近开关能感知温度变化，将热释电器件安装在开关的检测面上，当有与环境温度不同的物体接近时，热释电式接近开关的输出信号发生变化，通过对输出信号的转化便可识别物体的接近。

（6）超声波式接近开关。利用多普勒效应可制成超声波接近开关、微波接近开关等，当有物体移近时，超声波式接近开关接收到的反射信号会产生多普勒频移，由此可以识别出有无物体接近。

【考题精选】

1. 高频振荡电感型接近开关主要由感应头、振荡器、（B）、输出电路等组成。

  (A) 继电器   (B) 开关器

  (C) 发光二极管   (D) 光敏晶体管

  2. 接近开关的图形符号中，其菱形部分与动合触头部分用 (A) 相连。

  (A) 虚线   (B) 实线

  (C) 双虚线   (D) 双实线

  3. (×) 高频振荡电感式接近开关由感应头、振荡器、继电器等组成。

考点 ⑰ 接近开关的工作原理

  高频振荡电感式接近开关是目前最常见的类型，它几乎占接近开关产量的 80% 以上。高频振荡电感式接近开关工作原理如图 4-15 所示，它是由感应线圈、高频振荡器、整形检波电路、信号处理器、输出器以及稳压电源等组成，电子线路装调好后用环氧树脂密封，具有良好的防潮防腐性能，并通常做成插接式、螺纹式或感应头外接式等，可以根据不同的安装方式与使用场合来选定。

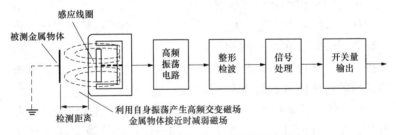

图 4-15　高频振荡电感式接近开关工作原理

  工作时，将电源接通，由电感线圈、电容及晶体管组成的高频振荡器随即振荡起振，并产生一个交变磁场。当金属物体进入一个以一定稳定频率振荡的高频振荡器的磁场时，由于金属物体内部产生涡流损耗，对铁磁性物体有磁滞损耗，使振荡回路电阻增大，能量损耗增加，以致振荡减弱直至停振。振荡与停振是两种不同的状态，它通过接在振荡回路后面的整形检波电路、信号处理器、输出器转换成二进制的开关信号，发出检测到金属物体的信号，并能输出相应的控制信号去控制继电器或其他电器。

【考题精选】

1. 高频振荡电感型接近开关的感应头附近有金属物体接近时，接近开关（D）。

　　（A）涡流损耗减少　　　　（B）无信号输出

　　（C）振荡电路工作　　　　（D）振荡减弱或停止

2. （√）高频振荡电感型接近开关是利用铁磁材料靠近感应头时，改变高频率振荡线圈电路的振荡频率，从而发出触发信号，驱动执行元件动作。

考 点 18　接近开关的选择

对于不同的材质检测体和不同的检测距离，应选用不同类型的接近开关，使其在系统中具有高的性能价格比。

（1）当检测体为铁、镍、钢类金属材料时，应选择高频振荡型接近开关，但对检测体为铝、黄铜、不锈钢类金属材料时检测灵敏度将下降。

（2）当检测体为木材、纸张、塑料、玻璃、水类非金属材料时，应选择电容型接近开关。

（3）当检测体为金属或非金属材料时，若要进行远距离检测和控制，应选择光电型或超声波型接近开关。

（4）当检测体为导磁金属时，若检测灵敏度要求不高，则可选择价格低廉的磁性接近开关或霍尔式接近开关。

（5）在防盗系统中，自动门通常使用热释电接近开关、超声波接近开关、微波接近开关。有时为了提高识别的可靠性，上述几种接近开关往往被复合使用。

（6）接近开关外形可根据安装的位置来选择，通常有圆柱形接近开关、方形接近开关、环形接近开关可选。

（7）接近开关的检测距离都比较短，常见的有 1～50mm 可选。检测距离越大其检测面也越大，价格也会越高。

（8）接近开关感应面的位置通常有前端感应、上端感应、内孔感应可选。

（9）接近开关工作电压通常有直流型 DC24V 或交流型 AC250V 可选。

（10）接近开关输出方式通常有 NPN 动合、NPN 动断、PNP 动合、PNP 动断、2 线动合，2 线动断，直流 3 线式、直流 4 线式可选。

（11）接近开关连接方式有出线式、接插件式可选。

【考题精选】

1. 当检测体为（C）时，应选用高频振荡型接近开关。

   （A）透明材料　　　　　　　（B）不透明材料

   （C）金属材料　　　　　　　（D）非金属材料

2. 当检测体为（D）时，应选用电容性接近开关。

   （A）透明材料　　　　　　　（B）不透明材料

   （C）金属材料　　　　　　　（D）非金属材料

3. 当检测体为非金属材料时，应选用（B）接近开关。

   （A）高频振荡型　　　　　　（B）电容型

   （C）电阻型　　　　　　　　（D）阻抗型

考点 19　接近开关的使用注意事项

无论使用哪种接近开关，都应注意对工作电压、负载电流、响应频率、检测距离等各项指标的要求。

（1）被检测体不应接触接近开关，以免因摩擦及碰撞而损伤接近开关。

（2）用手拉拽接近开关引线会损坏接近开关，安装时最好在引线距开关 100mm 处用线卡固定牢固。

（3）不应用脚踏接近开关，安装时最好设置保护罩壳。

（4）接近开关使用距离应设定在额定距离的 2/3 以内，以免受温度和电压影响，温度和电压的高低都将影响接近开关的灵敏度。

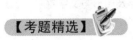

1. 选用接近开关时应注意对工作电压、负载电流、响应频率、（A）等各项指标的要求。

  （A）检测距离   （B）检测功率

  （C）检测电流   （D）工作速度

2.（×）高频振荡型接近开关和电容型接近开关对环境条件的要求较高。

考 点 20　磁性开关的结构

磁性开关又称为磁控开关，是一种利用磁场信号来控制的开关元件，常用的磁性开关是干簧管。干簧管是干式舌簧开关管的简称，它是一种具有干式触点的密封式开关，具有结构简单、体积小、寿命长、防腐、防尘，以及工作速度快、便于控制等优点，可以作为传感器使用，广泛用于计数、限位、防盗报警、通信设备等，在安防系统中主要用于门磁、窗磁的制作。

磁性开关（干簧管）把既导磁又导电的材料做成簧片平行地封入充有惰性气体（如氮气、氦气等）的玻璃管中组成开关元件，簧片的端部重叠并留有一定间隙构成触点。磁性开关（干簧管）常见的有单触点（H 型）和双触点（Z 型）两种，触点间隙 1～2mm，其体积大小可分为微型、小型、大型几种，微型的只有米粒大小，大型的和一段铅笔相似。

磁性开关（干簧管）的外形及图形与文字符号如图 4 - 16 所示。

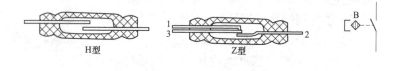

图 4-16　磁性开关（干簧管）的外形及图形与文字符号

(a) 外形；(b) 图形与文字符号

磁性开关（干簧管）具有以下特点。

（1）触点与大气隔离，管内又充有惰性气体，因而防止外界有机蒸汽对触点的腐蚀，而且可大大减少触点火花引起的触点氧化或炭化。

（2）簧片既轻又短，固有频率高，触点通断动作时间一般仅为 1～3ms，比一般电磁式继电器快 3～10 倍。

（3）体积小，重量轻。

（4）缺点是开关容量较小，触点电阻较大且容易产生抖动。

【考题精选】

1. 磁性开关可以由（D）构成。

　　（A）接触器和按钮　　　　（B）二极管和电磁铁

　　（C）二极管和永久磁铁　　（D）永久磁铁和干簧管

2. 磁性开关的图形符号中，其菱形部分与动合触头部分用（A）相连。

　　（A）虚线　　　　　　　　（B）实线

　　（C）双虚线　　　　　　　（D）双实线

3.（×）磁性开关由电磁铁和继电器构成。

考点 21　磁性开关的工作原理

磁性开关（干簧管）的工作原理如图 4-17 所示，当永久磁铁靠近磁性开关（干簧管）时，玻璃管内的两个簧片被磁化，簧片触点感应出极性相反的磁极，异性磁极互相吸引。当吸引的磁力超过簧片的弹力时，两个簧片就吸合在一起，使触点接通。当磁铁移开使磁力减小到簧片的弹力以下时，两个簧片依靠本身的弹力而分开，使触点分开。因此，磁性开关（干簧管）是一种利用磁场信号来控制的开关元件。

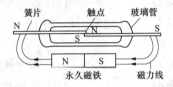

图 4-17 磁性开关（干簧管）的工作原理

1. 磁性开关中的干簧管是利用（A）来控制的一种开关元件。

　　（A）磁场信号　　　　　　　（B）压力信号

　　（C）温度信号　　　　　　　（D）电流信号

2. 磁性开关关于干簧管的工作原理是（B）。

　　（A）与霍尔元件一样

　　（B）磁铁靠近接通，无磁断开

　　（C）通电接通，无电断开

　　（D）与电磁铁一样

考点 22　磁性开关的选择

（1）磁性开关应根据其使用电压和电流的范围、冲击性、耐振程度、使用温度范围、保护等级、残余电压、最大触点容量和泄漏电流来选择。

（2）根据使用环境进行选择，如用于高温、高压场所时应选金属材质的磁性开关；用于强酸、强碱等化工企业应选择塑料材质的磁性开关。

【考题精选】

1. 磁性开关用于（D）场所时应选金属材质的器件。
   （A）化工企业　　　　　　（B）真空低压
   （C）强酸强碱　　　　　　（D）高温高压

2. 磁性开关用于（C）场所时应选用 PP（聚丙烯）、PVDF（聚偏氟乙烯）材质的器件。
   （A）海底高压　　　　　　（B）高空低压
   （C）强酸强碱　　　　　　（D）高温高压

考点 23　磁性开关的使用注意事项

（1）安装时，不得给磁性开关过大的冲击力，如打击、抛扔磁性开关等。

（2）避免在周围有强磁场、大电流（如大型磁铁、电焊机等）的环境中使用磁性开关。不要把连接导线与动力线并在一起。

（3）不宜让磁性开关处于水或切削液的环境中，如需在这种环境中使用，可用盖子加以遮挡。

（4）配线时，导线不宜承受拉伸力和弯曲力。用于机械手等可动部件场合时，应使用具有弯曲性能的导线，以避免开关受损伤或断线。

（5）磁性开关（干簧管）使用时，磁铁与干簧管之间的有效距离为 10mm 左右。

（6）磁性开关的配线不能直接接到电源上，必须串联负载。

（7）负载电压和最大负载电流都不要超过磁性开关的最大允许容量，否则其使用寿命会大大降低。

（8）带指示灯的有触点磁性开关，当电流超过最大电流时，发光二极管会损坏；若电流在规定范围以下，发光二极管会变暗或不亮。若磁性开关用于直流电路，需正确区分正、负极。若极线接反，磁性开关可动作，但指示灯不亮。

【考题精选】

1. 磁性开关在使用时要注意磁铁与（A）之间的有效距离在 10mm 左右。

　　(A) 干簧管　　　　　　　(B) 磁铁

　　(C) 触头　　　　　　　　(D) 外壳

2. (×) 磁性开关一般在磁铁接近干簧管 10cm 左右时，开关触点发出动作信号。

考点 24　增量型光电编码器的结构

光电编码器是一种高精度的数字化传感器，它通过光电转换将转轴上的机械几何位移量转换成脉冲信号输出，可以实现角度、直线位移、转速等物理量的测量，具有体积小、重量轻、品种多、功能全、高频响应好、分辨能力高、承载能力强、力矩小、耗能低、性能稳定可靠、寿命长等特点。根据光电编码器的刻度方法及输出信号的方式不同，可以分为增量型光电编码器、绝对型光电编码器、混合型光电编码器。增量型光电编码器容易做成全封闭形式，易于实现小型化，具有较强的环境适应能力，因而在实际工业生产中应用最为广泛。

增量型光电编码器主要由光源、码盘、检测光栅、光电检测器件、转换电路组成，如图 4-18 所示。码盘上刻有节距相等的辐射状透光缝隙，相邻两个透光缝隙之间代表一个增量周期。检测光栅上刻有两组与码盘相对应的透光缝隙，用以通过或阻挡光源与光电检测器件之间的光线。在大多数情况下，直接从光电检测器件上获取的信号电平较低，波形也不规则，还不能达到用于控制、信号处理和远距离传输的要求。所以，还要通过转换电路将此信号放大、整形，经过处理的输出信号一般近似于矩形脉冲。由于矩形脉冲信号容易进行数字处理，所以这种输出信号在定位控制中得到广泛的应用。

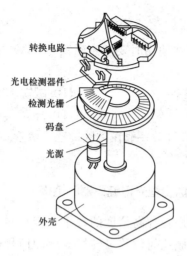

转换电路

光电检测器件

检测光栅

码盘

光源

外壳

图 4-18　增量型光电编码器结构

【考题精选】

1. 增量型光电编码器主要由（D）、码盘、检测光栅、光电检测器件和转换电路组成。

　　（A）光敏晶体管　　　　　（B）运算放大器

　　（C）脉冲发生器　　　　　（D）光源

2.（×）增量型光电编码器主要由光源、光栅、霍尔传感器和电源组成。

考点 25　增量型光电编码器的工作原理

　　双通道增量型光电编码器输出两组脉冲之间相位相差 90°，它能使接收脉冲的电子设备接收转轴的旋转感应信号，因此可用来实现双向的定位控制。另外，三通道增量型光电编码器码盘每旋转一周，只发出一个称之为零位信号的脉冲，用于基准点定位。增量型光电编码器的码盘与电动机同轴，电动机旋转时，码盘与电动机同速旋转。

由于检测光栅不动，光线透过码盘和检测光栅上的透过缝隙照射到光电检测器件上，光电检测器件就输出两组相位相差90°的近似于正弦波的电信号，电信号经过转换电路的信号处理，输出一定数量的脉冲。通过计算单位时间内的脉冲数量就可以用来测量电动机的转速，如果在一个基准点后面脉冲数量被累加，其计算值就代表了电动机的转动角度或行程的参数。

【考题精选】

1．可以根据增量型光电编码器单位时间内的脉冲数量测出（D）。

  （A）相对位置   （B）绝对位置

  （C）轴加速度   （D）旋转速度

2．（×）增量型光电编码器可将转轴的电脉冲转换成相应的位移、角速度等机械量输出。

考点 26 增量型光电编码器的特点

增量型光电编码器的特点是每产生一个输出脉冲信号就对应于一个增量位移，但是不能通过输出脉冲区别出在哪个位置上的增量，故它只能检测相对于某个基准点的相对位置增量，不能直接检测出轴转动的绝对位置信息。增量型光电编码器的优点是原理构造简单、易于实现小型化；机械平均寿命长，可达到几万小时以上；分辨率高；抗干扰能力较强，信号传输距离较长，可靠性较高。

【考题精选】

1．增量型光电编码器可将转轴的角位移和角速度等机械量转换成相应的（C）以数字量输出。

  （A）功率   （B）电流

  （C）电脉冲   （D）电压

2．增量式光电编码器每产生一个输出脉冲信号就对应于一个（B）。

(A) 增量转速   (B) 增量位移

(C) 角度   (D) 速度

考点 27 增量型光电编码器的选择

在增量型光电编码器的使用过程中，对于其技术规格通常会提出不同的要求，其中最关键的就是它的机械安装、分辨率、信号输出形式。

（1）编码器转动部分的机械安装尺寸（定位止口、轴径、安装孔位）、电缆出线方式、安装空间、工作环境、防护等级等是否满足要求。

（2）编码器工作时每圈输出的脉冲数（分辨率）是否满足设计使用精度要求，脉冲数目从 6～5400 或更高，脉冲数越多，分辨率越高，这是选择的重要依据之一。

（3）编码器输出方式应和其控制系统的接口电路相匹配，编码器输出方式常见有推拉输出（F 型）、电压输出（E 型）、集电极开路输出（C 型）和长线驱动器输出（L 型）。

【考题精选】

1. 增量型光电编码器根据信号传输距离选型时要考虑（A）。

(A) 输出信号类型   (B) 电源频率

(C) 环境温度   (D) 空间高度

2. 增量型光电编码器根据输出信号的可靠性选型时要考虑（B）。

(A) 电源频率   (B) 最大分辨速度

(C) 环境温度   (D) 空间高度

考点 28 光电编码器的使用注意事项

（1）编码器的轴与用户轴之间应采用弹性软连接，以避免因用户轴的跳动而造成编码器轴系和码盘的损坏，并注意不得超过轴所允许带的最大负载。

（2）应保证编码器的轴与用户轴的同心度小于 0.2mm，与轴的偏差角度小于 1.5°。

（3）使用中，严禁敲打和碰摔，以免损坏轴系和码盘。

（4）长期使用时，定期检查固定编码器的螺钉是否松动（每季度检查一次）。

（5）接地线截面积应不小于 1.5mm²，编码器的输出线彼此不要搭接，以避免损坏输出电路。

（6）编码器的信号线不要接到直流电源或交流电源上，以避免损坏内部电路。

（7）与编码器相连的电动机等设备，应接地良好，不得有静电。

（8）编码器配线时，应采用屏蔽电缆，并避开高压线和动力线，以免受到感应造成误动作而损坏。

（9）长距离传输时，应考虑信号衰减因素，可选用具备输出阻抗低、抗干扰能力强的电缆。延长电线时，应在 10m 以下。

（10）编码器避免在强电磁波环境中使用。

【考题精选】

1. 增量型光电编码器配线时，应避开（C）。
   （A）电话线、信号线　　　（B）网络线、电话线
   （C）高压线、动力线　　　（D）电灯线、电话线

2. 增量型光电编码器配线延长时，应在（D）以下。
   （A）1km　　　　　　　　（B）100m
   （C）1m　　　　　　　　 （D）10m

第五章 电动机与电气控制电路

考点 1　三相异步电动机的特点

三相异步电动机是根据电磁感应定律实现电能转变为机械能的一种电磁装置，它是由定子输入电能，通过电磁感应，将电能传导给转子，在电磁力的作用下，转子又将电能转换为机械能，由转轴输出驱动转矩。三相异步电动机具有全封闭、设计新颖、造型美观、价格低廉、噪声低、转矩高、启动性能好、坚固耐用、结构简单、使用维护方便等特点，广泛应用于工农业和国民经济的各个部门，作为拖动机床、水泵、起重卷扬设备、轻工和农副产品加工设备的动力源。三相异步电动机的不足之处是功率因数较低，调速较困难，但随着功率因数自动补偿、变频技术的发展和日益普及，这些不足已得到较大改善。

【考题精选】

1. 三相异步电动机的优点是（D）。
   （A）调速性能好　　　　　（B）交直流两用
   （C）功率因数高　　　　　（D）结构简单
2. 三相异步电动机具有结构简单、工作可靠、质量小、（B）等优点。
   （A）调速性能好　　　　（B）价格低廉
   （C）功率因数高　　　　（D）交、直流两用

考点 2　三相异步电动机的结构

三相异步电动机主要由外壳、定子、转子、转轴和轴承等 5 部分组成，其结构如图 5-1 所示。定子是静止不动的部分，转

子是旋转部分,在定子与转子之间有一定的气隙。

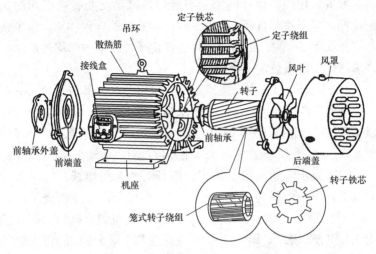

图 5-1 三相异步电动机的结构

1. 外壳

三相异步电动机的外壳包括机座、端盖、轴承盖、风叶、风罩、接线盒以及吊环等零部件。机座由铸铁浇铸而成,其作用是用以支持和保护电动机的定子。端盖由铸铁浇铸而成,其作用是把转子支承在定予内腔的中心。轴承盖由铸铁浇铸而成,其作用是保护轴承,防止轴承内的润滑脂外溢,同时限制转子轴向移动。风叶一般用硬质塑料制成,其作用主要是排风散热。风罩由铁皮制成,主要起保护风叶和定向排风的作用。吊环一般是用低碳钢锻制而成,其位于机座上端,起着方便移动电动机的作用。接线盒用铸铁或铁皮制成,其作用是固定和保护定子绕组的引出线头。

2. 定子

定子由定子铁芯和定子绕组两部分组成。

(1) 定子铁芯。定子铁芯是电动机磁路的一部分,可以起到支持和保护电动机定子的作用。定子铁芯一般用 0.5mm 厚的硅钢片冲制叠压而成，其表面涂有绝缘漆或硅钢片经氧化处理后表面形成氧化膜，使片间相互绝缘，以减小交变磁通引起的涡流损耗。定子铁芯直径小于 1m 时，用整片圆硅钢冲片，定子铁芯直径大于 1m 时，用扇形冲片。在定子冲片的内圆均匀地冲有许多槽，用以嵌放定子绕组。

（2）定子绕组。定子绕组是电动机电路的一部分，通入三相交流电后便产生旋转磁场，其作用是通以电流、产生感应电动势以实现机电能量的转换。定子绕组一般用绝缘铜导线或铝导线绕制而成，共三相，彼此相差 120°电角度，对称地放在定子铁芯内。

三相异步电动机定子每相绕组都有两个引出线头，一个称为首端，另一个称为末端。按国家标准规定，第一相绕组的首端用 U1 表示，末端用 U2 表示；第二相绕组的首端和末端分别用 V1 和 V2 表示；第三相绕组的首端和末端分别用 W1 和 W2 表示。这 6 个首末端分别引至机壳外的接线盒，并标出对应的符号，通过接线盒首末端子的切换，可实现按电源电压的不同而连接成星形（Ｙ）或三角形（△）的要求，如图 5-2 所示。

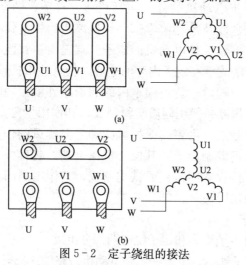

图 5-2 定子绕组的接法

（a）三角形（△）接法；（b）星形（Ｙ）接法

3. 转子

三相异步电动机的转子分为笼式和绕线式两种，它由转子铁芯、转子绕组两部分组成，是电动机输出机械功率的部分。

（1）转子铁芯。它的主要作用是和定子铁芯共同组成电动机的磁路，其两铁芯的空气隙也是电动机磁路的一部分。转子铁芯由厚 0.5mm 的硅钢片冲制叠压而成，冲片外圆上有槽，槽内嵌放转子绕组，铁芯压装在转轴上。

（2）转子绕组。它是电动机电路的一部分，其作用是切割定子旋转磁场产生感应电流，在磁场的作用下，转子受力旋转。转子绕组分为鼠笼式和绕线式两种，鼠笼式转子绕组有铸铝与铜条两种结构。铸铝绕组由浇铸在转子铁心槽内的铝条和两端的铝环组成，适用于功率 100kW 以下的电动机。铜条绕组是在转子铁芯槽里插入铜条，再将全部铜条两端焊在两个铜环上组成，适用于功率 100kW 以上的电动机。如果去掉转子铁芯，转子绕组的形状就像一个鼠笼子，故称鼠笼式转子绕组。

4. 转轴

转轴一般用中碳钢材加工而成，转子铁芯被套在转轴上。转轴的作用是用来支承转子的重量，使转子在定子内腔均匀地旋转，并传递电动机的输出转矩。

5. 轴承

转承由外圈、内圈和滚珠组成，被套在转子的轴上。轴承的作用是用来承受电动机运行负载，使转子在摩擦较小的状况下旋转。

【考题精选】

1. 三相异步电动机的转子由铁芯、 （B）、风扇、转轴等组成。

　　（A）电刷　　　　　　　　（B）转子绕组
　　（C）端盖　　　　　　　　（D）机座

2. 三相异步电动机的定子铁芯及转子铁芯均采用硅钢片冲

制叠压而成，其目的是（A）。

    （A）减少铁芯的能量损耗 （B）允许电流通过

    （C）价格低廉、制造方便 （D）增加铁芯的能量损耗

3.（√）异步电动机的铁芯应该选用软磁材料。

考点 3　三相异步电动机的工作原理

当三相异步电动机对称三相定子绕组加上对称三相交流电时，定子及其内部周围空间便产生按顺时针方向旋转的磁场，静止的转子与旋转磁场之间就有相对运动，转子导体切割磁力线，产生感应电动势。由于转子绕组是一个短路绕组，感应电动势便会在闭合的转子绕组中产生感应电流。感应电流与旋转磁场相互作用，在转子上形成电磁力，电磁力作用在转子上形成电磁转矩，使转子按旋转磁场方向旋转。

由于转子和旋转磁场的转向相同，所以转子的转速一定要小于旋转磁场的转速。如果转速相等，转子绕组与旋转磁场之间就没有相对运动，也就不能切割磁力线而产生转矩，转子也就不能转动。因此，异步电动机的异步指的就是转子与旋转磁场的转速不同步。

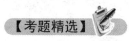
【考题精选】

1. 三相异步电动机工作时，其电磁转矩是由旋转磁场与（B）共同作用产生的。

    （A）定子电流   （B）转子电流

    （C）转子电压   （D）电源电压

2. 三相异步电动机转子产生电磁力矩的原因是（D）。

    （A）有磁场

    （B）有电压

    （C）有电流

    （D）定子旋转磁场和转子的相对切割运动

考点 ④ 直流电动机的特点

直流电动机是机械能和直流电能互相转换的旋转机械装置，它可以将电能转换为机械能。直流电动机虽然比三相异步电动机的结构复杂、价格昂贵、制造工艺麻烦、维护不方便，但是由于它具有良好的启动性能，且启动转矩较大，并能在较宽的范围内平滑地调速，同时还具有可靠的制动特性，因而，对调速要求较高的生产机械（龙门刨床、镗床、轧钢机、矿井机械等）或者需要较大启动转矩的生产机械（起重机械、机车、电车、船舶等）往往采用直流电动机来驱动。

【考题精选】

1. 直流电动机的结构复杂、价格贵、制造麻烦、维护困难，但是启动性能好、（A）。

　　（A）调速范围大　　　　（B）调速范围小

　　（C）调速力矩大　　　　（D）调速力矩小

2. （√）直流电动机调速性能优越，易平滑调速，是交流电动机无法取代的。

考点 ⑤ 直流电动机的结构

直流电动机部件主要由定子和转子两大部分组成，在转子与定子之间留有一定的间隙，称为气隙。定子是固定不动的部分，主要作用是产生磁场并作为磁路的组成部分，在机械方面作为电动机的机械支架，它包括主磁极、换向磁极、补偿绕组、电刷装置、机座等。转子是转动的部分，通常又称为电枢，主要作用是产生感应电动势、电流、电磁转矩，实现能量的转换，它包括电枢铁芯、电枢绕组、换向器、风扇、转轴等。直流电动机的结构如图 5-3 所示。

1. 定子

（1）主磁极。主磁极简称主极，其作用是通入直流励磁电

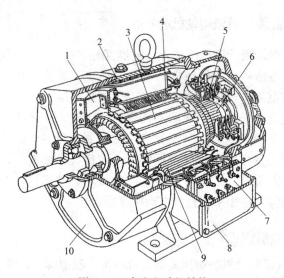

图 5-3 直流电动机结构

1—风扇；2—机座；3—电枢；4—主磁极；5—刷架；

6—换向器；7—接线板；8—出线盒；9—换向极；10—端盖

流，产生主磁场，以便电枢电流在此磁场中产生电磁转矩使电枢转动。主磁场有两种形式：一种是永久磁铁，另一种是电磁铁，绝大部分直流电动机采用电磁铁方式。电磁铁由主磁极铁芯和主磁极绕组组成，通过螺钉固定在机座上。主磁极铁心作为电动机磁路的一部分，为了减少涡流损耗，一般采用1~2mm 厚的低碳钢板经冲压成型后进行叠装，然后用铆钉铆紧成一个整体。主磁极绕组套在铁芯外面，其作用是通入直流电，产生励磁磁通势。主磁极总是成对出现，各主磁极上的绕组连接时要保证相邻磁极的极性按 N 极和 S 极依次排列。

（2）换向磁极。换向磁极是位于两个主磁极之间中性线上的小磁极，又称为附加磁极，它也是由换向极铁芯和换向极绕组组成的。铁芯多采用整块扁钢，绕组采用截面积大的矩形导线。换向极绕组套在换向极铁芯上与电枢绕组串联，而且极性不能接反，一般换向磁极的数量与主磁极相同。换向磁极的作用是产生换向磁场，用以改善电动机的换向性能，减小电动机运行时电刷与换向器之间可能产生的火花。

（3）补偿绕组。在大、中型电动机和过负荷较大且换向困难的小型电动机中都装有补偿绕组，它通常由裸扁铜线弯制并经绝缘后安放在主磁极的极靴上冲出的槽中，其作用是用其和电枢绕组、换向磁极绕组串联，用来消除气隙磁场畸变和改善换向。

（4）电刷装置。电刷装置一般由电刷、刷握、刷杆、刷杆座、压力弹簧等组成，电刷放在刷握中的电刷盒内，并用压力弹簧把电刷压紧在换向器上。刷握固定在刷杆上，借铜丝辫把电流从电刷引到刷杆上再由导线接到接线盒中的端子上。通常，刷杆是用绝缘材料制作的，刷杆固定在刷杆座上，成为一个相互绝缘的整体部件。对电刷的要求是既要有良好的导电性，又要有良好的耐磨性，因此电刷一般用石墨粉压制而成。电刷装置的作用是通过电刷与换向器表面的滑动接触，可以把外电路的电压、电流引入到电枢绕组。

（5）机座。电动机定子部分的外壳称为机座，它一般用导磁性能较好的铸钢件或钢板焊接而成，也可直接用无缝钢管加工制成。机座有两方面的作用：一方面起导磁作用，作为电动机磁路的一部分；另一方面起支撑作用，用来安装主磁极和换向磁极，并通过端盖支撑转子部分。

2. 转子

（1）电枢铁芯。由于电枢铁芯和磁场之间有相对运动，为了减小电枢铁芯中产生的涡流损耗和磁滞损耗，电枢铁芯一般用0.5mm厚的表面有绝缘层的硅钢片叠压而成。电枢铁芯有两个作用，它既是电动机主磁路的主要部分，又是电枢绕组嵌放的位置。

（2）电枢绕组。电枢绕组由若干个线圈组成，这些线圈按一定的要求均匀地分布在电枢铁芯槽中，并按一定的规律连接到换向器。电枢绕组的作用是通过电流产生电磁转矩，使电动机实现机电能量转换。

（3）换向器。换向器由多个彼此互相绝缘的换向片组成，换向片之间用云母绝缘。换向器的作用是将电刷两端的直流电流和电动势转换成电枢绕组内的交变电流和电动势，以产生恒定方向的电磁转矩。

（4）转轴。转轴起转子旋转的支撑作用，需要一定的机械强度，一般由圆钢加工而成。

（5）风扇。风扇用来降低电动机运行中的温升。

1. 直流电动机的定子由机座、主磁极、换向极、（B）和端盖等组成。

（A）转轴 　　　　　　（B）电刷装置

（C）电枢 　　　　　　（D）换向器

2. 直流电动机的转子由电枢铁芯、电枢绕组、（B）、转轴等组成。

（A）接线盒 　　　　　（B）换向器

（C）电阻器 　　　　　（D）电容器

考点 6　直流电动机的励磁方式

直流电动机励磁绕组的供电方式称为励磁方式，按照励磁方式的不同，直流电动机分为他励、并励、串励和复励四大类。直流电动机的性能与它的励磁方式密切相关，其机械特性也有明显的区别，因而可适用于不同场合。

（1）他励直流电动机。励磁绕组和电枢回路各自分开，励磁绕组由单独直流电源供电。他励直流电动机的机械特性曲线是一条随负载转矩增加，转速略微下降的直线，因为它从空载到额定负载，转速下降不多，故属于硬特性，一般用于拖动要求转速恒定的场合，如金属切削机床、通风机、鼓风机、印刷及印染机械等。

（2）并励直流电动机。励磁绕组和电枢绕组回路并联连接，励磁绕组所加的电压就是电枢绕组所加的电压。由于他励和并励直流电动机均是他励式，没有接法上的差别，所以并励直流电动机和他励直流电动机的机械特性相同。

（3）串励直流电动机。励磁绕组和电枢绕组回路串联连接，励磁绕组的电流等于电枢绕组回路的电流。串励直流电动机的机械特性曲线是一条随负载转矩的变化，转速有很大变化的曲线，因为它从空载到额定负载，转速下降非常多，故属于软特性，一般用于拖动要求负载转矩在大范围内变化且不可能空载运行的场合，如电车、电力机车、起重机及电梯等电力牵引设备。

（4）复励直流电动机。它有 2 个励磁绕组，其中一个与电枢绕组回路串联连接，另一个与电枢绕组回路并联连接。当 2 个励磁绕组产生的磁势方向相同时，两者相加，称为积复励直流电动机；当两者产生的磁势方向相反时，两者相减，称为差复励直流电动机。由于复励直流电动机既有并励绕组又有串励绕组，所以它的机械特性介于并励直流电动机和串励直流电动机两者之间，一般用于拖动要求高转矩和在大范围内调速的场合，如轮船、无轨电车、起重采矿设备中。

【考题精选】

1. 并励直流电动机的励磁绕组与（A）并联。
　（A）电枢绕组　　　　　（B）换向绕组
　（C）补偿绕组　　　　　（D）稳定绕组

2.（√）直流电动机按照励磁方式可分为他励、并励、串励和复励四类。

考点 7　直流电动机的启动方法

直流电动机由静止状态达到正常运转的过程称为启动，在启动时不但转速发生变化，而且转矩、电流等也发生变化。工程上则应在保证足够大的启动转矩的前提下，尽量减小启动电流，使启动电流限制在允许的范围内。在实际工作中，还需要考虑启动时间、启动过程的能耗以及启动设备的经济性、可靠性，操作是否方便等因素。

直流电动机常用的启动方法有以下 3 种。

(1) 直接启动。直接启动是指不采取任何限流措施，把静止的电枢直接投入到额定电压的电网上启动。启动时，应先接通励磁电路，给直流电动机以励磁，并调节励磁电阻，以使励磁电流达到最大。在保证磁场建立后，再接通电枢电路，使电枢绕组直接加上额定电压，直流电动机将启动。直接启动的优点是启动设备简单、操作简便、启动转矩足够大。但有一个严重的缺点，即启动电流太大，可达额定电流的 10～20 倍。这样大的电流，将对电网产生不利的影响，并使直流电动机换向器上产生强烈的火花，还将产生较大的机械冲击，使绕组和转轴受损，所以直流电动机一般不允许直接启动。除了容量很小的直流电动机可采用直接启动外，对容量稍大的直流电动机，启动时必须采取限流措施，通常采用电枢回路串电阻启动或降压启动。

(2) 电枢回路串电阻启动。电枢回路串电阻启动就是在启动过程中在电枢回路串接多段电阻（称为启动电阻），以限制启动电流，并在转速上升过程中逐步分段切除电阻。只要启动电阻的分段电阻值配置得当，便能在启动过程中把电流限制在允许范围内，并使电动机的转速在较小的波动下上升，在不太长的时间内启动完毕。电枢回路串电阻启动所需设备不多，广泛地用于各种中、小容量的直流电动机中。若用于大容量直流电动机的启动时，则启动电阻将十分笨重，频繁启动时还会消耗大量电能，很不经济。

(3) 降压启动。降压启动在直流电动机有专用电源时才能采用，一般只用于大容量直流电动机的频繁启动。启动时，先把加于电枢绕组的专用电源电压降低，以限制启动电流。随着转速的上升，逐步提高电枢绕组的电压，直到启动完毕，最后加在电枢绕组的电压等于直流电动机的额定电压。

降压启动的优点是启动电流小、启动过程平滑、能量损耗少，但需要一套专用的直流发电机或晶闸管整流电源作为直流电动机的电源，设备投资较高。

【考题精选】

1. 直流电动机常用的启动方法有电枢串电阻启动、(B) 等。

(A) 弱磁启动　　　　　(B) 降压启动

(C) Ｙ-△启动　　　　　(D) 变频启动

2. 直流电动机启动时，随着转速的上升，要 (D) 电枢电路的电阻。

(A) 先增大后减小　　　(B) 保持不变

(C) 逐渐增大　　　　　(D) 逐渐减小

考点 8　直流电动机的调速方法

在直流电动机的负载转矩或输出功率不变的情况下，通过人工的方法来改变直流电动机的转速，称为速度调节，简称调速。调速可采用机械方法、电气方法或机械和电气配合的方法，直流电动机比较容易满足调速幅度宽广、调速连续平滑、损耗小、经济指标高等基本要求。

直流电动机的调速方法有 3 种，即改变电源电压法（简称调压调速）、改变电枢回路电阻法（简称串电阻调速）、改变励磁磁通法（简称磁场调速）。

1. 改变电源电压法调速

改变电源电压法调速是直流电动机单独使用可调的直流电源供电，目前采用最多的是晶闸管整流装置，通过它调节电源电压使直流电动机均匀调速。

改变电源电压法调速的主要特点如下。

（1）调速范围宽广，可以从低速一直调到额定转速，速度变化平滑，通常称为无级调速。

（2）调速过程中没有附加能量损耗，电压降低后，机械特性硬度不变，稳定性好。

（3）转速只能调低（低于额定转速），不能调高（因端电压不能超过额定电压）。

（4）所需设备较复杂，成本较高。

2. 改变电枢回路电阻法调速

改变电枢回路电阻法调速是在电枢电路中串联一个调速变阻器，用以增加电枢电路的电阻，使直流电动机的转速降低。

改变电枢回路电阻法调速的主要特点如下。

（1）轻负载时电枢的电流很小，所以调速范围小，故只适用于一些小功率转速稳定性要求不高的场合。

（2）转速只能从额定转速往低速作比较均匀调节，而且为有级调速。特性曲线较软，即负载变动时，电动机转速变化较大。

（3）在调速电阻上有较大的能量损耗，即经济性较差。

（4）所需设备较简单、成本低。

3. 改变励磁磁通法调速

改变励磁磁通法调速是在励磁电路中串联一个调速变阻器，用于调节励磁电流，改变磁通。当磁通减小时，转速增加；当磁通增大时，转速降低。

改变励磁磁通法调速的主要特点如下。

（1）调速在励磁电路中进行，功率较小，故能量损失小。

（2）可以得到平滑的无级调速，但转速只能从额定转速往上调，不能在额定转速以下进行调速，故往往只作为辅助调速，与改变电压或改变电阻的调速方法一起组合使用。

（3）调速的范围较窄，在磁通减少得太多时，由于电枢磁场对主磁场的影响加大，会使电动机火花增大，换向困难。

（4）调速经济、控制方便，应用较广。

【考题精选】

1. 直流电动机弱磁调速时，转速只能从额定转速（C）。

(A) 降低一倍　　　　　　　(B) 开始反转

(C) 往上升　　　　　　　　(D) 往下降

2. 直流电动机改变电源电压调速时，转速只能从额定转速（D）。

(A) 降低一倍　　　　　　　(B) 开始反转

(C) 往上升　　　　　　　　(D) 往下降

考点 9　直流电动机的制动方法

在生产过程中，有时需要尽快地使直流电动机停转，或者从高速降低到低速运行，这时需要在直流电动机轴上施加一个与直流电动机转向相反的制动转矩，这一过程称为制动。如果制动转矩是用机械制动闸（如电磁抱闸）的摩擦转矩来产生的，则称为机械制动。如果制动转矩是直流电动机本身产生的与旋转方向相反的电磁转矩，则称电气制动。直流电动机的电气制动方法有能耗制动、反接制动和回馈制动（再生制动或发电制动）3 种，其共同特点是在保持原来磁场方向及大小不变的情况下，改变电枢电流方向，以获得与直流电动机转向相反的制动转矩。

1. 能耗制动

能耗制动是利用直流电动机从电网断开以后的动能，产生电磁制动转矩，迫使直流电动机停转。能耗制动时，励磁绕组仍接在电源上，用开关将电枢绕组从电源上切除，并立即将它接到一个制动电阻上。这时直流电动机中仍有主磁场，电枢因惯性仍在继续旋转，因此变成一台他励直流发电机，向制动电阻供电。此时电枢上产生的电磁转矩的方向与电枢的旋转方向相反，故产生的电磁转矩为制动转矩，对直流电动机实行制动。

能耗制动操作简便，在直流电动机转速还比较高时制动效果明显，但随着转速的下降，制动作用也随之减小，停转较慢。为加快停转，能耗制动常与机械制动配合使用。

2. 反接制动

反接制动是利用改变直流电动机电枢两端电压的极性或改变励磁电流的方向，使电磁转矩的方向改变形成制动转矩，迫使直流电动机停转。反接制动时，励磁绕组仍接在电源上，利用反向开关把电枢绕组两端反接到电网上。此时，电枢中立刻产生与原来方向相反的很大电流，故产生的电磁转矩为制动转矩，对直流电动机实行制动。

反接制动的优点是能很快地使直流电动机停转，一般用于要求强烈制动或要求迅速反转的场合，缺点是电枢电流过大，会引起电网电压降低。为此，反接时必须串入足够大的电阻，使电枢电流限制在允许值之内。此外，当转速下降到零时，必须及时断开电源，否则直流电动机将反转。

3. 回馈制动

回馈制动就是利用直流电动机处于发电机状态下运行时，将发出的电能回馈给电网，同时电磁转矩由原来的拖动转矩变为制动转矩，限制了直流电动机转速的上升。直流电动机正常运行时处于电动机状态，电源电压大于电枢反电动势，要想让直流电动机处于发电机状态，就得使电枢反电动势大于电源电压，也就是要使直流电动机的转速要高于理想空载转速。

当并励或他励直流电动机拖动的电车或电力机车等下坡时，或起重设备下放重物时，由于位能负载的作用，就有可能出现电动机转速大于理想空载转速的情况，此时电动机就转变成发电机状态运行，所产生的转矩变成制动转矩，以限制电动机转速的上升，并同时把机械能转变成电能向电源馈送，故称为回馈制动，也称为再生制动或发电制动。

回馈制动的优点是产生的电能可以反馈回电网中去，使电能获得利用，属于节能型制动，特别适用于直流电动机功率较大（100kW 以上）、设备的转动惯量较大且反复短时连续工作、从高速到低速的减速降幅较大、制动时间短、需要强力制动的场合，缺点是回馈制动只能发生在直流电动机转速高于理想空载转速的场合，其应用范围受到限制。

另外，串励直流电动机电气制动方法只有反接制动和能耗制动两种，由于它的理想空载转速趋于无穷大，因此在运行中不可能满足实现回馈制动的条件。如果要进行回馈制动，必须先将串励直流电动机改为并励直流电动机或他励直流电动机，并由专门的低压直流电源给励磁绕组供电，以保证有适当的励磁电流。

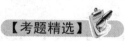

1. 直流电动机的各种制动方法中，最节能的方法是（B）。
    （A）反接制动 （B）回馈制动
    （C）能耗制动 （D）机械制动

2. 直流电动机的各种制动方法中，能向电源反送电能的方法是（D）。
    （A）反接制动 （B）抱闸制动
    （C）能耗制动 （D）回馈制动

3.（×）直流电动机的电气制动方法有能耗制动、反接制动和单相制动等。

考点 10 直流电动机的反转方法

要改变直流电动机的旋转方向，只需改变电动机的电磁转矩方向，而转矩方向取决于磁通与电枢电流的相互作用，故改变电磁转矩的方向从而使直流电动机实现反转的方法有两种：一种是改变磁通（即励磁电流）的方向；另一种是改变电枢电流的方向。如果同时改变磁通的方向和电枢电流的方向，则直流电动机的转向仍维持不变。

直流电动机反转的具体方法是利用电器触头的闭合与断开将励磁绕组进行反接，或者将电枢绕组进行反接即可。对并励直流电动机而言，由于励磁绕组匝数多、电感大，在进行反接时因电流突变而将产生很大的自感电动势，这对直流电动机、电器都不利，因此一般都采用电枢反接法来实现反转。在将电枢绕组反接的同时必须连同换向极绕组一起反接，以达到改善换向的目的。

【考题精选】

1. 串励直流电动机需要反转时，一般将（A）两头反接。

（A）励磁绕组　　　　　　（B）电枢绕组

（C）补偿绕组　　　　　　（D）换向绕组

2. 直流电动机的励磁绕组和电枢绕组同时反接时，电动机的（D）。

（A）转速下降　　　　　　（B）转速上升

（C）转向反转　　　　　　（D）转向不变

考点 11 直流电动机的常见故障分析

1. 电动机不能启动

（1）因电路发生故障，使电动机未通电。检查电源电压是否正常；开关触头是否完好；熔断器是否良好；针对原因予以排除。

（2）电枢绕组断路。查出断路点，并修复。

（3）励磁回路断路或接错。检查励磁绕组和磁场变阻器有无断点；回路直流电阻值是否正常；各磁极的极性是否正确；针对原因予以消除。

（4）电刷与换向器接触不良或换向器表面不清洁。清理换向器表面，修磨电刷，调整电刷弹簧压力。

（5）换向极或串励绕组接反，使电动机在负载下不能启动，空载下启动后工作也不稳定。检查换向极和串励绕组极性，发现接错予以调换。

（6）启动器故障。检查启动器是否接线有错误或装配不良；

启动器触头是否被烧坏；电阻丝是否被烧断；针对原因重新接线或整修。

（7）电动机过载。检查负载机械是否被卡住；负载是否过重；针对原因予以消除。

（8）启动电流太小。检查启动电阻是否太大；更换合适的启动器，或改接启动器内部接线。

（9）直流电源容量太小。启动时如果电路电压明显下降，应更换直流电源。

（10）电刷不在中性线上。调整电刷位置，使之接近中性线。

2. 电动机转速过高

（1）电源电压过高。调节电源电压。

（2）励磁电流太小。检查磁场调节电阻是否过大；该电阻触点是否接触不良；检查励磁绕组有无匝间短路，使励磁磁动势减小；针对原因予以消除。

（3）励磁绕组断线，使励磁电流为零，电动机飞速。查出断线处，予以修复。

（4）串励电动机空载或轻载。避免空载或轻载运行。

（5）电枢绕组短路。查出短路点，予以修复。

（6）复励电动机串励绕组极性接错。查出接错处，重新连接。

3. 电动机励磁绕组过热

（1）励磁绕组匝间短路。测量每一磁极的绕组电阻，判断有无匝间短路。

（2）发电机气隙太大，导致励磁电流过大。拆开电动机，调整气隙。

（3）电动机长期过电压运行。恢复正常额定电压运行。

4. 电动机电枢绕组过热

（1）电枢绕组严重受潮。进行烘干，恢复绝缘。

（2）电枢绕组或换向片间短路。查出短路点，予以修复或重绕。

（3）电枢绕组中，部分绕组元件的引线接反。查出绕组元件引线接反处，调整接线。

（4）定子、转子铁芯相擦。检查定子磁极螺栓是否松脱；轴承是否松动、磨损；气隙是否均匀；针对原因予以修复或更换。

（5）电动机的气隙相差过大，造成绕组电流不均衡。应调整气隙，使气隙均匀。

（6）电枢绕组中均压线接错。查出接错处，重新连接。

（7）电动机负载短路。应迅速排除短路故障。

（8）电动机端电压过低。应提高电源电压，直至额定值。

（9）电动机长期过负荷。恢复额定负载下运行。

（10）电动机频繁启动或改变转向。应避免启动、变向过于频繁。

5. 电动机电刷与换向器之间火花过大

（1）电刷磨得过短，弹簧压力不足。更换电刷，调整弹簧压力。

（2）电刷与换向器接触不良。研磨电刷与换向器表面，研磨后轻载运行一段时间进行磨合。

（3）换向器云母凸出。重新下刻云母后对换向器进行槽边倒角、研磨。

（4）电刷牌号不符合要求。更换与原牌号相同的电刷。

（5）刷握松动。紧固刷握螺栓，并使刷握与换向器表面平行。

（6）刷杆装置不等分。可根据换向片的数目，重新调整刷杆间的距离。

（7）刷握与换向器表面之间的距离过大。一般调到 2~3mm。

（8）电刷与刷握配合不当。不能过松或过紧，要保证在热态时，电刷在刷握中能自由滑动。

（9）刷杆偏斜。调整刷杆与换向器的平行度。

（10）换向器表面粗糙、不圆。研磨或车削换向器外圆。

（11）换向器表面有电刷粉、油污等。清洁换向器表面。

（12）换向片间绝缘损坏或片间嵌入金属颗粒造成短路。查出短路点，消除短路故障。

（13）电刷偏离中性线过多。调整电刷位置，减小火花。

（14）换向极绕组接反。检查换向极极性。

（15）换向极绕组短路。查出短路点，恢复绝缘。

（16）电枢绕组断路。查出断路元件，予以修复。

（17）电枢绕组和换向片脱焊。查出脱焊处，并重新焊接。

（18）电枢绕组或换向器短路。查出短路点，并予以消除。

（19）电枢绕组中，有部分绕组元件接反。查出接错的绕组元件，并重新连接。

（20）电动机过负荷。恢复正常负载。

（21）电压过高。调整电源电压为额定值。

6. 电动机轴承发热

（1）润滑脂变质或混有杂质。清洗后更换质量好的润滑脂。

（2）轴承室内润滑脂加得过多或过少。适量加入润滑脂（一般为轴承室容积的 1/3）。

（3）轴承磨损过大或轴承内圈、外圈破裂。更换轴承。

（4）轴承与轴或与轴承室配合过松。调整到合适的配合精度。

（5）传动带过紧。在不影响转速的情况下，适当放松传动带。

7. 电动机漏电

（1）电刷灰和其他灰尘堆积。刷杆及线头与机座轴承盖附近易堆积灰尘，需定期清理。

（2）引出线碰壳。进行相应的绝缘处理。

（3）电动机受潮，绝缘电阻下降。进行烘干处理。

（4）电动机绝缘结构老化。拆除绕组，更换绝缘结构。

【考题精选】

1. 直流电动机由于换向器表面有油污而导致电刷下火花过

大时，应（C）。

  （A）更换电刷   （B）重新精车

  （C）清洁换向器表面   （D）对换向器进行研磨

 2. 直流电动机滚动轴承发热的主要原因有（A）等。

  （A）轴承磨损过大   （B）轴承变形

  （C）电动机受潮   （D）电刷架位置不对

 3.（×）直流电动机受潮，绝缘电阻下降过多时，应拆除绕组，更换绝缘结构。

考点 12 同步电动机的启动方法

  同步电动机和感应电动机一样，是一种常用的交流电动机，其特点是稳态运行时，转子的转速始终与同步转速相等，若电网的频率不变，则同步电动机的转速恒为常数而与负载的大小无关，因而在不需要调速的低速大功率机械中得到较广泛的应用，如驱动大型的空气压缩机、球磨机、鼓风机和水泵等。同步补偿机实际上就是一台空载运行的同步电动机，主要用于变电站或大型工、矿企业中，通过调节其励磁电流来调节电网的无功功率，补偿电网的功率因数。

  同步电动机仅在同步转速时才能产生恒定的同步电磁转矩，而启动时转矩则为零，所以不能自行启动。同步电动机启动时，定子绕组接入交流电源以产生旋转磁场，转子绕组加上直流电源以产生静止磁场，两者之间具有相对运动，所以作用在转子上的电磁转矩快速地正、负交变，平均转矩为零，不能自行启动。因此，同步电动机的启动，必须借助于其他方法。通常采用的启动方法有辅助电动机启动法、异步启动法、变频启动法，多数同步电动机都用异步启动法来启动。

  1. 辅助电动机启动法

  辅助电动机通常选用和同步电动机极数相同的异步电动机（容量为同步电动机的 5%～15%），启动时，先由辅助电动机将同步电动机拖动到接近同步转速，然后切断辅助电动机电源，并将电源切换到同步电动机的定子绕组，同时励磁绕组接入直流电源，将同步电动机牵入同步转速，完成启动。辅助电动机启动法只适用于空载启动，由于所需设备多，操作复杂，已很少使用。

2. 异步启动法

由于目前广泛采用异步启动法，故大多数同步电动机在转子上都装有启动绕组。启动绕组由黄铜条嵌入极靴的槽内组成，且两端用铜环短接，与异步电动机的笼型绕组类似。采用异步启动法启动同步电动机分为异步启动阶段和牵入同步阶段。

（1）异步启动阶段。启动时，同步电动机励磁绕组不加直流电源，但不能短路，也不能开路，应串接一定阻值（阻值为励磁绕组电阻值的 5～10 倍）的电阻后可靠闭合，以防止启动失败或损坏转子绕组的绝缘。然后将同步电动机定子绕组接通交流电源，随即转子开始转动并升速，这一过程和异步电动机的启动完全一样。

（2）牵入同步阶段。当同步电动机的转速上升到同步转速的95％以上时，应拆除励磁绕组的短接电阻，并同时将其接入直流电源，使转子建立主磁场。此时，依靠定子、转子磁场相互作用所产生的同步电磁转矩，再加上凸极效应所引起的磁阻转矩，便可将转子牵入同步。一般来讲，负载越轻，加入直流励磁时同步电动机的转差率越小，就越容易进入同步。

3. 变频启动法

变频启动法是通过改变定子的旋转磁场转速，以产生同步转矩来启动同步电动机。在启动开始时，定子绕组接入变频电源，转子绕组加上直流电源。然后使变频电源的频率从零缓慢上升，逐步增加到额定频率，使转子的转速随着定子旋转磁场的转速而同步上升，直到额定转速。变频启动法启动性能好，启动电流小，对电网冲击小，但是需要专门的变频电源，增加了投资，采用受到限制。

【考题精选】

1. 同步电动机采用变频启动法启动时，转子励磁绕组应该（A）。

（A）接到规定的直流电源

（B）串入一定的电阻后短接

（C）开路

（D）短路

2.（×）同步电动机的启动方法与异步电动机一样。

考点 13 绕线转子异步电动机的启动方法

对于既要求限制启动电流又要求有足够大启动转矩的起重机、吊车等机械设备，笼型异步电动机往往不能满足要求，应优先选用绕线转子异步电动机。绕线转子异步电动机的突出优点是可以通过转子滑环在转子绕组中串联附加电阻，以达到减小电动机的启动电流、提高电动机的启动转矩以及功率因数的目的。绕线转子异步电动机启动时通常采用转子串电阻启动，或者是采用频敏变阻器启动，控制切换启动电阻可用时间继电器、电流继电器等方法。

1. 绕线转子异步电动机转子串电阻启动

启动时，在绕线式异步电动机的转子回路中将全部启动电阻串入，使转子回路最大转矩产生在电动机启动瞬间，从而缩短启动时间，达到减小启动电流、增大启动转矩的目的。随着电动机转速的升高，启动电阻逐级减小。启动完毕后，启动电阻减小到零，转子绕组被直接短接，电动机便在额定状态下运行。

转子串电阻启动方法的优点是不仅能够减少启动电流，而且能使启动转矩保持较大范围，故在需要重载启动的设备如桥式起重机、卷扬机、龙门吊车等场合被广泛采用。其缺点是所需的启动设备较多，控制电路投资大、维修不便、启动级数较少及一部分能量消耗在启动电阻上，同时由于逐级切除电阻，会产生一定的机械冲击力。

2. 绕线转子异步电动机转子串频敏变阻器启动

频敏变阻器是一种阻抗值随频率明显变化、静止的无触头电磁元件，它实质上是一个铁芯损耗非常大的三相电抗器。在电动机启动时，将频敏变阻器串接在转子绕组中，由于频敏变阻器的等效值阻抗随转子电流频率减小而减小，所以当转子转速增高时，转子电流频率逐渐降低，频敏变阻器的等效阻值也减小，从而达到自动变阻的目的，因此只需要用一级频敏变阻器就可以平稳地将电动机启动完毕。启动完毕后，再短接频敏变阻器，电动机便在额定状态下运行。

转子串频敏变阻器启动方法的优点是结构较简单、成本较低、维护方便、启动平滑，但由于有电感存在，使功率因数较低、启动转矩并不是很大。因此当绕线转子异步电动机在轻载启动时，采用串频敏变阻器启动优点较明显，如重载启动，一般采用串电阻启动。

【考题精选】

1. 绕线转子异步电动机的转子串频敏变阻器启动时，随着转速的升高，（D）自动减小。

（A）频敏变阻器的等效电压

（B）频敏变阻器的等效电流

（C）频敏变阻器的等效功率

（D）频敏变阻器的等效阻抗

2. （×）绕线转子异步电动机转子串电阻启动电路中，一般用电位器做启动电阻。

考 点 14 绕线转子异步电动机的启动控制电路

1. 绕线转子异步电动机的降压启动控制电路（时间继电器型）

绕线转子异步电动机的降压启动控制电路（时间继电器型）

如图 5-4 所示，这个控制电路是靠 3 个时间继电器和 3 个接触器的相互配合依次将转子电路中的 3 级电阻自动切除。

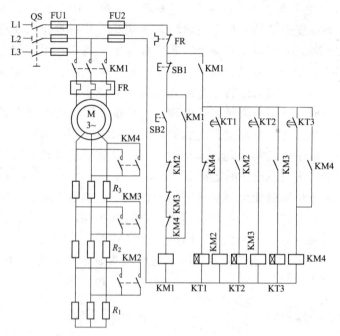

图 5-4　绕线转子异步电动机的降压启动控制电路（时间继电器型）

启动时，合上电源开关 QS，按下启动按钮 SB2，接触器 KM1 线圈通电吸合，KM1 主触头闭合，电动机 M 串三级电阻启动。同时，时间继电器 KT1 线圈通电吸合，KT1 动合触头延时闭合，接触器 TM2 线圈通电吸合，KM2 主触头闭合，切除第一级启动电阻 R_1。同时，时间继电器 KT2 线圈通电吸合，KT2 动合触头延时闭合，使接触器 KM3 线圈通电吸合，KM3 主触头闭合，又切除第二级启动电阻 R_2。同时，时间继电器 KT3 线圈又通电吸合，KT3 动合触头延时闭合，使接触器 KM4 线圈通电吸合，KM4 主触头闭合，切除最后一级启动电阻 R_3。同时，KM4 的动断触头依次将 KT1、KT2、KT3、

KM2、KM3 的电源切除，使它们的线圈断电释放，电动机启动结束。

与启动按钮 SB2 串联的接触器 KM2、KM3 和 KM4 动断触头的作用是保证电动机在转子绕组中接入全部外加电阻的条件下才能启动。如果接触器 KM2、KM3 和 KM4 中任何一个触头因熔焊或机械故障而没有闭合时，启动电阻就没有被全部接入转子绕组中，电动机就不可能接通电源直接启动。

2. 绕线转子异步电动机的降压启动控制电路（电流继电器型）

绕线转子异步电动机的降压启动控制电路（电流继电器型）如图 5-5 所示，这个控制电路是根据电动机转子电流的变化，利用电流继电器来自动切除转子绕组中串联的外加电阻。电流继电器 KI1 和 KI2 的线圈串接在转子电路中，这两个电流继电器的吸合电流的大小相同，但释放电流不一样，KI1 的释放电流大，KI2 的释放电流小。

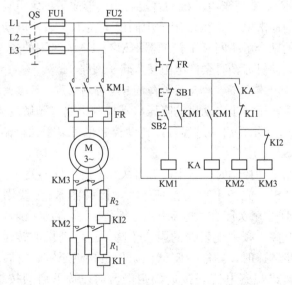

图 5-5　绕线转子异步电动机的降压启动控制电路（电流继电器型）

刚启动时，转子绕组中启动电流很大，电流继电器 KI1 和 KI2 都吸合，它们接在控制电路中的动断触头都断开，转子绕组的外接电阻全部接入。待电动机的转速升高后，转子电流减小，电流继电器 KI1 先释放，KI1 的动断触头恢复闭合，使接触器 KM2 线圈通电吸合，转子电路中 KM2 的动合触头闭合，切除电阻 R_1。当 R_1 电阻被切除后，转子电流重新增大，但当转速继续上升时，转子电流又会减小，使电流继电器 KI2 释放，它的动断触头 KI2 又恢复闭合，接触器 KM3 线圈又通电吸合，转子电路中 KM3 的动合触头闭合，把第二级电阻 R_2 又短接切除，电动机启动完毕正常运转。

为了保证电动机启动时，转子接入全部启动电阻，线路中采用了中间继电器 KA。电动机开始启动时，启动电流增加需要一个过程，这时若没有 KA 动合触头的作用有可能出现 KI1、KI2 在没有动作时，接触器 KM2、KM3 抢先吸合，短接启动电阻 R_1、R_2，造成了电动机的直接启动，形成了危害电动机和影响电网的冲击电流。当使用了中间继电器 KA 后，电动机启动时 KA 的动合触头断开了接触器 KM2、KM3 线圈的通电回路，以保证电动机启动时全部电阻接入转子回路。

3. 绕线转子异步电动机的降压启动控制电路（频敏变阻器型）

绕线转子异步电动机的降压启动控制电路（频敏变阻器型）如图 5-6 所示，启动过程可以自动控制也可以手动控制，由转换开关 SA 完成。

采用手动控制时，合上电源开关 QS 后，将开关 SA 扳到手动位置 "S"，先按下启动按钮 SB2，接触器 KM1 线圈通电吸合，KM1 主触头闭合，电动机串频敏变阻器启动。随着电动机的转速升高，频敏变阻器的阻值下降，当电动机的转速上升到接近同步转速时，频敏变阻器的阻值也接近于零。待转速接近额定转速或观察电流表接近额定电流时，按下启动按钮 SB3，中间继电器 KA 线圈通电吸合，KM2 线圈通电，KM2 主触头闭合，将频敏变阻器短接切除，启动完毕。

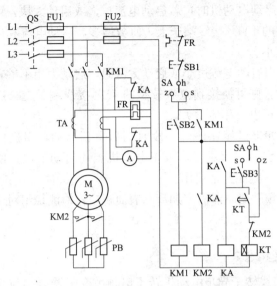

图 5-6 绕线转子异步电动机的降压启动控制电路（频敏变阻器型）

图 5-6 中 TA 为电流互感器，线路过负荷保护的热继电器接在电流互感器二次侧，这是为了提高热继电器的灵敏度和可靠性。另外在启动期间，中间继电器 KA 的动断触头将继电器的热元件短接，这是为了防止启动电流过大，引起热元件误动作。在进入运行期间 KA 动断触头断开，热元件接入电流互感器二次回路进行过负荷保护。

采用自动控制时，合上电源开关 QS，将开关 SA 扳到自动位置"Z"，然后按下启动按钮 SB2，接触器 KM1 线圈通电吸合，KM1 主触头闭合，电动机串频敏变阻器启动。同时时间继电器 KT 的线圈也通电吸合，经过一定的整定时间后，KT 的动合触头延时闭合，中间继电器 KA 的线圈通电吸合，KM2 线圈通电，KM2 主触头闭合，将频敏变阻器短接切除。启动完毕，KA 的动断触头断开，将热继电器 FR 的热元件接入主电路工作。

使用频敏变阻启动器时应注意以下几点。

（1）启动电动机时，若启动电流过大或启动太快，可换接到匝数较多的 100％接线端子上，匝数增多，启动电流和启动转矩会相应减小。

（2）当启动电流过小或启动太慢时，启动力矩不够，启动转速过低时，则可换接到匝数较少的 71％接线端子上，启动电流和启动转矩也会相应增大。

（3）如果机械在停机一段时间后重新启动，因机械负载太重，再次启动有困难时，可将电动机点动启动数次，使机械转动几下后，就能正常使用。

（4）频敏变阻器需定期清除表面积尘，检测绕组对金属壳的绝缘电阻。

【考题精选】

1. 绕线转子异步电动机转子串频敏变阻器启动与串电阻分级启动相比，控制电路（A）。

   （A）比较简单   （B）比较复杂

   （C）只能手动控制   （D）只能自动控制

2. 绕线转子异步电动机的转子串电阻分级启动，而不是连续启动的原因是（B）。

   （A）启动时转子电流较小 （B）启动时转子电流较大

   （C）启动时转子电流很高 （D）启动时转子电压很小

考点 15　异步电动机的启动控制电路

1. 单向点动控制电路

在生产过程中，大部分时间要求机械设备连续运行（长动），但在一些特殊工艺要求或精细加工时，要求机械设备间断运行（点动），以满足工作的需要。点动控制电路中只有按下按钮电动机才会运行，而松开按钮即停行。

单向点动控制电路如图 5 - 7 所示，当电动机需要单向点动控制时，先合上电源开关 QS，然后按下启动按钮 SB，接触器

KM 线圈通电吸合，KM 动合（常开）主触头闭合，电动机 M 启动运行。当松开按钮 SB 时，接触器 KM 线圈断电释放，KM 动合（常开）主触头断开，电动机 M 断电停转。

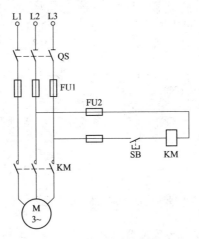

图 5－7　单向点动控制电路

2. 单向运行控制电路

长动与点动运行的主要区别在于是否接入自锁触头，点动控制加入自锁后就可以实现长动运行。依靠接触器自身辅助动合触头使其线圈保持通电的现象称为自锁，起自锁作用的动合触头称为自锁触头，具有自锁的控制电路还具有欠电压、失电压保护作用。

单向运行控制电路如图 5－8 所示，合上电源开关 QS 后，按下启动按钮 SB2，接触器 KM 线圈通电吸合，KM 主触头闭合，电动机 M 通电启动，同时又使与 SB2 并联的动合（常开）触头闭合，这副触头叫自锁触头。松开 SB2，控制线路通过 KM 自锁触头使线圈仍保持通电吸合。如需电动机停转，只需按一下停止按钮 SB1，接触器 KM 线圈断电释放，KM 主触头断开，电动机 M 断电停转，同时 KM 自锁触头也断开。电动机停转后若需重新启动，应再按下启动按钮 SB2。

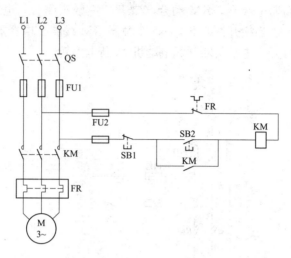

图 5 - 8　单向运行控制电路

3. 按钮、接触器双重连锁的正反转控制电路

生产机械往往要求运动部件可以向正反两个方向运行，这就要求异步电动机可以正反转控制。从三相异步电动机的工作原理可知，只要将电动机定子绕组输入电源的相序改变，电动机就可改变转动方向。在实际电路构成时，可在主电路中用两个接触器主触点分别构成正转相序接线和反转相序接线，并通过控制电路将两个接触器线圈分别通电，以实现电动机正转和反转。

按钮、接触器双重连锁的正反转控制电路集中了按钮连锁、接触器连锁的优点，它既可当电动机正转（反转）时不按停止按钮而直接按反转（正转）按钮进行反向（正向）启动，又可避免接触器主触头发生熔焊无法分断时，发生相间短路故障。这种双重连锁的正、反转控制电路安全可靠、操作方便，是目前最常用的电动机正反转控制电路。

按钮、接触器双重连锁的正反转控制电路如图 5 - 9 所示，合上电源开关 QS 接通三相电源，正转控制时，按下正转按钮

SB2，一方面其动断触头分断，接触器 KM2 线圈不通电，起到按钮连锁作用；另一方面接触器 KM1 线圈通电吸合，主电路中 KM1 主触头闭合，电动机 M 启动正转。同时，KM1 的辅助动合触头闭合，起到自锁作用；KM1 的辅助动断触头断开，KM2 线圈不通电，起到接触器连锁作用。

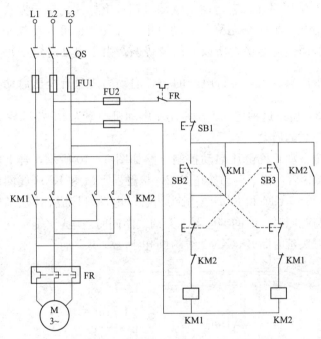

图 5-9　按钮、接触器双重连锁的正反转控制电路

反转控制时，可直接按下反转按钮 SB3，一方面其动断触头分断，接触器 KM1 线圈断电，起到按钮连锁作用；同时，主电路中 KM1 主触头断开，电动机正转运行停止。另一方面按钮 SB3 动合触头闭合，接触器 KM2 线圈通电吸合，主电路中 KM2 主触头闭合，电动机 M 启动反转。同时，KM2 的辅助动合触头闭合，起到自锁作用；KM2 的辅助动断触头断开，KM1 线圈不通电，起到接触器连锁作用。

4. 全自动丫-△降压启动控制电路

大容量异步电动机在正常运行时，其定子绕组通常是接成△接法。当进行启动时，可将定子绕组临时接成丫接法，以降低各相绕组上的电压，待电动机接近额定转速时，再将定子绕组恢复成△接法，使电动机在额定电压下运行，这种启动方法称为丫-△降压启动，它适用于电动机铭牌上标注的接线方式为△形的情况。实现丫-△降压启动可手动操作，也可自动控制，由于方法简便且经济，所以使用较普遍。由于启动时定子每相绕组的电压只有正常运行电压的 $\frac{1}{\sqrt{3}}$，启动力矩只有全压启动力矩的 1/3，所以这种启动方法常用于电动机功率为 13～55kW 的轻载或空载的启动。

全自动丫-△降压启动控制电路如图 5 - 10 所示，合上电源开关 QS 后，按下启动按钮 SB2，接触器 KM 和 KM1 线圈同时通电吸合，KM 和 KM1 主触头闭合，电动机接成丫接法降压启动。与此同时，时间继电器 KT 的线圈同时通电，KT 动断（常闭）触头延时断开，KM1 线圈断电释放，KT 动合（常开）触

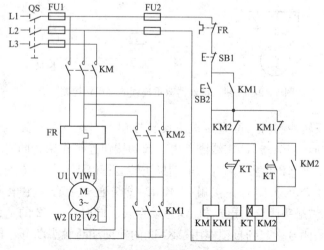

图 5 - 10　全自动丫-△降压启动控制电路

头延时闭合，KM2 线圈通电吸合，电动机定子绕组丫接法自动换接成△接法。时间继电器 KT 的触头延时动作时间，由电动机的容量及启动时间的快慢等决定。

【考题精选】

1. 三相异步电动机，当采用丫-△降压启动控制电路时，每相绕组的电压（A）。

（A）是全压启动时电压的 $1/\sqrt{3}$ 倍

（B）等于全压启动时的电压

（C）是全压启动时电压的 3 倍

（D）是全压启动时电压的 1/3 倍

2. 最安全可靠、操作方便的正反转控制电路是（D）。

（A）倒顺开关 　　　　（B）接触器连锁

（C）按钮连锁 　　　　（D）按钮、接触器双重连锁

3.（√）按钮连锁正反转控制电路的优点是操作方便，缺点是容易产生电源两相短路事故，在实际工作中，经常采用按钮、接触器双重连锁正反转控制电路。

考点 16 多台异步电动机顺序控制的工作原理及电路

多台电动机的启动或停止必须按一定的先后顺序来完成的控制方式，称为电动机的顺序控制，它既可以通过主电路连锁也可以通过控制电路连锁来实现，其目的是保证操作过程的合理性和工作的安全可靠。

1. 电动机顺序控制电路（顺序启动，单独停车）

电动机顺序控制电路（顺序启动，单独停车）如图 5－11 所示，电路特点是 M1 先启动 M2 后启动，M1、M2 只能单独停车且不能同时停车。

当按下启动按钮 SB1 时，接触器 KM1 线圈通电吸合并自锁，主电路中的 KM1 主触头闭合，电动机 M1 全压启动运行。同时并联在启动按钮 SB1 两端的自锁动合触头 KM1 闭合，为电

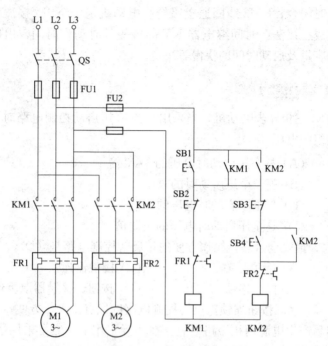

图 5-11　电动机顺序控制电路（顺序启动，单独停车）

动机 M2 的启动做好准备。此时再按下启动按钮 SB4，接触器 KM2 线圈通电吸合并自锁，主电路中的 KM2 主触头闭合，电动机 M2 全压启动，至此完成了两台电动机的顺序（M1 先 M2 后）全压启动运行。

　　如果在电动机 M1 启动之前，误按下按钮 SB4，因自锁触头 KM1 没有闭合，接触器 KM2 线圈不会通电，故电动机 M2 不会启动，也就满足了 M1 先启动 M2 后启动的要求。当按下停止按钮 SB2 时，电动机 M1 可单独停止运行。当按下停止按钮 SB3 时，电动机 M2 可单独停止运行。

　　2. 电动机顺序控制电路（顺序启动，同时停车）

　　电动机顺序控制电路（顺序启动，同时停车）如图 5-12 所示，电路特点是 M1 先启动 M2 后启动，M1、M2 只能同时停车且不能单独停车。

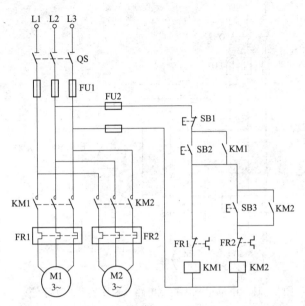

图 5 - 12　电动机顺序控制电路（顺序启动，同时停车）

当按下启动按钮 SB2 时，接触器 KM1 线圈通电吸合并自锁，主电路中的 KM1 主触头闭合，电动机 M1 全压启动运行。再按下启动按钮 SB3，接触器 KM2 线圈通电吸合并自锁，主电路中的 KM2 主触头闭合，电动机 M2 全压启动，至此完成了两台电动机的顺序（M1 先 M2 后）全压启动运行。

如果在电动机 M1 启动之前，误按下按钮 SB3，因接触器 KM1 的自锁动合触头没有闭合，接触器 KM2 线圈不会通电，故电动机 M2 不会启动，也就满足了 M1 先启动 M2 后启动的要求。当按下停止按钮 SB1 时，电动机 M1、M2 同时停止运行。

3. 电动机顺序控制电路（顺序启动，逆序停车）

电动机顺序控制电路（顺序启动，逆序停车）如图 5 - 13 所示，电路特点是 M1 先启动 M2 后启动，M2 先停车 M1 后停车且不能同时停车。

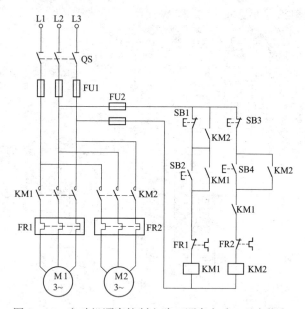

图 5 - 13　电动机顺序控制电路（顺序启动，逆序停车）

当按下启动按钮 SB2 时，接触器 KM1 线圈通电吸合并自锁，KM1 主触头闭合，电动机 M1 启动，同时串接在电动机 M2 控制线路中的 KM1 的动合触头闭合，为电动机 M2 启动做好启动准备。此时再按下启动按钮 SB4，接触器 KM1 线圈通电吸合并自锁，KM2 主触头闭合，电动机 M2 启动，满足了 M1 先启动、M2 后启动的要求。

停车时，由于接触器 KM2 线圈通电吸合，KM2 的动合触头闭合，这时即使按下停止按钮 SB1，接触器 KM1 线圈也不会断电释放，电动机 M1 也不会停止运行。只有先按下停止按钮 SB3，接触器 KM2 线圈断电释放，电动机 M2 停止运行；同时接触器 KM2 动合触头复位，此时再按下停止按钮 SB1，接触器 KM1 线圈才会断电释放，电动机 M1 才能停止运行，也就满足了 M2 先停车 M1 后停车要求。

【考题精选】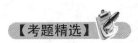

1. 设计多台电动机顺序控制电路的目的是保证（B）和工作的安全可靠。

　　（A）节约电能的要求　　　　（B）操作过程的合理性

　　（C）降低噪声的要求　　　　（D）减小振动的要求

2. 以下属于多台电动机顺序控制的电路是（D）。

　　（A）一台电动机正转时不能立即反转的控制电路

　　（B）Y-△启动控制电路

　　（C）电梯先上升后下降的控制电路

　　（D）电动机 2 可以单独停止，电动机 1 停止时电动机 2
　　　　 也停止的控制电路

3. 多台电动机的顺序控制电路（B）。

　　（A）只能通过主电路实现

　　（B）既可以通过主电路实现，又可以通过控制电路实现

　　（C）只能通过控制电路实现

　　（D）主电路和控制电路必须同时具备该功能才能实现

4.（×）多台电动机的顺序控制功能无法在主电路中实现。

考点 17　异步电动机位置控制的工作原理及电路

1. 位置控制的工作原理

　　生产中由于工艺和安全的要求，常常需要控制某些机械的行程和位置。例如，某些运动部件（如机床工作台）在工艺上要求进行往复运动加工产品，这就要对其进行位置和行程、自动换向、往复循环、终端限位保护等控制。因此，电动机位置控制就是按运动部件移动的距离通过行程开关发出指令的一种控制方式，是机械设备应用较广泛的控制方式之一。

　　位置控制可分为限位控制和自动往返运动控制，它们都是借助行程开关来实现的。将行程开关安装在事先安排好的地点，当生产机械运动部件上的撞块压合行程开关时，行程开关的触

273

头动作，以达到控制位置的目的。

2. 位置控制的电路

（1）限位控制电路。限位控制电路常用于吊车的上、下限位控制，它能按要求的空间限位使电动机所拖动的运动部件到达规定位置后自动停止，然后按下返回按钮使运动部件返回到起始位置后自动停止，停止信号是由安装在规定位置的行程开关发出的。限位控制电路如图 5-14 所示，合上电源开关 QS 接通三相电源，正转控制时，按下正转按钮 SB2，接触器 KM1 线圈通电吸合，主电路中 KM1 主触头闭合，电动机 M 正向运行。同时，KM1 的辅助动合触头闭合，起到自锁作用；KM1 的辅助

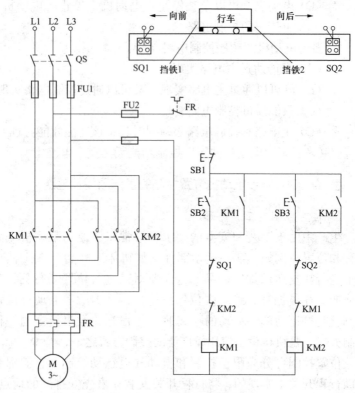

图 5-14　限位控制电路

动断触头断开，起到接触器连锁作用。当运动部件向前或向上运动到预定位置时，装在运动部件上的挡块碰压行程开关 SQ1，使其动断触头 SQ1 断开，接触器 KM1 线圈通电，主电路中 KM1 主触头断开，电动机断电停转。同时，KM1 的辅助触头复位，解除自锁连锁，这时若再按正转按钮 SB2 就没有作用了。

反转控制时，按下反转按钮 SB3，接触器 KM2 线圈通电吸合，主电路中 KM2 主触头闭合，电动机 M 反向运行。同时，KM2 的辅助动合触头闭合，起到自锁作用；KM2 的辅助动断触头断开，起到接触器连锁作用。当运动部件向后或向下运动到预定位置时，装在运动部件上的挡铁碰压行程开关 SQ2，使其动断触头 SQ2 断开，接触器 KM2 线圈断电，主电路中 KM2 主触头断开，电动机断电停转。同时，KM2 的辅助触头复位，解除自锁连锁。

若要在运动途中停车，应按下停止按钮 SB1，控制线路断电，接触器线圈断电，电动机 M 停止运行。

（2）自动往返运动控制电路。在有些生产机械中，如组合机床、龙门刨床、铣床等，要求工作台在一定的距离内能自动往返循环移动，以便对工件进行连续加工。实现这一目的可通过两个行程开关（SQ1、SQ2）组成的自动往返运动的电动机正反转控制电路，控制电动机拖动运动部件在规定的两个位置之间自动往返运动。

为了防止行程开关 SQ1 或 SQ2 故障或失效造成工作台继续运动不停的事故，在运动部件循环运动的方向上还安装了另外两个行程开关 SQ3、SQ4，它们装在运动部件正常循环的行程之外，即在行程开关 SQ1、SQ2 的外端，起限位保护作用。

自动往返运动控制电路如图 5－15 所示，合上电源开关 QS 接通三相电源，按下正向启动按钮 SB2，接触器 KM1 线圈通电吸合，主电路中 KM1 主触头闭合，电动机 M 正向运行，拖动工作台向左移动。同时，KM1 的辅助动合触头闭合，起到自锁作用；KM1 的辅助动断触头断开，起到接触器连锁作用。

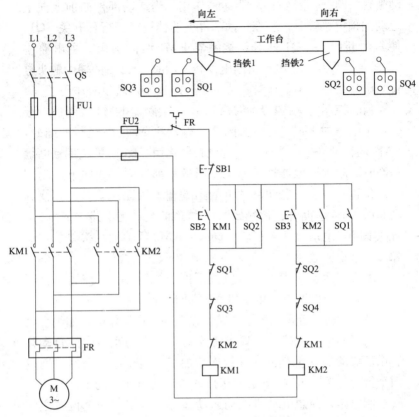

图 5 - 15　自动往返运动控制电路

　　当工作台向左移动到一定位置时，挡铁 1 碰撞行程开关 SQ1，使其动断触头断开，接触器 KM1 线圈断电，主电路中 KM1 主触头断开，电动机断电停转。与此同时，SQ1 的动合触头闭合，接触器 KM2 线圈通电吸合，一方面主电路中 KM2 主触头闭合，电动机 M 反向运行，拖动工作台向右移动；另一方面 KM2 的辅助动合触头闭合，起到自锁作用；KM2 的辅助动断触头断开，起到接触器连锁作用。此时行程开关 SQ1 虽复位，但接触器 KM2 的自锁触头已闭合，故电动机 M 继续拖动工作台向右移动。

当工作台向右移动到一定位置时，挡铁 2 碰撞行程开关 SQ2，使其动断触头断开，接触器 KM2 线圈断电，主电路中 KM2 主触头断开，电动机断电停转。与此同时，SQ2 的动合触头闭合，接触器 KM1 线圈又通电吸合并自锁和连锁，主电路中 KM1 主触头闭合，电动机 M 又开始正向运行，拖动工作台向左移动。此时行程开关 SQ2 虽复位，但接触器 KM1 的自锁触头已闭合，故电动机 M 继续拖动工作台向左移动。如此周而复始，工作台在预定的距离内自动往复运动。

当挡铁碰撞行程开关 SQ1 或 SQ2 时，电动机改变运行方向，运动部件离开后，行程开关 SQ1 或 SQ2 复位，为下一次循环做准备。若要在运动途中停车，应按下停止按钮 SB1，控制线路断电，接触器线圈断电，电动机 M 停止运行，继续运行可按下正向启动按钮 SB2 或反向启动按钮 SB3。

1. 位置控制就是利用生产机械运动部件上的挡铁与（B）碰撞来控制电动机的工作状态。

　　（A）断路器　　　　　　　（B）位置开关

　　（C）按钮　　　　　　　　（D）接触器

2. 下列不属于位置控制电路的是（A）。

　　（A）走廊照明灯的两处控制电路

　　（B）龙门刨床的自动往返控制电路

　　（C）电梯的开关门电路

　　（D）工厂车间里行车的终点保护电路

3. 三相异步电动机的位置控制电路中，除了使用行程开关外，还可用（D）。

　　（A）断路器　　　　　　　（B）速度继电器

　　（C）热继电器　　　　　　（D）光敏传感器

考 点 ⑱　异步电动机能耗制动的工作原理及电路

1. 能耗制动的工作原理

能耗制动是电动机脱离三相交流电源后，立即给定子绕组接入直流电源，以产生恒定的静止磁场，此时电动机的转子由于惯性沿原来的方向旋转切割直流磁场，在转子导体中产生感应电流，并与恒定剩磁场相互作用形成一个与惯性转动方向相反的制动转矩，阻止转子旋转，使电动机迅速减速，达到制动的目的，制动结束后切除直流电源。这种制动方法将转子惯性转动的机械能转换成电能，又消耗在转子的制动上，因此称为能耗制动。

能耗制动具有耗能少、制动电流小，制动平滑、准确等优点，但制动转矩较弱，特别是在低速电动机中制动效果较差，且需配置直流电源，因此能耗制动适用于电动机容量较大、要求制动平稳、准确和制动频繁的场合，如磨床、龙门刨床、组合机床的主轴定位等。能耗制动的制动转矩大小与通入电动机定子绕组直流电流的大小及电动机的转速有关，一般接入的直流电流可取1.5倍电动机的额定电流，过大会烧坏电动机的定子绕组。通常采用在直流电源回路中串接可调电阻的方法，调节制动电流的大小。

根据直流电源的整流方式，能耗制动分为半波整流能耗制动和全波整流能耗制动。半波整流能耗制动采用单只整流器件作为直流电源，所用附加设备较少，电路简单，成本低，常用于10kW以下小功率电动机，且对制动要求不高的场合。全波整流能耗制动采用单相桥式整流器作为直流电源，制动强度可调，适用于10kW以上功率较大的电动机。

2. 能耗制动的电路

(1) 半波整流能耗制动控制电路。半波整流能耗制动控制电路如图5-16所示，启动时合上电源开关QS，按下启动按钮SB2，接触器KM1线圈通电吸合，KM1主触头闭合，电动机M

启动。

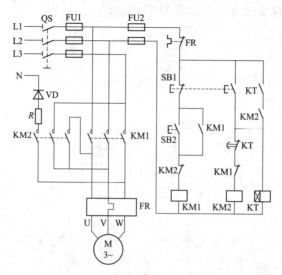

图 5-16 半波整流能耗制动控制电路

停车制动时，按下停止按钮 SB1（兼能耗制动），接触器 KM1 线圈断电释放，KM1 主触头断开，电动机 M 断电惯性运转，同时接触器 KM2 和时间继电器 KT 线圈通电吸合，KM2 主触头闭合，电动机 M 进行半波能耗制动。经过一段整定时间后，KT 延时动断触头断开，KM2 线圈断电释放，KM2 主触头断开半波整流脉动直流电源，能耗制动结束。

控制电路中将时间继电器 KT 的瞬时动合触头与接触器 KM2 的自锁触头串接，是考虑若当 KT 线圈断线或机械卡阻时，在设定时间到后其触头不能动作，而使 KM2 线圈长时间通电，造成电动机定子绕组长时间通入直流电流过热损毁。引入 KT 的瞬时动合触头后，即先行检验了时间继电器是否能正常工作，避免了上述故障的发生。

（2）全波整流能耗制动控制电路。全波整流能耗制动控制电路如图 5-17 所示，合上电源开关 QS 接通三相电源，按下启动按钮 SB2，接触器 KM1 线圈通电吸合并自锁、连锁，主电路中 KM1 主触头闭合，电动机 M 启动运行。

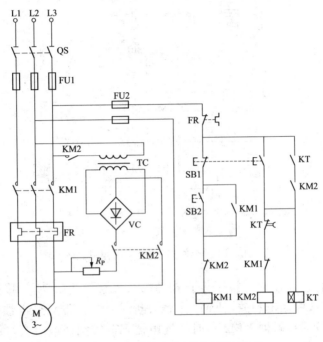

图 5 - 17　全波整流能耗制动控制电路

　　停车制动时，按下停止按钮 SB1（兼能耗制动），一方面 SB1 动断触头断开，接触器 KM1 线圈断电，其辅助触头复位，解除自锁和连锁，主电路中 KM1 主触头断开，电动机脱离三相交流电源，断电惯性运转；另一方面 SB1 动合触头闭合，接触器 KM2、KT 线圈通电，并通过 KM2 的辅助动合触头和 KT 的瞬时动合触头自锁，主电路中 KM2 的主触头闭合将直流电源接入两相定子绕组进行能耗制动；与此同时，时间继电器 KT 开始延时。电动机在能耗制动作用下转速迅速下降，当接近于零时，延时设定时间到，其延时动断触头 KT 断开，使 KM2、KT 线圈相继断电，切除直流电源，能耗制动结束。

【考题精选】

1. 三相异步电动机能耗制动时，机械能转换为电能并消耗在（D）电路的电阻上。

　　（A）励磁　　　　　　　　（B）控制

　　（C）定子　　　　　　　　（D）转子

2. 三相异步电动机能耗制动的控制电路至少需要（A）个按钮。

　　（A）2　　　　　　　　　　（B）1

　　（C）4　　　　　　　　　　（D）3

3. 三相异步电动机能耗制动的控制电路至少需要（B）个接触器。

　　（A）1　　　　　　　　　　（B）2

　　（C）3　　　　　　　　　　（D）4

4.（×）三相异步电动机能耗制动时定子绕组中通入三相交流电。

5.（√）三相异步电动机的能耗制动过程可用速度继电器来控制。

考点 19　异步电动机反接制动的工作原理及电路

1. 反接制动的工作原理

反接制动的方法实质上就是改变电动机定子绕组中的三相电源相序，产生与转子转动方向相反的转矩，起到制动作用，它具有制动力大、制动迅速、制动效果显著、控制电路简单、设备投资少等优点，但制动时有冲击、制动不平稳、制动准确性差、易损坏传动部件、能量消耗大，因此适用于制动要求迅速、系统惯性大、不经常启动与制动的设备，如铣床、镗床、中型车床等主轴的制动控制。

反接制动原理是：反接制动时将电动机电源线任意两相对调，电动机的旋转磁场随即改变方向，引起转子的感应电动势和电流方向改变，导致电磁转矩的方向与原来的方向相反，但电动机转子由于惯性依然保持原来的转向，因此就能起到制动作用，使电动机迅速停止。当电动机转速接近于零时，应将电源切除，以免引起电动机反转。

反接制动控制电路要实现两个目的：一是要改变定子绕组中的三相电源相序，这个可以利用电动机的正、反转控制电路来实现；二是当电动机制动到转速接近于零时，应及时脱离电源，防止反向运转，造成事故，这个可以通过速度继电器来实现。速度继电器的轴与电动机转轴同轴相连，并随电动机的旋转而一起旋转，当电动机转速上升超过速度继电器的动作转速（130r/min）时，速度继电器的动断触头断开而动合触头闭合；当电动机转速下降到低于速度继电器的复位转速（100r/min）时，速度继电器的触头复位，即动断触头闭合、动合触头断开。

反接制动时，转子与旋转磁场的相对速度接近于2倍的同步转速，定子绕组中的电流相当于全压启动时的2倍，为了防止绕组过热和减小制动冲击，一般功率在10kW以上的电动机，定子回路中应串入限流电阻以减小反接制动电流。

2. 反接制动的电路

反接制动控制电路如图5-18所示，合上电源开关QS接通三相电源，正常运行时，当按下启动按钮SB2后，接触器KM1线圈通电吸合并自锁，KM1的辅助动断触头断开，实现连锁；与此同时，主电路中KM1主触头闭合，电动机M启动运行。当电动机转速上升到速度继电器动作转速（130r/min）时，速度继电器动合触头KS闭合，为电动机制动做好准备。

当停车反接制动时，按下停止按钮SB1（兼反接制动），一方面SB1动断触头断开，接触器KM1线圈断电，其辅助动断触头、辅助动合触头复位，解除自锁和连锁，与此同时，主电路中KM1主触头断开，电动机M断电，但仍靠惯性高速旋转以保持速度继电器动合触头KS的闭合；另一方面SB1动合触头

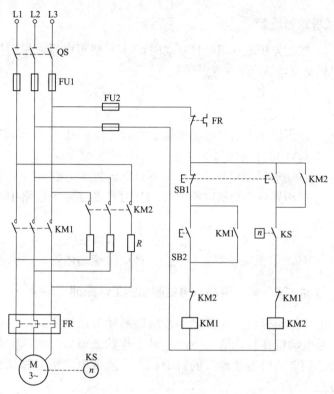

图 5-18　反接制动控制电路

闭合，接触器 KM2 线圈通电吸合并自锁，KM2 的辅助动断触头断开，实现连锁，与此同时，主电路中 KM2 主触头闭合，电源完成换相并串接电阻，电动机反接制动开始。

　　当电动机转速下降到低于速度继电器的复位转速（100r/min）时，速度继电器动合触头 KS 复位断开，接触器 KM2 线圈断电，其辅助动断触头、辅助动合触头复位，解除自锁和连锁；与此同时，主电路中 KM2 主触头断开，电动机 M 断电，反接制动结束。

【考题精选】

1. 三相异步电动机反接制动时，（C）绕组中通入相序相反的三相交流电。

（A）补偿　　　　　　　（B）励磁

（C）定子　　　　　　　（D）转子

2. 三相异步电动机电源反接制动的过程可用（D）来控制。

（A）电压继电器　　　　（B）电流继电器

（C）时间继电器　　　　（D）速度继电器

3. 三相异步电动机电源反接制动时需要在定子电路中串入（B）。

（A）限流开关　　　　　（B）限流电阻

（C）限流二极管　　　　（D）限流晶体管

考点 20　异步电动机再生制动的工作原理

再生制动方法与能耗制动、反接制动方法均不同，再生制动只是电动机在特殊情况下的一种工作状态，而其他两种制动是为达到电动机迅速停车的目的，人为地在电动机上施加的一种方法。

再生制动的原理是：当电动机的转子速度超过电动机的同步转速时，转子绕组所产生的电磁转矩的旋转方向和转子的旋转方向相反，拖动力矩变成了制动力矩，由此电动机受到制动。此时电动机处于发电机状态，即电动机的动能转化成了电能，并回馈给电网达到节能的目的，因此，再生制动也称为再生发电制动。

再生制动是一种比较经济的制动方法，制动时不需要改变线路即可从电动机运行状态自动地转入发电机状态，把机械能转换成电能再回馈到电网，节能效果显著。缺点是仅当电动机转速大于同步转速时才能实现再生制动，应用范围较窄，通常只有在下列情况下使用：位能负载作用下的起重机械、多速电动机由高速切换为低速、电动机变频调速。

（1）起重机重物下降时，电动机转子在重物重力的带动下，转子的转速有可能超过同步转速，使电动机处于再生制动状态。这时，电动机的制动转矩是阻止重物的下落，直至制动转矩和重力形成的转矩相等时，重物才会停止下落。

（2）电动机变频调速时，由于变频器将电源频率降低，会引起同步转速也随之降低，但电动机转子转速由于负载惯性的作用，只能逐渐降低。因此，电动机的转子转速也会出现高于同步转速的情况，使电动机处于再生制动状态。

（3）将多速多极电动机从高速挡切换到低速挡时，磁极对数加倍，随即同步转速立即减半，而电动机转子具有惯性，只能逐渐降低。因此，电动机的转子转速也会出现高于同步转速的情况，使电动机处于再生制动状态。

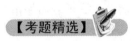【考题精选】

1. 三相异步电动机再生制动时，将机械能转换为电能，回馈到（D）。
　　（A）负载　　　　　　　　（B）转子绕组
　　（C）定子绕组　　　　　　（D）电网

2. 三相异步电动机的各种电气制动方法中，最节能的制动方法是（A）。
　　（A）再生制动　　　　　　（B）能耗制动
　　（C）反接制动　　　　　　（D）机械制动

3. 三相异步电动机的各种电气制动方法中，能量损耗最多的是（A）。
　　（A）反接制动　　　　　　（B）能耗制动
　　（C）机械制动　　　　　　（D）再生制动

第六章　机床电气控制电路与常见故障

考点 **1**　M7130 型平面磨床主电路的组成

　　M7130 型平面磨床是平面磨床中使用较为普遍的一种，它用砂轮磨削加工各种零件的平面，磨削精度高和表面较光洁、操作方便，适用于磨削精密零件和各种工具。M7130 型平面磨床型号意义：M—磨床；7—平面；1—卧轴距台式；30—工作台的工作面宽为 300mm。

　　M7130 型平面磨床主电路如图 6-1 所示，主电路电源电压

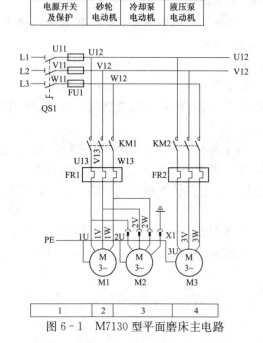

图 6-1　M7130 型平面磨床主电路

为交流 380V，QS1 为断路器，具有过负荷和短路保护。M1 为砂轮电动机，M2 为冷却泵电动机，M3 为液压泵电动机，它们共用一组熔断器 FU1 作为短路保护。砂轮电动机 M1 用接触器 KM1 控制，用热继电器 FR1 进行过负荷保护。由于冷却泵电动机 M2 是工作于砂轮电动机 M1 之后，所以 M2 的电源是通过接插件 X1 接在接触器 KM1 主触头后方，并且与电动机 M1 实现顺序启动控制。冷却泵电动机的容量较小，没有单独设置过负荷保护，与砂轮电动机 M1 共用 FR1 进行过负荷保护。液压泵电动机 M3 由接触器 KM2 控制，由热继电器 FR2 作过负荷保护。

【考题精选】

1. M7130 型平面磨床的主电路中有 3 台电动机，使用了 (D) 热继电器。

（A）3 个　　　　　　　　（B）4 个

（C）1 个　　　　　　　　（D）2 个

2. M7130 型平面磨床的主电路中有 (B) 接触器。

（A）3 个　　　　　　　　（B）2 个

（C）1 个　　　　　　　　（D）4 个

3. (√) M7130 型平面磨床的主电路中有三台电动机。

考点 2　M7130 型平面磨床控制电路的组成

M7130 型平面磨床控制电路如图 6 - 2 所示，它由电动机控制电路、电磁吸盘控制电路、照明控制电路组成。控制电路采用交流 380V 电压供电，由熔断器 FU2 作短路保护。

【考题精选】

1. M7130 型平面磨床控制电路的控制信号主要来自 (C)。

（A）工控机　　　　　　　（B）变频器

（C）按钮　　　　　　　　（D）触摸屏

控制电路保护	砂轮控制	液压泵控制	整流变压器	整流器	电磁吸盘	照明

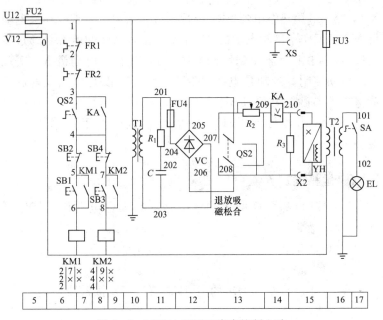

5	6	7	8	9	10	11	12	13	14	15	16	17

图 6-2　M7130 型平面磨床控制电路

2. M7130 型平面磨床控制电路中的两个热继电器动断触头的连接方法是（B）。

　　（A）并联　　　　　　　（B）串联

　　（C）混联　　　　　　　（D）独立

3. M7130 型平面磨床控制电路中串联着转换开关 QS2 的动合触头和（A）。

　　（A）欠电流继电器的动合触头

　　（B）欠电流继电器的动断触头

　　（C）过电流继电器的动合触头

　　（D）过电流继电器的动断触头

考点 ③　M7130 型平面磨床电气控制的工作原理

1. 电动机控制电路

在电动机控制电路中，串接着转换开关 QS2 的动合触头和欠电流继电器 KA 的动合触头。因此，3 台电动机启动的条件必须是 QS2 或 KA 的动合触头闭合。欠电流继电器线圈 KA 串接在电磁吸盘 YH 工作电路中，所以当电磁吸盘通电工作时，欠电流继电器 KA 线圈通电吸合，接通砂轮电动机 M1 和液压泵继电器 M3 的控制电路，这样就保证了工件被 YH 吸住的情况下，砂轮和工作台才能进行磨削加工，保证了人身及设备的安全。

砂轮电动机 M1 和液压泵电动机 M3 都采用了接触器自锁单方向旋转控制线路，SB1、SB3 分别是它们的启动按钮，SB2、SB4 分别是它们的停止按钮。

2. 电磁吸盘控制电路

（1）电磁吸盘 YH 的外壳由钢制箱体和盖板组成，在箱体内部均匀排列的多个凸起的芯体上绕有线圈，盖板则用非磁性材料隔离成若干钢条。当线圈通入直流电后，凸起的芯体和隔离的刚体均被磁化形成磁极。当工件放在电磁吸盘上时，也将被磁化而产生与吸盘相异的磁极并被牢牢地吸住。

（2）电磁吸盘电路包括整流电路、控制电路和保护电路 3 部分，整流变压器 T1 将 220V 的交流电压降为 145V，然后经桥式整流器 VC 后输出 110V 直流电压。QS2 是电磁吸盘 YH 的转换开关，有"吸合""放松""退磁"3 个位置。

当 QS2 扳至"吸合"位置时，110V 直流电压接入电磁吸盘 YH，工件被牢牢吸住。此时，欠电流继电器 KA 的线圈通电吸合，其动合触头闭合，接通了砂轮电动机 M1 和液压泵继电器 M3 的控制电路，对工件进行加工。待工件加工完毕，将 QS2 扳到"放松"位置，切断电磁吸盘 YH 的直流电源。此时，由于工件具有剩磁而不能取下，因此，必须进行退磁。将 QS2 扳到"退磁"位置，这时电磁吸盘 YH 通入较小的反向电流（因

串入了退磁电阻 R_2）进行退磁。退磁结束，将 QS2 扳回到"放松"位置，即可将工件取下。

如果有些工件不易退磁时，可将附件退磁器的插头插入插座 XS，使工件在交变磁场的作用下进行退磁。若将工件夹在工作台上，而不需要电磁吸盘时，则应将电磁吸盘 YH 的 X2 插头从插座上拔下，同时将转换开关 QS2 扳到"退磁"位置，这时接在控制电路中 QS2 的动合触头闭合，接通电动机控制电路。

电磁吸盘的保护电路是由放电电阻 R_3 和欠电流继电器 KA 线圈组成，电阻 R_3 的作用是在电磁吸盘断电瞬间给电磁吸盘线圈提供放电通路，吸收线圈释放的磁场能量，欠电流继电器 KA 用以防止电磁吸盘断电时工件脱出发生事故。电阻 R_1 与电容器 C 的作用是防止电磁吸盘电路交流侧的过电压，熔断器 FU4 为电磁吸盘提供短路保护。

3. 照明控制电路

照明变压器 T2 将 380V 的交流电压降为 36V 的安全电压，作为照明灯 EL 的电源，电源的通断由开关 SA 控制，熔断器 FU3 做照明电路的短路保护。

1. M7130 型平面磨床中，砂轮电动机和液压泵电动机都采用了（A）正转控制电路。

  （A）接触器自锁　　　　　（B）按钮连锁

  （C）接触器连锁　　　　　（D）时间继电器

2. M7130 型平面磨床中，冷却泵电动机 M2 必须在（D）运行后才能启动。

  （A）照明变压器　　　　　（B）伺服驱动器

  （C）液压泵电动机 M3　　　（D）砂轮电动机 M1

考 点 4　 M7130 型平面磨床电气控制的配线方法

M7130 型平面磨床电气控制的配线采用软线线槽配线的方式，

其设备及元器件布置如图 6-3 所示，其中连接导线截面积规格如下：电动机 M1、M2、M3 和主电路选用 BVR-1.5mm²；电磁吸盘和控制电路选用 BVR-1.0mm²。

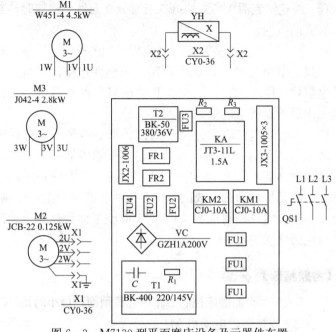

图 6-3　M7130 型平面磨床设备及元器件布置

M7130 型平面磨床电气控制的配线具体要求及注意事项如下。

（1）安装前用万用表检查各电气设备元件，检查的项目有：接触器、继电器线圈电阻值及触头通断是否正常；熔断器、转换开关是否导通完好。

（2）安装时先接主电路，后接控制电路，再接信号电路和照明电路。

（3）电气控制配线是线槽配线，导线连接时，根据连接的走向、路径及连接点之间的长度选择合适的软导线长度。线头的两端插入接线排端子里，用螺钉旋具拧紧，然后将软导线放入线槽内。

（4）转换开关 QS2 的接线很重要，"吸合""放松""退磁"
3 个位置千万不能接错。

（5）桥式整流器 VC 为整流二极管分立元件，连接时注意整
流二极管的极性。

（6）控制线路连接完后，要认真做全面的检查。一是根据主
电路、控制电路的顺序，观察导线是否全部连接；二是用万用
表的电阻挡（$R \times 10\Omega$），测试关联的电器元件是否接通，以上
检查无误后才能通电试车。

（7）通电试车按规定分两步调试。第一步是不带电动机试
车，通电后按下启动按钮，对继电器、接触器动作的控制，自
锁、连锁的功能，"吸合""放松""退磁"工作的功能进行调
试。第二步是带电动机空载试车，在第一步的基础上通电调试，
注意观察整个电气控制是否满足 M7130 型平面磨床的运动的形
式及对电力拖动的要求。

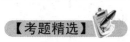

【考题精选】

1. M7130 型平面磨床控制线路中导线截面积最小的是（C）。
　（A）连接砂轮电动机 M1 的导线
　（B）连接电源开关 QS1 的导线
　（C）连接电磁吸盘 YH 的导线
　（D）连接冷却泵电动机 M2 的导线

2. M7130 型平面磨床控制电路中整流变压器安装在配电板
的（D）。
　（A）左方　　　　　　　（B）右方
　（C）上方　　　　　　　（D）下方

考点 5　M7130 型平面磨床电气控制的连锁方法

（1）弱磁连锁保护。欠电流继电器 KA 的线圈串联在电磁吸
盘 YH 的工作电路中，所以当电磁吸盘通电工作时，欠电流继

电器 KA 线圈通电吸合，接在控制电路中 KA 的动合触头会闭合，接通砂轮电动机 M1 和液压泵电动机 M3 的控制电路，这样就保证了加工工件在被电磁吸盘 YH 吸住的情况下，砂轮和工作台才能进行磨削加工，保证了安全。

（2）联合自锁。转换开关 QS2 处于"退磁"位置时，虽然接在控制电路中 KA 的动合触头不会闭合，但与其并联的 QS2 的动合触头会闭合，接通电动机控制电路。这样在电磁吸盘不工作时，仍然能控制电动机 M1 与 M3 的运行。

（3）过负荷保护。热继电器 FR1、FR2 的动断触点串联在控制电路中，只要有 1 台电动机过负荷停车，则其余电动机也都停车。

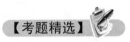

【考题精选】

1. 在 M7130 型平面磨床中，电磁吸盘 YH 工作后，砂轮和（C）才能进行磨削加工。

　　（A）照明变压器　　　　（B）加热器
　　（C）工作台　　　　　　（D）照明灯

2.（×）M7130 型平面磨床中，砂轮电动机和液压泵电动机都采用了接触器连锁控制电路。

考点 6　M7130 型平面磨床电气控制的常见故障及处理方法

1. 电动机都不能启动

造成电动机都不能启动的原因是欠电流继电器 KA 的动合触头（7 区）和转换开关 QS2 的触头（6 区）接触不良、接线松脱或有油垢，使电动机的控制电路处于断电状态。

检修故障时，应将转换开关 QS2 扳至"吸合"位置，检查欠电流继电器 KA 的动合触头（7 区）的接通情况，不通则修理或更换元件，即可排除故障。否则，将转换开关 QS2 扳到"退磁"位置，拔掉电磁吸盘插头，检查 QS2 的触头（6 区）的通断情况，不通则进行修理或更换转换开关。若 KA 和 QS2 的触头无故障，电动机仍不能启动，可检查热继电器 FR1、FR2 的动断触头是否动作或接触不良。

2. 砂轮电动机的热继电器 FR1 经常脱扣

砂轮电动机 M1 为装入式电动机，它的前轴承是铜瓦，易磨损。磨损后易发生堵转现象，使电流增大，导致热继电器脱扣。若是这种情况，应修理或更换铜瓦。

另外，砂轮进给量太大，电动机超载运行，造成电动机堵转，使电流急剧上升，热继电器脱扣。因此，工作中应选择合适的进给量，防止电动机超载运行。

除以上原因之外，更换后的热继电器规格选得太小或整定电流没有重新调整，使电动机还未达到额定负载时，热继电器就已脱扣。因此，应注意热继电器必须按其被保护电动机的额定电流进行选择和调整。

3. 冷却泵电动机烧坏

造成这种故障的原因有以下几种：一是切削液进入电动机内部，造成匝间或绕组间短路，使电流增大；二是反复修理冷却泵电动机后，使电动机端盖轴间隙增大，造成转子在定子内不同心，工作时电流增大，电动机长时间过负荷运行；三是冷却泵被杂物塞住引起电动机堵转，电流急剧上升。

由于该磨床的砂轮电动机（4.5kW）与冷却泵电动机（0.125kW）共用一个热继电器 FR1，而且两者容量相差太大，当发生以上故障时，电流增大不足以使热继电器 FR1 脱扣，从而造成冷却泵电动机烧坏。若给冷却泵电动机另外加装一个热继电器并整定合适的电流值，则可以避免发生这种故障。

4. 电磁吸盘无吸力

出现这种故障时，首先用万用表测三相电源电压是否正常。若电源电压正常，再检查熔断器 FU1、FU2、FU4 有无熔断现象。常见的故障是熔断器 FU4 熔断，造成电磁吸盘电路断开，使吸盘无吸力。

FU4 熔断是由于整流器 VC 短路，使整流变压器 T1 二次绕组流过很大的短路电流造成的。如果检查整流器输出空载电压正常，而接上吸盘后，输出电压下降不大，欠电流继电器 KA 不动作，吸盘无吸力，这时，可依次检查电磁吸盘 YH 的线圈、接插器 X2、欠电流继电器 KA 的线圈有无断路或接触不良的现象。检修故障时，可使用万用表测量各点电压，查出故障元件，进行修理或更换，即可排除故障。

5. 电磁吸盘吸力不足

引起这种故障的原因是电磁吸盘损坏或整流器输出电压不正常。电磁吸盘的电源电压由整流器 VC 供给，空载时，整流器直流输出电压应为 130～140V，带负载时不应低于 110V。排除此类故障时，可用万用表测量整流器的输出及输入电压，判断出故障部位，查出故障元件，进行更换或修理即可。

若整流器空载输出电压正常，带负载时电压远低于 110V，则表明电磁吸盘线圈已短路，短路点多发生在线圈各绕组间的引线接头处。这是由于吸盘密封不好，切削液流入，引起绝缘结构损坏造成的。若短路严重，过大的电流会使整流元件和整流变压器烧坏。出现这种故障，必须更换电磁吸盘线圈，并且要处理好线圈绝缘，安装时要完全密封好。

若整流器输出电压不正常，多是因为整流元件短路或断路造成的，应检查整流器 VC 的交流侧电压及直流侧电压。若交流侧电压正常，直流输出电压不正常，则表明整流器发生元件短路或断路故障。如某一桥臂的整流二极管发生断路，将使整流输出电压降低到额定电压的 1/2；若两个相邻的二极管都断路，则输出电压为零。

整流器元件损坏的原因可能是元件过热或过电压。如由于整流二极管热容量很小，在整流器过负荷时，元件温度急剧上升，烧坏二极管；当放电电阻 R_3 损坏或接线断路时，由于电磁吸盘线圈电感很大，在断开瞬间产生过电压将整流元件击穿。

6. 电磁吸盘退磁效果差使工件取下困难

电磁吸盘退磁效果差的故障原因，一是退磁电路断路，根本没有退磁，应检查转换开关 QS2 接触是否良好，退磁电阻 R_2 是否损坏；二是退磁电压过高，应调整电阻 R_2，使退磁电压调至 $5\sim10\mathrm{V}$；三是退磁时间太长或太短，对于不同材质的工件，所需的退磁时间不同，注意掌握好退磁时间。

【考题精选】

1. M7130 型平面磨床中三台电动机都不能启动，转换开关 QS2 正常，熔断器和热继电器也正常，则需要检查修复（A）。

（A）欠电流继电器 KA　　　（B）接插器 X1

（C）接插器 X2　　　　　　（D）照明变压器 T2

2. M7130 型平面磨床中，砂轮电动机的热继电器动作的原因之一是（B）。

（A）电源熔断器 FU1 烧断两个

（B）砂轮进给量过大

（C）液压泵电动机过负荷

（D）接插器 X2 接触不良

3. M7130 型平面磨床中电磁吸盘吸力不足的原因之一是（A）。

（A）电磁吸盘的线圈内有匝间短路

（B）电磁吸盘的线圈内有开路点

（C）整流变压器开路

（D）整流变压器短路

4. M7130 型平面磨床中，电磁吸盘退磁不好使工件取下困难，但退磁电路正常，退磁电压也正常，则需要检查和调整（D）。

（A）退磁功率　　　　　　　（B）退磁频率

（C）退磁电流　　　　　　　（D）退磁时间

考点 7　C6150 型卧式车床主电路的组成

C6150 型卧式车床是我国自行设计制造的一种运用最为广

泛的小型卧式车床，具有高灵活、高精度、高效率、高生产范围等一系列优点，用于加工轴、盘、套和其他具有回转表面的工件，适于小批量生产及修配车间使用。C6150 型卧式车床型号意义：C—车床；6—卧式；1—普通车床；50—最大回转直径为 500mm。

C6150 型卧式车床主电路如图 6 - 4 所示，主电路电源电压为交流 380V，QF1 为断路器，具有过负荷和短路保护。M1 为主轴电动机，带动主轴旋转和刀架做纵横向进给运动，由接触器 KM1 和接触器 KM2 的主触头控制正、反转；M2 为润滑泵电动机，为车床润滑系统提供润滑油，由断路器 QF2 控制，具有短路和过负荷保护；M3 为冷却泵电动机，加工时提供冷却

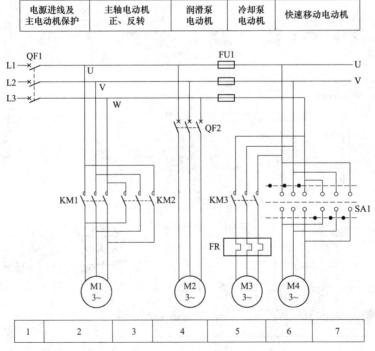

图 6 - 4　C6150 型卧式车床主电路

基础篇

液，防止刀具和工件的温升过高，由接触器 KM3 控制，由热继电器 FR 作过负荷保护；M4 为快速移动电动机，由三位置自动复位开关 SA1 控制，由熔断器 FU1 作短路保护。

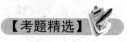

1. C6150 型卧式车床主轴电动机通过（B）控制正、反转。

（A）手柄　　　　　　　　（B）接触器

（C）断路器　　　　　　　（D）热继电器

2.（√）C6150 型卧式车床的主电路中有 4 台电动机。

考点 8　C6150 型卧式车床控制电路的组成

C6150 型卧式车床控制电路如图 6-5 所示，它由控制变压

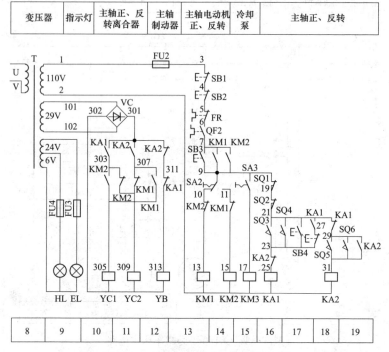

图 6-5　C6150 型卧式车床控制电路

器、照明指示电路、主轴正反转、主轴制动器和冷却泵电路组成。主轴电动机的转向变换由主令开关 SA2 来实现，主轴的转向与主轴电动机的转向无关，而是取决于进给箱或溜板箱操作手柄的位置，手柄的动作使行程开关、继电器及电磁离合器产生相应的动作，使主轴得到正确的转向。主轴电动机和主轴的转向与各电气元件之间的关系见表 6 - 1。

表 6 - 1　主轴电动机和主轴的转向与各电气元件之间的关系

选择开关 SA2 的位置	主轴电动机转向	主轴转向	操作手柄位置	行程开关	小型通用继电器	电磁离合器
左	正转	正转	手柄向右（或向上）	SQ3、SQ4 压合	KA1 吸合	YC2 通电
		反转	手柄向左（或向下）	SQ5、SQ6 压合	KA2 吸合	YC1 通电
右	反转	正转	手柄向右（或向上）	SQ3、SQ4 压合	KA1 吸合	YC1 通电
		反转	手柄向左（或向下）	SQ5、SQ6 压合	KA2 吸合	YC2 通电

【考题精选】

1. C6150 型卧式车床控制电路中有（D）行程开关。

　　（A）3 个　　　　　　　　　（B）4 个

　　（C）5 个　　　　　　　　　（D）6 个

2. C6150 型卧式车床控制电路中照明灯的额定电压是（B）。

　　（A）交流 10V　　　　　　　（B）交流 24V

　　（C）交流 30V　　　　　　　（D）交流 6V

考点 9　C6150 型卧式车床电气控制的工作原理

1. 主轴电动机正反转控制

当主轴电动机正反转选择开关 SA2（14 区）处于"左"位置时，按下启动按钮 SB3（13 区），接触器 KM1 线圈（13 区）

通电吸合，KM1 主触头接通，主轴电动机 M1 正转。当主轴电动机正反转选择开关 SA2（14 区）处于"右"位置时，按下启动按钮 SB3（13 区），接触器 KM2 线圈（14 区）通电吸合，KM2 主触头接通，主轴电动机 M1 反转。

2. 主轴正反转控制

操作者控制主轴的正反转是通过进给箱操作手柄或溜板箱操作手柄来进行控制的。

主轴电动机正转启动后，接触器 KM1 的动合触点（12 区）闭合。此时如将操作手柄拉向右面（或向上），行程开关 SQ3（16 区）或 SQ4（17 区）的动合触头闭合，主轴正转继电器 KA1 线圈（16 区）通电吸合，继电器 KA1 的动合触头（10 区）闭合，电磁离合器 YC2（11 区）通电，带动主轴正转。若将操作手柄拉向左面（或向下），行程开关 SQ5（18 区）或 SQ6（19 区）的动合触头闭合，主轴反转继电器 KA2 线圈（18 区）通电吸合，继电器 KA2 的动合触头（11 区）闭合，电磁离合器 YC1（10 区）通电，带动主轴反转。

主轴电动机反转启动后，接触器 KM2 的动合触点（10 区）闭合。此时如将操作手柄拉向右面（或向上），行程开关 SQ3（16 区）或 SQ4（17 区）的动合触头闭合，主轴正转继电器 KA1 线圈（16 区）通电吸合，继电器 KA1 的动合触头（10 区）闭合，电磁离合器 YC1（10 区）通电，带动主轴正转。若将操作手柄拉向左面（或向下），行程开关 SQ5（18 区）或 SQ6（19 区）的动合触头闭合，主轴反转继电器 KA2 线圈（18 区）通电吸合，继电器 KA2 的动合触头（11 区）闭合，电磁离合器 YC2（11 区）通电，带动主轴反转。

3. 操作手柄的控制

进给箱操作手柄和溜板箱操作手柄如图 6 - 6 所示，操作手柄有空挡（2 个）、正转挡、停止（制动）挡、反转挡共 5 个位置。若需要正转，只要将手柄向右（或向上）一拉，手放松后，手柄自动回到右面（或上面）的空挡位置，因继电器 KA1 线圈

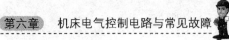

吸合后触头自锁，保持主轴正转。若需要反转，只要将手柄向左（或向下）一拉，手放松后，手柄自动回到左面（或下面）的空挡位置，因继电器 KA2 线圈吸合后触头自锁，保持主轴反转。若需要主轴停止（制动），只要把手柄放在中间位置，行程开关 SQ1 或 SQ2 动断触头断开，切断继电器 KA1 或 KA2 的电源，电磁离合器 YC1 或 YC2 断电，主轴制动电磁离合器 YB（12 区）通电，使主轴制动。

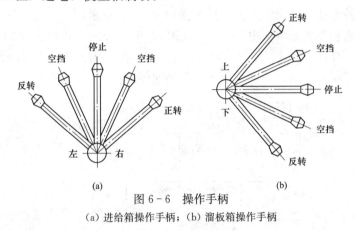

图 6-6　操作手柄

（a）进给箱操作手柄；（b）溜板箱操作手柄

4. 主轴正转点动控制

如果需要微量转动主轴，可以按下点动按钮 SB4（17 区）。

5. 照明指示控制

照明指示变压器 T 将 380V 的交流电压降为 24V、6V 的安全电压，作为照明灯 EL（24V）的电源和指示灯 HL（6V）的电源，熔断器 FU3、FU4 做照明指示电路的短路保护。

【考题精选】

1. C6150 型卧式车床主轴电动机反转、电磁离合器 YC1 通电时，主轴的转向为（A）。

（A）正转　　　　　　　（B）反转

（C）高速　　　　　　　（D）低速

2. C6150 型卧式车床主轴电动机转向的变化由（D）来控制。

  （A）按钮 SB1 和 SB2　　　（B）行程开关 SQ3 和 SQ4

  （C）按钮 SB3 和 SB4　　　（D）主令开关 SA2

考 点 ⑩　C6150 型卧式车床电气控制的配线方法

C6150 型卧式车床电气控制的配线是采用硬线板前明线布线的方法，其设备及元器件布置如图 6-7 所示，其中连接导线截面积规格如下：电动机 M1 选用 BVR-2.5mm²；电动机 M2、M3、M4 选用 BVR-1.5mm²；控制电路选用 BVR-1.0mm²。为了保证安全，照明灯必须采用接地保护。

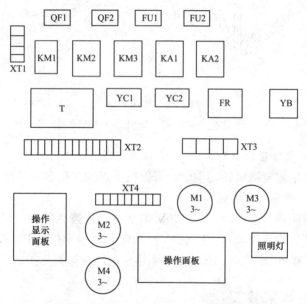

图 6-7　C6150 型卧式车床设备及元器件布置

【考题精选】

1. C6150 型卧式车床控制电路中，变压器安装在配电板的

(D)。

  (A) 左方   (B) 右方

  (C) 上方   (D) 下方

 2. C6150 型卧式车床的照明灯为了保证人身安全，配线时要（A）。

  (A) 接地保护   (B) 不接地

  (C) 接零保护   (D) 装漏电保护器

考点 11 C6150 型卧式车床电气控制的连锁方法

 C6150 型卧式平床主轴电动机正反转控制由接触器 KM1 和 KM2 实现连锁，快速移动电动机由三位置自动复位开关控制正反转，具有连锁功能。

【考题精选】

 1. C6150 型卧式车床（D）的正、反转控制电路具有中间继电器连锁功能。

  (A) 冷却泵电动机   (B) 主轴电动机

  (C) 快速移动电动机   (D) 主轴

 2. C6150 型卧式车床（C）的正、反转控制电路具有三位置自动复位开关的连锁功能。

  (A) 冷却泵电动机   (B) 主轴电动机

  (C) 快速移动电动机   (D) 润滑泵电动机

考点 12 C6150 型卧式车床电气控制的常见故障及处理方法

 主电路故障主要表现为 M1 与 M4 正转或反转断相、正反转均断相、M2 与 M3 断相等故障，控制电路故障主要表现为电路无法启动、主轴正转或反转无法启动、主轴无制动等。

 1. M1 正转或反转断相、正反转均断相

 故障原因有电源断相、电动机绕组损坏、M1 与 M4 接触器的动合触头损坏、连接导线断线或接触不良。查找故障时，用

万用表交流电压 500V 挡测量 U1、V1、W1 线电压，如不正常，则再测量 M1 或 M2 上电压。如测量 U1、V1、W1 线电压正常，可拆下 M1 电动机接线，用万用表电阻挡测量电动机接线是否断线及检查电路中连接导线是否接触不良或断线。对于正反转均断相的故障，除检查上述各点外，尚需检查断路器 QF1 的电压及电动机绕组是否断线。判明故障后，更换元器件或导线，修复电动机。

2. M4 正转或反转断相、正反转均断相

故障原因有电源断相、电动机绕组损坏、倒顺开关 SA1 损坏、连接导线断线或接触不良。查找故障时，用万用表交流电压 500V 挡测量 QF1、FU1 上电压及用电阻挡 $R \times 1$ 测量电动机连接线及电动机绕组是否断线。对于正转或反转断相，检查开关 SA1 接触是否良好，连接导线有无断线。判明故障后，予以修复或调换元器件或导线。

3. M2 正转断相

故障原因有电源断相、QF1 或 QF2 触点损坏、电动机绕组断线、连接导线断线。查找故障时，用万用表交流电压 500V 挡测量 QF1 或 QF2、U2、V2、W2 电压是否正常，用万用表电阻挡 $R \times 1$ 测量连接导线是否断线、电动机绕组是否断线。判明故障后，予以修复。

4. M3 正转断相

故障原因有电源断相、QF1 与 FU1 触头损坏及熔丝熔断、KM3 交流接触器触头或 FR 触头损坏、电动机绕组断线、连接导线断线。查找故障时，用万用表交流 500V 挡测量 QF1、FU1、KM3、FR、U2、V2、W2 上电压是否正常，用万用表电阻挡 $R \times 1$ 测量连接导线是否断线、电动机绕组是否断线。判明故障后，予以修复。

5. 控制电路不能启动

故障原因有控制变压器 T 损坏、FU1 和 FU2 熔丝熔断、SB1、SB2、FR、QF2 触头损坏。查找故障时，用万用表交流电

压 500V 挡测量变压器 T 一次绕组电压，再将万用表量程改为 250V 挡测量变压器二次绕组电压是否符合要求，然后再用万用表电阻挡 $R \times 1$ 测量 SB1、SB2、FR、QF2 连接导线是否断线。如测到断线端，则判明原因后，予以修复。

6．主轴无制动

当操作手柄置于停止位置时，断开行程开关 SQ1 或 SQ2 的动断触头，使 KA1 或 KA2 线圈断电，其动断触头 KA1 及 KA2 复位接通，使制动离合器 YB 吸合，对主轴进行制动。主轴无制动，重点是 KA1 及 KA2 动断触头有故障。查找故障时，可用万用表电阻挡 $R \times 1$ 测量 KA1、KA2 连接导线是否断线。如测到断线端，则判明原因后，予以修复。

【考题精选】

1．C6150 型卧式车床控制电路中的中间继电器 KA1 和 KA2 动断触头故障时会造成（A）。

（A）主轴无制动

（B）主轴电动机不能启动

（C）润滑泵电动机不能启动

（D）冷却泵电动机不能启动

2．C6150 型卧式车床其他正常，而主轴无制动时，应重点检修（D）。

（A）电源进线开关

（B）接触器 KM1 和 KM2 的动断触头

（C）控制变压器 T

（D）中间继电器 KA1 和 KA2 的动断触头

3．C6150 型卧式车床控制电路无法工作的原因是（B）。

（A）接触器 KM1 损坏

（B）控制变压器 TC 损坏

（C）接触器 KM2 损坏

（D）三位置自动复位开关 SA1 损坏

4. C6150 型卧式车床主电路有电，但控制电路不能工作时，应首先检修（C）。

　　（A）电源进线开关

　　（B）接触器 KM1 或 KM2

　　（C）控制变压器 TC

　　（D）三位置自动复位开关 SA1

5.（×）C6150 型卧式车床主轴电动机只能正转不能反转时，应首先检修电源进线开关。

考点 13　Z3040 型摇臂钻床主电路的组成

Z3040 型摇臂钻床是一种用途广泛的万能机床，具有性能完善、安全可靠、操作方便、精度高、刚性好、易于维修、寿命长等优点，适用于中小型企业、乡镇和个体工业对各类中、大型零件进行钻孔、扩孔、铰孔、锪平面及攻螺纹等加工，在具有工艺装备的条件下还可进行镗孔加工。Z3040 型摇臂钻床型号意义：Z—钻床；3—摇臂；0—圆柱形立柱；40—最大钻孔直径为 40mm。

Z3040 型摇臂钻床主电路如图 6 - 8 所示，主电路电源电压为交流 380V，QS1 为断路器，具有过负荷和短路保护。M1 是主轴电动机，带动主轴旋转并使主轴做轴向进给运动，由 KM1 控制只作单方向旋转，其正反转则由机床的液压系统操纵机构配合正反转摩擦离合器实现，并由热继电器 FR1 作电动机长期过负荷保护。M2 是摇臂升降电动机，由 KM2 和 KM3 控制实现正反转运行，电动机为短时工作，不用设长期过负荷保护。M3 是液压泵电动机，主要作用是供给夹紧装置压力油，实现摇臂和立柱的夹紧和松开，由 KM4 和 KM5 控制实现正反转运行，并由热继电器 FR2 作电动机长期过负荷保护。M4 是冷却泵电动机，供给钻削时所需用的冷却液，只作单方向旋转，电动机功率比较小，由开关 QS2 控制。

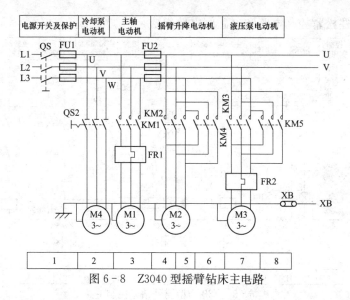

图 6-8　Z3040 型摇臂钻床主电路

【考题精选】

1. Z3040 型摇臂钻床主电路中的 4 台电动机，有（A）台电动机需要正、反转控制。

　　(A) 2　　　　　　　　　　(B) 3

　　(C) 4　　　　　　　　　　(D) 1

2. Z3040 型摇臂钻床主电路中有 4 台电动机，用了（B）个接触器。

　　(A) 6　　　　　　　　　　(B) 5

　　(C) 4　　　　　　　　　　(D) 3

3. (√) Z3040 型摇臂转床的主轴电动机仅作单向旋转，由接触器 KM1 控制。

考点 14　Z3040 型摇臂钻床控制电路的组成

Z3040 型摇臂钻床控制电路如图 6-9 所示，它由控制变压器、照明指示电路、主轴电动机控制电路、摇臂升降控制电路、立柱松紧控制电路和电磁阀电路组成。

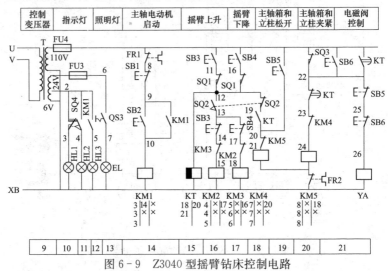

图 6 - 9　Z3040 型摇臂钻床控制电路

1. Z3040 型摇臂钻床的液压泵电动机由按钮、行程开关、时间继电器和接触器等构成的（C）控制电路来控制。

　　（A）单相启动停止　　　　（B）自动往返

　　（C）正、反转短时　　　　（D）减压启动

2. Z3040 型摇臂钻床的摇臂升降电动机由按钮和接触器构成的（B）控制电路来控制。

　　（A）单向启动与停止　　　（B）正、反转点动

　　（C）丫-△启动　　　　　（D）减压启动

考点 15　Z3040 型摇臂钻床电气控制的工作原理

1. 主轴电动机 M1 的控制。

按下启动按钮 SB2（13 区），接触器 KM1 线圈（13 区）通电吸合，主轴电动机 M1 启动运转，指示灯 HL3（12 区）亮。

2. 摇臂升降电动机 M2 和液压泵电动机 M3 的控制

按下上升点动按钮 SB3（16 区）或下降点动按钮 SB4（17 区），断电延时型时间继电器线圈 KT（15 区）通电吸合，KT 的瞬时闭合触头（18 区）和延时断开动合触头（21 区）闭合，接触器 KM4 线圈（18 区）和电磁铁 YA 线圈（21 区）同时通电吸合，液压泵电动机 M3 启动正转，供给压力油，压力油经 2 位 6 通阀进入摇臂松开油腔，推动活塞和菱形块，使摇臂松开。

同时活塞杆通过弹簧片压住行程开关 SQ2，SQ2 的动断触头（18 区）断开，接触器 KM4 线圈（18 区）断电释放，液压泵电动机 M3 停转。SQ2 的动合触头（16 区）闭合，接触器 KM2 线圈（16 区）或 KM3 线圈（17 区）通电吸合，摇臂升降电动机 M2 启动运转，带动摇臂上升或下降。

当摇臂上升或下降到所需位置时，松开点动按钮 SB3 或 SB4，接触器 KM2 或 KM3 及时间继电器 KT 线圈断电释放，摇臂升降电动机 M2 停转，摇臂停止升降。时间继电器 KT 经 1～3s 延时后，其延时闭合动断触头（20 区）闭合，使接触器 KM5 线圈（20 区）通电吸合，电动机 M3 启动反转，供给压力油，同时电磁铁 YA 线圈（21 区）同时断电。压力油经 2 位 6 通阀进入摇臂夹紧油腔，反向推动活塞和菱形块，使摇臂夹紧。同时活塞杆通过弹簧片压住行程开关 SQ3，SQ3 的动断触头（20 区）断开，接触器 KM5 线圈（20 区）断电释放，液压泵电动机 M3 断电停转。

时间继电器 KT 的主要作用是控制接触器 KM5 的吸合时间，使摇臂升降电动机 M2 停转后，再夹紧摇臂。KT 的延时时间视需要调整为 1～3s，延时时间应视摇臂在电动机 M2 切断电源至停转前的惯性大小进行调整，应保持摇臂停止上升（或下降）后才进行夹紧。

SQ1 是摇臂升（降）至极限位置时使摇臂升降电动机停转的行程开关，其 2 对动断触头分别串联在摇臂上升和下降的控制电路中，当摇臂上升或下降到极限位置时，对应触头动作，切断对应上升或下降接触器 KM2 与 KM3 线圈，使 M2 停止转动，摇臂停止移动，实现极限保护。行程开关 SQ1 的 2 对触头平时应调整在同时接通位置，一旦动作时，应使一对触头断开，另一对触头保持闭合。

摇臂的自动夹紧是由行程开关 SQ3 来控制的。当摇臂夹紧时，行程开关 SQ3 处于受压状态，SQ3 的动断触头是断开的，接触器 KM5 线圈处于断电状态。当摇臂在松开过程中，行程开关 SQ3 就不受压，SQ3 的动断触头处于闭合状态。

3. 立柱、主轴箱的松开和夹紧控制

立柱、主轴箱的松开或夹紧是同时进行的。按下松开按钮 SB5（19 区）或夹紧按钮 SB6（20 区），接触器 KM4 线圈（18 区）或 KM5 线圈（20 区）通电吸合，液压泵电动机 M3 启动运转，供给压力油，压力油经 2 位 6 通阀（此时电磁铁 YA 处于释放状态）进入立柱夹紧及松开油缸和主轴箱夹紧及松开油缸，推动活塞和菱形块，使主轴箱与立柱松开。在松开的同时，通过行程开关 SQ4 控制指示灯发出信号。当主轴箱与立柱松开，行程开关 SQ4 不受压，SQ4 动断触头（10 区）闭合，指示灯 HL1 点亮，表示确已松开，可操作主轴箱与立柱移动。当主轴箱与立柱夹紧时，行程开关 SQ4 受压，SQ4 动合触头（11 区）闭合，指示灯 HL2 点亮，可进行钻削加工。

4. 冷却泵电动机 M4 的控制

冷却泵电动机 M4 由转换开关 QS2 直接控制。

5. 照明指示控制

控制变压器 T 一次绕组为交流电压 380V，二次绕组输出交流电压 110V、24V、6V。照明灯 EL（13 区）采用 24V 电源供电，由开关 QS3 控制。指示灯 HL1（10 区）、HL2（11 区）与 HL3（12 区）采用 6V 电源供电，由行程开关 SQ4 动断触头（10 区）、SQ4（11 区）动合触头与 KM1 动合触头（12 区）分别控制，主轴电动机 M1 启动后，指示灯 HL3 点亮。

【考题精选】

1. Z3040 型摇臂钻床中的液压泵电动机（C）。

（A）由接触器 KM1 控制单向旋转

（B）由接触器 KM2 和 KM3 控制点动正、反转

（C）由接触器 KM4 和 KM5 控制实行正、反转

（D）由接触器 KM1 和 KM2 控制自动往返正、反转

2. Z3040 型摇臂钻床冷却泵电动机由（D）控制。

（A）接插器　　　　　　（B）接触器

（C）按钮点动　　　　　（D）手动开关

3.（×）Z3040 型摇臂钻床中的主轴电动机可以任意改变旋转方向，由接触器 KM1、KM2 控制。

考点 16　Z3040 型摇臂钻床电气控制的配线方法

Z3040 型摇臂钻床电气控制的配线采用明线配线方式，其设备及元器件布置如图 6-10 所示，其中连接导线截面积规格如下：电动机 M1 选用 BVR-2.5mm^2；电动机 M2 选用 BVR-1.5mm^2；电动机 M3、M4 和控制电路选用 BVR-1.0mm^2。

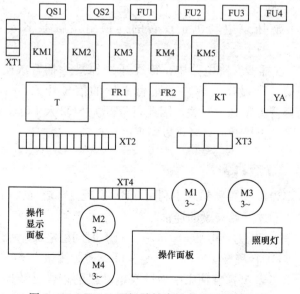

图 6-10　Z3040 型摇臂钻床设备及元器件布置

【考题精选】

1. Z3040 型摇臂钻床的主轴箱与立柱的夹紧和放松控制按钮安装在（B）。

    （A）摇臂上　　　　　　（B）主轴箱移动手轮上

    （C）主轴箱外壳　　　　（D）底座上

2. Z3040 型摇臂钻床中的控制变压器比较重，所以应该安装在配电板的（A）。

    （A）下方　　　　　　　（B）上方

    （C）右方　　　　　　　（D）左方

3. （×）Z3040 型摇臂转床中冷却泵电动机的手动开关安装在工作台。

考点 17　Z3040 型摇臂钻床电气控制的连锁方法

（1）摇臂升降电动机正反转的连锁由接触器 KM2、KM3 实现。

（2）液压泵电动机正反转的连锁由接触器 KM4、KM5 实现。

（3）在摇臂升降电路中，行程开关 SQ2 为摇臂放松到位的信号开关，行程开关 SQ3 为摇臂夹紧的信号开关，行程开关 SQ3 为摇臂夹紧到位开关。因此行程开关 SQ2 及 SQ3，是用来检查摇臂是否松开或夹紧，以实现限位连锁。

【考题精选】

1. Z3040 型摇臂钻床中利用（B）实现升降电动机断开电源完全停止后才开始夹紧的连锁。

    （A）压力继电器　　　　（B）时间继电器

    （C）行程开关　　　　　（D）控制按钮

2. Z3040 型摇臂钻床中液压泵电动机的正、反转具有（A）功能。

（A）接触器连锁　　　　　（B）双重连锁

（C）按钮连锁　　　　　　（D）电磁阀连锁

考点 18　Z3040 型摇臂钻床电气控制的常见故障及处理方法

1. 电动机都不能启动

应依次检查断路器 QS1、QS2 的接线端接触是否良好及熔断器 FU1、FU2 的熔丝是否熔断，控制变压器 T 的一次侧、二次侧绕组有无断路或短路、接线端接触是否良好。

2. 主轴电动机 M1 不能启动

若接触器 KM1 不吸合，则应依次检查热继电器 FR1 是否动作，其动断触头接触是否良好，按钮开关 SB1 和 SB2 的接线头是否脱落，接触器 KM1 的线圈是否断路。

3. 立柱、主轴箱的松开和夹紧与铭牌指示相反

这表示将三相电源的相序接错了，应断开总电源开关 QS1，将三相电源线中任意两相更换即可。

4. 摇臂松开后不能升降

按下上升点动按钮开关 SB3 或 SB4 后，时间继电器 KT、电磁铁 YA 和接触器 KM4 线圈先后通电吸合，液压泵电动机 M3 也已启动运转，使摇臂松开，压合行程开关 SQ2 使 KM4 线圈断开，电动机 M3 停转。接触器 KM2 线圈通电吸合，使电动机 M2 运转，摇臂可以升降。

若出现行程开关 SQ2 的动合触头接触不良或位置调整不当时，接触器 KM2 线圈不通电、升降电动机 M2 也不能通电运转，此时摇臂虽已松开但活塞杆仍压不上 SQ2，致使摇臂不能升降。有时也会出现因液压系统发生故障，使摇臂没有完全松开，活塞杆压不上 SQ2 的情况。因此，应检查行程开关 SQ2，配合机械系统调整好安装位置即可。

5. 摇臂升降后不能夹紧

当摇臂上升（或下降）至预定位置后，松开按钮开关 SB3（或 SB4），接触器 KM2（或 KM3）和时间继电器 KT 线圈均断

电释放，升降电动机 M2 停转。经时间继电器 KT 延时后，接触器 KM5 线圈通电，YA 线圈断电，电动机 M3 应反转，供给压力油。当活塞杆压下行程开关 SQ3 后，接触器 KM5 线圈断电，电动机 M3 停转，使摇臂夹紧。摇臂夹紧动作的结束是由行程开关 SQ3 来控制的，当摇臂松开时，SQ3 复位；当摇臂夹紧时，SQ3 被压下。若出现行程开关 SQ3、接触器 KM4 的动断触头、时间继电器 KT 的延时闭合动断触头接触不良均会使电动机 M3 不能反转，致使摇臂不能夹紧。因此，应依次检查并排除故障，特别是行程开关 SQ3 的通断是否正常。

6. 液压泵电动机 M3 过负荷运行

当摇臂上升（或下降）并夹紧后，活塞杆通过弹簧片压住行程开关 SQ3，SQ3 的动断触头断开，使接触器 KM5 和电磁铁 YA 均断电释放，但由于行程开关 SQ3 的位置调整不当，在摇臂夹紧后，不能使 SQ3 的动断触头断开，则会使液压泵电动机 M3 过负荷运行。因此，应检查 SQ3 安装位置是否恰当，在断电状态下，行程开关 SQ3 应被压下，使动断触头处于断开位置，否则予以重新调整。

【考题精选】

1. Z3040 型摇臂钻床中摇臂不能夹紧的可能原因是（B）。

　　(A) 速度继电器位置不当

　　(B) 行程开关 SQ3 位置不当

　　(C) 时间继电器定时不合适

　　(D) 主轴电动机故障

2. Z3040 型摇臂钻床中摇臂不能升降的原因是摇臂松开后 KM2 电路不通，应（A）。

　　(A) 调整行程开关 SQ2 位置

　　(B) 重接电源相序

　　(C) 更换液压泵

　　(D) 调整速度继电器位置

3. Z3040 型摇臂钻床中摇臂不能夹紧的原因可能是（D）。

（A）行程开关 SQ2 安装位置不当

（B）时间继电器定时不合适

（C）主轴电动机故障

（D）液压系统故障

4.（×）Z3040 型摇臂钻床中行程开关 SQ2 的安装位置不当或发生移动时会造成摇臂夹不紧。

第七章 可编程序控制器及控制技术

考点 1 PLC的特点

可编程序控制器英文名称为 Programmable Logic Control，简称 PLC，是一种数字运算操作的电子系统。早期的 PLC 主要用来代替继电器实现逻辑控制，随着电子科学技术的发展，这种采用微型计算机技术的控制装置已大大超出了逻辑控制的范畴，现在的 PLC 实质上是一种以中央处理器为核心，综合了计算机和自动控制等先进技术发展起来的专为工业环境应用而设计的专用计算机，它不但可以实现逻辑、顺序、定时、计数等控制功能，而且还能进行数字运算、数据处理、模拟量调节、系统监控、联网与通信等工作，广泛应用于冶金、水泥、石油、化工、电力、机械制造、汽车、造纸、纺织、环保等各行各业，已成为工业电气控制的重要手段。

可编程序控制器具有以下特点。

（1）可靠性高、抗干扰能力强。在 PLC 系统中，大量的开关动作是由无触点的半导体电路来完成的，所有的 I/O 接口电路均采用光电隔离措施，加上充分考虑了工业生产环境中电磁、粉尘、温度等各种干扰，在硬件和软件上采取了一系列屏蔽和滤波等抗干扰措施，有极高的可靠性。它的平均故障间隔为3万～5万小时，大型 PLC 还采用双 CPU 构成的冗余系统，或由三 CPU 构成的表决系统。

（2）通用性强、使用灵活。PLC 多数采用标准积木块式硬件结构，组合和扩展方便，外部接线简单，且产品均成系列化生产，品种齐全，能适用于各种电压等级，用户可根据自己的

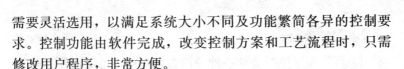

需要灵活选用，以满足系统大小不同及功能繁简各异的控制要求。控制功能由软件完成，改变控制方案和工艺流程时，只需修改用户程序，非常方便。

（3）编程简单、易于掌握。PLC 的编程采用简单易学的梯形图和指令语句表语言编程，梯形图使用了和继电器控制线路中极为相似的图形符号和定义，非常直观清晰，对于熟悉继电器控制的电气操作人员很容易掌握，不存在现代计算机技术和传统电气控制技术之间的专业鸿沟，深受现场电气技术人员的欢迎。近年来各生产厂家都加强了通用计算机运行的编程软件的制作，使用户的编程及下载工作更加方便。

（4）功能齐全、接口方便。PLC 可轻松地实现大规模的开关量逻辑控制，具有逻辑运算，定时、计数、比例、积分、微分（简称 PID）控制及显示、故障诊断等功能，高档 PLC 还具有通信联网、打印输出等功能，它可以方便地与各种类型的 I/O 接口实现 D/A、A/D 转换及控制。PLC 不仅可以控制一台单机、一条生产线，还可以控制一个机群、多条生产线；它不但可以进行现场控制，还可以用于远程监控。

（5）控制系统设计、安装、调试方便。PLC 系统中含有数量巨大的用于开关量处理的类似继电器的"软元件"，如中间继电器、时间继电器、计数器等，又用程序（软接线）代替硬接线，因此安装接线工作量少，设计人员只要在实验室就可进行控制系统的设计及模拟调试，缩短现场调试的时间。

（6）故障率低、维修方便。PLC 有完善的自诊断、履历情报存储及监视功能，便于故障迅速的处理。对于其内部工作状态、通信状态、异常状态和 I/O 点的状态均有显示，工作人员可以通过这些显示功能查找故障原因，通过更换某个模块或单元迅速排除故障。

（7）体积小、重量轻。PLC 常采用箱体式结构，体积及重量只有通常的接触器大小，易于安装在控制箱中或运动物体中。

【考题精选】

1. 可编程序控制器是一种专门在（A）环境下应用而设计的数字运算操作的电子装置。

　　（A）工业　　　　　　　　（B）军事

　　（C）商业　　　　　　　　（D）农业

2.（D）不是 PLC 的特点。

　　（A）抗干扰能力强　　　　（B）编程方便

　　（C）安装调试方便　　　　（D）功能单一

考点 ② PLC 的结构

可编程序控制器的结构由硬件系统和软件系统两大部分组成。

1. 可编程序控制器的硬件系统

可编程序控制器的硬件系统如图 7 - 1 所示，它由中央处理器（CPU）、存储器、输入/输出接口（I/O）电路、电源以及外接编程器等部分构成。

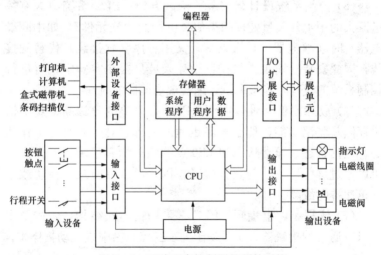

图 7 - 1　可编程序控制器的硬件系统

（1）中央处理器。中央处理器（CPU）是 PLC 的核心部件，它通过数据总线、地址总线和控制总线与存储器、输入/输出接口电路相连接，其主要作用是在系统程序和用户程序指挥下，利用循环扫描工作方式，采集输入信号，进行逻辑运算、数据处理，并将结果送到输出接口电路，去控制执行元件，同时还要进行故障诊断、系统管理等工作。PLC 常用的中央处理器（CPU）有通用微处理器（如 280 等）、单片计算机（如 MCS－48 系列、MCS－51 系列等）和位片式微处理器（如 AMD2900 系列等）。

（2）存储器。存储器是用来存放系统程序、用户程序和工作数据的，存放系统程序的存储器称为系统程序存储器，存放用户程序和工作数据的存储器称为用户程序存储器。

系统程序是由 PLC 生产厂家编制并已固化到只读存储器（ROM）或紫外线可擦除只读存储器（EPROM 或 EEPROM）中，用户不能直接存取其中的信息，它一般包括系统管理程序、指令解释程序、输入/输出操作程序、逻辑运算程序、通信联网程序、故障检测程序、内部继电器功能程序等，这些程序编制水平的高低，决定了 PLC 功能的强弱。

用户程序是用户为了实现某一控制系统的所有控制任务而由用户编制的程序，它通过编程器的键盘输入到 PLC 内部的用户程序存储器，其内容可以由用户任意修改或增删。用户程序存储器一般采用附加备用锂电池的随机存储器（RAM）、紫外线可擦除存储器 EPROM 或 EEPROM，它包括程序区和数据区两部分。程序区用来存放（记忆）用户编制的程序，数据区用来存放（记忆）用户程序中使用器件的状态（ON/OFF）、数值、数据等。

（3）输入/输出（I/O）接口。输入/输出接口的主要功能是与外部设备联系，I/O 接口技术对 PLC 能否在恶劣的工业环境中可靠工作起着关键的作用。输入/输出接口通常做成模板，每种模板由一定数量的输入/输出通道组成，用户可以根据实际需要合理地选择和配置。

(4) 输入/输出扩展接口。输入/输出扩展接口用于将扩展单元以及功能模块与基本单元相连,使 PLC 的配置更加灵活以满足不同控制系统的需要。

(5) 电源模块。电源模块将交流电转换为直流电,为主机和输入、输出模块提供工作电源,它的性能好坏直接影响到 PLC 工作的可靠性。目前 PLC 均采用高性能开关稳压电源供电,它们一般都允许有很宽的输入电压范围(交流 $100\sim240V$),有很强的抗干扰能力。PLC 电源模块还配有锂电池作交流电停电时的备用电源,其作用是保持用户程序和数据不丢失。

(6) 编程器。编程器是用来将用户所编的用户程序输入PLC 中,并对 PLC 中的用户程序进行编辑、检查、修改和对运行中的 PLC 进行监控。编程器可分为两大类:便携式编程器和通用型编程器(高级编程器)。

2. 可编程序控制器软件系统

可编程序控制器软件系统分为系统软件和应用软件。

(1) 系统软件。系统软件是使 PLC 有节奏地完成循环扫描过程中各环节内容的软件,它是软件的基础,由 PLC 生产厂家完成,并驻留在规定的存储区内,与硬件一起作为完整的 PLC 产品出售,一般用户不必顾及它,也不要求掌握它。由于 PLC 是实时处理系统,所以系统软件的基础部分是操作系统,由它统一管理 PLC 的各种资源,协调各部分之间的关系,使整个系统最大限度地发挥其效率。操作系统包含程序区和数据区,通常存放在 PLC 的 CPU 模板的存储器内,这些存储区是不允许用户介入的(用户不可访问区)。

(2) 应用软件。应用软件是为完成一个特定控制任务而编写的程序,通常由用户根据任务的内容,按照 PLC 生产厂家所提供的语言和规定的法则编写而成。对于 PLC 的用户来说,编写、修改、调试和运行应用程序是最主要的工作之一。

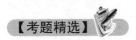

【考题精选】

1. PLC 的组成部分不包括（C）。

(A) CPU　　　　　　　　(B) 存储器

(C) 外部传感器　　　　　(D) I/O

2.（√）PLC 采用了典型的计算机结构，主要是由 CPU、RAM、ROM 和专门设计的输入输出接口电路等组成。

考点 3 便携式编程器的基本功能

编程器是用来将用户所编的用户程序输入 PLC 中，并对 PLC 中的用户程序进行编辑、检查、修改和对运行中的 PLC 进行监控。编程器可分为通用型编程器（高级编程器）和便携式编程器，通用型编程器是用通用微型计算机设备，用助记符、梯形图和高级语言进行编程，它对 PLC 的监视信息量大，具有很好的人机界面，其最大的优点是高效，能较好地满足各种控制系统的需要。便携式编程器具有简单、易学、便于携带的特点。但是编译与校验等工作均由 CPU 完成，所以编程时必须有 PLC，同时所用的语言也受到限制，不能使用编程比较方便形象、直观的图形，所以便携式编程器只适宜在小规模的 PLC 系统中应用。

FX 系列 PLC 使用的便携式编程器有 FX－10P－E 和 FX－20P－E 两种，这两种便携式编程器的使用方法基本相同，所不同的是 FX－10P－E 的液晶显示屏只有 2 行，只有在线编程功能，而 FX－20P－E 有 4 行，每行 16 个字符，除了有在线编程功能外，还有离线编程功能。FX－20P－E 型便携式编程器如图 7－2 所示，它具有体积小、重量轻、价格低等特点，显示内容包括 PLC 的地址、数据、工作方式、指令执行情况、系统工作状态等。

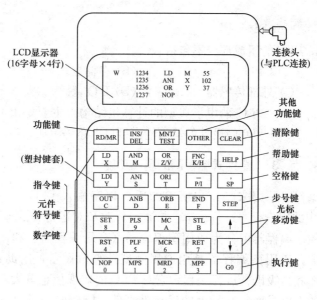

图 7-2 FX-20P-E 型便携式编程器

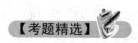【考题精选】

1. FX 系列编程器的显示内容包括地址、数据、(C)、指令执行情况和系统工作状态等。

　　(A) 程序　　　　　　　(B) 参数

　　(C) 工作方式　　　　　(D) 位移存储器

2. (√) 手持式编程器可以为 PLC 编写指令表方式的程序。

考点 ④　PLC 编程软件的主要功能

　　三菱 GX－Developer 编程软件是应用于三菱 A 系列、Q 系列、FX 系列 PLC 的中文编程软件，可在 Windows9x 及以上操作系统运行。GX－Developer 的功能十分强大，集成了项目管理、程序键入、编译链接、异地读写、模拟仿真、程序调试等功能，它支持梯形图、指令语句表，可进行程序的线上更改、

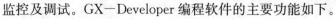

监控及调试。GX－Developer 编程软件的主要功能如下。

（1）可通过线路符号，列表语言及 SFC 符号来创建顺序控制指令程序，建立注释数据及设置寄存器数据。

（2）可创建顺序控制指令程序及将其存储为文件，用打印机打印。

（3）可在串行系统中与 PLC 进行通信、文件传送、操作监控以及各种功能测试。

（4）可脱离 PLC 进行仿真调试。

【考题精选】

1. PLC 编程软件通过计算机可以对 PLC 实施（D）。

（A）编程 　　　　　　　（B）运行控制

（C）监控 　　　　　　　（D）以上都是

2. 三菱 GX－Developer 编程软件可以对（D）PLC 进行编程。

（A）A 系列 　　　　　　（B）Q 系列

（C）FX 系列 　　　　　　（D）以上都可以

3. 各种型号 PLC 的编程软件是（C）。

（A）用户自编的 　　　　（B）自带的

（C）不通用的 　　　　　（D）通用的

考点 5　PLC 控制系统的组成

以可编程序控制器（PLC）为核心单元的控制系统称为 PLC 控制系统，它由 PLC 控制器基本单元、PLC 控制器扩展单元、编程器、写入器、用户程序、程序存储器、信号输入部件和信号输出部件等组成。

【考题精选】

1. 可编程序控制器系统由基本单元、（C）、编程器、用户程序、程序存入器等组成。

（A）键盘 （B）鼠标

（C）扩展单元 （D）外围设备

2. 可编程序控制器采用大规模集成电路构成的微处理器和（C）来组成逻辑部分。

（A）运算器 （B）控制器

（C）存储器 （D）累加器

考点 6　PLC 控制功能的实现

可编程序控制器控制功能的实现是在不改变硬件接线的情况下，通过程序来实现各种控制功能的，这在继电器控制系统中是无法实现的。可编程序控制器的 CPU 不断读取现场各个主令电器发出的动作信号，根据用户程序的编排，CPU 经过分析处理得出结果发出动作信号到输出单元，由输出单元驱动各个（包括继电器、接触器线圈在内的）执行元件来改变控制对象的运行方式。

【考题精选】

1.（√）可编程序控制器的输入端可与机械系统上的触头开关、接近开关、传感器等直接连接。

2.（×）可编程序控制器的输出端可直接驱动大容量电磁铁、电磁阀、电动机等大负载。

考点 7　PLC 中软继电器的特点

PLC 的继电器不是物理电器，而是 PLC 内部电路的寄存器，常称之为"软继电器"，它具有与物理继电器相似的功能。当它的"线圈"通电时，其所属的动合触头闭合，动断触头断开；当它的"线圈"断电时，其所属触头均恢复常态。PLC 中的每一个软继电器都对应着其内部的一个寄存器位，由于可以无限次地读取寄存器的内容，所以可以认为每一个软继电器均有无数个动合、动断触头。

【考题精选】

1. 下列对 PLC 软继电器的描述，正确的是（A）。

　　（A）有无数对动合触头和动断触头供编程时使用

　　（B）只有 2 对动合触头和动断触头供编程时使用

　　（C）不同型号的 PLC 的情况可能不一样

　　（D）以上说法都不正确

2. 下面（A）无法由 PLC 的软继电器代替。

　　（A）热保护继电器　　　　（B）定时器

　　（C）中间继电器　　　　　（D）计数器

考点 8　PLC 中光耦合器的结构

　　PLC 的外部输入输出设备所需的电平信号与 PLC 内部 CPU 的标准电平是不同的，所以对于 I/O 接口还需要实现另外一个重要的功能就是电平信号转换，产生能被 CPU 处理的标准电平信号。为了保证 I/O 接口所传递的信息平稳、准确，提高 PLC 的抗干扰能力，输入输出单元一般都具有光电隔离和滤波功能。

　　PLC 中光耦合器可以提高抗干扰能力和安全性能，其基本结构如图 7 - 3 所示，主要由电源电路、发光二极管和光电晶体管组成。当输入端开关接通输入高电平信号时，光耦合器导通，输出低电平信号经过反相器进入 PLC 的内部电路，供 CPU 进行处理。若 PLC 的输入形式是 NPN 型（漏型输入），则各个输

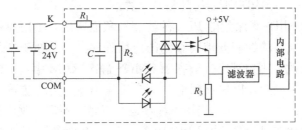

图 7 - 3　PLC 中光耦合器的基本结构

入开关的公共点接电源负极，有效输入电平形式是低电平（如三菱 FX2N 型 PLC）；若 PLC 的输入形式是 PNP 型（源型输入），则各个输入开关的公共点接电源正极，有效输入电平形式是高电平（如西门子 S7 型 PLC）。

【考题精选】

1. FX2N 系列可编程序控制器中光耦合器有效输入电平形式是（B）。

　　（A）高电平　　　　　　　　（B）低电平

　　（C）高电平和低电平　　　　（D）以上都是

2. （√）PLC 的输入采用光耦合器来提高抗干扰能力。

考点 9　PLC 的存储器

PLC 的存储器主要有两种：一种是可读/写操作的随机存储器 RAM，另一种是只读存储器 ROM、PROM、EPROM 和 EEPROM。在 PLC 中，存储器主要用于存放系统程序、用户程序及工作数据。

（1）系统程序是由 PLC 的制造厂家编写的，和 PLC 的硬件组成有关，完成系统诊断、命令解释、功能子程序调用管理、逻辑运算、通信及各种参数设定等功能，提供 PLC 运行的平台。系统程序关系到 PLC 的性能，而且在 PLC 使用过程中不会变动，所以是由制造厂家直接固化在只读存储器 ROM、PROM 或 EPROM 中，用户不能访问和修改的。

（2）用户程序是随 PLC 的控制对象而定的，由用户根据对象生产工艺的控制要求而编制的应用程序。为了便于读出、检查和修改，用户程序一般存于 CMOS 静态 RAM 中，用锂电池作为后备电源，以保证断电时不会丢失信息。为了防止干扰对 RAM 中程序的破坏，当用户程序运行正常，不需要改变时，可将其固化在只读存储器 EPROM 中，现在有许多 PLC 直接采用 EEPROM 作为用户存储器。

（3）工作数据是 PLC 运行过程中经常变化、经常存取的一些数据，存放在 RAM 中，以适应随机存取的要求。

1. 为避免程序和（D）丢失，可编程序控制器装有锂电池，当锂电池电压降至相应的信号灯亮时要及时更换电池。

（A）地址 　　　　　　　　（B）序号

（C）指令 　　　　　　　　（D）数据

2. 可编程序控制器（A）中存放的随机数据断电即丢失。

（A）RAM 　　　　　　　　（B）ROM

（C）EEPROM 　　　　　　（D）以上都是

考点 ⑩ PLC 的输入／输出类型

PLC 的 I/O 接口有多种类型：开关量（数字量）输入、开关量（数字量）输出，模拟量输入、模拟量输出等，其中，较常用的为开关量接口。PLC 以开关量顺序控制见长，任何一个生产设备或过程的控制与管理，几乎都是按步骤顺序进行的，工业控制中 80％以上的工作都可由开关量控制完成。

常用的 PLC 开关量输入接口按其使用的电源不同可分为直流输入接口、交流输入接口、交/直流输入接口，其基本电路如图 7-4 所示。为满足生产现场抗干扰的要求，开关量输入接口一般都要采取光电隔离技术，输入接口的电压等级为直流 5V、12V、24V、48V、60V，交流 48V、115V、220V 等，直流 24V 以下输入接口的点密度较高。

常用的开关量输出接口按输出开关器件不同可分为继电器输出、晶体管输出和双向晶闸管输出，其基本电路如图 7-5 所示。其中，可驱动直流负载的有晶体管输出接口和继电器输出接口；可驱动交流负载的有双向晶闸管输出接口和继电器输出接口。对于继电器输出接口，虽既可驱动交流负载又可驱动直流负载，但响应时间长，动作频率低；而晶体管输出接口和双

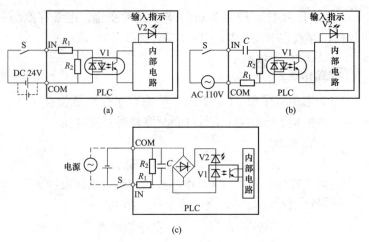

图 7-4　PLC 开关量输入接口基本电路

（a）直流输入；（b）交流输入；（c）交/直流输入

向晶闸管输出接口的响应速度快，动作频率高，实际中，可根据控制要求具体选择。

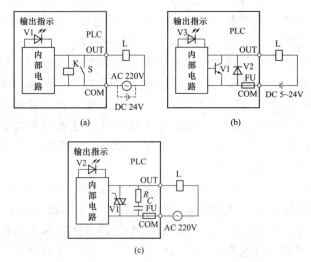

图 7-5　PLC 开关量输出接口基本电路

（a）继电器输出；（b）晶体管输出；（c）双向晶闸管输出

【考题精选】

1. FX2N 系列可编程序控制器继电器输出型，不可以（A）。

　　(A) 输出高速脉冲

　　(B) 直接驱动交流指示灯

　　(C) 驱动额定电流下的交流负载

　　(D) 驱动额定电流下的直流负载

2. FX2N 系列可编程序控制器（B）输出反应速度比较快。

　　(A) 继电器型　　　　　　　　(B) 晶体管和晶闸管型

　　(C) 晶体管和继电器型　　　　(D) 继电器和晶闸管型

3. 常用的开关量输入接口不包括（D）。

　　(A) 直流输入接口　　　　　　(B) 交流输入接口

　　(C) 交/直流输入接口　　　　　(D) 模拟量输入接口

考 点 ⑪　PLC 的工作原理

　　可编程序控制器的工作原理就是 CPU 扫描程序的过程，由于 CPU 不能同时处理多个操作任务，而只能每一时刻执行一个操作，一个操作完成后再接着执行下一个操作，所以 PLC 是采用"顺序扫描、不断循环"的方式进行工作的。即 PLC 运行时，CPU 根据用户按控制要求编制好并存于用户存储器中的程序，按指令步序号（或地址号）作周期性循环扫描。如果无跳转指令，则从第一条指令开始逐条顺序执行用户程序，直到程序结束，然后重新返回第一条指令，开始下一轮新的扫描。在每次扫描过程中，还要完成对输入信号的采样和对输出状态的刷新等工作，周而复始。

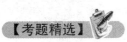

【考题精选】

1. 可编程序控制器停止时，（A）阶段停止执行。

　　(A) 程序执行　　　　　　　　(B) 存数器

(C) 传感器采样   (D) 输入采样

2. (×) 可编程序控制器的工作过程是并行扫描的工作过程。

考 点 ⑫   PLC 的扫描周期

执行一次扫描操作所需的时间称为扫描周期，典型值为 1～100ms，它包含输入采样、程序执行、输出刷新 3 个阶段。PLC 通电后，立即进入输入采样阶段，以扫描方式将输入端的状态采样后存入输入信号数据寄存器；然后进入程序执行阶段，从第一条程序开始先上后下、先左后右逐条扫描并执行；接着进入输出刷新阶段，将输出寄存器中与输出有关的状态进行输出处理，并通过一定方式输出，驱动外部负载，至此所用的时间即为 1 个扫描周期。

扫描周期大小与 CPU 运行速度、PLC 硬件配置、用户程序长短、时钟频率、扫描速度及程序的种类有很大关系，当用户程序较长时，程序执行时间在扫描周期中占相当大的比例。有的编程软件或编程器可以提供扫描周期的当前值，有的还可以提供扫描周期的最大值和最小值。

【考题精选】

1. PLC 的扫描周期与程序的步数、(D) 及所用指令的执行时间有关。

　　(A) 辅助继电器   (B) 计数器
　　(C) 计时器   (D) 时钟频率

2. (√) PLC 的扫描周期就是 PLC 机完成一个完整工作周期，即从读入输入状态到发出输出信号所用的时间。

考 点 ⑬   PLC 的工作过程

典型的可编程序控制器工作过程如图 7-6 所示。接通电源经过复位和初始化程序后，PLC 开始进入正常的循环扫描工作。

随后 PLC 进行自诊断查错，检查系统硬件和用户程序存储器。若发现错误，PLC 进入出错处理，判断错误的性质。如果是严重错误，PLC 将切断一切输出，停止运行用户程序，并通过指示灯发出警报；如果属于一般性错误，则只发出警报，等待处理，但不停机。

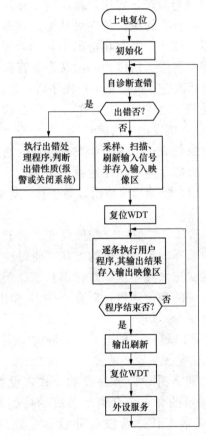

图 7-6 可编程序控制器工作过程

当检查未发现错误时，PLC 将进入输入采样阶段，首先以扫描方式按顺序将所有暂存在输入锁存器中的输入端子的通断状态或输入数据读入，并将其存入（写入）各对应的输入状态寄存器中，即刷新输入。随即关闭输入端口，进入程序执行阶段。在程序执行阶段，即使输入状态有变化，输入状态寄存器的内容也不会改变，变化了的输入信号状态只能在下一个扫描周期的输入采样阶段被读入。

PLC 在程序执行阶段，按用户程序指令存放的先后顺序扫描执行每条指令，所需的执行条件可从输入状态寄存器和当前输出状态寄存器中读入，经过相应的运算和处理后，其结果再写入输出状态寄存器中。所以，输出状态寄存器中所有的内容随着程序的执行而改变。执行完用户程序后，复位 WDT。设置 WDT 的目的是确保系统正常工作，如果在设定的时间内，WDT 不能被复位，则发出出错信号。

当所有指令执行完毕，输出状态寄存器的通断状态在输出刷新阶段送至输出锁存器中，并通过一定方式（继电器、晶体管或晶闸管）输出，驱动相应输出设备工作，这就是 PLC 的实际输出。

经过这几个阶段，完成一个扫描周期。对于小型 PLC，由于采用这种集中采样、集中输出的方式，使得在每一个扫描周期中，只对输入状态采样一次，对输出状态刷新一次，在一定程度上降低了系统的响应速度，即存在输入/输出滞后的现象。但从另外一个角度看，却大大提高了系统的抗干扰能力，使可靠性增强。另外，PLC 几毫秒至几十毫秒的响应延迟对一般工业系统的控制来讲是无关紧要的。

最后，PLC 进入外设服务命令的操作。设置外设服务是为了方便操作人员的介入，有利于系统的控制和管理，但并不影响系统的正常工作。若没有外设命令或外设命令处理完毕后，PLC 自动再次进入自诊断操作，自动循环扫描运行。

【考题精选】

1. 可编程序控制器 RUN 模式下，执行程序是（A）。

（A）输入采样→执行用户程序→输出刷新

（B）执行用户程序→输入采样→输出刷新

（C）输入采样→输出刷新→执行用户程序

（D）以上都不对

2. PLC 在程序执行阶段，输入信号的改变会在（A）扫描周期读入。

（A）下一个　　　　　　（B）当前

（C）下两个　　　　　　（D）下三个

考点 14　PLC 与继电器控制系统的区别

（1）控制逻辑的区别。继电器控制系统采用硬接线，利用继电器机械触头的串联或并联及延时继电器的滞后动作等组合成控制逻辑，其连线多而复杂，体积大，功耗大、易磨损、寿命短，一旦系统构成后，想再改变或增加控制逻辑都很困难。另外，继电器触头数目有限，一般只有 4～8 对触头，因此灵活性和扩展性都很差。而 PLC 控制系统采用存储器，其控制逻辑以程序方式存储在内存中，要改变控制逻辑，只需改变程序，故称为"软接线"，其连线少、体积小、功耗小、无磨损、寿命长，加之 PLC 中每只软继电器的触头使用次数不限，因此灵活性和扩展性都很好。

（2）工作方式的区别。当电源接通时，继电器控制系统中各继电器都处于受制约状态，即该吸合的都应吸合，不该吸合的都因受某种条件限制不能吸合。而 PLC 控制系统中，各继电器都处于周期性循环扫描接通之中，从宏观上看，每个继电器受制约接通的时间是短暂的。

（3）控制速度的区别。继电器控制系统依靠触头的机械动作实现控制，工作频率低，触头的动作一般在几十毫秒数量级，另外机械触头还会出现抖动问题。而 PLC 控制系统是由程序指令控制半导体电路来实现控制的，速度极快，一般一条用户指令的执行时间在微秒数量级。PLC 内部还有严格的同步，不会出现抖动问题。

（4）限时控制的区别。继电器控制系统利用时间继电器的滞后动作进行限时控制，其定时精度不高，且易受环境湿度和温度变化的影响，调整时间困难。有些特殊的时间继电器结构复杂，不便维护。而 PLC 控制系统使用半导体集成电路作定时器，时基脉冲由晶体振荡器产生，精度相当高，定时范围一般从 0.001s 到几十分钟甚至更长。用户可根据需要在程序中设定定时值，然后由软件和硬件计数器来控制定时时间，定时精度小于 10ms，且定时时间不受环境的影响。

（5）计数控制的区别。PLC 控制系统能实现计数功能，而继电器控制系统一般不具备计数控制功能。

（6）设计与施工的区别。使用继电器控制系统完成一项控制工程，其设计、施工、调试必须依次进行，周期长，而且修改困难。工程越大，这一点就越突出。而用 PLC 控制系统完成一项控制工程，在系统设计完成以后，现场施工和控制逻辑的设计（包括梯形图和程序设计）可以同时进行，周期短，且调试和修改都很方便。

（7）可靠性和可维护性的区别。继电器控制系统使用了大量的机械触头和连接线，触头开闭时会受到电弧的损坏，并有机械磨损，寿命短，因此可靠性和可维护性差。而 PLC 控制系统采用微电子技术，大量的开关动作由无触头的半导体电路来完成，体积小、寿命长、可靠性高。PLC 控制系统还配备有自检和监督功能，能检查出自身的故障，并随时显示给操作人员，还能动态地监视控制程序的执行情况，为现场调试和维护提供了方便。

（8）价格的区别。继电器控制系统使用机械开关、继电器和接触器，价格比较便宜，而 PLC 控制系统使用大规模集成电路，价格比较昂贵。

综上所述，PLC 控制系统在性能上优于继电器控制系统，特别是具有可靠性高、体积小、功耗低、设计施工周期短、调试修改方便、维护简便的特点，但在很小的系统中使用时，价格要高于继电器控制系统。

【考题精选】

1. 用 PLC 控制可以节省大量继电器－接触器控制电路中的（D）。

　　（A）交流接触器　　　　　（B）熔断器

　　（C）开关　　　　　　　　（D）中间继电器和时间继电器

2. 可编程序控制器通过编程可以灵活地改变（D），实现改变常规电气控制电路的目的。

　　（A）主电路　　　　　　　（B）硬接线

　　（C）控制电路　　　　　　（D）控制程序

考点 15　PLC 的主要技术性能指标

PLC 的主要技术性能指标通常有以下几种，另外，生产厂家还提供 PLC 的外形尺寸、质量、保护等级、适用温度、相对湿度、大气压等性能指标参数，供用户参考。

（1）I/O 点数。指 PLC 的外部输入和输出端子数，这是一项重要技术指标，通常小型机有几十个点，中型机有几百个点，大型机超过千点。

（2）用户程序存储容量。指衡量 PLC 所能存储用户程序的多少，在 PLC 中，程序指令是按"步"存储的，1"步"占用 1 个地址单元，1 条指令有的往往不止 1"步"。1 个地址单元一般占两个字节（约定 16 位二进制数为 1 个字，即两个 8 位的字节）。如一个内存容量为 1000 步的 PLC，其内存为 2K 字节。

（3）扫描速度。指扫描 1000 步用户程序所需的时间，以 ms/千步为单位，有时也可用扫描一步指令的时间计，如

μs/步。

(4) 指令系统条数。PLC 具有基本指令和高级指令，指令的种类和数量越多，其软件功能越强。

(5) 编程元件的种类和数量。编程元件是指输入继电器、输出继电器、辅助继电器、定时器、计数器、通用"字"寄存器、数据寄存器及特殊功能继电器等，其种类和数量的多少关系到编程是否方便灵活，也是衡量 PLC 硬件功能强弱的一个指标。

(6) 可扩展性。小型 PLC 的基本单元（主机）多为开关量 I/O 接口，各厂家在 PLC 基本单元的基础上大力发展模拟量处理、高速处理、温度控制、通信等智能扩展模块，智能扩展模块的多少及性能也已成为衡量 PLC 产品水平的标志。

(7) 通信功能。通信有 PLC 之间的通信和 PLC 与计算机或其他设备之间的通信，主要涉及通信模块、通信接口、通信协议、通信指令等内容。

【考题精选】

1. （B） 是 PLC 主机的技术性能范围。

　　(A) 光敏传感器　　　　　(B) 数据存储器

　　(C) 温度传感器　　　　　(D) 行程开关

2. PLC 的主要技术性能指标不包括（D）。

　　(A) I/O 点数　　　　　　(B) 存储容量

　　(C) 指令系统　　　　　　(D) 编程软件

考点 16　PLC 的 I/O 点数的选择

PLC 的 I/O 点数的多少，在很大程度上反映了 PLC 系统的功能要求，因此应该在满足控制要求的前提下合理选用 PLC 的 I/O 点的数量，但必须留有一定的裕量。通常 I/O 点数是根据被控对象的输入、输出信号的统计点数，再增加 $10\% \sim 20\%$ 的可扩展裕量作为估算数据。

【考题精选】

1. 选择 PLC 的 I/O 点数时，在满足控制要求的前提下，还要留有（C）裕量。

　　(A) 5%～10%　　　　　　(B) 10%～15%

　　(C) 10%～20%　　　　　　(D) 20%～30%

2.（×）设计 PLC 系统时，I/O 点数不需要留有裕量。

考点 17　PLC 型号的概念

FX 系列是由三菱公司近年来推出的高性能小型 PLC，以逐步取代三菱公司原 F、F1、F2 系列，具有较高的性能价格比，应用广泛。三菱 FX 系列 PLC 型号由字母和数字组成，其格式及含义如下。

$$FX \quad □—□ \quad □ \quad □—□$$
$$① \quad ② \quad ③ \quad ④ \quad ⑤$$

（1）系列名称。0、2、0S、1S、0N、1N、2N、2NC。

（2）I/O 点总数。6～256。

（3）单元类型。M－基本单元；E－输入/输出混合扩展单元；EX－扩展输入模块；EY－扩展输出模块。

（4）输出方式。R－继电器输出；S－晶闸管输出；T－晶体管输出。

（5）特殊品种。D－DC 电源，DC 输出模块；A－AC 电源（100～120V），AC 输出模块；H－大电流输出扩展模块；V－立式端子排的扩展模块；C－接插口输入/输出方式；F－输入滤波时间常数为 1ms 的扩展模块，无－AC 电源、DC 输入、横式端子排、标准输出。

例如，FX2N－48MR－D 表示 FX2N 系列，48 个 I/O 点数，基本单元，继电器输出，使用直流电源、直流输出型。

【考题精选】

1. FX2N－20MT 可编程序控制器表示（C）型。

　　（A）继电器输出　　　　　　（B）晶闸管输出

　　（C）晶体管输出　　　　　　（D）单结晶体管输出

2.（×）FX2N－40FR 表示 FX2N 系列基本单元，输入和输出总点数为 40，继电器输出方式。

考点 ⑱　PLC 梯形图中的元件符号

　　PLC 内部的编程元件从物理性质上来说是电子电路及存储器，按通俗叫法分别称为输入继电器、输出继电器、辅助继电器、状态继电器、定时器、计数器、数据寄存器等，鉴于它们的物理属性，称之为软继电器或软元件，它们与真实元件之间有很大的差别。这些编程用的软继电器的工作线圈没有工作电压等级、功耗大小、电磁惯性、机械磨损和电蚀等问题，触头也没有数量限制，在不同的指令操作下，其工作状态可以无记忆，也可以有记忆，还可以用作脉冲数字元件使用。

　　（1）输入继电器（X）。输入继电器是光电隔离的电子继电器，它与输入端相连，专门用来接收 PLC 外部的开关信号。输入继电器必须由外部信号驱动，不能由程序驱动，所以在程序中不可能出现其线圈，线圈的吸合或释放只取决于 PLC 外部触头的状态。输入继电器内部有动断、动合两种触头供编程时随时使用，且使用次数不限。

　　（2）输出继电器（Y）。输出继电器是光电隔离的电子继电器，它与输出端相连，专门用来输出 PLC 内部的开关信号直接驱动外部负载（用户设备）。输出继电器的线圈由内部程序控制，内部的动断、动合两种触头供编程时随时使用，且使用次数不限。

　　（3）辅助继电器（M）。辅助继电器又称为中间继电器，它与外部没有任何联系，不能直接驱动外部负载，只供内部编程使用，且其内部的动断、动合两种触头使用次数不受限制。PLC 内部有很多辅助继电器，其动作原理与输出继电器一样，只能由程序驱动。

（4）状态继电器（S）。状态继电器是用于编制顺序控制程序的一种编程元件（状态标志），常与 STL 指令（步进梯形指令）配合使用，主要用于编程过程中顺控状态的描述和初始化。它与 STL 指令组合使用，容易编制出易懂的顺控程序。当不对状态继电器使用步进梯形指令时，可以把它们当作普通辅助继电器（M）使用。

（5）定时器（T）。定时器的作用相当于一个继电器控制系统中的通电型时间继电器，其内部的动断、动合两种延时触头使用次数不受限制。PLC 内部可提供 256 个定时器，它的编号为 T000～T255，定时器的设定值可由用户程序存储器内的常数 K 设定，也可以由指定的数据寄存器（D）的存储数据来设定。

（6）计数器（C）。计数器的作用是执行扫描操作时对内部元件 X、Y、M、S、T、C 的触头通断次数进行计数，其内部的动断、动合两种触头使用次数不受限制。PLC 内部可提供 256 个计数器，它的编号为 C000～C255，当计数器计数次数达到设定值时，其输出触头动作。计数器的设定值可由用户程序存储器内的常数 K 设定，也可以由指定的数据寄存器（D）的存储数据来设定。

（7）数据寄存器（D）。数据寄存器主要用来存储参数及工作数据，它包括模拟量控制、位置控制、数据输入/输出等工作中所用到的数据。

（8）内部指针（P/I）。内部指针（P/I）是在程序执行到内部时用来指示分支指令的跳转目标和中断程序的入口标号，它包括分支和子程序用的指针（P）和中断用的指针（I）。

（9）常数（K、H）。K 是表示十进制整数的符号，主要用来指定定时器或计数器的设定值及应用功能指令操作数中的数值。H 是表示十六进制数，主要用来表示应用功能指令的操作数值。例如，20 用十进制表示为 K20，用十六进制则表示为 H14。

【考题精选】

1. FX2N 系列可编程序控制器定时器用（C）表示。

(A) X　　　　　　　　　(B) Y

(C) T　　　　　　　　　(D) C

2. FX2N 系列可编程序控制器计数器用（D）表示。

(A) X　　　　　　　　　(B) Y

(C) T　　　　　　　　　(D) C

3. 继电器－接触器控制电路中的时间继电器在 PLC 控制中可以用（A）替代。

(A) T　　　　　　　　　(B) C

(C) S　　　　　　　　　(D) M

考点 19　PLC 定时器的基本概念

定时器中有一个设定值寄存器（一个字长）、一个当前值寄存器（一个字长）和一个用来存储其输出触头的映像寄存器（一个二进制位），这 3 个量使用同一地址编号。定时器的工作原理是根据时钟脉冲的累积形式，将 PLC 内的 1ms、10ms、100ms 等时钟脉冲周期进行加法计数，当所计时间达到规定的设定值时，其输出触头动作。PLC 内部可提供 256 个定时器，可分为通用定时器和积算定时器，采用 T 与十进制数共同组成的编号 T000～T255。

通用定时器编号范围为 T0～T245，其中 T0～T199 为时钟脉冲周期 100ms 的定时器，设定值为 1～32767s，所以其定时范围为 0.1～3276.7s；T200～T245 为时钟脉冲周期 10ms 的定时器，设定值为 1～32767s，所以其定时范围为 0.01～327.67s。

积算定时器编号范围为 T246～T255，其中 T246～T249 为时钟脉冲周期 1ms 的定时器，设定值为 1～32767s，所以其定时范围为 0.001～32.767s；T250～T255 为时钟脉冲周期 100ms 的定时器，设定值为 1～32767s，所以其定时范围为 0.1～3276.7s

【考题精选】

1. 在 FX2N 系列 PLC 中，T200 的定时精度为（B）。

(A) 1ms (B) 10ms

(C) 100ms (D) 1s

2. 在 FX2N 系列 PLC 中，（D）是积算定时器。

(A) T0 (B) T100

(C) T245 (D) T255

3. （√）FX2N 系列 PLC 共有 256 个定时器。

考点 20 PLC 梯形图的基本结构

可编程序控制器的编程语言主要有梯形图、指令语句表（或称指令助记符语言）、逻辑功能图和高级编程语言 4 种，其中梯形图和指令语句表是较常用的 PLC 编程语言，并且两者常常联合使用。

PLC 梯形图是一种从继电器控制电路图演变而来的图形语言，它借助类似于继电器的动合触头、动断触头、线圈以及串联与并联等术语和符号，根据控制要求连接而成的表示 PLC 输入和输出之间逻辑关系的图形，具有形象、直观、实用和逻辑关系明显等特点，是电气工作者易于掌握的一种编程语言。用 PLC 的梯形图替代继电器控制系统，其实就是替代控制电路部分，而主电路部分基本保持不变。尽管 PLC 与继电器控制系统的逻辑部分组成元件不同，但在控制系统中所起的逻辑控制条件作用是一致的。PLC 梯形图与继电器控制电路图相呼应，但绝不是一一对应的。

PLC 梯形图的基本结构如图 7-7 所示，通常用图形符号 ┤├ 表示 PLC 编程元件的动合触头、用图形符号 ┤/├ 表示 PLC 编程元件的动断触头，用图形符号 ┤ ├ 或 ─○─ 表示它们的线圈，梯形图中编程元件的种类用图形符号及标注的字母或数字加以区别。

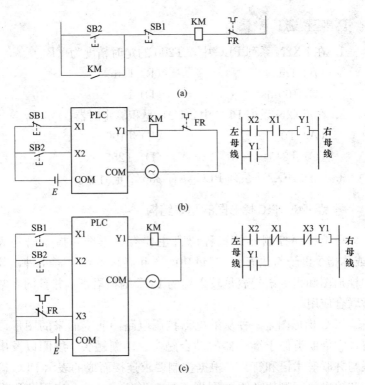

图 7-7　PLC 梯形图的基本结构

（a）电气原理图；（b）PLC 梯形图（形式一）；（c）PLC 梯形图（形式二）

在 PLC 外部接线时，停止按钮 SB1 有两种接法：一种按照图 7-7（b）的接法，SB1 在 X1 端子上仍接成动断触头形式，则在编制梯形图时，用的是动合触头 X1；另一种按照图 7-7（c）的接法，将 SB1 在 X1 端子上接成动合触头形式，则在编制梯形图时，用的是动断触头 X1。为了使梯形图和继电器控制电路一一对应，PLC 输入设备的触头应尽可能地按动合触头形式进行设计更为合适，不易出错。如果某些信号只能用动断触头输入，可先按输入设备为动合触头来设计，然后将梯形图中对应的输入继电器触头取反（动合触头改成动断触头、动断触头改成动合触头）。

【考题精选】

1.（A）是可编程序控制器使用较广的编程方式。

(A) 梯形图   (B) 逻辑图

(C) 位置图   (D) 功能表图

2.（×）PLC 的输出线圈可以放在梯形图逻辑行的中间任意位置。

考点 21 双线圈输出的概念

在 PLC 的用户程序中，同一个编程元件的线圈使用了两次或两次以上，称为双线圈输出。双线圈输出在有些 PLC 中视为程序错误，绝对不允许；在有些 PLC 中则将前面的输出视为无效，只有最后一次输出有效，这样容易产生误动作，使输出继电器快速振荡，从而导致整个系统的失调和不稳定，所以一般应避免出现双线圈输出现象。但在程序中若含有跳转指令或步进指令时，只要能保证在同一扫描周期内只执行其中一个线圈对应的逻辑运算，这样的双线圈输出是允许的。

【考题精选】

1. 双线圈错误是当指令线圈（D）使用时，会发生同一线圈接通和断开的矛盾。

(A) 两次   (B) 八次

(C) 七次   (D) 两次或两次以上

2.（√）双线圈输出容易引起误动作，应尽量避免线圈重复使用。

考点 22 线圈的并联输出方法

在梯形图中两个或两个以上的线圈可以并联输出，但编号必须不同。在梯形图中串联和并联触头的个数不受限制，可无限次使用。

【考题精选】

1. PLC 梯形图编程时，右端输出继电器的线圈能并联（B）个。

    （A）1   （B）不限

    （C）0   （D）2

2. （×）PLC 梯形图编程时，多个输出继电器的线圈不能并联放在右端。

考点 23 PLC 梯形图的编写规则

PLC 生产厂在为用户提供完整的指令的同时，还附有详细的编程规则，它相当于应用指令编写程序的语法，用户必须遵循这些规则进行编程。由于各个 PLC 的生产厂家不同，指令也有区别，所以编程规则也不尽相同。但是，为了让用户编程方便、易学，各规则也有很多相同之处。

（1）PLC 编程元件的触头在编制程序时的使用次数是无限制的。

（2）梯形图的每一逻辑行（梯级）皆起始于左母线，终止于右母线。各种元件的输出线圈符号应放在一行的最右边，一端与右边母线相连，不允许直接与左母线相连或放在触头的左边；任何触头不能放在线圈的右边与右母线相连。

（3）编制梯形图时，应尽量做到自左至右顺序进行，按逻辑动作的先后从上往下逐行编写，不得跳跃和遗漏，并易于编写指令语句表，PLC 将按此顺序执行程序。

（4）在梯形图中应避免将触头画在垂直线上，这种桥式梯形图无法用指令语句表编程，应改画成能够编程的形式，如图 7－8 所示。

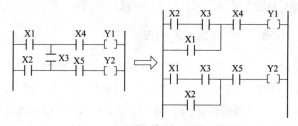

图 7－8　将无法编程的梯形图改画

（5）每一逻辑行内的触头可以串联、并联，但输出继电器线圈之间只可以并联，不能串联。同一继电器、计数器、定时器的触头，可无限制多次反复使用，但在一个程序中应避免重复使用同一编号的继电器线圈。

（6）计数器和保持器有两个输入（计数端和复位端，置位端和复位端），编程时应按具体要求决定此两个输入端信号出现的次序，否则会造成误动作，把复位和计数（置位）颠倒。

（7）程序较为复杂时，可采用子程序，子程序可以为多个，但主程序只有一个。

（8）程序的结束行用 END 表示。

【考题精选】

1. PLC 编程时，子程序可以有（A）个。
　　（A）无限　　　　　　　　（B）3
　　（C）2　　　　　　　　　 （D）1

2. PLC 编程时，主程序可以有（A）个。
　　（A）1　　　　　　　　　 （B）2
　　（C）3　　　　　　　　　 （D）无限

3. FX2N 系列可编程序控制器梯形图规定串联和并联的触

头数是（B）。

    （A）有限的   （B）无限的

    （C）最多 4 个   （D）最多 7 个

考点 24　PLC 梯形图的编程技巧

（1）绘制等效电路。如果梯形图构成的电路结构比较复杂，用 ANB、ORB 等指令难以解决，可重复使用一些触头画出它的等效电路，然后再进行编程，如图 7-9 所示。这样处理可能会多用一些指令，但不会增加硬件成本，对系统的运行也不会有什么影响。

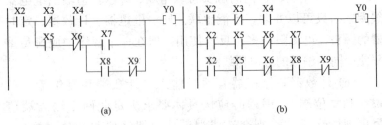

图 7-9　绘制等效电路

(a) 复杂电路；(b) 等效电路

（2）设置中间单元。在梯形图中，如果多个线圈都受同一触头串并联电路控制，那么为了简化程序，可以在编程过程中设置一个用该电路控制的辅助继电器，辅助继电器类似于继电器电路中的中间继电器，如图 7-10 所示。图中 M100 即为辅助继电器，当 M100 动合触头断开时，都使 Y431、Y432、Y430 线圈断开。

（3）尽量减少输入、输出信号。PLC 的价格与 I/O 点数有关，因此减少 I/O 点数是降低硬件费用的最主要措施。如果几个输入器件触头的串并联电路总是作为一个整体出现，则可以将它们视为同一个输入信号，只占 PLC 的一个输入点。

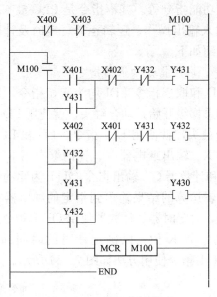

图 7-10 设置中间单元

【考题精选】

1. 对于复杂的 PLC 梯形图设计时，一般采用（B）。

  （A）经验法　　　　　　　（B）顺序控制设计法

  （C）子程序　　　　　　　（D）中断程序

2. 对于小型开关量 PLC 梯形图程序，一般只有（D）。

  （A）初始化程序　　　　　（B）子程序

  （C）中断程序　　　　　　（D）主程序

考点 25　PLC 的基本指令

虽然各个 PLC 生产厂家的指令系统有差异，但是梯形图等的格式相同，编程时各种指令也大同小异，具体的指令应按照生产厂家的使用说明书。通常 PLC 指令系统包括基本指令、定时/计数器指令、数值运算指令、数据变换处理指令、程序控制指令以及其他功能指令等。基本指令是 PLC 最基本的指令，主要用来完成输入输出操作、逻辑运算、定时及计数操作等，部分基本指令介绍如下。

1. 取指令、取反指令和输出指令

取指令 LD 和取反指令 LDI 均为起始指令，用在每一个梯级的开始。如果梯级开始是动合触头，就使用 LD 指令；如果梯级开始是动断触头，就使用 LDI 指令。LD 和 LDI 指令均可用于输入继电器 X、输出继电器 Y、辅助继电器 M、状态继电器 S、定时器 T 和计数器 C。输出指令 OUT 为驱动线圈的输出指令，用于将逻辑运算的结果输出到指定的继电器（不包括输入继电器）线圈，对定时器、计数器使用 OUT 指令后，还必须跟随设定十进制常数 K 值，以确定计时的时间和计数的数据。LD、LDI、OUT 指令使用方法如图 7-11 所示。

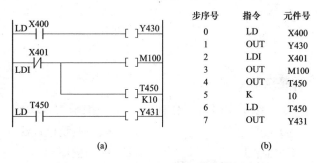

图 7-11 LD、LDI、OUT 指令使用方法

(a) 梯形图；(b) 指令语句表

LD 和 LDI 指令对应的触头一般与左侧母线相连。线圈和输出类指令应放在梯形图的最右边。OUT 指令可以连续使用若干次，相当于线圈的并联，常数 K 占一个步序。

2. 与指令和与非指令

与指令 AND 用于串联单个动合触头，与非指令 ANI 用于串联单个动断触头，串联触头的个数没有限制，可连续使用。与指令和与非指令均可以用于输入继电器 X、输出继电器 Y、辅助继电器 M、状态继电器 S、定时器 T 和计数器 C。AND、ANI 指令使用方法如图 7 - 12 所示。

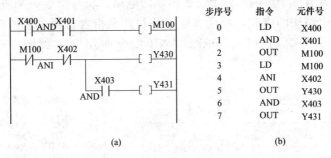

步序号	指令	元件号
0	LD	X400
1	AND	X401
2	OUT	M100
3	LD	M100
4	ANI	X402
5	OUT	Y430
6	AND	X403
7	OUT	Y431

(a)　　　　　　　　　(b)

图 7 - 12　AND、ANI 指令使用方法

(a) 梯形图；(b) 指令语句表

3. 或指令和或非指令

或指令 OR 用于并联单个动合触头，或非指令 ORI 指令用于并联单个动断触头。或指令和或非指令均可以用于输入继电器 X、输出继电器 Y、辅助继电器 M、状态继电器 S、定时器 T 和计数器 C。OR、ORI 指令使用方法如图 7 - 13 所示。

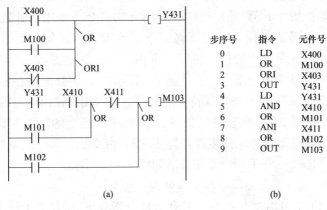

步序号	指令	元件号
0	LD	X400
1	OR	M100
2	ORI	X403
3	OUT	Y431
4	LD	Y431
5	AND	X410
6	OR	M101
7	ANI	X411
8	OR	M102
9	OUT	M103

(a)　　　　　　　　　(b)

图 7 - 13　OR、ORI 指令使用方法

(a) 梯形图；(b) 指令语句表

4. 块或指令和块与指令

块或指令 ORB 用于串联电路块的并联，所谓串联电路块，是指含有两个或两个以上触头串联的电路。块与指令 ANB 用于并联电路块的串联，所谓并联电路块，是指含有两个或两个以上触头并联的电路。ORB、ANB 指令使用方法如图 7 - 14 所示。

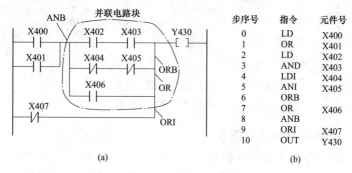

步序号	指令	元件号
0	LD	X400
1	OR	X401
2	LD	X402
3	AND	X403
4	LDI	X404
5	ANI	X405
6	ORB	
7	OR	X406
8	ANB	
9	ORI	X407
10	OUT	Y430

图 7 - 14　ORB、ANB 指令使用方法

(a) 梯形图；(b) 指令语句表

5. 复位指令和置位指令

复位指令 RST 是使操作保持断开的指令，专用于计数器、移位寄存器的复位，它可以将计数器的当前值恢复到设定值，或将移位寄存器中的信息清零，可用于输出继电器 Y、辅助继电器 M、状态继电器 S、定时器 T、计数器 C 和数据寄存器 D。置位指令 SET 是使操作保持接通的指令，可用于输出继电器 Y、辅助继电器 M 和状态继电器 S。若将 SET 指令的输入逻辑断开，该继电器仍然保持接通，直到 RST 指令执行时，继电器才断开。RST、SET 指令使用方法如图 7 - 15 所示。

6. 上升沿微分指令和下降沿微分指令

(1) 上升沿微分指令。上升沿微分指令 PLS 专用于输出继电器 Y、辅助继电器 M 在逻辑条件从断开到接通时，产生一个脉宽等于扫描周期的脉冲信号，可用于计数器和移位寄存器的

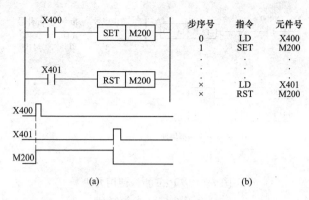

图 7－15　RST、SET 指令使用方法

(a) 梯形图；(b) 指令语句表

复位脉冲。使用 PLS 指令，可以将输入的宽脉冲信号变成脉宽等于扫描周期的触发脉冲信号，并保持原信号的周期不变。PLS 指令使用方法如图 7－16 所示。

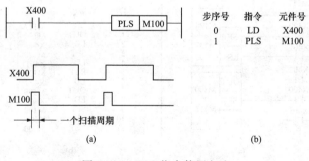

图 7－16　PLS 指令使用方法

(a) 梯形图；(b) 指令语句表

（2）下降沿微分指令。下降沿微分指令 PLF 专用于输出继电器 Y、辅助继电器 M 在逻辑条件从接通到断开时，产生一个脉宽等于扫描周期的脉冲信号。PLF 指令使用方法如图 7－17 所示。

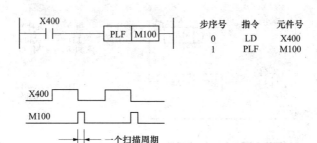

一个扫描周期

(a)   (b)

图 7 - 17   PLF 指令使用方法

(a) 梯形图；(b) 指令语句表

7. 移位指令

移位指令 SFT 用于对移位寄存器中的内容进行移位操作，该指令应与 OUT 和 RST 指令结合使用，以实现对移位寄存器的各种操作。SFT 指令使用方法如图 7 - 18 所示。

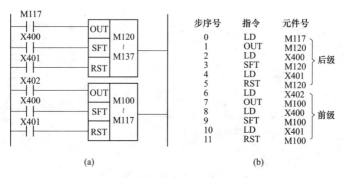

(a)   (b)

图 7 - 18   SFT 指令使用方法

(a) 梯形图；(b) 指令语句表

8. 空操作指令

空操作指令 NOP 用于程序的修改，是无操作元件号的独立指令。NOP 指令在程序中占一个步序，可在编程时预先插入，以备修改和增加指令。若用 NOP 指令取代已写入的指令，则可以修改电路，并将使原梯形图的构成发生较大的变化。NOP 指令使用方法如图 7 - 19 所示。

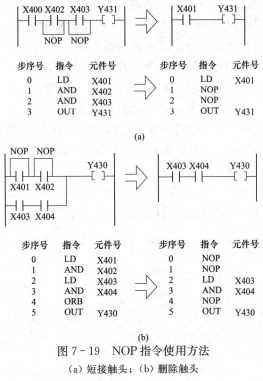

图 7 - 19　NOP 指令使用方法

(a) 短接触头；(b) 删除触头

9. 进栈指令、读栈指令和出栈指令

进栈指令 MPS、读栈指令 MRD 和出栈指令 MPP 用于多重输出电路。

进栈指令 MPS 用于存储电路中分支处的逻辑运算结果，以便后面处理有线圈的支路时可以调用该运算结果。使用一次 MPS 指令，当时的逻辑运算结果压入堆栈的第一层，堆栈中原来的数据依次向下一层推移。

读栈指令 MRD 用于读取存储在堆栈最上层的电路中分支点处的运算结果，将下一触头强制性地连接在该点，读数后堆栈内的数据不会上移或下移。

出栈指令 MPP 用于将存储在电路中分支点的运算结果弹出（调用并去掉），将下一触头连接在该点后，从堆栈中去掉该点的运算结果。使用 MPP 指令时，堆栈中各层的数据向上移动一层，最上层的数据在读出后从栈内消失。

MPS、MRD、MPP 指令使用方法如图 7-20 所示，首先 MPS 指令会将分支处的逻辑运算结果（即 X000 触头的状态）存储起来，送入堆栈中，第 1 路输出后面的指令正常书写；第 2 路输出首先使用 MRD 指令读取已经存储下来的支路运算结果，再用 AND 指令与后面并联的输入继电器 X002 的动合触头连接，控制输出继电器 Y004 的输出；第 3 路的输出使用 MPP 指令将已经存储下来的支路运算结果弹出并去掉，所以输入继电器 X003 的动合触头要使用 LD 指令。

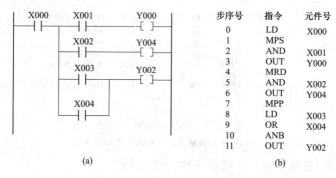

图 7-20 MPS、MRD、MPP 指令使用方法
(a) 梯形图；(b) 指令语句表

10. 主控指令和主控复位指令

主控指令 MC 用于表示主控区的开始，主控复位指令 MCR 用于表示主控区的结束，它们只能用于输出继电器 Y 和辅助继电器 M。

MC、MCR 指令使用方法如图 7-21 所示，当输入继电器 X002 的动合触头闭合时，左母线上串联的辅助继电器 M10 接通，MC 指令到 MCR 指令之间的 3 个梯级都能得到执行。此时，若输入继电器 X003 与 X004 的动合触头都闭合，则输出继电器 Y004 接通；若输入继电器 X005 接通，则输出继电器 Y005 接通；若输入继电器 X006 保持常闭，则定时器 T6 开始延时。当输入继电器 X002 的动合触头断开时，MC 指令到 MCR 指令之间的 3 个梯级不执行，程序跳到 MCR 下面执行。此时，输出继电器 Y004 和 Y005 均断开，定时器 T6 复位。

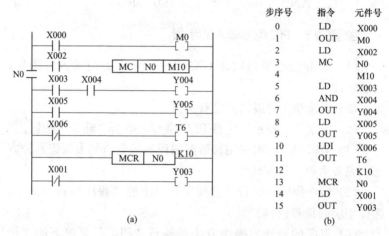

图 7-21　MC、MCR 指令使用方法

(a) 梯形图；(b) 指令语句表

11. 程序结束指令

程序结束指令 END 是无操作元件号的独立指令，用于表示程序结束，可强制结束当前的扫描执行程序。PLC 在循环扫描的工作过程中，对 END 指令以后的程序不再执行，而直接进入输出处理阶段。因此，在调试程序过程中，可利用 END 指令对程序进行分段调试，调试好以后必须删去程序中间的 END 指令。

【考题精选】

1. FX2N 系列可编程序控制器输入动合触头用（A）指令。

    （A）LD   （B）LDI

    （C）OR   （D）ORI

2. FX2N 系列可编程序控制器中电路块并联用（D）指令。

    （A）AND   （B）ANI

    （C）ANB   （D）ORB

考点 26　PLC 程序输入的步骤

（1）双击三菱编程软件 GX－Developer 的快捷方式图标，启动软件。

（2）创建新文件或打开已有文件。

（3）根据菜单提示，选择 PLC 型号，单击"确认"按钮。

（4）编辑程序，可采用梯形图编程和指令语句表编程两种方法，完成后可以相互转换。

（5）检查程序，执行"选项"菜单下的"程序检查"命令，选择相应的检查内容。

（6）程序的传送，操作方法是执行"PLC"菜单下的"传送"命令完成相应的操作，如点击"读入"——将 PLC 中的程序传送到计算机中；点击"写入"——将计算机中的程序发送到 PLC 中；点击"校验"——将计算机和 PLC 中的程序加以校验。

传送程序时，应注意以下几个事项。

1）将程序写入 PLC 时，首先应将存储器清零。

2）计算机的 RS－232C 端口与 PLC 之间必须用指定的电缆线及转换器连接。

3）执行完"读入"后，计算机中的程序将丢失，原有的程序将被读入的程序所替代，PLC 模式改变为被设定的模式。

4）在"写入"时，PLC 应停止运行，程序必须在 RAM 或

EEPROM 内存保护关断的情况下写出，然后进行校验。

1. 将程序写入可编程序控制器时，首先将存储器清零，然后按操作说明写入（B），结束时用结束指令。

　　（A）地址　　　　　　　　（B）程序

　　（C）指令　　　　　　　　（D）序号

2. 将程序写入可编程序控制器时，首先将（A）清零。

　　（A）存储器　　　　　　　（B）计数器

　　（C）计时器　　　　　　　（D）计算器

考 点 27　PLC 与编程设备的连接方法

1. 电源部分的连接方法

（1）PLC 的电源接在端子 L 和端子 N 之间。

（2）电源电压不能超过电压的允许范围 AC185～264V。

（3）为避免发生无法补救的重大事故，应具有急停电路。

（4）为防止发生短路故障，应选用 250V、1A 的熔断器。

（5）为防止因电源电压波动过大或过强的噪声干扰而引起整个控制系统瘫痪，可采取隔离变压器等。

（6）不能将外部电源线接到内部提供 24V 直流电源的端子上。

（7）PLC 的接地线应为专用接地线，进行单独接地。

2. 输入部件和输出部件的连接方法

（1）输入部件导线尽可能远离输出部件导线、高压线及电动机等干扰源。

（2）不能将输入部件和输出部件接到带"·"的端子上。

（3）PLC 各"COM"端均为独立的，当各负载使用不同电压时，可采用独立输出方式；而各个负载使用相同电压时，可采用公共输出方式，这时应使用型号为 AFP1803 的短路片，将它们的"COM"端短接起来。

（4）若输出端接感性负载时，需根据负载的不同情况接入相应的保护电路。在交流感性负载两端并联 RC 串联电路；在直流感性负载两端并联二极管保护电路；在带低电流负载的输出端并联一个泄放电阻以避免漏电流的干扰。

（5）在 PLC 内部输出接口电路中没有熔断器，为防止因负载短路而造成输出短路，应在外部输出电路中安装熔断器。

3. FX 系列 PLC 与编程器、计算机的连接方法

（1）PLC 通信端口的选择。在 FX 系列可编程控制的面板上有多个通信端口，如与便携式编程器的通信端口、与特殊功能模块的通信端口、与计算机的通信端口等，只有选择计算机的通信端口才能实现与计算机之间的通信。

（2）计算机通信端口的选择。在计算机的后面板上也有很多端口，如视频输出端口、音频输出端口、USB 端口等。其中，与 FX2N 系列 PLC 通信的端口模式是 RS-232C。

（3）PLC 与计算机通信端口的选择。计算机的通信端口 RS-232C 为 9 针，而 PLC 与计算机的通信端口 RS-232C 却只有 7 针，所以通信时，要在两者之间通过转换器进行转换。通信端口有 FX-232AVC 型 RS-232 C/RS-422 转换器（便捷式）、FX-232AW 型 RS-232 C/RS-422 转换器（内置式）及其他指定的转换器可选。

（4）PLC 与计算机通信缆线的选择。计算机与 PLC 端口所选用的缆线不同，通信缆线有 FX-422CAB 型 RS-422 缆线（用于 FX2、FX2C 型 PLC，0.3m）、FX-422CAB-150 型 RS-422 缆线（用于 FX2、FX2C 型 PLC，1.5m）及其他指定的缆线可选。

【考题精选】

1. FX2N 系列 PLC 的通信口是（A）模式。

（A）RS-232　　　　　　　（B）RS-485

（C）RS-422　　　　　　　（D）USB

2. 以下属于 PLC 与计算机连接方式的通信口是（D）。

(A) RS-232　　　　　　(B) RS-422

(C) RS-485　　　　　　(D) 以上都是

考点 28　PLC 接地与布线的注意事项

1. PLC 接地

（1）一点接地和多点接地。一般情况下，高频电路应就近多点接地，低频电路应一点接地。在低频电路中，布线和元器件间的电感并不是什么大问题，然而接地形成的环路对电路的干扰影响很大，因此通常以一点作为接地点。但一点接地不适用于高频，因为高频时，地线上具有电感因而增加了地线阻抗，调试各地线之间又会产生电感耦合。一般来说，频率在 1MHz 以下，可采用一点接地；高于 10MHz 时，可采用多点接地；在 1～10MHz 之间可用一点接地，也可用多点接地。根据这一原则，可编程序控制器组成的控制系统一般都采用一点接地。

（2）交流地与信号地不能共用。由于在交流地与信号地的两点之间会有数毫伏甚至几伏电压，这对低电平信号电路来说，是一个非常严重的干扰，因此必须加以隔断和防止。

（3）浮地与接地的比较。全机浮空即系统各个部分与大地浮置起来，这种方法简单，但整个系统与大地的绝缘电阻不能小于 50MΩ。这种方法具有一定的抗干扰能力，但一旦绝缘性能下降就会带来干扰。

（4）将机壳接地，其余部分浮空。这种方法抗干扰能力强、安全可靠，但实现起来比较复杂。由此可见，可编程序控制器系统还是以接大地为好。

（5）模拟地。模拟地的接法十分重要，为了提高抗干扰能力，对于模拟信号可采用屏蔽浮地技术。对于具体的可编程序控制器模拟量信号的处理要严格按照操作手册上的要求设计。

（6）屏蔽地。在控制系统中，为了减少信号中电容耦合噪声以便准确检测和控制，对信号采用屏蔽措施是十分必要的。根据屏蔽目的不同，屏蔽地的接法也不一样。电场屏蔽解决分布电容问题，一般接大地；磁屏蔽以防磁铁、电动机、变压器、线圈等的磁感应、磁耦合，一般接大地为好。当信号电路一点接地时，低频电缆的屏蔽层也应一点接地。如果电缆的屏蔽层接地点有一个以上时，产生噪声电流，从而形成噪声干扰源。当一个电路有一个不接地的信号源与系统中接地的放大器相连时，输入端的屏蔽应接于放大器的公共端；相反，当接地的信号源与系统中不接地的放大器相连时，放大器的输入端也应接到信号源的公共端。

（7）接地线截面积不得小于 $2mm^2$。

2. 布线

在对 PLC 进行外部接线前，必须仔细阅读 PLC 使用说明书中对接线的要求，因为这关系到 PLC 能否正常而可靠地工作，是否会损坏 PLC 或其他电器装置和零件，是否会影响 PLC 的使用寿命。

PLC 的电源线、I/O 电源线、输入信号线、输出信号线、交流线、直流线都应尽量分开布线，开关量信号线、模拟量信号线也应该分开布线，数字传输线、模拟量信号线要采用屏蔽线，并且要将屏蔽层接地。

【考题精选】

1. 可编程序控制器的接地线截面积一般大于（C）。

（A）$1mm^2$　　　　　　　　（B）$1.5mm^2$

（C）$2mm^2$　　　　　　　　（D）$2.5mm^2$

2. 强供电回路的管线尽量避免与可编程序控制器输出、输入回路（D），且线路不在同一根管道内。

（A）垂直　　　　　　　　　（B）交叉

（C）远离　　　　　　　　　（D）平行

考点 29 PLC 输入 / 输出端的接线规则

（1）输入电路的接线。PLC 的输入电路采用直流输入，且在 PLC 内部和无源开关类输入不用单独提供电源。接近开关是指本身需要电源驱动，输出有一定电压和电流的开关量传感器。

（2）输出电路的接线。PLC 有继电器输出、晶体管输出和晶闸管输出 3 种形式。晶体管输出只可接直流负载；晶闸管输出只可接交流负载（AC220V）；继电器输出既可以接交流负载又可以接直流负载。

（3）当输入信号源为感性元件或输出驱动的负载为感性元件时，为了防止在电感性输入或输出电路断开时产生很高的感应电动势或浪涌电流对 PLC 输入/输出端点的冲击，可采取以下措施。

1）对于直流电路，应在它们两端并联续流二极管。

2）对于交流电路，应在它们两端并联阻容吸收电路。

【考题精选】

1. 对于晶体管输出型可编程序控制器其所带负载只能是额定（B）电源供电。

(A) 交流   (B) 直流

(C) 交流或直流   (D) 高压直流

2. 对于晶闸管输出型 PLC，要注意负载电源为（B），并且不能超过额定值。

(A) AC600V   (B) AC220V

(C) DC220V   (D) DC24V

考点 30 PLC 的抗干扰措施

PLC 是专为工业环境设计的装置，一般不需要采用什么特殊措施就可以直接用于工作环境，但为了保证 PLC 的正常安全运行，提高 PLC 控制系统工作的稳定性和可靠性，一般仍然需要采取抗干扰措施。

PLC 的干扰源主要有电弧干扰、反电势干扰、电子干扰、电源干扰，以及电路之间产生的干扰等。电源电路采用稳压电源或带屏蔽层的变压比为 1∶1 的隔离变压器，以减少设备与地之间的干扰，还可以在电源输入端串接 LC 滤波电路等。除此之外，还可采用以下技术措施。

（1）防止输入端信号受干扰的措施。当输入端接有感性元件时，为了防止感应电动势损坏模块，应在输入端并接 RC 吸收电路（交流输入信号）或续流二极管（直流输入信号）。另外，输入端接线不应太长，输入线与输出线要分开，尽可能采用动合触头形式连接到输入端。

（2）防止输出端信号受干扰的措施。在输出端接有感性负载时，输出信号由 OFF 变为 ON 时，会产生突变电流；从 ON 变为 OFF 时，会产生反向感应电动势。为防止干扰信号的影响，在靠近负载两端并接 RC 吸收电路（交流负载）或续流二极管（直流负载）。另外，输出端接线应分为独立输出和公共输出。

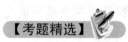
【考题精选】

1. 对于可编程序控制器电源干扰的抑制，一般采用隔离变压器和（B）来解决。

    （A）直流滤波器　　　　　　（B）交流滤波器

    （C）直流发电机　　　　　　（D）交流整流器

2. 下列选项中（C）不是可编程序控制器的抗干扰措施。

    （A）可靠接地　　　　　　　（B）电源滤波

    （C）晶体管输出　　　　　　（D）光耦合器

考点 ③1　PLC 的日常维护方法

（1）供电电源的检查。供电电源的质量直接影响 PLC 的使用可靠性，对于故障率较高的部件，应检查工作电压是否满足其额定值的 85%～110%，若电压波动频繁，建议加装稳压电源。对于使用 10 多年的 PLC 系统，若经常出现程序执行错误，首先应考虑电压模块供电质量。

(2) 运行环境温度为 0～60℃。温度过高将会使 PLC 内部元件性能恶化和故障增加，尤其是 CPU 会因"电子迁移"现象的加速而降低 PLC 的使用寿命。温度偏低，模拟电路的安全系数也会变小，超低温时可能引起控制系统动作不正常。解决的方法是在控制柜中安装合适的轴流风扇或者加装空调，并经常检查。

(3) 环境相对湿度为 5%～85%。在湿度较大的环境中，水分容易通过模块上集成电路 IC 的金属表面缺陷而侵入内部，引起内部元件性能的恶化，使内部绝缘性能降低，从而会因高压或浪涌电压而引起短路；在极其干燥的环境下，MOS 集成电路会因静电而引起击穿。

(4) 检查安装场所。PLC 应远离有强烈振动源的场所，防止振动频率为 0～55Hz 的频繁或连续振动。当使用环境不可避免有振动时，必须采取减振措施，如采用减振胶、减振垫等。

(5) 检查安装状态。检查 PLC 各单元固定是否牢固、各种 I/O 模块端子是否松动、PLC 通信电缆的子母连接器是否完全插入并旋紧、外部连接线有无损伤。

(6) 除尘防尘。要定期吹扫内部灰尘，以保证风道的畅通和元件的绝缘性能。对于空气中有较多粉尘或腐蚀性气体的环境，可将 PLC 安装在封闭性较好的控制室或控制柜中，并且进风口和出风口加装滤清器，可阻挡绝大部分灰尘的进入。

(7) 定期检查。PLC 系统内有些设备或部件使用寿命有限，应根据产品制造商提供的数据建立定期更换设备一览表。例如，PLC 内的锂电池一般使用寿命是 1～3 年，输出继电器的机械触头使用寿命是 100～500 万次，电解电容的使用寿命是 3～5 年等。

【考题精选】

1. PLC 外部环境检查时，当湿度过大时应考虑装设（C）。

（A）风扇　　　　　　　　（B）加热器

（C）空调　　　　　　　　（D）除尘器

2. PLC 输出模块出现故障可能是（D）造成的。

（A）供电电源　　　　　　（B）端子接线

（C）模板安装　　　　　　（D）以上都是

考点 32　PLC 控制电动机正、反转的方法

电动机正、反转的 PLC 控制电路如图 7 - 22 所示。

1. 电路图说明

（1）在电动机正、反转换接时，有可能因为电动机容量较大或操作不当等原因，使接触器主触头产生较严重的起弧现象。如果电弧还未完全熄灭时，反转的接触器就闭合，则会造成电源相间短路。为防止相间短路，可增加一个接触器 KM。

（2）在继电器控制电路中，为防止电源短路，一般采取 KM1 和 KM2 的动断触头实现连锁。在用 PLC 控制时，虽然在梯形图中也采用了 Y431、Y432 的软动断触头来进行连锁，但由于 PLC 在循环扫描工作时，执行程序的速度非常快，使得 Y431、Y432 的触头的切换几乎没有延迟时间。因此，在 PLC 的接线图中仍然采用了 KM1、KM2 的动断触头来实现 PLC 外部的硬连锁，可有效地避免电源瞬间短路问题。

（3）为了实现电动机正、反转的 PLC 控制，PLC 需要 4 个输入点，3 个输出点。

2. PLC 控制过程

按下正向启动按钮 SB1 时，输入继电器 X401 的动合触头闭合，接通输出继电器 Y431 线圈并自锁，接触器 KM1 线圈通电吸合，同时 Y431 的动合触头闭合，输出继电器 Y430 线圈接通，使接触器 KM 线圈通电吸合，电动机正向启动到稳定运行。

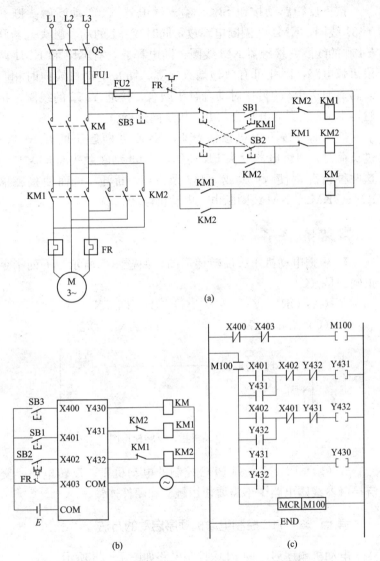

图 7 - 22 电动机正、反转的 PLC 控制电路

(a) 控制电路；(b) I/O 接线图；(c) 梯形图

按下反转启动按钮 SB2，输入继电器 X402 动断触头断开 Y431 线圈，KM1 线圈断电释放，同时 Y431 的动合触头也断开 Y430 的线圈，接触器 KM 线圈也断电释放，有 KM 和 KM1 两段灭弧电路，因此可有效地熄灭电弧，防止电动机换向时相间短路。而 X402 的另一对动合触头闭合，接通 Y432 的线圈，接触器 KM2 线圈通电吸合，电动机反向运行。

停机时，按下停机按钮 SB3，X400 动断触头断开 M100；过负荷时，热继电器触头 FR 动作，X403 动断触头断开 M100。这两种情况都使 Y431 或 Y432 及 Y430 断开，进而使接触器 KM1、KM2、KM 线圈断电，电动机停转。

【考题精选】

1. 根据电动机正、反转梯形图，如题图 5 所示，下列指令正确的是（C）。

　　(A) ORI　Y2　　　　　(B) LDI　X1

　　(C) ANDI　X0　　　　(D) AND　X2

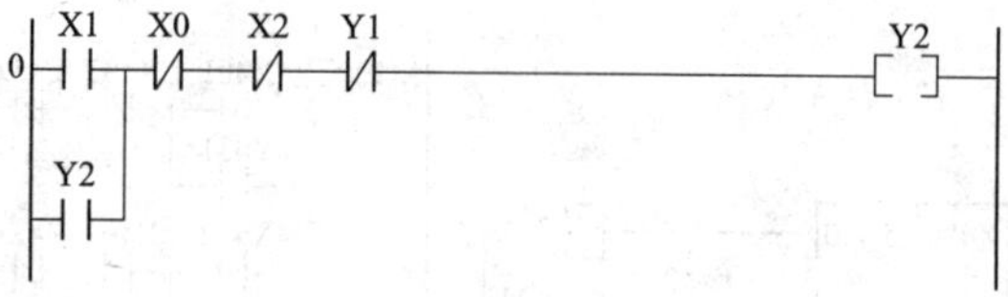

题图 5　电动机正、反转梯形图

2.（×）FX2N 系列 PLC 控制的电动机正、反转电路，交流接触器线圈电路中不需要使用触头和硬件连锁。

考点 33　PLC 控制电动机顺序启动的方法

电动机顺序启动的 PLC 控制电路如图 7－23 所示。

1. 电路图说明

（1）两条顺序相连的传送带（1 号、2 号），为了避免运送的物料在 2 号传送带上堆积，工作时，按下 2 号传送带（电动机

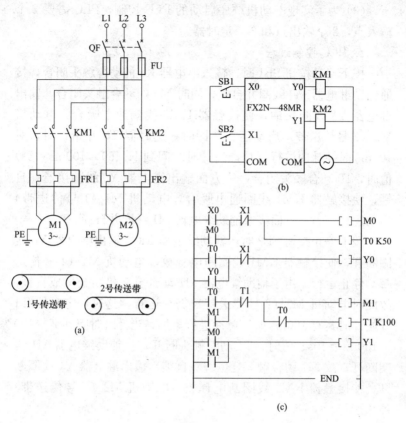

图 7-23 电动机顺序启动的 PLC 控制电路

(a) 控制电路；(b) I/O 接线图；(c) 梯形图

M2）的启动按钮 SB1 后，2 号传送带开始运行，1 号传送带（电动机 M1）在 2 号传送带启动 5s 后自行启动。停机时，按下1 号传送带（电动机 M1）的停止按钮 SB2 后，1 号传送带停止运行，2 号传送带（电动机 M2）在 1 号传送带停止 10s 后自行停止。

（2）梯形图借助辅助继电器 M0 或 M1 间接驱动 Y1，所以解决了双线圈问题。

（3）为了实现电动机顺序启动的 PLC 控制，PLC 需要 2 个输入点，2 个输出点和 2 个定时器。

2. PLC 控制过程

按下启动按钮 SB1 时，输入继电器 X0 的动合触头闭合，接通辅助继电器 M0 线圈并自锁，同时 M0 的动合触头闭合，输出继电器 Y1 线圈接通，使接触器 KM2 线圈通电吸合，电动机 M2（2 号传送带）启动运行。同时，定时器 T0 开始计时，对 100ms 时钟脉冲进行累加，当计时时间到 K（50×100ms＝5s）值时，T0 动合触头闭合，一方面输出继电器 Y0 线圈接通并自锁，使接触器 KM1 线圈通电吸合，电动机 M1（1 号传送带）启动运行；另一方面接通辅助继电器 M1 线圈并自锁。

按下停止按钮 SB2 时，辅助继电器 M0、输出继电器 Y0 线圈断开，使接触器 KM1 线圈断电释放，电动机 M1（1 号传送带）停止运行。由于辅助继电器 M1 动合触头仍闭合形成自锁，故此时电动机 M2（2 号传送带）仍在运行。这时，定时器 T1 开始计时，对 100ms 时钟脉冲进行累加，当计时时间到 K（100×100ms＝10s）值时，T1 动断触头断开，使辅助继电器 M1 线圈断开，故 M1 动合触头复位解除自锁，输出继电器 Y1 线圈断开，使接触器 KM2 线圈断电释放，电动机 M2（2 号传送带）停止运行。

【考题精选】

1. 根据电动机顺序启动梯形图，如题图 6 所示，下列指令正确的是（D）。

(A) LDI　　X0　　　　　(B) AND　　T20

(C) AND　　X1　　　　　(D) OUT　　T20　　K30

2. 根据电动机顺序启动梯形图，如题图 7 所示，下列指令正确的是（C）。

(A) LDI　　T20　　　　　(B) AND　　X1

(C) OUT　　Y2　　　　　(D) AND　　X2

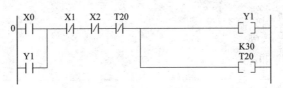

题图 6　电动机顺序启动梯形图（1）

题图 7　电动机顺序启动梯形图（2）

考 点 ㉞　PLC 控制电动机自动往返的方法

电动机自动往返的 PLC 控制电路如图 7-24 所示。

1. 电路图说明

（1）工作台前进及后退由电动机通过丝杠拖动，控制要求为自动循环工作。

（2）为了使电动机的正反转控制与工作台的左右运动相配合，在控制线路中设置了 4 个行程开关 1SQ、2SQ、3SQ、4SQ，并把它们安装在工作台需要限位的位置。其中 1SQ、2SQ 用于自动切换电动机正反转控制电路，实现工作台的自动往返，3SQ、4SQ 用于终端保护，以防止 1SQ、2SQ 失灵时，工作台越过限定位置而造成事故。

（3）接触器 KM1 和 KM2 不仅有 PLC 外部的硬连锁动断触头 KM1、KM2，还有 PLC 内部的软连锁动断触头 Y430、Y431。

（4）为了实现电动机自动往返的 PLC 控制，PLC 需要 8 个输入点，2 个输出点。

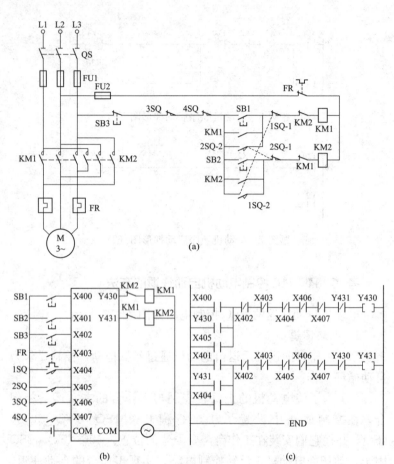

图 7-24　电动机自动往返的 PLC 控制电路

（a）控制电路；（b）I/O 接线图；（c）梯形图

2. PLC 控制过程

按下正向启动按钮 SB1，输入继电器 X400 动合触头闭合，接通输出继电器 Y430 并自锁，接触器 KM1 线圈通电吸合，电动机正向运行，通过机械转动装置拖动工作台向左运动；当工作台上的挡铁碰撞限位开关 1SQ（固定在机床身上）时，X404 的动断触头断开 Y430 的线圈，KM1 线圈断电释放，电动机断电；与此同时，X404 的动合触头接通 Y431 的线圈并自锁，KM2 线圈通电吸合，电动机反转，拖动工作台向左运动，运动到一定位置时 1SQ 复原。

当工作台继续向右运动到一定位置时，挡铁碰撞 2SQ，使 X405 动断触头断开 Y431 的线圈，KM2 线圈断电释放，电动机断电，同时 X405 动合触头闭合接通 Y430 线圈并自锁，KM1 线圈通电吸合，电动机又正转。这样往返循环直到停机为止。停机时按下停机按钮 SB3，X402 动断触头断开 Y430 或 Y431 的线圈，KM1 线圈或 KM2 线圈断电释放，电动机停转，工作台停止运动。

3SQ、4SQ 安装在工作台正常的循环行程之外，当 1SQ、2SQ 失效时，挡铁碰撞到 3SQ 或 4SQ，使 X406 或 X407 的动断触头断开 Y430 或 Y431 的线圈，则 KM1 线圈或 KM2 线圈断电释放，电动机停转起到终端保护作用。过负荷时，热继电器触头 FR 动作，X403 动断触头断开 Y430 或 Y431 的线圈，使 KM1 线圈或 KM2 线圈断电释放，电动机停转，工作台停止运动，达到过负荷保护的目的。

1. 根据电动机自动往返梯形图，如题图 8 所示，下列指令正确的是（D）。

(A) LDI　　X2　　　　(B) ORI　　Y2
(C) AND　　Y1　　　　(D) ANDI　　X3

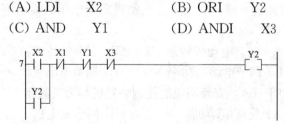

题图 8　电动机自动往返梯形图

2.（√）为了实现电动机自动往返的 PLC 控制，PLC 至少需要 8 个输入点，2 个输出点。

第八章 变频器与软启动器

考点 1 变频器的用途

变频器是利用电力电子器件的通断特性，将固定频率的电源变换为另一频率（连续可调）的交流电的控制装置，特点是具有智能化特征。交流电动机变频调速是利用交流电动机的同步转速随频率变化的特性，通过改变交流电动机的供电电压、电源频率等参数进行调速的方法。变频器和交流电动机相结合，实现对生产机械的传动控制，称为变频器传动。变频器传动已成为实现工业自动化的主要手段之一，在各种生产机械中（如风机、水泵、生产线、机床、纺织机械、塑料机械、造纸机械、食品机械、石化设备、工程机械、矿山机械、钢铁机械等）有着广泛的应用，它可以提高自动化水平，提高机械性能，提高生产效率，提高产品质量和节能等。

【考题精选】

1. 变频器是通过改变交流电动机定子电压、频率等参数来（A）的装置。

    （A）调节电动机转速   （B）调节电动机转矩

    （C）调节电动机功率   （D）调节电动机性能

2. 用于（A）变频调速的控制装置统称为变频器。

    （A）交流电动机   （B）同步发电机

    （C）交流伺服电动机   （D）直流电动机

3.（×）变频调速性能优异、调速范围大、平滑性好、低速特性较硬，是绕线转子异步电动机的一种理想调速方法。

考点 2 变频器的分类

变频器按其主电路结构形式不同可分为交-交变频器和交-直-交变频器两大类。主电路中没有直流中间环节的称为交-交变频器，有直流中间环节的称为交-直-交变频器。交-直-交变频器根据其直流中间电路的储能元件是电容性还是电感性，还可分为电压型变频器和电流型变频器两种。

交-交变频器可将工频交流电直接转换成频率和电压均可控制的交流电，由于没有直流中间环节，因此又称为直接式变压变频器。这类变频器的优点是过负荷能力强、效率高、输出波形较好，缺点是输出频率只有电源频率的 $1/3 \sim 1/2$、功率因数低，一般只用于低速大功率拖动系统。

交-直-交变频器先将工频交流电整流成直流电，再通过逆变器将直流电变成频率和电压均可控制的交流电，由于有直流中间环节，因此又称为间接式变压变频器。这类变频器是通用变频器的主要形式，能实现平滑的无级调速、调频范围可达 $0 \sim 400\mathrm{Hz}$、效率高，广泛应用于一般交流异步电动机的变频调速控制。

变频器按其逆变器开关方式不同可分为 PAM 控制方式、PWM 控制方式和高频载波 SPWM 控制方式三种。变频器按其逆变器控制方式不同可分为 U/f 控制方式、转差频率控制方式、矢量控制方式、矢量转矩控制方式和直接转矩控制方式等几种。

变频器根据其性能、控制方式和用途的不同可分为通用型、矢量型、多功能高性能型和专用型等几种。通用型是变频器的基本类型，具有变频器的基本特征，可用于各种场合；专用型又分为风机、水泵、空调专用变频器，注塑机专用、纺织机械专用变频器等。

【考题精选】

1. 交－交变频装置输出频率受限制，最高频率不超过电网频率的（A），所以通常只适用于低速大功率拖动系统。

（A）1/2　　　　　　　　（B）1/4

（C）1/5　　　　　　　　（D）2/3

2. 对于一般交流异步电动机的变频调速控制广泛采用的是（B）变频器。

（A）交－交　　　　　　　（B）交－直－交

（C）高压　　　　　　　　（D）专用

考 点 3　变频器的基本组成

交－直－交变频器又称为通用变频器，其基本工作原理就是先将工频交流电源通过整流器变换成直流，然后再经过逆变器将直流变换成电压和频率可变的交流电源。交－直－交变频器基本结构是整流器和无源逆变器的组合，如图 8-1 所示，它由主电路、控制电路、检测电路、保护电路、操作电路、显示电路组成，其中主电路和控制电路是通用变频器的核心。

1. 主电路

（1）整流电路。通用变频器的整流电路是由全波整流桥组成，可分为可控整流和不可控整流，根据输入电源的相数可分为单相（小型变频器）和三相桥式整流。它的主要作用是对工频电源进行整流，经直流中间环节平滑滤波后为逆变电路和控制电路提供所需要的直流电源。可控整流使用的器件通常为普通晶闸管，不可控整流使用的器件通常为普通整流二极管。滤波器可分为电容和电感两种。采用电容滤流具有电压不能突变的特点，可使直流电的电压波动比较小，输出阻抗比较小，相当于直流恒压源，因此这种变频器也称为电压型变频器。电感滤波具有电流不能突变的特点，可使直流电流波动比较小，由于串在回路中，其输出阻抗比较大，相当于直流恒流源，因此

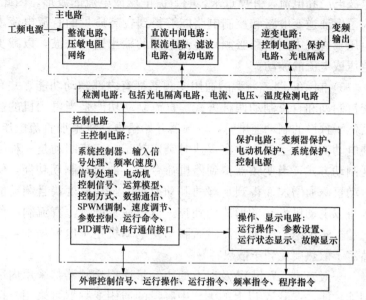

图 8-1 交-直-交变频器基本结构

这种变频器也称为电流型变频器。三相交流电源一般是经过压敏电阻网络引入到整流桥的输入端,压敏电阻网络的作用是吸收交流电网浪涌过电压及大气过电压,从而避免浪涌侵入导致过电压而损坏变频器。

(2)直流中间电路。

1)限流电路。由限流电阻和短路开关组成的并联电路串接在整流桥和滤波电容器之间。短路开关通常是一个继电器或晶闸管,限流电阻的作用就是削弱变频器刚接入电源的瞬间产生的冲击电流,避免整流桥受到损坏。但限流电阻不能长期接在电路内,否则会影响直流电压和变频器输出电压的大小,并消耗能量,所以当直流电压增大到一定程度时,短路开关接通,将限流电阻短路。

2)滤波电路。三相整流电路输出的直流电压和电流,含有频率为电源频率6倍的电压或电流纹波,而逆变电路也将产生纹波电压和电流，并反过来影响直流电压或电流的波形。因此，为了保证逆变电路和控制电路能够得到较高质量的直流电流或电压，直流中间电路必须对整流电路的输出进行滤波，以减少电压或电流的波动。

3）制动电路。新型的通用变频器都有内部制动功能，并有交流制动和直流制动两种方式。直流制动功能是当电动机的速度低于预设的制动速度时，变频器开始给电动机施加直流电压，使电动机停止运转，并在零速时锁定转子。交流制动是一种磁通制动方式，当变频器得到停机命令后立即启动制动功能，使电动机磁通增加而得到足够的制动能量，制动速度快且制动能量将以电动机发热的形式消耗掉。值得注意的是，直流制动使电动机转子电流增加，而磁通制动使电动机定子电流增加，显然定子散热要比转子散热容易。

一般来讲，7.5kW 及以下的小容量通用变频器都采用内部制动功能，7.5kW 以上的大、中容量的通用变频器可采用外接制动电阻、制动单元和电源再生电路。电源再生单元是可供用户需要时选择的配件，其结构一般是由功率开关器件构成的逆变器，使用时将其通过变频器的外接端子并接到电容器两端，当直流母线电压高于一定值时，检测电路输出的信号将启动该逆变电路工作。

（3）逆变电路。逆变电路是通用变频器的核心部件之一，它的基本作用是在控制电路的控制下将直流中间电路输出的直流电源转换为频率和电压都任意可调的交流电源。逆变电路的常见结构是由 6 个功率开关器件组成的三相桥式电路，它们的工作状态受控于控制电路。

目前，常用的功率开关器件有门极关断晶闸管（GTO）、电力晶体管（GTR 或 BJT）、功率场效应晶体管（P-MOSFET）以及绝缘栅双极型晶体管（IGBT）等，在使用时可查有关使用手册。控制电路根据软件产生一定的时序脉冲，并分别加至各个功率开关器件的基极，使其按一定的规律轮流导通和关断，则可获得相位上各相差 120°电角度的三相交流电源，其电源的频率由开关频率决定，而幅值则等于直流电源幅值的 1/2。

2. 控制电路

各厂家的变频器主电路大同小异，而控制电路却多种多样。依据电动机的调速特性和运转特性，可对供电电压、电流、频率进行控制。变频器的控制电路目前都采用微机控制，与一般微机控制系统没有本质区别，是专用型的。

控制电路包括主控制电路、运算电路、信号检测电路、控制信号的输入输出电路、驱动电路和保护电路等几部分，可完成的功能有人机对话；接收从外部控制电路输入的各种信号，如正转、反转、紧急停车等；接收内部的采样信号，如主电路中电压或电流采样信号、各部分温度信号、各逆变管工作状态的采样信号等；完成 SPWM 调制，将接收的各种信号进行判断和综合运算，产生相应的 SPWM 调制指令，并分配给各逆变管的驱动电路；显示各种信号或信息；发出保护指令，进行保护动作；向外电路提供控制信号及显示信号。

【考题精选】

1. 在通用变频器主电路中的电源整流器件较多采用（B）。

　　（A）快恢复二极管　　　（B）普通整流二极管

　　（C）肖特基二极管　　　（D）普通晶闸管

2. 通用变频器主电路由整流电路、滤波电路、（B）和制动电路组成。

　　（A）稳压电路　　　　　（B）逆变电路

　　（C）控制电路　　　　　（D）放大电路

考点 4　变频器型号的概念

变频器的型号都是生产厂家自定的产品系列名称，无特定的含义，但其中一般包括电压级别和标准适配电动机的功率，可作为选用变频器的参考。

三菱系列变频器 FR，其中 FR－A700 系列为多功能高性能型、FR－E700 系列为小型多功能型、FR－F700 系列为风机水泵专用型、FR－S700 系列为简易通用型等。

富士系列变频器 FRENIC，其中 FRENIC－E11S 系列为高性能普及型、FRENIC－G11S/P11S 系列为低噪声高性能普及型、FRENIC－VG7 系列为高性能矢量控制型、FRENIC－Mini 系列为小容量紧凑型、FRENIC－S11S 系列为小容量简易型等。

西门子系列变频器 MM4，其中 MM4－40 系列为矢量通用型、MM4－30 系列为节能通用型、MM4－20 系列为基本通用型、MM4－10 系列为紧凑通用型等。

【考题精选】

1. 富士系列紧凑型变频器是（B）。

（A）FRENIC－E11S 系列　（B）FRENIC－Mini 系列

（C）FRENIC－G11S 系列　（D）FRENIC－ VG7 系列

2. FR－A700 系列是三菱（A）变频器。

（A）多功能高性能　　　（B）经济型高性能

（C）水泵和风机专用型　（D）节能型轻负载

考点 5　变频器的主要技术指标

（1）变频器电源的电压和频率。变频器的电源输入电压是 380V，频率是 50Hz。

（2）变频器的效率。变频器效率的高低，直接关系到其节能的多少，效率低的变频器还存在散热等一系列的问题。一般来说，变频器的效率都可达到 96% 以上。

（3）变频器的功率因数。变频器的输入功率因数将直接决定变频系统的经济效益，国家标准 GB/T3485－1998《评价企业合理用电技术导则》中要求在整个调速范围内，功率因数都要保持在 0.95 以上。

（4）变频器的输出容量和连续额定输出电流。变频器的输出容量表示可以供给电动机的输出功率，连续额定输出电流是在额定电压下变频器能够连续输出的电流值。用户选择变频器容量时的主要依据是连续额定输出电流，若变频器用于电动机的调速时，一定要使电动机的额定电流小于变频器的连续额定电流，并留有一定裕量。

（5）变频器的过负荷能力。变频器的过负荷能力不仅反映了设计变频器时所采用控制方式的优劣，也反映了主要开关元件正常使用时所保留的裕量。一般变频器的过负荷能力为 150％（1min）或 200％（30s），有一些产品过负荷能力可达 200％（1min）。

（6）变频器的输出频率范围。通用变频器的频率调节范围一般为 0～120Hz 或 0～400Hz。

【考题精选】

1. 变频器输出侧技术数据中（A）是用户选择变频器容量时的主要依据。

　　（A）额定输出电流　　　　（B）额定输出电压
　　（C）输出频率范围　　　　（D）配用电动机容量

2. （√）变频器由微处理器控制，可以实现过电压/欠电压保护、变频器过热保护、接地故障保护、短路保护、电动机过热保护、PTC 电动机保护。

考点 6　变频器的主要参数

变频器的产品及型号不同，参数量也不同。一般单一功能控制的变频器约 50～60 个参数值，多功能控制的变频器有 200个以上的参数值。实际应用中，无须对每一参数都进行设置和调试，多数只要采用出厂设定值即可。但有些参数由于和实际使用情况有关，如：基准频率、上限频率、下限频率、载波频率、制动时间及方式、热电子保护、过电流保护、失速保护、过电压保护等必须重新设定。

1. 变频器频率的给定方式

(1) 控制盘给定。利用控制盘上的数字增加键和数字减少键进行参数的数字量给定或调整。

(2) 外接模拟电压信号给定。通过外部的模拟量输入端口将外部电压信号输入变频器，电压信号一般有 0～5V、0～±5V、0～10V、0～±10V 等几种。

(3) 外接模拟电流信号给定。通过外部的模拟量输入端口将外部电流信号输入变频器，电流信号一般有 0～20mA、4～20mA 两种。

(4) 通信接口给定。由计算机或其他控制器通过通信接口进行给定。

以上 4 种变频器频率的给定方式中，外接模拟电压信号给定最易受到干扰。

2. 变频器主要参数的设定

(1) 控制方式设定。控制方式有速度控制、转矩控制、PID 控制或其他方式，设定控制方式后，一般要根据控制精度进行静态或动态辨识。

(2) 基准频率设定。变频器输出的基准频率是 50Hz，基准电压是 380V，通常取电动机的额定值为设定值。对于重载负荷（挤出机、洗衣机、甩干机、混炼机、搅拌机等）可将 50Hz 设定值减小到 30Hz 或以下，这时，变频器输出电压增高，转矩增大，有利于启动。

(3) 下限频率设定。变频器输出的最小频率，与电动机运行的最小转速有关。

(4) 上限频率设定。变频器输出的最大频率，与电动机运行的最大转速有关。一般的变频器最大频率到 60Hz，有的甚至到 400Hz。

(5) 载波频率设定。PWM 变频器的输出电压是一系列脉冲，脉冲的宽度和间隔均不相等，其大小取决于调制波（基波）和载波（三角波）的交点。载波频率越高，一个周期内脉冲的个数越多，也就是说脉冲的频率越高，电流波形的平滑性就越好，但是对其他设备的干扰也越大。载波频率如果设定不合适，还会引起电动机铁芯的振动而发出噪声，因此一般的变频器都提供了 PWM 频率调整的功能，使用户在一定的范围内可以调节该频率，从而使系统的噪声最小，波形平滑性最好，同时干扰也最小。

（6）加减速时间设定。加速时间就是变频器输出频率从 0Hz 上升到最大频率所需时间，减速时间是变频器从最大频率下降到 0Hz 所需时间。通常用频率设定信号上升、下降来确定加减速时间，在电动机加速时须限制频率设定的上升率以防止过电流，减速时则限制频率设定的下降率以防止过电压。

（7）转矩提升设定。又称为转矩补偿，主要用于补偿电动机启动时的转矩太小。通过设定此参数，可使加速时的电动机电压自动提升以补偿启动转矩，改善电动机低速时的转矩性能。若设定过小，启动力矩不够，一般最大值设定为 10%。

（8）热电子过负荷保护设定。该参数专为保护电动机过热而设置，它通过变频器内部的 CPU 根据电动机运转的电流值和频率值计算出电动机的温升，从而进行过热保护。该保护只适用于"一拖一"场合，而在"一拖多"时，则应在各台电动机上加装热继电器。

（9）制动方式设定。

1）能耗制动。适用于一般制动，能量消耗在电阻上，以发热形式损耗。在较低频率时，制动力矩较小，会产生爬行现象。

2）直流制动。适用于精确停车或停位，无爬行现象，可与能耗制动联合使用，拖动负载惯性越大，直流制动电压设定值越高。一般频率不大于 20Hz 时用直流制动，频率不小于 20Hz 时用能耗制动。

3）回馈制动。适用于电动机功率不小于 100kW、调速比 $D \geqslant 10$、高低速交替或正反转交替、周期时间短的情况，回馈能量可达 20％的电动机功率。

【考题精选】

1. 变频器常见的各种频率给定方式中，最易受干扰的方式是（B）方式。

(A) 键盘给定   (B) 模拟电压信号给定

(C) 模拟电流信号给定   (D) 通信方式给定

2. 变频器中的直流制动是克服低速爬行现象而设计的，拖动负载惯性越大，（A）设定值越高。

(A) 直流制动电压   (B) 直流制动时间

(C) 直流制动电流   (D) 制动起始频率

考 点 7   变频器的工作原理

1. 变频器的工作原理

由电动机理论可知，旋转磁场的转速（同步转速）n 与三相交流电的频率 f、电动机极对数 P 之间的关系为

$$n = \frac{60f}{P}$$

由上式可知，改变异步电动机的供电频率 f，即可以改变其同步转速，实现调速运行。对异步电动机进行调速控制时，希望电动机的主磁通保持额定值不变。磁通太弱，铁芯利用不充分，在同样的转子电流下，电磁转矩小，电动机带负载能力下降；磁通太强，则处于过励磁状态，励磁电流过大，已有扰动，调速将非线性化，为此应保证电动机调速过程中气隙磁通保持不变。由感应电动势的基本公式 $E = 4.44fN\Phi_m$ 可知，磁通最大值 Φ_m 是由感应电动势 E 和频率 f 共同决定的，对 E 和 f 进行适当的控制，就可以使气隙磁通 Φ_m 保持额定值不变。

（1）基频以下的恒磁通变频调速。这是考虑从基频（电动机额定频率）开始向下调速的情况。为了保持电动机的带负载能力，应保持气隙主磁通 Φ_m 不变，这就要求降低供电频率的同时

应降低感应电动势，以保持 $E/f=$ 常数，即保持电动势与频率之比为常数进行控制。这种控制又称为恒磁通变频调速，属于恒转矩调速方式。但是，E 难于直接检测和直接控制。当 E 和 f 的值较高时，定子的漏阻抗电压降相对比较小，如忽略不计，则可以近似地保持定子绕组相电压 U 和频率 f 的比值为常数，即认为 $U=E$，这就是恒压频比控制方式，是近似的恒磁通控制。

（2）基频以上的弱磁通变频调速。这是考虑由基频（电动机额定频率）开始向上调速的情况。频率由额定值 f 向上增大，但电压受额定电压的限制不能再升高，只能保持不变，则必然会使主磁通随着 f 的上升而减小，相当于直流电动机弱调速的情况，属于近似的恒功率调速方式。

由上面的分析可知，异步电动机的变频调速必须按照一定的规律且同时改变其定子绕组电压和频率，即必须通过变频装置获得电压频率均可调节的供电电源，从而实现调速控制，这就是变频器的工作原理。

2. 变频器的控制方式

（1）变频器的 U/f 控制方式。U/f 控制方式即为压频比控制方式，它是在改变频率的同时，控制变频器的输出电压，并基本保持 U/f 恒定，从而使变频器将固定电压、固定频率的交流电变换为可调电压、可调频率的交流电，使电动机获得所需的转矩特性，且电动机的效率、功率因数不下降。U/f 控制方式在基频以下可以实现恒转矩调速，在基频以上则可以实现恒功率调速，具有控制电路成本低、无须速度传感器，通用性强、经济性好的特点，是目前通用变频器产品中使用较多的一种控制方式，多用于精度要求不高的通用变频器中。

（2）变频器的 SF 控制方式。SF 控制方式即为转差频率控制方式，是在 U/f 控制基础上的一种改进方式。它通过安装在电动机轴上的速度传感器和编码器检测出电动机的转速，然后以电动机转速相对应的频率与转差频率的和给定变频器的输出频率。由于能够任意控制与转矩、电流有直接关系的转差频率，所以这种变频器具有良好的稳定性，并对急速的速度变化和负载变动有良好的动态响应。但是，由于采用这种控制方式时需要使用速度传感器、编码器等，并需要根据电动机的特性调节转差率，通常只有采用厂商指定的变频器专用电动机才能达到预期的调节性能。所有这些，在有些应用场合下使用起来就显得不方便，但在自动控制系统中对单台电动机的运转控制能得到理想的控制性能。

（3）变频器的 VC 控制方式。VC 控制方式即为矢量控制方式，是一种新的控制思想和控制技术，也是异步电动机的一种理想调速方法。由于采用 U/f 和 SF 控制方式的变频器基本上解决了电动机平滑调速的问题，但它完全不考虑动态过渡过程，因此系统在稳定性、启动及低速时转矩动态响应等方面的性能尚不能令人满意。而采用 VC 控制方式可提高变频调速的动态性能，在调速性能上可与直流电动机相媲美。

矢量控制方式的基本原理是将异步电动机的定子电流分解为产生磁场的电流分量（励磁电流）和与其相垂直的产生转矩的电流分量（转矩电流），并分别加以控制，即模仿直流电动机的控制方式对电动机的磁场和转矩分别进行控制，可获得类似于直流调速系统的动态性能。由于在这种控制方式中必须同时控制异步电动机定子电流的幅值和相位，即控制定子电流矢量，故这种控制方式称为矢量控制方式。

【考题精选】

1.（A）是变频器对电动机进行恒功率控制和恒转矩控制的分界线，应按电动机的额定频率设定。

（A）基本频率 （B）最高频率
（C）最低频率 （D）上限频率

2. 在变频器的几种控制方式中，其动态性能比较的结论是（A）。

(A) 转差型矢量控制系统优于无速度检测器的矢量控制
系统

(B) U/f 控制优于转差频率控制

(C) 转差频率控制优于矢量控制

(D) 无速度检测器的矢量控制系统优于转差型矢量控制
系统

考点 8 变频器的接线方法

1. 主电路的接线方法

变频器主电路的接线方法如图8-2所示，图中，QF是低
压断路器，KM是接触器触头，L1、L2、L3是变频器的输入
端，接电源进线，U、V、W是变频器的输出端，与电动机相
接。变频器的输入端和输出端是绝对不允许接错的，万一将电

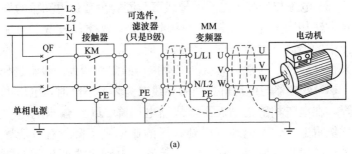

(a)

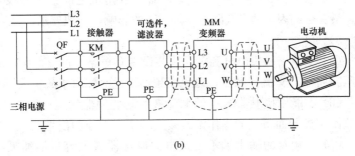

(b)

图8-2 变频器主电路的接线

(a) 单相电动机接线；(b) 三相电动机接线

源进线错误地接到了 U、V、W 端，则不管哪个功率开关器件导通都将引起两相间的短路而将功率开关器件迅速烧坏。由于变频器工作在高频开关状态，其漏感有可能在散热板上或在壳体上感应出危险电压，为了防止触电现象发生，应将箱体上的 PE 端子可靠接地。

主电路接线的注意事项如下。

（1）使用短而粗的接地电缆将变频器的接地端口（PE）连接到公共地上，确保箱体内连接到变频器的所有设备与变频器共地，并全部接地良好。

（2）连接电动机时，应使用屏蔽或有防护的连接线，并用电缆夹将屏蔽层的两端接地。从电动机返回的地线最好选用扁平导线，因为它在较高的频率下具有较低的阻抗，并将其直接连接到相关变频器的接地点上。

（3）电源与变频器之间的导线可与同容量普通电动机的导线选择方法相同，考虑到其输入侧的功率因数往往较低，再加上电流中的谐波分量有较强的集肤效应，应本着宜大不宜小的原则来选择线径，通常按电动机正常接线的截面积大一级来选择。

（4）变频器与电动机之间的导线因为频率下降时，电压也要下降，在电流相等的情况下，线路电压降 ΔU 在输出电压中占的比例将上升，而电动机得到电压的比例则下降，有可能导致电动机的发热。所以，在选择变频器与电动机之间导线的线径时，最关键的因素便是线路电压降 ΔU 的影响，一般要求，$\Delta U \leqslant (2\sim3)\% U_{\mathrm{N}}$。

（5）变频器与供电电源之间应装设带有短路及过负荷保护的低压断路器、交流接触器，以免变频器发生故障时事故扩大。

（6）不能用接触器 KM 的触头来控制变频器的运行和停止，应该使用控制面板上的操作键或接线端子上的控制信号。

（7）变频器的输出端不要接电力电容器或大容量浪涌吸收器，以免峰值很高的浪涌电压破坏变频器或导致其误动作。

（8）如果电动机的旋转方向和生产工艺要求不一致，最好用调换变频器输出相序的方法，不要用调换控制端子 FWD（正转）或 RFV（反转）的控制信号来改变电动机的旋转方向。

（9）设计与工频电源的切换电路，某些负载是不允许停机的，当变频器万一发生故障时，必须迅速将电动机切换到工频电源上，使电动机不停止工作。

2. 控制电路的接线方法

控制电路的接线有两类：一类是模拟量控制线，主要包括输入侧的给定信号线、反馈信号线、频率信号线、电流信号线；另一类是开关量控制线，主要包括输入侧的启动信号线、点动信号线、多挡转速信号线等。

控制电路接线的注意事项如下。

（1）模拟量信号的抗干扰能力较低，因此必须使用屏蔽线，尽量远离主电路 100mm 以上。

（2）模拟量信号线尽量不与主电路连接线交叉，如必须交叉时，应采取垂直交叉的方法，必要时在垂直交叉处使用隔离槽。

（3）控制电路连接线的屏蔽层靠近变频器的一端，应接控制电路的公共端（COM），而不要接到变频器的地端（PE）或大地，屏蔽层的另一端应该悬空。

（4）一般来说，模拟量控制线的接线原则也都适用于开关量控制线，但开关量的抗干扰能力较强，故在距离不是很远时，允许不使用屏蔽线，但同一信号的两根线必须互相绞在一起。

【考题精选】

1. 变频器的主电路接线时需采用强制保护措施，电源侧加装（A）。

　　（A）熔断器与交流接触器　　（B）熔断器

　　（C）漏电保护器　　　　　　（D）热继电器

2. 西门子 MM420 型变频器的主电路电源端子（C）需经交流接触器和保护用断路器与三相电源连接，但不宜采用主电路的通、断进行变频的运行与停止操作。

(A) X、Y、Z　　　　　(B) U、V、W

(C) L1、L2、L3　　　　(D) A、B、C

考 点 9　变频器的使用注意事项

变频器使用不当，不但不能很好地发挥其优良的功能，而且还有可能损坏变频器及其设备，因此在使用中应注意以下注意事项。

(1) 变频器是节能设备，但并不适用于所有设备的驱动。在进行工程设计或设备改造时，应在熟悉所驱动设备的负载性质、了解各种变频器的性能和质量的基础上进行变频器的选型。

(2) 认真阅读变频器产品的使用说明书，并按说明书的要求接线、安装和使用。

(3) 变频器应牢固安装在控制柜的金属背板上，尽量避免与PLC、传感器等设备紧靠。

(4) 变频器应垂直安装在符合标准要求（温度、湿度、振动、尘埃）的场所，并留有通风空间。

(5) 变频器及电动机应可靠接地，以抑制射频干扰，防止变频器内因漏电而引起电击。

(6) 变频器电源侧应安装同容量以下的断路器或交流接触器，电控系统的急停控制应使变频器电源侧的交流接触器断开，彻底切断变频器的电源供给，保证设备及人身安全。

(7) 变频器与电动机之间一般不宜加装交流接触器，以免断流瞬间产生过电压而损坏变频器。

(8) 变频器内电路板及其他装置有高电压，切勿以手触摸。切断电源后因变频器内高电压需要一定时间泄放，维修检查时，需确认主控板上高压指示灯（HV）完全熄灭后方可进行。

(9) 用变频器控制电动机转速时，电动机的温升及噪声会比用电网（工频）时高；在低速运转时，因电动机风叶转速低，应注意通风冷却或适当减低负载，以免电动机温升超过允许值。

(10) 当变频器使用 50Hz 以上的输出频率时，电动机产生的转矩与频率成反比的线性关系下降，此时，必须考虑电动机负载的大小，以防止电动机输出转矩的不足。

（11）不能为了提高功率因数而在变频器进线侧和出线侧装设并联补偿电容器，否则会使线路阻抗下降，产生过电流而损坏变频器。为了减少谐波，可以在变频器的进线侧和出线侧串联电抗器。

（12）变频器和电动机之间的接线应在 30m 以内，当接线超长时，其分布电容明显增大，从而造成变频器输出的容性尖峰电流过大引起变频器跳闸保护。

（13）绝不能长期使变频器过负荷运转，否则有可能损坏变频器，降低其使用性能。

（14）变频器若较长时间不使用时，务必切断变频器的供电电源。

【考题精选】

1. 在变频器的输出侧切勿安装（A）。

（A）移相电容　　　　　（B）交流电抗器

（C）噪声滤波器　　　　（D）测试仪表

2.（×）在变频器实际接线时，控制电缆应靠近变频器，以防止电磁干扰。

考点 ⑩　变频器的日常维护方法

变频器的使用环境对其正常功能的发挥及使用寿命有直接的影响，为了延长变频器的使用寿命、减少故障率和提高节能效果，必须对变频器进行定期的维护和部分零部件的更换。由于变频器的结构较复杂，工作电压很高，要求维护者必须熟悉变频器的工作原理、基本结构和运行特点。

1. 日常检查维护

日常检查维护包括不停止变频器运行或不拆卸其盖板进行通电和启动试验，通过目测变频器的运行状况，确认有无异常情况，通常检查内容如下。

（1）键盘面板显示是否正常，有无缺少字符。仪表指示是否正确、是否有振动、振荡等现象。

（2）冷却风扇部分是否运转正常，有无异常声音等。

（3）变频器及引出电缆有无过热、变色、变形、异味、噪声、振动等异常情况。

（4）变频器的散热器温度是否正常，电动机有无过热、异味、噪声、振动等异常情况。

（5）变频器控制系统有无集聚尘埃、各连接线及外围电气元件有无松动等异常现象。

（6）变频器的进线电压是否正常、电源开关有无电火花、缺相、引线压接螺栓是否松动等。

（7）变频器周围环境是否符合标准规范，温度与湿度是否正常。变频器只能垂直并列安装，上下间隙不小于100mm。

2. 定期检查维护

定期检查维护的范围主要有检查不停止运转而无法检查到的地方或日常检查难以发现问题的地方，以及电气特性的检查、调整等。检查周期根据系统的重要性、使用环境及设备的统一检修计划等综合情况来决定，通常为6～12个月。

定期检查维护时要切断电源，停止变频器运行，并卸下变频器的外盖。维护前必须确认变频器内部的大容量滤波电容已充分放电（充电指示灯熄灭），并用电压表测试充电电压低于DC 25V以下后才能开始检查维护。每次检查维护完毕后，要认真清点有无遗漏的工具、螺钉及导线等金属物留在变频器内部，然后才能将外盖盖好，恢复原状，做好通电准备。

（1）内部清扫。对变频器内部进行自上而下的清扫，主回路元件的引线、绝缘端子以及电容器的端部应该用软布小心地擦拭。冷却风扇系统及通风道部分应仔细清扫，保持变频器内部的清洁及风道的畅通。如果是故障维修前的清扫，应一边清扫一边观察可疑的故障部位，对于可疑的故障点应做好标记，保留故障印迹，以便进一步判断故障。

（2）紧固检查。由于变频器运行过程中温度上升、振动等原因常常引起主回路器件、控制回路各端子及引线松动，发生腐蚀、氧化、接触不良、断线等，所以要特别注意进行紧固检查。对于有锡焊的部分、压接端子处应检查有无脱落、松弛、断线、腐蚀等现象，对于框架结构件应检查有无松动、导体、导线有无破损、变异等。检查时可用起子、小锤轻轻地叩击给以振动，检查有无异常情况产生，对于可疑地点应采用万用表测试。

（3）电容器检查。检查滤波电容有无漏液，电容量是否降低。高性能的变频器带有自动指示滤波电容容量的功能，由面板可显示出电容量及出厂时该电容器的容量初始值，并显示容量降低率，推算的电容器寿命等。若变频器无此功能，则需要采用电容测量仪测量电容量，测出的电容量应大于初始电容量的 85%，否则应予以更换。对于浪涌吸收回路的浪涌吸收电容器、电阻器应检查有无异常，二极管限幅器、非线性电阻等有无变色、变形等。

（4）控制电路板检查。对于控制电路板的检查应注意连接有无松动、电容器有无漏液、板上线条有无锈蚀、断裂等。控制电路板上的电容器，一般是无法测量其实际容量的，只能按照其表面情况、运行情况及表面温升推断其性能优劣和寿命。若电容器表面无异常现象发生，则可判定为正常。控制电路板上的电阻、电感线圈、继电器、接触器的检查，主要看有无松动和断线。

（5）保护回路动作检查。在上述检查项目完成后，应进行保护回路动作检查，使保护回路经常处于安全工作状态，这是很重要的，主要检查的保护功能如下。

1）过电流保护功能的检测。过电流保护是通用变频器控制系统发生故障动作最多的回路，也是保护主回路元件和装置的最重要的回路。一般是通过模拟过负荷，调整动作值，试验在设定过电流值下能可靠动作并切断输出。

2）缺相、欠电压保护功能的检测。电源缺相或电压非正常降低时，将会引起功率单元换流失败，导致过电流故障，因此必须瞬时检测出缺相、欠电压信号，切断控制触发信号进行保护。可在变频器电源输入端通过调压器供电给变频器，模拟缺相、欠电压等故障，观察变频器的缺相、欠电压等相关的保护功能动作是否正确。

3. 日常维护时的注意事项

（1）在出厂前，生产厂家已对变频器进行了初始设定，一般不能任意改变这些设定。而在改变了初始设定后又希望恢复初始设定值时，一般需进行初始化操作。

（2）在新型变频器的控制电路中使用了许多 CMOS 芯片，用手指直接触摸电路板将会使这些芯片因静电作用而损坏。

（3）在通电状态下不允许进行改变接线或拔插连接件等操作。

（4）在变频器工作过程中不允许对电路信号进行检查，这是因为连接测量仪表时所出现的噪声以及误操作可能会使变频器出现故障。

（5）当变频器发生故障而无故障显示时，注意不能再轻易通电，以免引起更大的故障。这时应对断电做电阻特性参数测试，初步查找故障原因。

【考题精选】

1.（√）变频器安装要求垂直安装，其正上方和正下方要避免可能阻挡进风、出风的大部件，四周距控制柜顶部、底部、隔板或其他部件的距离不应小于 100mm。

2.（×）在变频器工作过程中，允许对电路信号进行检查。

考点 11　变频器的常见故障

1. 参数设置类故障

变频器在使用中，参数设置非常重要。如果参数设置不正确，参数不匹配，就会导致变频器不工作、不能正常工作或频繁发生保护动作甚至损坏。一般变频器都做了出厂设置，对每一个参数都有一个默认值，这些参数叫工厂值。在工厂值参数下，是以面板操作方式运行的，有时以面板操作不能满足传动系统的要求，要重新设置或修改参数，一旦发生了参数设置类故障，变频器就不能正常运行，可根据故障代码或产品说明书进行参数修改。否则，应恢复出厂值，重新设置。如果不能恢复正常运行，就要检查是否发生了硬件故障。

2. 过电流和过负荷故障

过电流和过负荷故障是变频器常见故障。发生过电流和过负荷故障的原因可以说是各种各样的，处理方法也是多方面的。过电流故障可分为加速过电流、减速过电流、恒速过电流，过负荷故障包括变频器过负荷和电动机过负荷。故障原因可分为外部原因和变频器本身原因两方面。

(1) 外部原因。

1) 电动机负载突变，引起大的冲击电流而过电流保护动作。这类故障一般是暂时的，重新启动后就会恢复正常运行，如果经常会有负载突变的情况，应采取措施限制负载突变或更换较大容量的通用变频器。

2) 变频器电源侧缺相、输出侧断线、电动机内部故障引起过电流和接地故障。

3) 电动机和电动机电缆相间或每相对地绝缘破坏，造成匝间或相间对地短路，因而导致过电流。

4) 受电磁干扰的影响，电动机漏电流大，产生轴电流、轴电压，引起变频器过电流、过热和接地保护动作。

5) 在电动机绕组和外壳之间、电动机电缆和大地之间存在较大的寄生电容，通过寄生电容就会有高频漏电流流向大地，引起过电流和过电压故障。

6) 在变频器输出侧有功率因数矫正电容或浪涌吸收装置。

7) 变频器的运行控制电路遭到电磁干扰，导致控制信号错误，引起变频器工作错误，或速度反馈信号丢失或非正常时，也会引起过电流。

8）变频器的容量选择不当，与负载特性不匹配，引起变频器功能失常、工作异常、过电流、过负荷，甚至损坏。

（2）本身原因。

1）参数设定不正确，如加减速时间设定得太短，PID调节器的P参数、I参数设定不合理，超调过大，造成变频器输出电流振荡等。变频器的多数参数，如果设置不当，均可能引起变频器的故障，因此故障类型是多种多样的，需根据具体情况判断。

2）内部硬件出现问题，如变频器的整流侧和逆变侧元器件损坏引起电路过电流、欠电压，变频器保护动作；变频器的电源回路异常，引起无显示、不工作或工作不正常；变频器本身控制电路的检测元器件故障，引起逆变器不工作或工作不正常，甚至过电流保护动作；变频器本身遭到电磁干扰，引起变频器误动作、不工作或工作异常等。

3．过电压、欠电压类故障

变频器的过电压故障集中表现在直流母线电压上。正常情况下，直流母线电压为三相全波整流后的平均值，若以380V线电压计算，则平均直流电压为513V。在过电压发生时，直流母线的储能电容将被充电，当电压上升至760V左右时，变频器过电压保护动作。因此，变频器都有一个正常的工作电压范围，当电压超过这个范围时，很可能损坏变频器。

4．其他故障

其他故障往往是一些综合性故障，并由一些表面现象所掩盖，对于这一类故障的分析和查找，需要考虑多方面的因素，逐个排查、试验、验证才能找到事故根源，从根本上解决问题。

（1）过热保护。变频器的过热保护有电动机过热保护和变频器过热保护两种，引起过热的原因也是多方面的。通常，电动机过热保护动作，应检查电动机的散热和通风情况；变频器过热保护动作，应检查变频器的冷却风扇和通风情况。

（2）漏电断路器、漏电报警器误动作或不动作。在使用变频器过程当中，有时会沿用原来的三相四线制漏电断路器，或在有些场合为防止人体触电及因绝缘老化而发生短路时造成火灾，系统中要求必须装设漏电断路器、漏电报警器等，这样在变频器运行过程中经常发生频繁跳闸现象。

由于机械设备（如水泵、风机、电梯等）本身外壳已经与大地可靠接地，漏电断路器的设定值是按照工频漏电流的标准设定的。而在采用变频器的控制系统中，会增加产生包含高频漏电流和工频漏电流两部分的漏电流，造成电流不平衡分量较大，因此，在系统电源侧安装的漏电断路器或漏电报警器，会产生误动作，有时为了防止误动作而调大了漏电断路器的动作值，又会发生不动作的情况。

处理这种情况的正确方法应使同一变压器供电的各回路单独装设漏电断路器或漏电报警器，分别整定动作值，变频器回路中装设的漏电断路器应符合变频器的要求。必要时应加装隔离变压器、输入电抗器抑制谐波干扰，或者降低变频器的载波频率，减小分布电容造成的对地漏电流。

（3）静电干扰。在工业生产过程中，许多生产设备（如人造板、塑料机械等）中会产生很高的静电而积聚形成很强的静电场，由于这个强电场的影响，变频器产生误动作、不正常工作，甚至损坏变频器。处理方法应是机械设备与变频器的共用接地系统单独接地，不应采用接零方式地线。严重时应加装静电消除器。

（4）与变频器载波频率有关的故障。变频器的载波频率是可调的，可方便人们对噪声的需求。变频器的载波频率出厂值往往与现场需要不符，需要调整。但在实际调整时，往往因载波频率值设定不当，造成各种异常现象，甚至故障，损坏变频器。尽管如此，工程上，人们往往不重视对载波频率的调整，只将注意力集中在将变频器尽快投入运行上，有时虽然将变频器投入了运行，但同时也埋下了事故隐患，并隐藏了故障原因，待事故发生后，却难以迅速找到故障根源。

【考题精选】

1. 变频器有时出现轻载时过电流保护，其原因可能是（D）。

（A）变频器选配不当　　（B）U/f 比值过小

（C）变频器电路故障　　（D）U/f 比值过大

2. 一台使用多年的 250kW 电动机拖动鼓风机，经变频改造运行两个月后常出现过电流跳闸，其故障的原因可能是（C）。

（A）变频器选配不当

（B）变频器参数设置不当

（C）变频供电的高频谐波使电动机绝缘加速老化

（D）负载有时过重

考点 12　软启动器的用途

软启动器又称为晶闸管电动机软启动器、固态电子式软启动器，是以晶闸管为主要器件、以计算机为主要控制核心的新颖电动机启动装置，它可连续无级地改变加在电动机上的电压，达到减小启动电流和启动转矩以实现电动机的软启动。

软启动器集软启动、软停机（附带）、轻载节能、多种保护功能于一体，具有智能化程度高、保护功能多、转矩可调、负载适应性强、电流冲击小、节能显著、寿命长、体积小、重量轻、免维护等优点，从根本上解决了传统的丫—△降压启动、电抗器降压启动、自耦变压器降压启动等硬启动带来的诸多弊端，可广泛应用于功率 7.5～800kW 的风机、水泵、输送压缩机、长期轻载瞬间满载的电动机。

【考题精选】

1. 软启动器具有节能运行功能，在正常运行时，能依据负载比例自动调节输出电压，使电动机运行在最佳效率的工作区，最适合应用于（A）。

　　（A）间歇性变化的负载　　（B）恒转矩负载

　　（C）恒功率负载　　　　　（D）泵类负载

2. 晶闸管电动机软启动器的功能不包括（A）。

　　（A）电阻调压　　　　　　（B）软停机

　　（C）软启动　　　　　　　（D）多种保护功能

考 点 ⑬　软启动器的基本组成

　　最基本的软启动器由三相晶闸管交流调压电路、电源同步检测、电流检测、触发延迟角控制和调节、触发脉冲形成和隔离放大、计算机控制系统组成，如图 8-3 所示。在此基础上，为了丰富软启动器的操控功能还需要附加外接信号输入和输出电路、显示和操作环节、通信环节等。

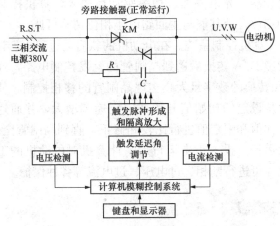

图 8-3　软启动器的基本组成

　　（1）三相晶闸管调压电路。三相电路中每相电路都由两只晶闸管反并联构成，启动结束后，软启动器自动用旁路接触器取代已完成任务的晶闸管，为电动机提供正常运行的额定电压。

由于晶闸管过电流、过电压能力很差，因此增设了阻容吸收网络作为保护措施。

（2）电源同步检测。一方面将三相电源电压的大小信号送入计算机，经 A/D 处理后作为故障检测、过电压和欠电压保护、电压显示等的依据；另一方面将三相电源的模拟电压转变为方波信号，作为触发三相晶闸管的相位信号与同步信号。

（3）电流检测。一方面通过电流互感器检测电动机的三相电流，将电流信息送入计算机中，作为过电流保护、电流显示等的依据；另一方面同步检测电流的相位信号。

（4）触发脉冲形成和隔离放大。晶闸管触发电路采用集成芯片组成的智能型电动机启动装置触发器，它包含了同步检测电路、锯齿波形成电路、功率放大电路、偏移电压、移相电压及锯齿波电压综合比较放大电路。

（5）触发延迟角控制和调节。由来自同步变压器的电压信号经电压比较器、光电隔离、功率驱动后送入计算机控制晶闸管触发脉冲相位，使其能与主回路电压相位精确可调。

（6）计算机控制系统。在电动机的软启动过程中，计算机输出数值量经 D/A 转换后送到晶闸管的触发控制电路，通过定时调节 D/A 转换的数字量大小实现晶闸管的移相控制，使晶闸管的导通角从设定的初始值开始按一定速率增大，并通过对启动电流的采样值和限定值进行比较和修正，直到晶闸管全部导通，投入正常运行。投入正常运行后，计算机对电动机的工作电流进行监控，可进行断相、过电压、过电流等各种保护。

【考题精选】

1. 低压软启动器的主电路通常采用（D）形式。
 （A）电阻低压　　　　　（B）自耦调压
 （C）开关变压器调压　　（D）晶闸管调压

2.（×）软启动器的主电路采用晶闸管交流调压器，稳定运行时晶闸管长期工作。

考点 ⑭ 软启动器的工作原理

软启动器采用三相反并联晶闸管作为交流调压器，将其接入电源和电动机定子绕组之间，这种电路如同三相桥式全控整流电路。使用软启动器启动电动机时，晶闸管的输出电压逐渐增加，电动机逐渐加速，直到晶闸管全导通。待电动机达到额定转速时，启动过程结束，软启动器自动用旁路接触器取代已完成任务的晶闸管，电动机工作在额定电压的机械特性上，从而达到了平滑启动、降低启动电流的目的，并避免了启动过电流而跳闸。

软启动器同时还提供软停机功能，软停机与软启动过程相反，电压逐渐降低，转速逐渐下降到零，避免了自由停机引起的转矩冲击。旁路接触器可以降低晶闸管的热损耗，延长软启动器的使用寿命，提高其工作效率，同时又使电网避免了谐波污染。

【考题精选】

1. 软启动器采用（C）交流调压器，用连续地改变输出电压来保证恒流启动。

 （A）晶闸管变频控制 （B）晶闸管 PWM 控制
 （C）晶闸管相位控制 （D）晶闸管周波控制

2. 软启动器的工作原理是利用（B）交流调压的原理。

 （A）整流二极管   （B）晶闸管
 （C）逆变管   （D）电开关管

考点 ⑮ 软启动器型号的概念

软启动器型号至今还没有统一的标准，现以西安西普电力电子有限公司生产的 STR 数字式电动机软启动器的型号为例来说明软启动器型号的含义。

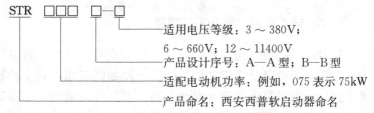

（1）STR—A系列软启动器。用于直接用户，冷却方式为自然风冷，防护等级为IP20，产品内部含有旁路接触器，使用时只需将3根电源线及3根电动机引出线接好即可使用。

（2）STR—B系列软启动器。用于电器开关及集成电器配电柜内，冷却方式为强迫风冷，防护等级为IP20，产品内部不含旁路接触器。

（3）STR—C系列软启动器。操作界面采用汉字、英文两种显示，人机对话更为直接，并具有RS485计算机接口，可通过计算机集成监控多台电动机的运行状态及操作，同时可设置两套不同运行参数，任意选择，冷却方式为强迫风冷，防护等级为IP20，产品内部不含旁路接触器。

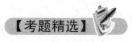【考题精选】

1. 西普STR系列（B）软启动器，是外加旁路、智能型。

（A）A型　　　　　　　　（B）B型

（C）C型　　　　　　　　（D）L型

2. （×）西普STR系列A型软启动器，是外加旁路、智能型。

考点 16　软启动器的主要技术指标

1. 软启动器的主要技术指标

（1）软启动功能。启动电压在35%～95%额定电压间可调，相应启动转矩在10%～90%直接启动转矩间可调；电动机电压加速斜坡上升时间在2～30s之间可调。

（2）突跳功能。可提供500%额定电流的电流脉冲，可在

0.4～2s 范围内调整，适用于电动机需要冲击转矩助推才能正常启动的场合。

（3）平滑加速及减速功能。启动时间可在 2～30s 范围内调整；停止时间可在 2～120s 范围内调整。

（4）快速停止功能。该功能用在比自由停车还要快的场合，达到准确停车。制动电流的大小可在 150％～400％额定电流范围内调整。

（5）低速制动功能。该功能主要用于电动机需正向低速定位和需控制停车的场合。慢速调制速度为额定速度的 7％（低）或额定速度的 15％（高）；低速加速电流（对应 2s）可在 50％～400％范围内调整；制动电流可在 150％～400％范围内调整；低速电流限量可在 50％～450％额定电流范围内调整。

2. 各种启动方式的比较

电动机的传统启动方式有丫－△降压启动、电抗器降压启动、自耦变压器降压启动等，这些启动方式都属于有级降压硬启动，它存在着以下缺点：启动转矩基本上固定不可调；启动过程中会出现二次冲击电流，对负载机械有冲击转矩；不能频繁启动；易受电网电压波动的影响等。软启动器可以克服上述缺点，它的优点有：无冲击电流，可恒流启动；启动参数可调；可自由地无级调压至最佳启动电流；可软停机，即平滑减速，逐渐停机；可轻载时节能等。从以上分析中可以得出启动性能最佳的是软启动器。

软启动器工作时只改变电压，并没有改变频率，这一点与变频器不同。变频器的主要功能是变频调速及节能运行，同时它也具有软启动功能，所以也可以用作软启动。当然，一般来说，价格要比专用软启动器贵数倍。

【考题精选】

1. 从交流电动机各种启动方式的主要技术指标来看，性能最佳的是（D）。

（A）全压启动　　　　　　（B）恒压启动

（C）变频启动　　　　　　（D）软启动

2. 软启动器的突跳转矩控制方式主要用于（B）。

（A）轻载启动　　　　　　（B）重载启动

（C）风机启动　　　　　　（D）离心泵启动

考点 17　软启动器的主要参数

（1）额定电压。低压型软启动器的标称电压或额定电压为 220/380V、380/660V、1000（1140）V，斜线以上为相电压，斜线以下为线电压，无斜线为三相系统线电压，其中 1140V 仅限于某些行业内部系统使用。高压型软启动器的标称电压或额定电压为 3kV（3.3kV）、6kV、10kV、20kV、35kV，其中括号中的数值为用户有要求时使用。

（2）额定频率。软启动器的额定频率为 50Hz（60Hz）。

（3）额定电流。软启动器的额定电流是指启动器在输出额定电压状态下的正常工作电流。

（4）额定工作制。软启动器的额定工作制应符合生产企业的相应规定，可参见交流电动机的工作制。

（5）功能调节参数。软启动器的功能调节参数包括启动参数、运行参数、停机参数。

（6）节能运行模式。当电动机负载轻时或短时重复工作时，软启动器可选择节能运行模式，在此模式下空载节能 40%，负载节能 5%。

【考题精选】

1. 软启动的功能调节参数有（A）、启动参数、停机参数。

（A）运行参数　　　　　　（B）电阻参数

（C）电子参数　　　　　　（D）软启动

2. 软启动器（C）常用于短时重复工作的电动机。

（A）跨越运行模式　　　　（B）接触器旁路运行模式

（C）节能运行模式 （D）调压调速运行模式

考点 18 软启动器的接线方法

不同品牌及型号的软启动器接线方法有所差别，现以西安西普电力电子有限公司生产的 STR 数字式电动机软启动器为例，其接线方法如图 8-4 所示。软启动器也可采用外控方法对电动机进行启动与停止控制，利用 RUN 和 COM 的闭合或断开作为启动与停止信号。若按①接线，停机为自由停机；若按②接线，停机为软停机。

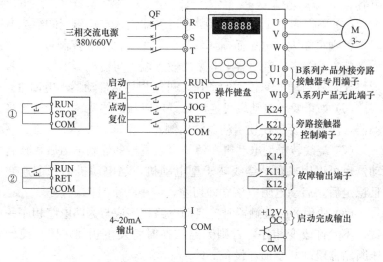

图 8-4 软启动器的接线方法

1. 软启动器旁路接触器必须与软启动器的输入和输出端一一对应连接正确，（C）。

　　（A）要就近安装接线 （B）允许变换相序
　　（C）不允许变换相序 （D）应做好标识

2. 西普软启动器外部旁路接触器专用接线端子为（C）。

(A) R、S、T　　　　　(B) U、V、W

(C) U1、V1、W1　　　(D) U2、V2、W2

考点 ⑲　软启动器的使用注意事项

（1）软启动器的安装和维护需要由合格的专业人员进行。

（2）软启动器的输入端接通电源后，禁止接触软启动器的输出端，否则会有触电危险。

（3）严禁将功率因数补偿电容放在软启动器的输出侧，否则将损坏软启动器中的晶闸管功率器件，且在启动期间不能切换电容。

（4）不得用绝缘电阻表测量软启动器输入与输出间的绝缘电阻，否则可能因过电压而损坏软启动器的晶闸管和控制板。

（5）不得将软启动器主电路的输入端子与输出端子接反，否则将导致软启动器非预期的动作，可能损坏软启动器和电动机。

（6）如果要求电动机可逆运行，可以在进线侧装一个反转接触器，注意不要装在软启动器输出侧。

（7）绕线转子型电动机在转子串入适当的启动电阻后，软启动器也可以用来启动绕线转子型电动机，当电动机达到全速并且稳定后，启动电阻应该立即切除，减小功率损耗。

（8）使用旁路接触器时，启动电路相序应与旁路电路相序一致，不允许改变相序，否则旁路切换时将发生相间短路，使低压断路器跳闸甚至损坏设备。

（9）软启动器本身没有短路保护，为了保护其中的晶闸管，应该采用快速熔断器，其规格应根据软启动器的额定电流来选择。

（10）当软启动器使用电动机制动停机时，只是由于晶闸管不导通，使用电动机的输入电压为0V，但在电动机与电源之间并没有形成电气隔离，因此在检修电动机或线路时，必须切断供电电源。为此，应在软启动器与电源之间增设低压断路器。

（11）软启动器内置有多种保护功能（如失速及堵转测试、

相间平衡、欠载保护、欠电压保护、过电压保护等），具体应用时应根据实际需要通过编辑来选择保护功能或使某些保护功能失效。

(12) 软启动器的使用环境要求比较高，应做好通风散热工作，安装时应在其上、下方留出一定空间，使空气能将功率模块的热量散出。当软启动器的额定电流较大时，要采用鼓风机降温。

【考题精选】

1. 水泵停机时，软启动器应采用（B）。

　　(A) 自由停机　　　　　　(B) 软停机

　　(C) 能耗制动停机　　　　(D) 反接制动停机

2. 在（C）下，一台软启动器才有可能启动多台电动机。

　　(A) 跨越运行模式　　　　(B) 节能运行模式

　　(C) 接触旁路运行模式　　(D) 调压调速运行模式

3. (×) 一台软启动器只能控制一台异步电动机。

考点 20　软启动器的常见故障

(1) 缺相故障灯亮故障。故障的原因可能是：①启动方式采用带电方式时，操作顺序有误（正确操作顺序应为先送主电源，后送控制电源）；②电源缺相，软启动器保护动作（检查电源）；③软启动器的输出端未接负载（输出端接上负载后软启动器才能正常工作）。

(2) 旁路接触器不吸合故障。故障的原因可能是：①在启动过程中，保护装置因整定值偏小出现误动作（将保护装置重新整定即可）；②在调试时，软启动器的参数设置不合理（主要针对的是 55kW 以下的软启动器，对软启动器的参数重新设置）；③控制线路接触不良（检查控制线路）。

(3) 断路器跳闸故障。故障的原因可能是：①断路器长延时的整定值过小或者是断路器选型和电动机不配（断路器的参数适量放大或者断路器重新选型）；②软启动器的起始电压参数设置过高或者启动时间过长（根据负载情况将起始电压适当调小或者启动时间适当缩短）；③在启动过程中因电网电压波动比较大，易引起软启动器发出错误指令，出现提前旁路现象（建议用户不要同时启动大功率的电动机）；④启动时满负载启动（启动时尽量减轻负载）。

（4）显示屏无显示或出现乱码故障。故障的原因可能是：①软启动器在使用过程中因外部元件所产生的振动使软启动器内部连线松动（打开软启动器的面盖将显示屏连线重新插紧即可）；②软启动器控制板故障（和厂家联系更换控制板）。

（5）启动时故障灯亮。故障的原因可能是：①电动机缺相（检查电动机和外围电路）；②软启动器内主元件晶闸管短路（检查电动机以及电网电压有无异常，和厂家联系更换晶闸管）；③滤波板击穿短路（更换滤波板即可）。

（6）启动超时、自由停机故障。故障的原因可能是：①参数设置不合理（重新整定参数，起始电压适当升高，时间适当加长）；②启动时满负载启动（启动时应尽量减轻负载）。

（7）电流不稳定、电流过大故障。故障的原因可能是：①电流表指示不准确或者与互感器不相匹配（更换新的电流表）；②电网电压不稳定，波动比较大，引起软启动器误动作（和厂家联系更换控制板）；③软启动器参数设置不合理（重新整定参数）。

（8）重复启动故障。故障的原因可能是：在启动过程中外围保护元件动作，接触器不能吸合，导致软启动器出现重复启动（检查外围元件和线路）。

（9）过热故障灯亮故障。故障的原因可能是：①启动频繁，导致温度过高，引起软启动器过热保护动作（软启动器的启动次数要控制在每小时不超过6次，特别是重负载一定要注意）；②在启动过程中，保护元件动作，使接触器不能旁路，软启动器长时间工作，引起保护动作（检查外围电路）；③负载过重启动时间过长引起过热保护（启动时，尽可能地减轻负载）；④软启动器的参数整定不合理，时间过长，起始电压过低（将起始电压升高）；⑤ 软启动器的散热风扇损坏，不能正常工作（更换风扇）。

（10）晶闸管损坏故障。故障的原因可能是：①电动机在启动时，过电流将软启动器击穿（检查软启动器功率是否与电动机的功率相匹配，电动机是否带载启动）；②软启动器的散热风扇损坏（更换风扇）；③启动频繁，高温将晶闸管损坏（控制启动次数）；④滤波板损坏（更换损坏元件）。

（11）输入缺相、输出缺相故障。故障的原因可能是：①电源进线与电动机进线松脱；②软启动器输出端未接负载，负载与电动机不匹配；③软启动器的模块或晶闸管击穿；④软启动器内部的接线插座松脱。

【考题精选】

1. 软启动器启动完成后，旁路接触器刚动作就跳闸，其故障原因可能是（D）。

（A）启动参数不合适

（B）晶闸管模块故障

（C）启动控制方式不当

（D）旁路接触器与软启动器的接线相序不一致

2. 接通主电源后，软启动器虽处于待机状态，但电动机有嗡嗡响，此故障不可能的原因是（C）。

（A）晶闸管短路故障　　　（B）旁路接触器有触头粘连

（C）触发电路不动作　　　（D）启动电路接线错误

考 点 21　软启动器的日常维护方法

由于软启动器的工作环境差、工作时间较长，为了保证软启动器能正常使用，避免出现各类问题，一般都会定期对软启动器进行维护检查。厂家在设计软启动器时已经考虑到尽可能减少日常维护的工作量，实际需要进行的日常维护主要是保持产品的清洁和采取防范措施，软启动器的日常维护内容如下。

（1）注意检查软启动器的环境条件，防止在超过其允许的环境条件下运行。

（2）注意检查软启动器周围有无妨碍其通风散热的物体，确保软启动器四周有足够的空间（大于150mm）。

（3）定期检查配电线端子是否松动，柜内元器件有无过热、变色，焦臭味等异常现象。

（4）定期清扫灰尘，以免影响散热，防止晶闸管因温升过高而损坏，同时也可避免因积尘引起的漏电和短路事故。

（5）注意观察风机的运行情况，一旦发现风机转速变慢或异常，应及时修理，对损坏的风机要及时更换。如果在没有风机的情况下使用软启动器，将会损坏晶闸管。

（6）如果软启动器使用环境较潮湿或易结露，应经常用红外灯泡或电吹风对其烘干，驱除潮气，以避免漏电或短路事故的发生。

【考题精选】

1. 软启动器的日常维护一定要由（A）进行操作。
（A）专业技术人员　　　（B）使用人员
（C）设备管理部门　　　（D）销售服务人员
2.（×）软启动器的日常维护应由使用人员自行开展。

第九章　安全用电与职业道德

考点 1　电工安全的基本知识

安全操作是每个维修电工不能忽视的重要内容，违反安全操作规程，会造成人身事故和设备事故，不仅对国家和企业造成经济损失，而且直接关系个人的生命安全。

维修电工安全操作规程主要包括以下内容。

（1）上班前必须按规定穿好工作服、工作鞋。女性应戴工作帽，披肩发、长辫子必须罩入工作帽内。手和脖子不准佩戴金属饰品，防止操作时触电。

（2）在安装或维修电气设备前，要清扫工作场地和工作台面，防止灰尘等杂物侵入电气设备内造成故障。

（3）上班前不准饮酒，工作时应集中精力，不准做与本职工作无关的事。

（4）必须检查工具、测量仪表和防护用具是否完好。

（5）检修电气设备时，应先切断电源，并用试电笔（低压验电器）测试是否带电。在确定不带电后，才能进行检查修理。

（6）在断开电源开关检修电气设备时，应在电源开关处挂上"有人工作，严禁合闸"的标牌。

（7）严禁在工作场地，特别是易燃、易爆物品的生产场所吸烟及明火作业，防止火灾发生。

（8）使用起重设备吊运电动机、变压器时，要仔细检查被吊重物是否牢固，并有专人指挥，不准歪拉斜吊，吊物下或旁边严禁站人。

（9）在检修电气设备内部故障时，应选用 36V 的安全电压灯泡作为照明。

（10）在潮湿环境中必须采用额定电压 36V 及以下的低压电器，若采用 220V 的电气设备时，必须使用隔离变压器。

（11）电动机通电试验前，应先检查绝缘是否良好、机壳是否接地。通电试验时，应注意观察转向，听声音，测温度。工作人员要避开联轴节旋转方向，非操作人员不许靠近电动机和试验设备，防止高压触电。

（12）严禁在电动机和各种电气设备上放置衣物，不可在电动机上坐立，不可将雨具等物体悬挂在电动机或电气设备上方。

（13）在搬迁电焊机、鼓风机、电风扇、洗衣机、电视机、电炉和电钻等可移动电器时，要先切断电源，不可拖拉电源线来搬迁电器。

（14）在一个电源插座上不允许引接过多或功率过大的用电器具和设备。

（15）未掌握有关电气设备和电气线路知识及技术的人员，不可安装和拆卸电气设备及其线路。

（16）严禁用金属丝（如铝丝）绑扎电源线。

（17）不可用潮湿的手去接触开关、插座及具有金属外壳的电气设备，不可用湿布去揩抹带电的电器。

（18）雷雨天禁止高处、高压作业，雨天室外作业必须停电，并尽量保持工具干燥。

（19）在雷雨天气，不可走近高压电杆、铁塔和避雷针的接地导线周围，以防雷电伤人。切勿走近断落在地面的高压电线，万一进入跨步电压危险区时，要立即单脚或双脚并拢迅速跳到距离接地点 10m 以外的区域，切不可奔跑，以防跨步电压触电。

（20）高空作业必须系戴好安全带、小绳及工具袋，禁止上、下抛掷东西。

（21）带电工作时，切勿切割任何载流导线。

（22）下班前清理好现场，擦净仪器和工具上的油污及灰尘，并放入规定位置或归还工具室。

（23）下班前，要断开电源总开关，防止电气设备起火造成事故。

（24）做好检修电气设备后的故障记录，积累修理经验。

【考题精选】

1. 在断开电源开关检修电气设备时，应设置临时遮栏（D）字样，以提高工作人员的注意。

　　（A）止步，高压危险　　　（B）在此工作

　　（C）禁止攀登，高压危险　（D）有人工作，禁止合闸

2. （×）在潮湿等危险情况下的局部照明或移动灯电压也可以采用普通照明电压。

考点 2　触电的概念

1. 电流对人体的伤害

触电时直接危害人体的因素并不是电压，而是电流。而通过人体的电流大小与触电电压和人体电阻有关。电流对人体的伤害程度主要由电流的大小决定，电流在 30mA 以下时，对人体的损害较小；大于这个数值时，就会使人感到明显的麻痹和剧痛，并且呼吸困难，甚至因不能摆脱电源而危及生命；当电流达到 100mA 及以上时，只要在很短时间内就会使人呼吸窒息、心跳停止而死亡。电流的危害还与电流频率有关，40～60Hz 的工频交流电最为危险，通电时间越长，危险也越大。电流的危害还与通过人体的途径有关，以从手到脚最危险，其次是从手到手。因此，我们在规定和制定安全保护措施时，还必须考虑电流。

2. 人体触电的伤害

人体由于不慎触及或接近带电体所引起的局部受伤或死亡的现象称为触电，按人体受伤的程度不同，人体触电的伤害主要有电击和电伤两种。

（1）电击。电击通常是指人体接触带电体后，人的内部器官受到电流的伤害。这种伤害是造成触电死亡的主要原因，后果

极其严重，所以是最严重的触电事故。电击时，电流通过控制心脏工作的神经中枢，因而破坏了人的正常生理活动，如触电时人的肌肉会强烈收缩，可将人摔向一边，此时，如果尚未脱离电源，则后果严重，易造成死亡；如果人体能自主脱离电源，可能不致引起严重的后果。

（2）电伤。电伤也叫电灼，是另一种触电伤害，触电时电流直接经过人体或不经过人体。当人体与带电设备之间的距离小于或等于放电距离时，人体与带电设备之间发生电弧，此电弧通过人体，形成一个回路，使人受到电流热效应而被电灼伤，使皮肤发肿或形成一层坚硬的膜。如触电人接触的是铜或铅，在大电流下因金属熔化而飞溅出的金属侵入皮肤则造成电弧灼伤，使皮肤粗糙、硬化，局部皮肤变为绿色或暗黄色。

【考题精选】

1. 当流过人体的电流达到（D）时，就足以使人死亡。

(A) 0.1mA   (B) 10mA

(C) 20mA   (D) 100mA

2. （√）电流对人体的伤害可分为电击和电伤。

考点 3   常见的触电形式

从电气线路来看，人体触电的形式有单相触电、两相触电、接触电压与跨步电压触电。

1. 单相触电

单相触电是人体只接触线路的一根相线的触电形式，它常发生在人体接触由于设备绝缘损坏而使金属外壳带电的情况，这种触电形式也是很危险的。单相触电又分为两种情况：一种是电源中性点接地的单相触电，另一种是电源中性点不接地的单相触电。

电源中性点接地的单相触电如图 9-1 所示。触电时，电流从相线经人体后再经大地回到中性线，因为中性线接地电阻、导线电阻与人体电阻相比小得多，所以这时的电源电压会加在人体上，是十分危险的。如果人脚与地之间绝缘良好，比如站在干燥的木板上或穿上胶底鞋，那么人与地之间的电阻会增大很多，经过人体的电流就减少很多，危险性就大大减小。在触电事故中，大部分属于中性点直接接地系统的单相触电。例如，使用电灯、电风扇、洗衣机等家用电器时，由于不懂或不重视安全用电，容易发生单相触电。

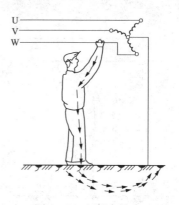

图 9-1 电源中性点
接地的单相触电

电源中性点不接地的单相触电如图 9-2 所示。触电时，因为电源输电线与大地之间存在绝缘阻抗 Z（分布电容与电源线对地电阻并联而成），因此有两个回路的电流通过人体。一个回路的电流从 W 相导线出发，经过人体、大地、绝缘阻抗 Z 到 U 相导线；另一个回路的电流从 W 相导线出发，经过人体、大地、绝缘阻抗 Z 到 V 相导线。电流的数值决定于线电压、人体电阻、分布电容，同样也是很危险的。

2. 两相触电

人体同时接触三相供电系统中的任意两根相线而导致的触电，称为两相触电，如图 9-3 所示。这时，人体承受的电压是线电压（我国的线电压是 380V），电流由一相导线通过人体流至另一相导线，这时通过人体的电流更大，且不论中性点接地与否，人体与地是否绝缘，电流均流过人的心脏区域，是最危险的触电形式。

3. 接触电压与跨步电压触电

在供电为短路接地的电网系统中，人体触及外壳带电设备的一点同站立地面一点之间的电位差称为接触电压，这种触电

图 9-2 电源中性点不接地的单相触电   图 9-3 两相触电

形式称为接触电压触电。三相高压线路的任一相导线断落在地
上时，落地点电位就是导线的电位，电流从落地点流入地中并
向四周流散。在落地点半径 20m 范围内不同半径处形成各个同
心圆上的电位是不同的，当人或动物的双脚踏在两个不同电位
的圆周地面上时，就有电流流过人体，这种触电形式称为跨步
电压触电，如图 9-4 所示。线路电压越高、离落地点越近，跨
步电压越大，触电的危险性也就越大。离落地点 20m 以外时，
跨步电压则接近于零。

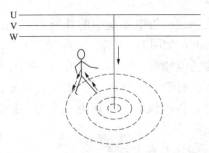

图 9-4 跨步电压触电

【考题精选】

1. 在供电为短路接地的电网系统中，人体触及外壳带电设备的一点同站立地面一点之间的电位差引起的触电形式称为（C）。

　　（A）单相触电　　　　　　　（B）两相触电

　　（C）接触电压触电　　　　　（D）跨步电压触电

2. 人体最危险的触电形式是（B）。

　　（A）单相触电　　　　　　　（B）两相触电

　　（C）接触电压触电　　　　　（D）跨步电压触电

考点 4　触电的急救措施

触电急救必须分秒必争，立即就地迅速用心肺复苏法进行抢救，并坚持不断地进行，同时及早与医疗部门联系，争取医务人员接替救治。在医务人员未接替救治前，不应放弃现场抢救，更不能只根据没有呼吸或脉搏擅自判定伤员死亡，放弃抢救，只有医生有权做出伤员死亡的诊断。

1. 脱离电源

触电急救，首先要使触电者迅速脱离电源，越快越好，以免由于触电时间稍长难于挽救。脱离电源就是要把触电者接触的那一部分带电设备的开关、隔离开关或其他断路设备断开；或设法将触电者与带电设备脱离。在脱离电源中，救护人员既要救人，也要注意保护自己。

（1）触电者未脱离电源前，救护人员不准直接用手触及伤员，因为有触电的危险。

（2）如触电者处于高处，解脱电源后会自高处坠落，因此，要采取预防措施。

（3）触电者触及低压带电设备，救护人员应设法迅速切断电源，如图 9-5 所示。若电源开关或隔离开关距触电者较近，则尽快切断开关或隔离开关、拔除电源插头等；若电源较远时，可用绝缘钳子或带有干燥木柄的斧子、铁铣等将电源线剪断，剪断电源线时要分相一根一根地剪断，并尽可能站在绝缘物体或干木板上。

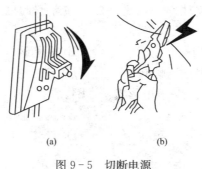

(a)   (b)

图9-5　切断电源

(a)拉闸；(b)剪断电源线

（4）如果电流通过触电者入地，并且触电者紧握电源线，可设法用干木板塞到其身下，使其与地隔离；也可使用绝缘工具，干燥的木棒、木板、绳索等不导电的东西挑开电源线；也可抓住触电者干燥而不贴身的衣服，将其拖开，切记要避免碰到金属物体和触电者的裸露身躯；也可戴绝缘手套或将手用干燥衣物等包起绝缘后解脱触电者。

（5）救护触电伤员切除电源时，有时会同时使照明失电，因此应考虑事故照明、应急灯等临时照明。临时照明要符合使用场所防火、防爆的要求，但不能因此延误切除电源和进行急救。

2. 脱离电源后的处理

（1）当触电者脱离电源后，如神志尚清醒，仅感到心慌、四肢麻木、全身无力或曾一度昏迷，但未失去知觉时，可将触电者平躺于空气畅通而保温的地方，并严密观察，暂时不要站立或走动。

（2）触电者脱离电源后，如神志不清，应就地仰面躺平，且确保气道通畅，并用5s时间呼叫触电者或轻拍其肩部，以判定触电者是否意识丧失，禁止摇动触电者头部呼叫。

（3）需要抢救的触电者，应立即就地坚持正确抢救，并设法联系医疗部门接替救治。

3. 触电者呼吸、心跳情况的判定

（1）触电者如意识丧失，应在 10s 内用看、听、试的方法判定伤员呼吸心跳的情况。看——看触电者的胸部、腹部有无起伏动作；听——用耳贴近触电者的口鼻处，听有无呼气声音；试——试测口鼻有无呼气的气流，再用两手指轻试一侧（左或右）喉结旁凹陷处的颈动脉有无搏动。

（2）若看、听、试结果，既无呼吸又无颈动脉搏动，可判定呼吸、心跳停止。

4. 触电的急救方法

在触电者呼吸、心跳情况的判定之后，应视触电者的状态而采用不同的急救方法。

（1）当触电者神志不清、有心跳，但呼吸停止或轻微呼吸时，应及时用仰头抬颌法使气道开放，并进行口对口人工呼吸。在进行现场抢救的同时，应立即与附近医院联系，速派医务人员抢救。在医务人员未到现场之前，不得放弃现场抢救。

（2）当触电者神志丧失、心跳停止，但有极微弱的呼吸时，应立即用心肺复苏法急救。不能认为还有极微呼吸就只做胸外按压，因为轻微呼吸不能起到气体交换的作用。

（3）当触电者心跳和呼吸均停止时，不能就擅自判断触电者已死亡而放弃抢救，应立即采用口对口人工呼吸法或心肺复苏法急救，即使在送往医院的途中也不能停止用心肺复苏法急救。触电者有时会处于"假死"状态（心跳停止，但呼吸存在；呼吸停止，但心跳存在；呼吸与心跳都停止），此时瞳孔扩大，大脑细胞严重缺氧，处于死亡边缘，抢救者不能擅自判断触电者已死亡而放弃抢救，只有医生到现场后才能做出触电者是否死亡的诊断。

（4）当触电者心跳和呼吸均停止并有其他伤害时，应先立即进行心肺复苏法急救，然后再进行外伤处理。

【考题精选】

1. 当触电者无呼吸而有心跳时，应采用（C）进行救护。

   （A）胸外心脏挤压法   （B）人工呼吸法

   （C）口对口呼吸法   （D）口对鼻呼吸法

2. 触电者能否获救，关键在于（A）。

   （A）能否尽快脱离电源和施行紧急救护

   （B）人体电阻的大小

   （C）触电电压的高低

   （D）触电的方式

考点 5　电气安全距离和安全电压

1. 电气安全距离

为了防止人体过分接近带电体而引起的触电或防止电气设备各种短路、火灾、爆炸事故和接地故障的发生，在带电体之间、带电体与地面（水面）之间、带电体与其他设施之间、工作人员与带电体之间必须保持的最小空气间隙，称为电气安全距离。电气安全距离的大小，主要是根据电压的高低（留有裕量）、设备状况和安装方式来决定，并在规程中做出明确规定，如遮栏与380V带电部位的距离不得小于350mm。凡从事电气设计、安装、巡视、维修以及带电作业的人员，都必须严格遵守。

2. 安全电压

从安全角度来看，确定对人的安全条件，不用安全电流而用安全电压，因为影响电流变化的因素很多，而电力系统的电压通常是较恒定的。

安全电压是指当人体持续接触带电体时，不会造成致死或致残危害的电压。这是从人身安全的意义来讲的，在理论上要确定一个安全电压的数值范围，必须根据人体在不同的接触状态下，由人体自身的电阻值和环境状态以及使用方式、与带电体的接触面积等诸多因素来决定，它并不是一个恒定的数值。

但都必须具备 3 个基本条件：电压值要很低；要由特定的电源供电（双线圈隔离变压器）；工作在安全低电压的电路必须与其他任何无关的电气系统（包括大地）实行电气上的隔离。

当人体接触电压后，随着电压的升高，人体的电阻会降低，电流随之增大。目前，根据我国《特低电压（ELV）限值》（GB/T 3805－2008）规定，安全电压等级分为 42V、36V、24V、12V、6V 5 种。一般情况下以 36V 电压作为安全电压上限，在潮湿或金属容器内工作时，其安全电压降低为 24V 或 12V。当人体在水中工作时，应采用 6V 安全电压。

【考题精选】

1. 遮栏与 380V 带电部位的距离不得小于（B）mm。
　（A）250　　　　　　　　（B）350
　（C）600　　　　　　　　（D）700
2. 特别潮湿场所的电气设备使用时的安全电压为（B）V。
　（A）9　　　　　　　　　（B）12
　（C）36　　　　　　　　（D）42

考点 6　电气防火与防爆的基本措施

因电气原因形成火源而引起的火灾和爆炸称为电气火灾和电气爆炸。配电线路、高、低压开关电器、熔断器、插座、照明器具、电动机、电热器具等电气设备均可能引起火灾；电力电容器、电力变压器、电力电缆、多油断路器等电气装置除可能引起火灾外，本身还可能发生爆炸。电气火灾火势凶猛，如不及时扑灭，势必迅速蔓延，除可能造成人身伤亡和设备损坏外，还可能造成大规模或长时间停电，给国家财产造成重大损失。由于存在触电的危险，使电气火灾和爆炸的扑救更加困难，因此，做好电气防火防爆意义十分重大，必须引起高度重视。

1. 电气防火的基本措施

（1）电动机防火措施。安装在潮湿、多尘场所的电动机，应选用封闭式的电动机；在干燥、清洁的场所，可选用防护型电动机，在易燃易爆的场所应采用防爆型电动机；电动机不允许安装在可燃的基础上或结构内，电动机与可燃物应保持一定的安全距离；电动机应安装短路、过负荷、过电流、断相等保护装置；电动机的机械转动部分应保持润滑和良好状态。

（2）油浸变压器防火措施。变压器上层油温达到或超过85℃时，应立即减轻负载，若温度继续上升，则表明内部有故障，应断开电源，进行检查；应装设继电器保护装置；变压器室应符合防火要求，装在室外的变压器其油量超 600kg 以上时，应有卵石层作为储油池；两台变压器之间应有防火隔墙，不能连通；加强运行管理和检修测试工作。

（3）油断路器防火措施。选用速断容量与电力系统短路容量相适应的油断路器；加强油断路器的运行管理和检修工作，定期做好预防性试验；发现油质老化、污秽或绝缘强度不够时，应及时滤油或调换；油断路器因短路故障在断开多次后，应提前检修；在有条件情况下，少油断路器可以用真空断路器代替，这样既可减少维护的工作量，又可以防止漏油和因油燃烧而起火。

（4）电力电容器防火措施。装设防止电容器内部故障的保护装置，如采用有熔丝保护的高低压电容器；应对电容器室（或柜）定期清扫、巡视检查，尤其是电压、电流和环境温度不得超过制造厂和安全规程规定的范围，发现元件有故障应及时更换或处理；电容器室应符合防火要求，并备有防火设施。

（5）低压配电柜防火措施。配电柜应固定安装在干燥清洁的地方，便于操作和确保安全；配电柜上的电气设备应根据电压等级、负载容量、用电场所和防火要求等进行设计或选定；配电柜中的配线，应采用绝缘导线和合适的截面积；配电柜的金属支架和电气设备的金属外壳，必须进行保护接地或接零。

（6）照明和加热设备防火措施。照明装置和加热设备的安装，必须符合低压安全规程要求；导线的安全载流量与熔断器的额定电流应相配合：根据环境的特点，应安装适合的灯具和开关；仓库里不能装高温灯具，易燃易爆的场所应装防爆灯具和开关；加热设备应按规定使用，要有专人负责保管，不能擅自使用大功率的电加热设备，否则会超出导线的安全载流量。

（7）采用耐火设施。变、配电室和酸性蓄电池室、电容器室等应为耐火建筑，临近室外变、配电装置的建筑物外墙也应为耐火建筑。

2. 电气防爆的基本措施

（1）消除或减少爆炸性混合物。如采取封闭式作业，防止爆炸性混合物泄漏；清理现场积尘，防止爆炸性混合物积累；设计正压室，防止爆炸性混合物侵入等。

（2）保持必要的安全间距。隔离室将电气设备分室安装，并在隔墙上采取封堵措施，以防止爆炸性混合物侵入；10kV 及其以下的变、配电室不得设在爆炸、火灾危险的环境的正上方或正下方；室外变配电室与建筑物、堆场、储罐应保持规定的防火间距。

（3）消除引燃源。根据爆炸危险环境的特征和危险物的级别和组别选用电气设备和电气线路，保持电气设备和电气线路安全运行。

（4）爆炸危险环境接地和接零。在爆炸危险环境，必须将所有设备的金属部分、金属管道以及建筑物的金属结构全部接地（或接零）并连接成连续整体，以保持电流途径不中断。单相设备的工作零线应与保护零线分开，相线和工作零线均应装有短路保护元件，并装设双极开关同时操作相线和工作零线。

（5）具有爆炸危险场所应按规范选择防爆电气设备。

【考题精选】

1. 对电气开关及正常运行产生火花的设备，应（A）存放可燃物质的地点。

　　（A）远离　　　　　　　　（B）采用铁丝网隔断

(C) 靠近 　　　　　(D) 采用高压电网隔断

2.（√）变、配电室和酸性蓄电池室、电容器室等应为耐火建筑。

考 点 7 安全用电的技术要求

电气设备在使用过程中，可能会出现绝缘层损坏、老化或导线短路等现象，这样会使电气设备的外壳带电，如果人不小心接触外壳，就会发生触电事故，解决这个问题的方法就是将电气设备的外壳接地或接零。

接地的"地"分为大地和基准地，若电气装置为达到安全的目的，将电气装置中某一部位经接地极、接地母线、接地线组成的接地系统与大地做成良好的电气连接，称为接大地；若电气装置与某一基准电位点做电气连接，称为接基准地。接地按其不同的作用，可分为工作接地、保护接地、重复接地、保护接零、过电压保护接地、防静电接地、屏蔽接地等。

1. 工作接地

工作接地又称为系统接地，是为了保证电力系统和电气设备在正常运行或发生事故情况下能可靠地工作、防止系统振荡和保证保护装置动作而将电力系统中某一点（交流一般为中性点）通过接地装置使之与大地可靠地连接起来的一种接地，其原理如图 9-6 所示。

工作接地的作用主要有以下几个方面。

（1）降低人体的接触电压。在中性点不接地的系统中，当发生一相接地，且站在地面上的工作人员又触及另一相时，那么人体所承受的电压将为相电压的 $\sqrt{3}$ 倍，即线电压值。而在中性点接地的系统中，因中性点接地电阻很小，地与中性点接近于等电位。因此，在中性点接地的系统中，发生一相接地而人又触及另一相时，人体承受的电压接近或等于相电压，将比中性点不接地系统降低 $\sqrt{3}$ 倍。

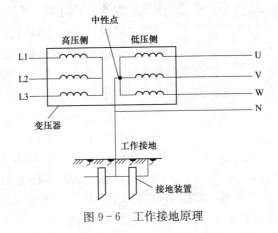

图 9-6 工作接地原理

(2) 能迅速切除故障设备。在中性点不接地的系统中，发生一相接地时，由于接地电流很小，系统中的继电保护不能迅速动作切断电源，很不安全。而在中性点接地的系统中，发生一相接地时，因单相接地短路电流很大，将使继电保护迅速动作，并以最短的时间切除故障设备。

(3) 降低电气设备对地的绝缘水平。在中性点不接地的系统中，一相接地时将使另外两相的对地电压升高到线电压。而在中性点接地的系统中，则接近于相电压，故可降低电气设备和输电线的绝缘水平，节省投资。

(4) 防止中性点位移。当三相负载不平衡时能防止中性点位移，从而避免三相电压不平衡。

2. 保护接地

保护接地就是将电气设备的金属外壳或金属支架等与接地装置连接，使电气设备不带电部分与大地保持相同的电位（大地的电位在正常时等于零），从而有效地防止触电事故的发生，保障人身安全，它适用于电源中性点不接地的低压电网，其原理如图 9-7 所示。

保护接地的作用：如果未采用保护接地，当电动机某一相绕组的绝缘损坏使外壳带电时，人体站在地上触及外壳，相当

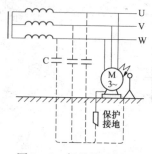

图 9-7 保护接地原理

于单相触电。由于输电线与地之间分布电容的存在，这时相线、人体、地、分布电容形成一闭合回路。接地电流（经过故障点流入地中的电流）的大小取决于人体电阻，若数值很小，就有触电的危险。如果采用了保护接地，当人体站在地上触及带电外壳时，由于人体电阻与接地电阻并联，而通常接地电阻都小于 4Ω，而人体电阻一般在 1000Ω 以上，比接地电阻大得多，所以通过人体的电流很小，从而保证了人身安全。

3. 保护接零

当中性点接地时，该点称为零点，由中性点引出的导线，称为中性线，由零点引出的导线，称为零线。保护接零就是将电气设备的外壳及金属支架等与电网的零线可靠地连接起来，它适用于三相四线制中性点直接接地的电力系统中有专用变压器的用户以及配电小区，其原理如图 9-8 所示。

保护接零的作用：当电气设备发生某一相碰壳故障时，由于存在保护接零导线，因此短路电流经零线而成闭合回路，将碰壳短路变成单相短路。又

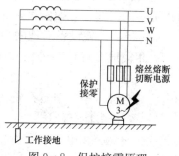

图 9-8 保护接零原理

由于零线电阻很小，所以短路电流很大，将使供电线路上的熔断器或低压断路器以最短的时间自动断开，切除电源，使外壳不带电，以消除触电危险。同时，由于回路的电阻远小于人体电阻，在回路未断开之前的短时间内，短路电流几乎全部通过接零回路，而通过人体的电流接近于零。

保护接零系统必须有良好的工作接地和重复接地，在中性

点未接地系统中，采用接零保护是绝对不允许的。

4. 重复接地

当低压供电系统采用保护接零时，除电源变压器的中性点进行系统接地外，还必须在零线（实为 PEN 线）上的一处或多处通过接地体再次与大地做良好的连接，这种接地叫作重复接地，它既可以从零线上直接接地，也可以从接零设备外壳上接地，其原理如图 9－9 所示。

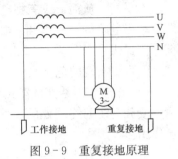

图 9－9　重复接地原理

重复接地的作用主要有以下几项。

（1）降低漏电设备外壳的对地电压。在没有重复接地的保护接零系统中，当电气设备外壳单相碰壳时，在短路到保护装置动作切断电源的这段时间里，设备外壳是带电的，如果保护装置因某种原因未动作不能切断电源，则设备外壳将长期带电，对地近似等于相电压。有了重复接地后，就可降低漏电设备外壳的对地电压，而且重复接地点越多，对降低零线对地电压越有效，对人体也越安全。

（2）减轻零线断线时的触电危险和避免烧毁单相电气设备。在没有重复接地时，如果零线断线，且断线点后面的电气设备单相碰壳，那么断线点后零线及所有接零设备的外壳都存在接近相电压的对地电压，可能烧毁用电设备。而且此时接地电流较小，不足以使保护装置动作而切断电源，很容易危及人身安全。

（3）缩短保护装置的动作时间。在三相四线制供电系统中，保护接零与重复接地配合使用，一旦发生短路故障，重复接地电阻与工作接地电阻便形成并联电路，线路阻值减小，加大了短路电流，使保护装置更快动作，缩短故障时间。重复接地越多，总的接地电阻越小，短路电流就越大，保护装置的动作时间就越快。

（4）减轻或消除三相负载严重不平衡时，零线上可能出现的对地电压。当零线断线时，电源的中性点将位移，会导致三相电压不平衡，从而造成三相电流的不平衡，使得零线电位升高，即呈现出危险的对地电压。如果有了重复接地，将给三相不平衡电流提供一条通路。因此，可以减轻或消除零线断线时，在零线上可能出现的危险电压。

（5）改善架空线路的防雷性能。如在架空线路进户线的入口附近或分支线的终端处的零线上实行重复接地，对雷电流有分流作用。

由上可以看出，在中性点直接接地的供电系统中，应特别注意零线敷设的质量，加强对零线的巡视检查，防止零线断线故障。基于上述理由，在三相四线制系统中，零线上不许装设开关和熔断器。

5. 防静电接地

静电是由于两种物质相互接触、分离和摩擦而产生的，静电放电的火花会引起爆炸和火灾，这也是生产人员工伤的原因之一。为了消除由于生产过程中或金属外壳与空气摩擦产生的静电，给人身和生产带来的危害影响所装设的接地称为防静电接地。消除静电的方法之一就是将设备、管道和容器接地，如装危险品的车辆和加油站输油管道的接地。

6. 屏蔽接地

为了防止由于电磁感应给生产设备带来的影响而装设的接地，称为屏蔽接地，如：金属外壳、屏蔽罩、屏蔽线的金属外皮或建筑物的金属屏蔽导体的接地。

【考题精选】

1.（C）是指为了保证人身安全和设备安全，将电气设备在正常运行中不带电的金属部分可靠接地。

（A）工作接地　　　　　　（B）防雷接地

（C）保护接地　　　　　　（D）设备接地

2.（√）高压设备的中性点、接地系统的中性点应视为带电体。

考点 8　安全用电常识

电能是国民经济及居民生活必不可少的重要能源，但是如果不注意安全用电也会给生产及生活带来不便，甚至会酿成事故或灾难。所以，我们必须掌握基本的安全用电常识，重视用电安全，促进安全生产，以实现"安全第一，预防为主，综合治理"的安全生产方针。安全用电的基本要素有电气绝缘、安全间隔、设备及其导体载流量、明显和正确的标志等，只要这些要素符合安全规范的要求，正常情况下的安全用电就可以得到保证。

（1）车间内的电气设备，不要随便乱动。自己使用的设备、工具，如果电气部分出了故障，不得私自修理，也不得带故障运行，应立即请电工检修。

（2）自己经常接触和使用的配电箱、配电板、隔离开关、按钮开关、插座、插销以及导线等，必须保持完好、安全，不得破损或将带电部分裸露出来，如有故障及时通知电工维修。

（3）车间内的移动式用电器具，如落地式风扇、手提砂轮机、手电钻等电动工具都必须安装使用剩余电流动作保护器，实行单机保护。当剩余电流动作保护器出现跳闸现象时，不能私自重新合闸，应通知电工进行检修。剩余电流动作保护器要经常检查，每月至少试验一次，如有失灵立即更换。

（4）使用的电气设备，其外壳按有关安全规程，必须进行防护性接地或接零。需要移动某些非固定安装的电气设备必须先切断电源再移动，同时导线要收拾好，不得在地面上拖来拖去，以免磨损。

（5）珍惜电力资源，养成安全用电和节约用电的良好习惯，当要长时间离开或不使用时，要在确保切断电源（特别是电热器具）的情况下才能离开。

（6）要熟悉自己车间或宿舍主空气断路器（俗称总闸）的位置（如施工现场、车间、办公室、宿舍等），一旦发生火灾、触电或其他电气事故时，应第一时间切断电源，避免造成更大的财产损失和人身伤亡事故。

（7）带有机械传动的电器、电气设备必须装护盖、防护罩或防护栅栏进行保护才能使用，不能将手或身体其他部位伸入运行中的设备机械传动位置，对设备进行清洁时，须确保在切断电源、机械停止工作，并确保安全的情况下才能进行，防止发生人身伤亡事故。

（8）不能私拆灯具、开关、插座等电器设备，不要使用灯具烘烤衣物或挪作其他用途。当设备内部出现冒烟、拉弧、焦味等不正常现象，应立即切断设备的电源（切不可用水或泡沫灭火器进行带电灭火），并通知维修人员进行检修，避免扩大故障范围和发生触电事故。

（9）电缆或电线的接口或破损处要用电工胶布包好，不能用医用胶布代替，更不能用尼龙纸或塑料布包扎，不能用电线直接插入插座内用电。

（10）不要用湿手触摸灯头、开关、插头、插座或其他用电器具。开关、插座、用电器具损坏或外壳破损时应有专业人员及时修理或更换，未经修复不能使用。

（11）千万不要用铜丝、铝丝、铁丝代替熔丝，空气断路器损坏后立即更换，否则容易造成触电或电器火灾。

（12）电炉、电暖器、电吹风、电烙铁等发热电器，不得直接搁在木板上或靠近易燃物品，对无自动控制的电热器具用后要随手关闭电源，以免引起火灾。

（13）确保电器设备良好散热，不在其周围堆放易燃易爆物品及杂物，防止因散热不良而损坏设备或引起火灾。

（14）车间内的电线不能乱拉乱接，禁止使用多接口和残旧的电线，以防触电。

（15）不能在电线上或其他电器设备上悬挂衣物和杂物，不能私自加装使用大功率或不符合国家安全标准的电器设备，如有需要，应向有关部门提出申请审批，由电工人员进行安装。

（16）在湿度较大的地方使用电器设备（如电吹风、电暖气、热水器等），应确保室内通风良好，避免因电器的绝缘变差而发生触电事故。

（17）未经许可不得擅自进入配电房（室）或电气施工现场。

【考题精选】

1.（√）安全用电的基本要素是电气绝缘、安全间隔、设备及其导体载流量、明显和正确的标志等，只要这些要素符合安全规范的要求，正常情况下的用电安全就可以得到保证。

2.（√）在使用手电钻、电砂轮等手持电动工具时，为保证安全，应该装设剩余电流动作保护器。

考点 9 供电系统的基本常识

1. 电力系统

电力从生产到分配要经过发电、输电、变电和配电等环节，输电线路和变电、配电的全部装置称为电力系统。

（1）电能的生产。生产电能的工厂称为发电厂，发电厂把其他形式的能量转换成电能。发电厂按所用的能源不同，可分为火力发电厂、水力发电厂和原子能发电厂等，目前大部分发电厂是火力发电厂和水力发电厂。火力发电是利用煤或石油作燃料，燃烧锅炉产生高温、高压蒸汽驱动汽轮机，由汽轮机带动发电机发电。水力发电是利用水位的落差驱动水轮机，由水轮机带动发电机发电。此外还有太阳能、风力、潮汐和地热发电等。

（2）电能的输送。通常大型发电厂都建在远离城市中心的能源产地附近，如水力发电厂都建在远离城市的江河上。因此，发电厂发出的电能还需要经过一定距离的输送，才能分配给用户。由于发电机发出的电压不能很高，一般为 3.15kV、6.3kV、

10.5kV。因此为了减少电能在输电线路上的损失，必须经过升压变压器将电压升高到 35kV、110kV、220kV、500kV 后再进行远距离输电。输电电压的高低，要根据输电距离和输电容量而定，容量越大、距离越远，输电电压就越高。

（3）变电和配电。对于大容量电网，当高压电输送到用户附近后，先经过一次降压，将电压降到 6～10kV，再分配到各用电部门。当电能送到用电部门后，由高压配电室进行配电。对于有些设备，如容量较大的空气压缩机、泵与风机等采用高压电动机带动的，直接由高压配电供给。而对于大量的低压电气设备，则需要由降压变压器进行二次降压，将 6～10kV 的电源电压降至 380/220V 的低电压，再经过低压配电装置，对各车间用电设备进行配电。

电力由发电厂经电网输送到用电设备的整个变配电过程如图 9-10 所示。

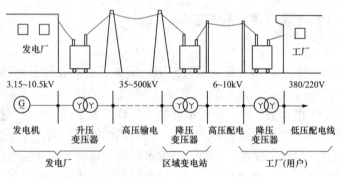

图 9-10　从发电厂到用户的输电过程

2. 供电系统

（1）大型工厂供电系统。大型工厂的用电量极大，容量一般在 10 000kV·A 以上，其供电范围也大，往往通过从区域电网上地区变电站（所）的出口电压（35～110kV）来供电，一般都设有一个总变电站。总变电站接受了地区输送来的 35～110kV 的高压电，通过变压器降为 6～10kV 电压。对于高压用电设备可直接供电，而对于低压用电设备则再由高压配电线输送到各个车间变电站将 6～10kV 电压再降压为 380/220V 用电设备所要求的电源额定电压，配给使用。

（2）中、小型工厂供电系统。中、小型工厂相对于大型工厂来说，其用电量比较小，容量一般为 1000～10 000kV·A。中、小型工厂一般都是由地区变电站的出口电压（6～10kV）供电，一般不设总变电站，而是设置一个总配电站。总配电所接收 6～10kV 电网的电能，然后分配给各车间变电站，再由车间变电站变换为 380/220V 的电压，配给用电设备。用电量在 100kW 以下的厂矿，通常采取低压供电，只需一个低压配电间。

【考题精选】

1. 以煤、石油、天然气等作为燃料，燃烧的热能借助汽轮机等热力机械带动发电机将机械能变为电能，这种发电厂称为（B）。

（A）风力发电站　　　　　（B）火力发电厂

（C）水力发电厂　　　　　（D）核能发电厂

2. 很高电压的电能不能直接使用，必须建设（B）、配电线路，将降低到用电设备使用电压的电能送到用电设备，才能使用。

（A）升压变电站　　　　　（B）降压变电站

（C）中压变电站　　　　　（D）低压变电站

考点 10　防雷常识

雷电是自然界中一种自然放电的现象，又称为大气过电压，它是由带电荷的雷云引起的。雷电多分布在热而潮湿的季节和地区，山区多于平原。从山区来看，土壤电阻率较小，电阻率突变的地区容易落雷；岩石山的山脚容易落雷；土山的山顶容易落雷。从地物来看，空旷地中的建筑物、建筑群中的高耸建筑、排出导电尘埃的厂房、屋顶为金属结构而内部又有大量金属构件的厂房等都容易受雷击；在建筑群中特别潮湿、尖顶建筑（如水塔、烟囱、旗杆等）、屋旁的大树、天线等也都容易受雷击；对于建筑物，屋角与檐角、屋顶坡度大的屋脊、坡度小的山墙等都容易受雷击。

1. 雷电的危害方式

雷电的危害方式可分为直击雷、感应雷、雷电入侵波3种。

（1）直击雷。直击雷是指大气中带有电荷的雷云对地产生的高电位，使得雷云与地面凸起物体之间产生的放电现象。放电的途径直接经过的建筑物或其他地面物体，在高压大电流产生的破坏性的高温热效应和机械效应的作用下，引起这些物体的燃烧或爆炸，如果架空线路（如输电线路、通信线路等）遭直击雷，不仅线路本身遭到损坏，雷电还会沿着线路向两端传播，毁坏两端的电气设备。

（2）感应雷。感应雷是由物体附近落雷时，因静电感应或电磁感应在物体上产生的高电压所引起的放电现象。当带电云层在另一地方对地放电后，建筑物上的感应电荷不能立刻入地，其顶部对地形成很大的电位，它会造成建筑物内部电线、金属物体等设备的放电，引起爆炸、火灾等危害人身和建筑物的严重后果。

（3）雷电入侵波。雷电入侵波是由于雷击，在架空导线（或金属管道）上产生的雷电冲击电压沿架空线、金属管道等管线迅速传播的雷电波，同样会造成设备或人员的损害。

2. 防雷措施

发生雷电的地方将产生强烈的光和热，使空气急剧膨胀振动，发生霹雳轰鸣，并可能引起火灾、爆炸，造成建筑物、电气设备的破坏和人畜伤亡。防雷的原则是：首先，应采取疏导办法，让雷电流尽量通过低阻抗导电通道流入大地，让大地来接纳和消耗雷电的能量；其次，应该尽可能按照国家有关防雷规范来进行防雷工程设计；最后，善于把科学原则与经济原则结合起来。

为了预防雷害，必须根据需要装设防雷装置，以保证安全。防雷装置包括接闪器、引下线、接地装置，常见的有避雷针、避雷线、避雷网、避雷带、避雷器等类型，不同类型的防雷装置有着不同的保护对象。避雷针主要用于保护建筑物、构筑物和变配电设备；避雷线主要用于保护电力线路；避雷网和避雷带主要用于保护建筑物；避雷器主要用于保护电力设备。

（1）变、配电站的防雷措施。应安装避雷针，以使整个建筑物不受到直接雷击。避雷针可单独立杆，也可利用室外配电装置的构架或附近的建筑物来装设。但变压器的门形构架不可装设避雷针，否则，雷击时产生的过电压使变压器产生闪络放电。

（2）配电变压器的防雷措施。应安装阀式避雷器或保护间隙避雷器，以避免感应雷电流沿高压线路侵入变压器。避雷器应尽量靠近变压器安装，且其接地线应与变压器低压侧中性点和金属外壳连在一起接地。

（3）柱上油断路器的防雷措施。应采用阀式避雷器进行防雷保护，与变压器防雷一样，避雷器也应尽可能靠近油断路器安装，其接地线应与油断路器的金属外壳先连接在一起，再共同接地。对于经常使用（即经常闭路）的柱上油断路器，一般只要在电源侧安装避雷器即可；对于不经常使用（即经常断开）的柱上油断路器，则应在油断路器两侧都安装避雷器。

（4）变压器高压侧电容器的防雷措施。应装设阀式避雷器（或保护间隙）进行防雷保护。如果变压器的高压母线上已装有避雷装置，则电容器可与高压母线共用一套避雷器。此时，只需将电容器外壳、阀式避雷器和变压器的外壳以及低压中性点并接在一起后，再共同接地即可。

（5）架空线路的防雷措施。对架空线路需从两方面采取保护措施：一是安装避雷线，尽可能防止或减少在线路中产生雷电过电压；二是产生雷电过电压后，采用多种办法，来防止和减少出现工频电弧的机会，尽可能避免引起线路跳闸，并用自动重合闸作为补救措施。

(6) 建筑物的防雷措施。对于一般建筑物，为避免直接雷击，应安装避雷针或避雷带和避雷网。当建筑物为平屋顶有女儿墙时，一般将挑檐和屋面的避雷带接在女儿墙上；为平屋顶无女儿墙时，可将避雷带和避雷网装在挑檐和屋面上。当建筑物为坡屋顶时，既可在坡屋顶建筑物的墙壁上装设避雷针，也可装设避雷带和避雷网。对于现代高层建筑物，从顶板到梁、柱、墙及地下基础都有相当数量的结构钢筋，将这些钢筋全部连接成电气通路，并把室内的上下水管道、热力管道、变压器中性线等均与钢筋网连接起来，就形成了一个整体，构成笼式暗装避雷网。这样，整座建筑物便成为一个与大地可靠连接的等电位整体，能有效地防止雷击。

(7) 建筑工地的防雷措施。在高层建筑或大型工程的施工工地，由于起重机、脚手架等设备林立，容易发生雷击事故。因此，应特别重视建筑工地的防雷。通常，可采取以下防雷措施。

1) 将建筑物结构骨架和混凝土柱子的主筋接地，以防施工期间这些骨架与混凝土框架主筋相连接。

2) 每层楼的金属门窗应与混凝土框架主筋相连接。

3) 应将进入建筑物的金属管道和电缆金属外皮在进口处与接地装置相连接。

4) 建筑工地的起重机、脚手架等必须安装防雷装置，并且应将电气设备的外壳和铁支架接地。

(8) 户外巡视人员的防雷措施。雷雨天气一般不进行户外巡视，确实需要巡视户外高压设备时，应穿绝缘靴，不得使用伞具，并不得靠近避雷器和避雷针，并注意防止发生以下几种情况。

1) 雷击泄放电流产生危险的跨步电压对人的伤害。

2) 避雷针上产生较高电压对人的反击。

3) 有缺陷的避雷器在雷雨天气可能发生爆炸对人的伤害。

【考题精选】

1. 防雷装置包括（A）。

　　(A) 接闪器、引下线、接地装置

　　(B) 避雷针、引下线、接地装置

　　(C) 闪接器、接地线、接地装置

　　(D) 接闪器、引下线、接零装置

2. (√) 雷击是一种自然灾害，具有很多的破坏性。

考点 11　绝缘安全用具的正确使用

电工绝缘安全用具包括基本绝缘安全用具和辅助绝缘安全用具，其中用具本身的绝缘足以抵御工作电压的，称为基本绝缘安全用具。可见，在带电作业时必须使用基本绝缘安全用具。若用具本身的绝缘不足以抵御工作电压，但当操作人不慎触电时，可减轻危险的绝缘安全用具称为辅助绝缘安全用具。

1. 基本绝缘安全用具

(1) 高压绝缘棒。高压绝缘棒又称为高压操作杆，俗称令克棒，主要用来操作高压跌落式熔断器、单极高压隔离开关、柱上油断路器，装卸临时接地线以及其他测量和试验工作。

高压绝缘棒使用时应注意以下几点。

1) 使用时应按电压等级选择相应的有试验合格标志的高压绝缘棒，棒表面应干燥、清洁。

2) 操作时，应戴绝缘手套，穿绝缘靴或站在绝缘台（垫）上。

3) 操作者的手握部位不得越过护环。

4) 不用时应垂直放置在支架上，不应使其与墙壁接触。

(2) 绝缘夹钳。绝缘夹钳主要用于拆装高压熔断器及进行其他需要有夹持力的电气作业，在结构上由钳口、绝缘部分和握手部分组成，不同电压等级的绝缘部分和握手部分长度不一样，使用时不得用错。绝缘夹钳只允许在 35kV 及以下的设备上使用，使用时必须擦拭干净、戴上绝缘手套、穿上绝缘靴或站在绝缘台（垫）上、戴上防护眼镜；不允许在绝缘夹钳上装接地线；使用完毕，应保存在专用的箱子或匣子里。

（3）高压验电器。高压验电器一般是靠发光显示，也有靠音响指示的，它是检测 6～35kV 网络中的配电设备、架空线路及电缆等是否带电的专用工具。

高压验电器使用时应注意以下几点。

1）应选用电压等级相符且合格的产品。

2）使用前，先要在确实带电的设备上检查验电器是否完好。

3）高压验电器操作时应由远及近靠近被测导体至发信号（光或声）为止，不得直接接触导体。

4）高压验电器与带电体的距离：电压为 6kV 时，大于 150mm；电压为 10kV 时，大于 250mm。

5）雨天不可在户外测验，测验时要戴符合耐压要求的绝缘手套并站在绝缘台上，不可一个人单独测验，要有人监护。

6）测验时，要防止发生相间或对地短路事故，人体与带电体应保持足够的安全距离，注意手握部位不得超过护环。

7）高压验电器一般不应接地，如必须接地时，应注意防止由接地线引起的短路事故。

2. 辅助绝缘安全用具

（1）绝缘手套和绝缘靴。均由优质特种橡胶制成，有足够的绝缘和机械性能。绝缘手套主要用于操作高压隔离开关和油断路器等，以预防接触电压和感应电压的伤害，不许作其他用。绝缘靴主要用于进行高压操作时与地保持绝缘，防止跨步电压的伤害，严禁作为普通靴穿用。绝缘手套和绝缘靴每次使用前要认真检查是否破损、穿孔，低压绝缘手套不允许用于操作高压设备，更不能用医疗或化学用的手套代替绝缘手套，不能用普通防雨胶靴和防酸、防碱胶靴代替绝缘靴使用。绝缘手套和靴容易老化和破损，保养尤为重要，要防油、防湿、防热，且单独存放在通风干燥的地方，有专人负责保管并登记造册。

（2）绝缘垫和绝缘台。在带电工作时使用，多用于变电站和配电室。绝缘垫是用绝缘性能很高的特种橡胶制成的，表面有防滑槽纹，其尺寸不应小于 750mm×750mm，厚度用于 1kV 及以下的应不小于 3～5mm，用于 1kV 以上的应不小于 7～8mm。绝缘台的台面用坚固木板条拼成栅状或格状，四脚有绝缘子支撑。绝缘子高度不小于 100mm，板条间隔不小于 25mm，板条固定不允许用金属钉钉接，只能采取榫接或竹木销钉连接。台面最小尺寸为 800mm×800mm，最大尺寸为 1000mm×1500mm，台面边缘不得超出绝缘子。绝缘台使用时不应使台脚陷于泥土或台面接触地面，以免过多地降低其绝缘性能。

【考题精选】

1.（D）属于电工辅助绝缘安全用具。

（A）高压绝缘棒　　　　（B）绝缘夹钳

（C）高压验电器　　　　（D）绝缘靴

2. 绝缘台的台面边缘不得超出绝缘子，绝缘子高度不小于（B） mm。

（A）50　　　　　　　　（B）100

（C）150　　　　　　　　（D）200

考点 12 电气设备安全操作基本知识

在任何已投入运行的电气设备或高压室内工作，都应执行两项基本安全措施：技术措施和组织措施。技术措施十分重要，组织措施也必不可少。技术措施是保证电气设备在停电作业时确实断开电源、防止接近带电设备、可靠防止工作区域有突然来电的可能，在带电作业时能有完善的技术装备和安全的作业条件。组织措施是保证整个作业的各个安全环节在明确的有关人员安全责任制下组织作业，其内容包括制订安全用电措施计划和规章制度、进行安全用电检查、教育和培训、组织事故分析、建立安全资料档案等。

1. 电气设备安全操作的基本要求

(1) 在电气设备上操作至少应有两名经过电气安全培训并考试合格的电工进行，非合格电工在电气设备上操作时应由合格电工负责监护。

(2) 电气工作人员必须认真学习和严格遵守《电业安全工作规程》和工厂企业制定的现场安全规程补充规定。

(3) 在电气设备上操作一般应停电后进行，只有经过特殊培训并考核合格的电工方可进行批准的某些带电作业项目。停电的设备是指与供电网电源已隔离，并采取防止突然通电的安全措施，且与其他任何带电设备有足够的安全距离。

(4) 为了保证电气作业安全，所有使用的电气安全用具都应符合安全要求，并经过试验合格，在规定的安全有效期内使用。

2. 电气设备安全操作的组织措施

(1) 工作票制度。在电气设备上工作都要按工作票或口头命令执行。工作票一式填写两份，一份必须保存在工作地点，由工作负责人收执；另一份由值班员收执，按班移交。在无人值班的设备上工作时，第二份工作票由工作许可人收执。执行工作票的作业，必须有人监护。在工作间断、转移时执行间断、转移制度。工作终结时，执行终结制度。

第一种工作票适用于在高压设备上工作需要全部或部分停电的情况、高压室内二次回路和照明回路上工作需要将高压设备停电或做安全措施的情况。

第二种工作票适用于无须将高压电气设备停电的带电作业、带电设备外壳上的工作，控制盘和低压配电盘、配电箱、电源干线上的工作，二次回路上的工作，转动中的发电机、同步电动机的励磁回路或高压电动机转子电阻回路上的工作，非当值值班人员用绝缘棒或电压互感器定相或用钳形电流表测量高压回路的电路。

口头或电话命令用于不属于上述两种工作票范围的其他工作，表达必须清楚正确。口头或电话命令除告知工作负责人外，并要通知值班人员，值班人员应将发令人、负责人及工作任务详细记入操作记录簿中，并向发令人复述核对一遍。

（2）工作许可制度。为了进一步确保电气设备作业的安全进行，完善保证安全的组织措施，对于工作票的执行，规定了工作许可制度，即未经工作许可人（值班员）允许，不准执行工作票。

（3）工作监护制度。工作监护制度是指工作人员在工作过程中必须受到监护人一定的指导和监督，以及时纠正不安全的操作和其他的危险误动作，特别是在靠近有电部位工作及工作转移时，监护工作更为重要。

（4）工作间断、转移和终结制度。当日内工作间断时，工作人员应从工作现场撤出，所有安全措施保持不动，工作票仍由工作负责人执存。间断后继续工作，无须通过工作许可人。次日复工时应得到值班员许可，取回工作票，工作负责人必须重新认真检查安全措施是否符合工作票的要求后，方可工作。若无工作负责人或监护人带领，工作人员不得进入工作地点。

3. 电气设备安全操作的技术措施

（1）停电。检修工作中，如人体与其他带电设备 10kV 及以下者的距离小于 0.35m、20～35kV 者小于 0.6m 时，该设备应当停电；如果距离大于上列数值，但分别小于 0.7m 和 1.0m，应设置遮栏，否则也应停电。停电时，应注意对所有能够给检修部分送电的线路，要全部切断，并采取防止误合闸的措施，而且每处至少要有一个明显的断开点。对于多回路的线路，要注意防止其他方面突然来电，特别要注意防止低压方面的反送电。

（2）验电。对已停电的线路或设备，不论其经常接入的电压表或其他信号是否指示无电，均应进行验电。验电时，应按电压等级选用相应的验电器。

（3）放电。放电的目的是消除被检修设备上残存的静电。放电应采用专用的导线，用绝缘棒或开关操作，人手不得与放电导体相接触。应注意线与地之间、线与线之间均应放电。电容器和电缆的残存电荷较多，最好有专门的放电设备。

（4）装设临时接地线。为了防止意外送电和二次系统意外的反送电，以及消除其他方面的感应电，应在被检修部分外端装设必要的临时接地线。临时接地线的装拆顺序一定不能弄错，装时先接接地端，拆时后拆接地端。

（5）装设遮栏。在部分停电检修时，应将带电部分遮挡起来，使检修工作人员与带电导体之间保持一定的距离。

（6）悬挂标示牌。标示牌的作用是提醒人们注意。例如，在一经合闸即可送电到被检修设备的开关上，应挂上"有人工作，禁止合闸"的标示牌；在邻近带电部位的遮栏上，应挂上"止步，高压危险"的标示牌，等等。

【考题精选】

1. 严格执行安全操作规程的目的是（C）。

（A）限制工人的人身自由

（B）企业领导刁难工人

（C）保证人身和设备的安全以及企业的正常生产

（D）增强领导的权威性

2. （√）在高压设备上工作需全部或部分停电的工作应填写第一种工作票。

考点 13 环境污染的概念

《中华人民共和国环境保护法》对环境含义的解释是："环境是指影响人类生存和发展的各种天然的和经过人工改造的自然因素的总体，包括大气、水、海洋、土地、矿藏、森林、草原、野生生物、自然古迹、人文遗迹、自然保护区、风景名胜区、城市和乡村等。"由此可见，环境是人类生存、活动、发展的总体，是以人类为中心的。

环境污染是指由于人类活动把大量有毒有害污染物质排入环境，这些物质在环境中积聚，使环境质量下降，以致危害人类及其他生物正常生存和发展的现象。环境污染一般可以分为大气污染、水体污染和土壤污染；按污染源的性质可以分为生物污染、化学污染和物理污染；按污染源的形态可以分为废气污染、废水污染和固体物污染及噪声污染、辐射污染等。

环境污染源主要有以下几个方面。

（1）工厂排出的废烟、废气、废水、废渣和噪声。

（2）人们生活中排出的废烟、废气、噪声、脏水、垃圾。

（3）交通工具（所有的燃油车辆、轮船、飞机等）排出的废气和噪声。

（4）大量使用化肥、杀虫剂、除草剂等化学物质的农田灌溉后流出的水。

（5）矿山废水、废渣。

（6）机器噪声、电磁辐射、二氧化碳污染。

与环境污染相关且并称的另一概念是公害，它是指污染和破坏生态环境从而对公众的健康、安全、生命、公私财产及生活舒适性等造成的公共性危害，如大气污染、恶臭、噪声、水质污染、振动、土壤污染及地基下沉等。有时，不严格区分环境污染与公害。

与环境污染相近的另一概念是生态破坏，它是由于人类不合理地开发利用自然环境和自然资源，致使生态系统的结构和功能遭到损坏，而威胁人类及其他生物正常生存和发展的现象，如森林破坏、草原退化、水土流失、土地沙漠化、水源枯竭等。环境污染与生态破坏相互影响。

【考题精选】

1. 下列污染形式中不属于生态破坏的是（D）。

　　（A）森林破坏　　　　　　（B）水土流失

（C）水源枯竭　　　　（D）地面沉降

2.（×）生态破坏是指由于环境污染和破坏，对多数人的健康、生命、财产造成的公共性危害。

考点 14　电磁污染源的分类

电磁污染又称为电磁波污染或射频电磁辐射污染，其污染源是各种电器工作时所产生的各种不同波长、频率的电磁波，它是一种无形的污染，已成为人们非常关注的公害。由于电子技术的广泛应用，无线电广播、移动电话、电视以及微波技术等事业的迅速发展和普及，射频设备的功率成倍提高，地面上的电磁辐射大幅度增加，目前已达到可以直接威胁人体健康的程度。

影响人类生活环境的电磁污染源，可分为自然和人为两大类。

1. 自然的电磁污染

自然的电磁污染源是由某些自然现象引起的，由于大气中发生电离作用，导致电荷的积蓄，从而引起放电现象，如雷电。雷电除了对电气设备、飞机、建筑物等直接造成危害外，其较宽的频带（几千赫兹到几百兆赫兹）对短波通信的干扰也特别严重。此外，如火山喷发、地震和太阳黑子活动引起的磁爆都能产生电磁干扰。

2. 人为的电磁污染

人为的电磁污染源按频率的不同可分为工频场源与射频场源，它目前已成为电磁污染的主要来源。工频场源以大功率工频输电线路产生的电磁污染为主，也包括若干放电型污染源，如切断大电流电路时产生的火花放电、大功率电动机、变压器以及输电线附近的电磁场等。射频场源主要由无线电或射频设备工作过程产生的电磁感应与电磁辐射所引起的，如无线电发射机、雷达、微波干燥机、高频加热设备等。

【考题精选】

1. 下列电磁污染形式中不属于人为的电磁污染的是（D）。

（A）脉冲放电　　　　　（B）电磁场

（C）射频电磁污染　　　（D）雷电

2.（√）影响人类生活环境的电磁污染源，可分为自然的和人为的两大类。

考点 15　噪声的危害

噪声就是声强和频率的变化均无规律的声音，可分为气体动力噪声、机械噪声和电磁噪声，只要使人烦躁、郁闷、不受人欢迎的声音，都可看作噪声。当噪声对人及周围环境造成不良影响时，就形成噪声污染，成为一种公害。

噪声污染对人、动物、仪器仪表以及建筑物均构成危害，其危害程度主要取决于噪声的频率、强度及持续时间。电磁噪声对人类生存环境的影响有损伤听力、影响睡眠、危害健康、影响情绪、影响儿童和胎儿的发育甚至造成畸形。

【考题精选】

1. 噪声可分为气体动力噪声，（D）和电磁噪声。

（A）电力噪声　　　　　（B）水噪声

（C）电气噪声　　　　　（D）机械噪声

2.（×）用耳塞、耳罩、耳棉等个人防护用品来防止噪声的干扰，在所有场合都是有效的。

考点 16　质量管理的概念

质量管理是企业经营管理的一个重要内容，是关系到企业生存和发展的重要问题，也可以说是企业的生命线。企业为求得生存和发展，必须积极、有效地开展质量管理活动，这是成功企业的共识。

质量管理是企业为保证和提高产品、技术或服务的质量以达到满足市场和客户的需求，所进行的质量调查、确定质量目标、计划、组织、控制、协调和信息反馈等一系列的经营管理活动。质量管理从企业的整体上来说，包括制定企业的质量方针、质量目标、工作程序、操作规程、管理标准，以及确定内部、外部的质量保证和质量控制的组织机构、组织实施等活动。对每个职工来说，质量管理的主要内容有岗位的质量要求、质量目标、质量保证措施和质量责任等。

【考题精选】

1.（√）质量管理是企业经营管理的一个重要内容，是企业的生命线。

2.（×）质量管理是要求企业领导掌握的内容，与一般职工无关。

考点 17　对职工岗位质量的要求

企业的质量方针是由企业的最高管理者正式发布的企业全面的质量宗旨和质量方向，是企业总方针的重要组织部分。企业的质量方针不仅要提出和规定企业在提供产品、技术或服务的质量需达到的标准和水平，也是企业的经营理念在质量管理工作方面的体现。

岗位的质量要求是企业根据对产品、技术或服务最终的质量要求和本身的条件，对各个岗位质量工作提出的具体要求。这一般都体现出各岗位的作业指导书或工作规程中，包括操作程序、工作内容、工艺规程、参数控制、工序的质量指标、各项质量记录等。岗位的质量要求，是每个职工都必须做到的最基本的岗位工作职责。

【考题精选】

1. 岗位的质量要求，通常包括操作程序，工作内容，（C）

及参数控制等。

  （A）工作计划   （B）工作目的

  （C）工艺规程   （D）操作重点

2．（×）企业的质量方针每个职工只需熟记。

考点 18 劳动者的权利

  劳动法是指调整劳动关系（包括直接劳动关系和间接劳动关系）的法律规范的总称，它既包括国家最高权力机关颁布的劳动法，也包括其他调整劳动关系的法律法规。

  劳动法中明确规定了劳动者的基本权利和义务如下。

  （1）平等就业和选择职业的权利。

  （2）获得劳动报酬的权利。

  （3）休息和休假的权利。

  （4）在劳动中获得劳动安全和劳动卫生保护的权利。

  （5）接受职业技能培训的权利。

  （6）享有社会保险和福利的权利。

  （7）提请劳动争议处理的权利。

  （8）法律、法规规定的其他劳动权利。

【考题精选】

1．劳动者的基本权利包括（D）等。

  （A）完成劳动任务

  （B）提高职业技能

  （C）遵守劳动纪律和职业道德

  （D）接受职业技能培训

2．（×）临时工不享有社会保险和福利的权利。

考点 19 劳动者的义务

  劳动者的基本义务如下。

  （1）完成劳动任务。

（2）提高职业技能。

（3）执行劳动安全卫生规程。

（4）遵守劳动纪律和职业道德。

【考题精选】

1. 劳动者的基本义务包括（A）等。

（A）遵守劳动纪律　　　（B）获得劳动报酬

（C）休息　　　　　　　（D）休假

2. （×）劳动者的基本义务中不应包括遵守职业道德。

考点 20　劳动合同的解除

劳动合同制就是以合同形式明确用工单位和劳动者个人的权利与义务，实现劳动者与生产资料科学结合的方式，是确立社会主义劳动关系，适应社会主义市场经济发展需要的一项重要的劳动法律制度。

劳动合同的解除是指劳动合同期限未满以前，由于出现某种情况，导致当事人双方提前终止劳动合同的法律效力，解除双方的权利和义务关系，劳动合同的解除必须遵守劳动法的规定。

（1）劳动者解除劳动合同，应当提前 30 日以书面形式通知用人单位。《中华人民共和国劳动法》的第 32 条规定，有下列情形之一的，劳动者可以随时通知用人单位解除劳动合同。

1）在试用期内。

2）用人单位以暴力、威胁或者非法限制人身自由的手段强迫劳动的。

3）用人单位未按照劳动合同约定支付劳动报酬或者提供劳动条件的。

（2）用人单位解除劳动合同，根据《中华人民共和国劳动法》的第 25 条规定，劳动者有下列情形之一的，可以随时解除劳动合同。

1) 在试用期间被证明不符合录用条件的。

2) 严重违反劳动纪律或用人单位规章制度的。

3) 严重失职，营私舞弊，对用人单位利益造成重大损害的。

4) 被依法追究刑事责任的。

（3）劳动法还规定，有下列情形之一，用人单位可以解除劳动合同，但是应当提前30日以书面形式通知劳动者本人。

1) 劳动者患病或非因工负伤，医疗期满仍不能从事原工作，也不能从事由用人单位另行安排的工作的。

2) 劳动者不能胜任工作，经过培训或者调整工作岗位，仍不能胜任工作的。

3) 劳动合同订立时所依据的客观情况发生重大变化，致使原劳动合同无法履行，经当事人协商不能就变更劳动合同达成协议的。

4) 用人单位被撤销、解散或破产的。

（4）劳动法规定，在下列情形下用人单位不得解除劳动合同。

1) 劳动者患职业病或者因工负伤被确认丧失或者部分丧失劳动能力的。

2) 劳动者患病或者负伤，在规定的医疗期内的。

3) 女职工在孕期、产期、哺乳期内的。

4) 法律法规规定的其他情形。

【考题精选】

1. 根据劳动法的有关规定，（D），劳动者可以随时通知用人单位解除劳动合同。

　　（A）在试用期间被证明不符合录用条件的

　　（B）严重违反劳动纪律或用人单位规章制度的

　　（C）严重失职、营私舞弊，对用人单位利益造成重大损害的

　　（D）在试用期内

2.（×）劳动者患病或负伤，在规定的医疗期内，用人单位可以解除劳动合同。

考 点 21　劳动安全卫生制度

劳动安全是指生产劳动过程中，防止危害劳动者人身安全的伤亡和急性中毒事故。劳动卫生是指生产劳动环境要合乎国家规定的卫生条件，防止有毒有害物质危害劳动者的健康。

劳动安全卫生管理制度的主要内容如下。

（1）安全生产责任制度。

（2）劳动安全技术措施计划制度。

（3）劳动安全卫生教育制度。

（4）劳动安全卫生检查制度。

（5）特种作业人员的专门培训和资格审查制度。

（6）劳动防护用品管理制度。

（7）职业危险作业劳动者的健康检查制度。

（8）职工伤亡事故和职业病统计报告处理制度。

（9）劳动安全监察制度。

（10）根据女工的生理特点安排就业，实行同工同酬。

（11）禁止女工从事特别繁重的体力劳动和有损健康的工作。

（12）建立健全对女工"五期"保护制度。"五期"保护是指女工在经期、孕期、产期、哺乳期、更年期给予特殊保护。

（13）定期进行身体检查，加强妇幼保健工作。

（14）严禁一切企业招收未满 16 周岁的童工。

（15）对未成年工应缩短工作时间，禁止安排他们做夜班或加班加点。

（16）禁止安排未成年工从事矿山井下、有毒有害、国家规定的第四级体力劳动强度的劳动和其他禁忌从事的劳动。

【考题精选】

1. 劳动安全卫生管理制度对未成年工给予了特殊的劳动保

护，规定严禁一切企业招收未满（C）的童工。

    （A）14 周岁   （B）15 周岁

    （C）16 周岁   （D）18 周岁

  2.（D）必须为劳动者提供符合国家规定的劳动安全卫生条件和必要的劳动防护用品，对从事有职业危害作业的劳动者应当定期进行健康检查。

    （A）建设单位   （B）规划部门

    （C）土地部门   （D）用人单位

考点 22　电力法知识

  为了保障和促进电力事业的发展，维护电力投资者、经营者和使用者的合法权益，保障电力安全运行，我国制定了《中华人民共和国电力法》，本法适用于国境内的电力建设、生产、供应和使用活动。

  《中华人民共和国电力法》的主要内容如下：第一章总则；第二章电力建设；第三章电力生产与电网管理；第四章电力供应与使用；第五章电价与电费；第六章农村电力建设和农业用电；第七章电力设施保护；第八章监督检查；第九章法律责任；第十章为附则。

【考题精选】

  1.（√）《中华人民共和国电力法》规定，我国电力事业投资实行谁投资，谁受益的原则。

  2.（√）电力监督检查人员进行监督检查时，应当出示证件。

考点 23　职业道德的基本内涵

  职业道德是指人们在特定的职业活动中符合职业要求的道德准则、道德情操与道德品质的总和，它主要通过职业教育的手段以实现启迪道德觉悟、激励职业感情和强化道德意志。不同的职业有不同的职业道德，每一种职业的职业道德都反映了本职业的职业理想、职业态度、职业义务、职业纪律、职业良心、职业荣誉、职业作风和职业技能等方面。

职业道德的基本内涵包括以下几个方面。

（1）职业道德是一种职业规范，受社会普遍的认可。

（2）职业道德是长期以来自然形成的。

（3）职业道德没有确定形式，通常体现为观念、习惯、信念等。

（4）职业道德依靠文化、内心信念和习惯，通过员工的自律实现。

（5）职业道德大多没有实质的约束力和强制力。

（6）职业道德的主要内容是对员工义务的要求。

（7）职业道德标准多元化，代表了不同企业可能具有不同的价值观。

（8）职业道德承载着企业文化和凝聚力，影响深远。

【考题精选】

1. 职业道德就是人们在（A）的职业活动中应遵循的行为规范的总和。

（A）特定　　　　　　（B）所有

（C）一般　　　　　　（D）规定

2. （×）向企业员工灌输的职业道德太多了，容易使员工产生谨小慎微的观念。

考点 24　市场经济条件下职业道德的功能

市场经济与职业道德有着非常紧密的内在联系，或者说如果没有市场经济所要求的职业操守，就不会有市场经济的效率和由此带来的经济发展。市场经济条件下的职业道德，则是在市场经济的架构中，社会依据不同个人、单位所处地位和职业赋予个人、单位的责任和义务。在市场经济条件下，职业道德具有促进人们行为规范化的社会功能，在企业的经营活动中，职业道德的功能表现为激励作用、规范行为、遵纪守法。

【考题精选】

1. 在市场经济条件下，职业道德具有（C）的社会功能。

（A）鼓励人们自由选择职业

（B）遏制牟利最大化

（C）促进人们的行为规范化

（D）最大限度地克服人们受利益驱动

2. （×）在市场经济条件下，克服利益导向是职业道德社会功能的表现。

考点 25 企业文化的功能

企业文化是企业中不可或缺的精神力量和道德规范，它始终贯穿于企业生产经营的过程中。优秀的企业文化能够营造良好的企业环境，对于提高从业人员的文化素养和道德水准都具有重要的功能，即导向功能、自律功能、整合功能、激励功能。

（1）导向功能。导向功能是指企业文化具有引导职业活动方向的效用，它从三个方面对从业人员加以引导：确立正确的职业理想与社会发展目标相统一；个人追求与企业发展战略相统一；岗位职责要求与职业道德相统一。

（2）自律功能。自律功能是指职业道德具有促进从业活动规范化和标准化的效用，职业道德的自律功能通过岗位责任的总体规定和具体的操作规程及违规处罚规则对从业人员的行为进行约束。为了促进企业的规范化发展，需要发挥企业文化的自律功能。

（3）整合功能。整合功能是指企业通过职业道德核心理念对企业内部不同部门、不同利益个体之间进行调节，起到凝聚人心、协调统一的效用。

（4）激励功能。激励功能是指职业道德能够激发从业人员产生内在动力的效用，它通过职业理想、榜样示范和奖惩机制来实现。

【考题精选】

1. 为了促进企业的规范化发展，需要发挥企业文化的（D）功能。

    （A）娱乐　　　　　　　　（B）主导

    （C）决策　　　　　　　　（D）自律

2.（√）企业文化对企业具有整合的功能。

考点 26　职业道德对增强企业凝聚力、竞争力的作用

职业道德不仅对个人的生存和发展有着重要的作用和价值，而且是增强企业凝聚力、竞争力的手段。从业人员若有良好的职业道德，不仅有利于协调从业人员之间、从业人员与领导之间、从业人员与企业之间的关系，增强企业的凝聚力，而且有利于企业的科技创新、开发新产品、降低产品成本、提高产品和服务质量、树立良好的企业形象、创造企业著名品牌，从而提高产品的市场竞争力。

【考题精选】

1. 职业道德对企业起到（D）的作用。

    （A）增强员工独立意识

    （B）模糊企业上级与员工关系

    （C）使员工规规矩矩做事情

    （D）增强企业凝聚力

2.（√）职业道德对企业起到增强竞争力的作用。

考点 27　职业道德是人生事业成功的保证

职业道德是从业人员事业成功的重要条件，无论什么人，只要他想成就一定的事业，就离不开职业道德，没有职业道德

的从业人员是干不好任何工作的。当职业道德体现在从业人员的职业生活中时就表现为职业品质，这些品质的发挥程度与事业成功的程度是紧密相连的，因此每一个成功的从业人员往往都具有较高的职业道德。

【考题精选】

1. 正确阐述职业道德与人生事业的关系的选项是（D）。
   （A）没有职业道德的人，任何时刻都不会获得成功
   （B）具有较高的职业道德的人，任何时刻都会获得成功
   （C）事业成功的人往往并不需要较高的职业道德
   （D）职业道德是获得人生事业成功的重要条件

2. （√）事业成功的人往往具有较高的职业道德。

考点 28　文明礼貌的具体要求

文明礼貌是从业人员的基本素质，遵循文明礼貌的职业道德规范，必须做到仪表端庄、语言规范、举止得体、待人热情。

（1）仪表端庄。在职业交往活动中的具体要求是：着装朴素大方、鞋袜搭配合理、装饰和化妆要适当、面部、头发和手指要整洁、站姿端正。

（2）语言规范。在职业交往活动中的具体要求是：语感自然、语气亲切、语调柔和、语速适中、语言简练、语意明确、要用尊称敬语、不用忌语、记好"三声"，即招呼声，询问声和道别声，讲究语言艺术。

（3）举止得体。在职业交往活动中的具体要求是：态度恭敬、表情从容、行为适度、形象庄重。

（4）待人热情。在职业交往活动中的具体要求是：微笑迎客、亲切友好、主动热情。

【考题精选】

1. 在职业活动中，不符合待人热情要求的是（A）。

(A) 严肃待客，表情冷漠　(B) 主动服务，细致周到

(C) 微笑大方，不厌其烦　(D) 亲切友好，宾至如归

2. 在职业交往活动中，符合仪表端庄具体要求的是（B）。

(A) 着装华贵　　　　　　(B) 适当化妆或戴饰品

(C) 饰品俏丽　　　　　　(D) 发型要突出个性

考点 29　对诚实守信基本内涵的理解

诚实守信是一种职业道德规范，无论是对企业还是对个人，诚实守信都是职业道德的重中之重，是职业道德的根本所在。在市场经济条件下，诚实守信是维护市场经济秩序的基本法则，从业人员可以通过诚实合法劳动，实现利益最大化。

诚实守信就是指真实无欺、遵守承诺和契约的品德和行为，其具体要求是：要忠诚所属企业、诚实劳动、关心企业发展、遵守合同和契约；要维护企业信誉，树立产品质量意识、重视服务质量、树立服务意识；要保守企业秘密。

【考题精选】

1. 职工对企业诚实守信应该做到的是（B）。

(A) 忠诚所属企业，无论何种情况都始终把企业利益放在第一位

(B) 维护企业信誉，树立质量意识和服务意识

(C) 扩大企业影响，多对外谈论企业之事

(D) 完成本职工作即可，谋划企业发展由有见识的人来做

2. 市场经济条件下，（A）不违反职业道德规范中关于诚实守信的要求。

(A) 通过诚实合法劳动，实现利益最大化

(B) 打进对手内部，增强竞争优势

(C) 根据服务对象来决定是否遵守承诺

(D) 凡有利于增大企业利益的行为就做

考点 30　办事公道的具体要求

办事公道是在爱岗敬业、诚实守信基础上提出的更高层次的职业道德要求，是指从业人员在办理事务、处理问题时，站在公平、公正的立场上，用同一标准和原则进行工作的职业道德规范。从业人员在职业交往活动中要做到坚持真理、公私分明、公平公正、光明磊落。

（1）坚持真理。坚持真理就是坚持实事求是的原则，就是办事情、处理问题要合乎公理、合乎正义。

（2）公私分明。要想做到办事公道，就要做到公私分明。在职业活动中公私分明是指不能凭借自己手中的职权谋取个人私利，损害社会集体利益和他人利益。

（3）公平公正。公平公正是指按照原则办事，处理事情合情合理，不徇私情。不同的职业虽然各有其职业特点，公平公正的具体要求也不同，但其基本要求是一致的，都要求从业人员按照原则办事，公正对待事情和处理问题。

（4）光明磊落。光明磊落是指做人做事没有私心，胸怀坦荡，行为正派。在职业活动中，做到光明磊落就是克服私心杂念，把社会、集体和企业的利益放在首位。

【考题精选】

1. 要做到办事公道，在处理公私关系时，要（C）。
　　（A）公私不分　　　　　　（B）假公济私
　　（C）公平公正　　　　　　（D）先公后私

2.（×）要做到办事公道，在处理公私关系时，要公私不分。

考点 31　勤劳节俭的现代意义

勤劳节俭是社会美德，也是人生美德，其现代意义在于它是促进经济和社会发展的重要手段，有利于企业增产增效，有利于企业可持续发展。

【考题精选】

1. 勤劳节俭的现代意义在于（A）。

    （A）勤劳节俭是促进经济和社会发展的重要手段

    （B）勤劳是现代市场经济需要的，而节俭则不宜提倡

    （C）节俭阻碍消费，因而会阻碍市场经济的发展

    （D）勤劳节俭虽有利于节省资源，但与提高生产效率无关

2. 下列关于勤劳节俭的论述中，不正确的选项是（B）。

    （A）勤劳节俭能够促进经济和社会发展

    （B）勤劳是现代市场经济需要的，而节俭则不宜提倡

    （C）勤劳和节俭符合可持续发展的要求

    （D）勤劳节俭有利于企业增产增效

考点 32　创新的道德要求

创新是指人们为了发展的需要，运用已知的信息，不断突破常规，发现或产生某种新颖、独特的有社会价值或个人价值的新事物、新思想的活动。创新的本质是突破，它是企业进步的灵魂和动力，没有创新的企业是没有希望的企业。企业创新要求从业人员努力做到大胆地试，大胆地闯，敢于提出新问题，善于大胆设想。

创新在实践活动上表现为打破旧的传统、旧的习惯、旧的观念和旧的做法，创新不能墨守成规，要敢于标新立异。对于创新本身来讲，应具有解放思想、头脑灵活、敢于批评和勇于挑战的开拓精神，因此，创新和开拓紧紧相连。

开拓创新的重要性体现在两个方面：一是优质高效需要开拓创新，其内容包括服务争优要求开拓创新、盈利增加仰仗开拓创新、效益看好需要开拓创新；二是事业发展依靠开拓创新，其内容包括创新是事业快速、健康发展的巨大动力，创新是事

业竞争取胜的最佳手段，创新是个人事业获得成功的关键因素。

开拓创新的道德要求如下。

（1）开拓创新要有创新意识。这是创新活动的源泉和动力，创新意识的行为表现就是敢于标新立异。当然，标新立异绝不是胡思乱想和盲目蛮干，而是要在科学的世界观和方法论的指导下，不因循守旧，不墨守成规，善于在工作实践中发现并提出问题，大胆设想，小心求证，寻求解决问题的新方法、新途径。

（2）开拓创新需要运用现代科学的思维方式。现代科学的思维方式是在现代社会中应运而生的，因而最能在现代社会中发挥创造性功能。在工作中，常用的科学思维方式有联想思维、发散思维。

（3）开拓创新要有坚定的信心和意志。创新离不开良好的意志和品质，任何创新活动都不会一帆风顺，有时甚至遭遇意想不到的困难和失败。如果没有对事业的极大热忱和顽强的意志作基础，想要取得成功是不可想象的。

创新不能墨守成规，要敢于标新立异。企业创新要求员工努力做到大胆地试，大胆地闯，敢于提出新问题。强化创造意识的内容是：创造意识要在竞争中培养；要敢于标新立异（其具体内容是：要有创新精神，要有敏锐的发现问题的能力，要有敢于提出问题的勇气）；善于大胆设想。

【考题精选】

1. 关于创新的正确论述是（C）。

（A）不墨守成规，但不可标新立异

（B）企业经不起折腾，大胆地闯早晚会出问题

（C）创新是企业发展的动力

（D）创新需要灵感，但不需要情感

2. 企业创新要求员工努力做到（C）。

（A）不能墨守成规，但也不能标新立异

（B）大胆地破除现有的结论，自创理论体系

(C) 大胆地尝试大胆地闯，敢于提出新问题

(D) 激发人的灵感，遏制冲动和情感

考点 33 遵纪守法的规定

职业纪律是指在特定的职业活动范围内从事某种职业的人们必须共同遵守的行为准则，具有明确的规定性和一定的强制性，它包括劳动纪律、组织纪律、财经纪律、群众纪律、宣传纪律、外事纪律等基本纪律要求以及各行各业的特殊纪律要求。遵纪守法是指每个从业人员都要遵守纪律和法律，尤其是遵守职业纪律与职业活动相关的法律法规。

企业生产经营活动中，要求企业员工遵纪守法是保证经济活动正常进行的基本保证。任何单位要维持正常的生产秩序，就必须要求每个企业员工遵守劳动纪律。如果企业员工违反职业纪律，企业应视情节轻重，做出恰当处分。

【考题精选】

1. 企业生产经营活动中，要求员工遵纪守法是（B）。

(A) 约束人的体现

(B) 保证经济活动正常进行所决定的

(C) 领导者人为的规定

(D) 追求利益的体现

2. （√）职业纪律中包括群众纪律。

考点 34 爱岗敬业的具体要求

在市场经济条件下，爱岗敬业的具体要求是：树立职业理想、强化职业责任、提高职业技能。

（1）树立职业理想。职业理想是指人们对未来工作部门、工作种类的向往和对现行职业发展将达到什么水平、程度的憧憬。

（2）强化职业责任。职业责任是指人们在一定职业活动中所承担的特定的职责，它包括人们应该做的工作以及应该承担的

义务。

（3）提高职业技能。职业技能也称为职业能力，是指人们进行职业活动，履行职业责任的能力和手段，它包括从业人员的实际操作能力、业务处理能力、技术能力以及与职业有关的理论知识。

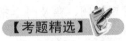

1. 对待职业和岗位，（D）并不是爱岗敬业所要求的。

　　（A）树立职业理想

　　（B）干一行爱一行专一行

　　（C）遵守企业的规章制度

　　（D）一职定终身，绝对不改行

2. 爱岗敬业的具体要求是（C）。

　　（A）看效益决定是否爱岗

　　（B）转变择业观念

　　（C）提高职业技能

　　（D）增强把握择业的机遇知识

考点 35　严格执行安全操作规程的重要性

从业人员除了遵守国家的法律、法规和政策外，还要遵守与职业活动行为有关的制度和纪律。例如，劳动纪律、安全操作规程、操作程序、工艺文件等，才能很好地履行岗位职责，做好本职工作。

【考题精选】

1.（√）从业人员应当接受安全生产教育和培训，掌握本职工作所需的安全生产知识，提高安全生产技能，增强事故预防和应急处理能力。

2.（√）职业活动中，每位员工都必须严格执行安全操作规程。

考点 36　工作认真负责的具体要求

（1）上班前做好充分准备。包括思想和物质方面的准备，准备好工作中所需要的工具、仪器仪表以及技术资料等。

（2）工作中要集中注意力。在工作中要高度集中注意力，做好每一项具体的工作，不能三心二意。发现问题，要及时上报，并进行处理。

（3）下班前要做好安全检查。下班前要整理工具、仪器仪表以及技术资料等，关闭设备电源，做好安全检查。

（4）交接班要按照有关制度进行交接班。

（5）下班后要清理工作场地，保持场地整洁。

【考题精选】

1. 作为一名工作认真负责的员工，应该是（D）。

　　（A）领导说什么就做什么

　　（B）领导亲口安排的工作认真做，其他工作可以马虎一点

　　（C）面上的工作要做仔细一些，看不到的工作可以快一些

　　（D）工作不分大小，都要认真去做

2. （×）领导亲自安排的工作，一定要认真负责，其他工作可以马虎一点。

考点 37　团结互助的基本要求

团结互助是处理从业人员之间和集体之间关系的重要道德规范，是社会主义、集体主义的具体体现，它可以营造和谐的人际氛围，增强企业凝聚力。遵循团结互助的职业道德规范，必须做到平等尊重、顾全大局、互相学习、加强协作。

（1）平等尊重。平等尊重是指在社会生活和人们的职业活动中，不管彼此之间的社会地位、生活条件和工作性质有多大差

别，都应一视同仁、平等相待、互相尊重和互相信任，它包括上下级之间平等尊重、同事之间平等尊重、师徒之间相互尊重和尊重服务对象。

（2）顾全大局。顾全大局是指在处理个人和集体利益的关系上，要树立全局观念，不计较个人利益，自觉服从整体利益的需要。

（3）互相学习。互相学习是团结互助道德规范要求的中心环节，从其内涵来讲，是指为了实现共同的利益和目标，要求人们互相帮助、互相支持、团结协作和共同发展。

（4）加强协作。加强协作是指在职业活动中，为了协调从业人员之间，包括工序之间、工种之间、岗位之间和部门之间的关系，完成职业工作任务，彼此之间互相帮助、互相支持、密切配合和搞好协作。

【考题精选】

1. 下列选项中，（C）是团结互助道德规范要求的中心环节。

　　（A）平等尊重　　　　　　（B）顾全大局
　　（C）互相学习　　　　　　（D）加强协作

2. 在企业的活动中，（D）不符合平等尊重的要求。
　　（A）根据员工技术专长进行分工
　　（B）对待不同服务对象采取一视同仁的服务态度
　　（C）师徒之间要平等和互相尊重
　　（D）取消员工之间的一切差别

考点 38　爱护设备和工具的基本要求

（1）正确组织工具位置。物件放置应有固定的位置，使用后放回原处。工作时所用的工具、量具及仪表，应尽可能靠近或集中在操作者周围。

（2）工具、量具和仪器仪表要分类存放，摆放合理。

（3）设备要经常进行维护，如润滑、清洁等；如发现问题，及时进行维修。电气设备维护保养制度应根据具体保养对象，制定相应的维护保养工作内容和周期。例如，电动机的日常维护保养为经常保持电动机的表面清洁，保持良好的通风条件，经常检查测量绝缘电阻，检查接地装置，检查温升是否正常，检查轴承是否有发热、漏油等现象。

【考题精选】

1. 不爱护设备和工具的做法是（C）。

　　（A）保持设备清洁　　　　（B）正确使用工具

　　（C）随意修理设备　　　　（D）及时保养设备

2.（×）电工在维修有故障的设备时，重要部件必须加倍爱护，而像螺钉、螺母等通用件可以随意放置。

考点 39　着装整洁的要求

工作服是安全生产和文明生产的物质基础，为了确保安全可靠供电，保证人身安全，电工必须按规定穿戴好工作服，并注意保持整洁，不允许穿戴其他衣服作为工作服，衣服纽扣必须齐全并系好，不允许敞开外衣，卷起衣袖，不允许穿拖鞋，工卡需按公司要求佩戴。

（1）值班电工着装标准。工作时，必须穿工作服，戴工作帽，穿绝缘鞋，不得穿凉鞋、拖鞋、短衣裤。

（2）高压倒闸操作着装标准。应按有关规定，穿绝缘靴，戴绝缘手套。必要时，应戴护目镜，任何操作不得卷起衣袖。

（3）高处作业着装标准。高处安装、检修、电缆敷设，必须戴安全帽，系安全带。

【考题精选】

1. 职工上班时符合着装整洁要求的是（D）。

　　（A）夏天天气炎热时可以只穿背心

(B) 服装的价格越贵越好

(C) 服装的价格越低越好

(D) 按规定穿工作服

2.（×）无论是工作日还是休息日，都穿工作服是一种受鼓励的良好着装习惯。

考点 40 现场文明生产的要求

文明生产是企业"两个文明"建设的重要内容之一，是对每个企业组织生产的基本要求。在电气作业中，文明生产的一个重要内容就是安全用电，文明生产是实现安全用电的可靠保证。

文明生产要求每一位电工以认真负责的态度从事电气工作，应严谨求实、规范高效、整洁美观、精益求精；作业前要周密组织、妥善布置，劳动保护用品穿戴整齐，电工工具佩带齐全；作业时，既要安全可靠（如故障处理要及时、正确，倒闸操作要准确无误等），遵守操作规程，又要讲究整洁卫生（如电气工作场所应整洁干净，工具材料摆放整齐，仪器仪表和安全用具保管妥善）；作业后，要认真检查、整理和清扫现场；电气设备应建立档案，定期进行检修、试验并做好检修、试验记录，重要的电气设备还要建立运行记录。

【考题精选】

1.（×）文明生产对提高生产效率是不利的。

2.（√）文明生产是保证人身安全和设备安全的一个重要方面。

考点 41 文明生产的具体要求

在电工作业中，文明生产是保持设备和线路正常运行、实现安全用电、防止发生人身和设备事故的可靠保证。因此，在作业中要求每个电工从工作态度到工作作风，从工作水平到工作效益，都应符合文明生产的需要，具体地说应做到以下几点。

（1）上班前应按规定穿戴好工作服、安全帽和工作鞋。女电工的长发必须罩入工作帽内，不得穿高跟鞋，手和脖子上不得佩戴金属饰品。

（2）上班时检查清理工具、仪表和设备是否齐全，有无缺陷，若不合格，应及时调换。

（3）安装或维修电气设备前要清扫工作场地和工作台面，防止粉尘或其他杂物侵入电气设备而造成故障。

（4）完成安装工作要干净利落，查找故障要迅速及时，排除故障要完全彻底。

（5）工作既要安全可靠，又要讲究整洁卫生，既要符合技术要求，又要厉行节约。

（6）工作时集中精神，不聊天，不开玩笑，不做与本职工作无关的事。

（7）电气工作室和值班室应经常保持清洁卫生，备品备件和材料应按规定位置摆放，仪器、仪表和安全用具使用完毕应清擦干净，妥善保管，定期检查，使其经常处于待用状态。

（8）生产区和生活区的场地应平整、无杂物，应绿化美观且无杂草，生产区内不得种植高秆、油料和粮食作物，不许饲养家禽、家畜。

（9）工作结束，要认真检查、整理和清扫现场。

（10）对电气设备应建立技术档案，定期进行检修并做好检修记录，对重要电气设备应做好运行记录。

【考题精选】

1. 不符合文明生产要求的做法是（D）。

（A）爱惜企业的设备、工具和材料

（B）下班前搞好工作现场的环境卫生

（C）工具使用后按规定放置到工具箱中

(D) 冒险带电作业

2. 文明生产要求零件、半成品、(B) 放置整齐，设备仪器保持良好状态。

(A) 原料 　　　　　(B) 工具和量具

(C) 服装 　　　　　(D) 电表

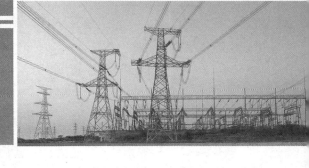

技 能 篇

第十章　电路的现场装调与维修

考点 **1** 用软线进行较复杂继电—接触式基本控制电路的装调与维修

1. 定义

根据较复杂机床部分主要电路图及其技术要求，在备料的基础上，维修电工运用已有知识和操作技能，用软线完成元器件的组合和进行有关技术参数调整的过程。

2. 双速电动机自动变速控制电路

（1）双速电动机的变速原理。由电工学可知，三相异步电动机的转速为 $n = \dfrac{60f}{p}$（1－s），可见电动机的转速与频率（f）、极对数（p）及转差率（s）有关，改变其一都可以达到调速的目的。通常，制造好的异步电动机的极对数是不能改变的，只有事先制成具有专门接线的多速电动机绕组，才能实现变极对数调速（简称变极调速）。

变极调速电动机现有产品只有双速、三速和四速 3 种，双速异步电动机应用最为广泛，其中定子绕组△（三角形）形接线时极数为四极，同步转速为低速 1500r/min，而丫丫（双星形）形接线时极数为二极，同步转速为高速 3000r/min。双速电动机的定子绕组共有 6 个接线端，新符号为 U1、V1、W1、U2、V2、W2，改变这 6 个接线端与电源的连接方式，就可以得到两种不同的接法，如图 10－1 所示。必须注意，在进行从一种接法变为另一种接法的控制时，为了保证电动机旋转方向不变，应改变电源的输入相序。

469

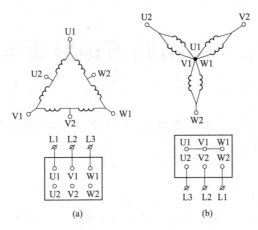

图 10-1　双速异步电动机定子绕组接线图

（a）低速△接法；（b）高速丫丫接法

　　（2）控制电路的工作过程。双速电动机自动变速控制电路如图 10-2 所示，合上电源开关 QS 接通三相电源，单纯低速运行时，按下低速启动按钮 SB2，接触器 KM1 线圈通电吸合并自锁、连锁（KM2、KM3、KT 线圈不能通电），主电路中 KM1 主触头闭合，将三相电源 L1、L2、L3 接入 U1、V1、W1 接线端，完成△接法，电动机 M 启动低速运行。当按下停止按钮 SB1 时，控制线路断电，接触器 KM1 线圈断电，电动机 M 停止运行。

　　当需要由低速转入高速运行时，按下高速启动按钮 SB3，时间继电器 KT 线圈通电，KT 瞬动动合触头闭合自锁，延时开始。延时设定时间一到，一方面其延时动断触头 KT 断开，使 KM1 线圈断电解除自锁、连锁，主电路中 KM1 主触头断开，电动机脱离三相交流电源，停止低速运行；另一方面其延时动合触头 KT 闭合，接触器 KM2、KM3 线圈同时通电吸合并连锁（KM1 线圈不能通电），主电路中 KM2、KM3 的主触头闭合，将三相电源 L1、L2、L3 换相接入 V2、U2、W2 接线端，完成丫丫接法，电动机 M 转入高速运行状态。当按下停止按钮 SB1 时，控制线路断电，接触器 KM2、KM3 线圈断电，电动机 M

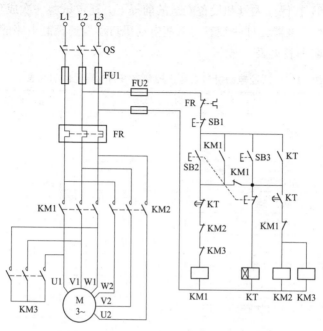

图 10 - 2 双速电动机自动变速控制电路

停止运行。

若电动机只需要高速运行时,可直接按下高速启动按钮SB3,则电动机先在△接法下低速启动后,再经过延时自动转换成丫丫接法而高速运行。

3. 控制电路的装调

(1) 目的与要求。

1) 按图纸的要求,正确使用工具和仪表,熟练安装电气元器件。

2) 元件在配电板上布置要合理,安装要准确、紧固。

3) 按钮盒不固定在板上。

4) 接线要求美观、紧固、无毛刺,导线要进入线槽。

5) 电源和电动机配线、按钮接线要接到端子排上,进出线槽的导线要有端子标号,引出端要用别径压端子。

6）在保证人身和设备安全的前提下，通电试验一次成功。

（2）电器元件明细表。双速电动机自动变速控制电路的电器元件明细表见表 10 - 1。

表 10 - 1　　双速电动机自动变速控制电路的电器元件明细表

序号	名称	型号与规格	单位	数量	备注
1	双速电动机	YD123M - 4/2, 6.5/8kW、△/2丫	台	1	
2	配线板	500mm×600mm×20mm	块	1	
3	组合开关	HZ10 - 25/3	个	1	
4	交流接触器	GJ10 - 20，线圈电压 380V	只	3	
5	中间继电器	JZ7 - 44，线圈电压 380V	只	1	
6	热继电器	JR16 - 20/3，整定电流 17.1A	只	1	
7	时间继电器	JS7 - 4A，线圈电压 380V	只	1	
8	熔断器及熔芯配套	RL1 - 60/40A	套	3	
9	熔断器及熔芯配套	RL1 - 15/4A	套	2	
10	三联按钮	LA10 - 3H 或 LA4 - 3H	个	1	
11	接线端子排	JX2 - 1015，500V、10A，15 节或配套自定	条	1	
12	木螺钉	$\phi3×20$；$\phi3×15$	个	30	
13	平垫圈	$\phi4$	个	30	
14	圆珠笔	自定	支	1	
15	塑料软铜线	BVR - 2.5mm^2，颜色自定	m	20	
16	塑料软铜线	BVR - 1.5mm^2，颜色自定	m	20	
17	塑料软铜线	BVR - 0.75mm^2，颜色自定	m	5	
18	别径压端子	UT2.5 - 4，UT1 - 4	个	20	
19	行线槽	TC3025，长34cm，两边打$\phi3.5$孔	条	5	
20	异型塑料管	$\phi3$	m	0.2	
21	单相交流电源	～220V 和 36V、5A	处	1	

序号	名称	型号与规格	单位	数量	备注
22	三相四线电源	～3×380/220V、20A	处	1	
23	电工通用工具	验电笔、钢丝钳、螺钉旋具（一字形和十字形）、电工刀、尖嘴钳、活扳手、剥线钳等	套	1	
24	万用表	自定	块	1	
25	绝缘电阻表	型号自定，或 500V、0～200MΩ	台	1	
26	钳形电流表	0～50A	块	1	
27	劳保用品	绝缘鞋、工作服等	套	1	

（3）安装步骤。

1）认真分析电气原理图。明确电路的控制要求、工作原理、操作方法、结构特点及所用电气元件的规格。

2）仔细检查电气元件。按照元器件明细表配齐电气元件，并检查各元器件是否合格。

3）根据控制电路图，画出除电动机以外的电气元件布置图，确定元器件在配线板上的位置，并贴上醒目的文字符号。元器件的布置要整齐、匀称、合理，做到安装时便于布线，故障后便于检修。

4）固定元器件时要先对角固定，不能一次拧紧，待螺钉上齐后再逐个拧紧。固定时用力不要过猛，不能损坏元器件。注意，按钮盒不要固定在配线板上。

5）槽板布线时，可先布主电路线，也可先布控制电路线，并在线端套编码套管和冷压接线头。

6）可靠连接电动机及电气元件不带电金属外壳的保护接地线（或保护接零线）及配线板外部的导线。

7）认真检查接好的电路，检查的内容包括元器件是否齐全、安装是否正确可靠、接线端子连接是否牢固、布线是否合理、电动机安装是否符合要求、控制功能能否实现、操作是否简单方便等。检查无误后，盖上布线槽。

8) 整个电路自检无误后，方可进行空载试运行操作。在通电试运行过程中，要严格执行安全操作规程的有关规定，做到一人监护，另一人操作。要仔细观察接触器动作是否正常，认真体会所需控制功能是否完全实现。

9) 空载试运行正常后要进行带负载试运行，当电动机平稳运行时，用钳形电流表测量三相电流，如三相电流平衡，则带负载试运行成功。

(4) 软线配线的工艺要求。

1) 按照电路图的要求及元器件的布置情况，确定布线的方向。

2) 截取长度合适的导线，选择剥线钳的适当钳口进行剥线。剥线时，严禁损伤线芯和导线绝缘。

3) 各电气元件接线端子引出导线的走向，以元件的水平中心线为界线，分上、下分别进入上、下线槽，任何导线都不允许从水平方向进入穿线槽。

4) 各电气元件接线端子上引出或引入的导线，除间距很小和元件机械强度很差允许架空敷设外，其他导线必须经过穿线槽进行连接。

5) 进入穿线槽内的导线要完全置于槽内，并应尽可能避免交叉，装线不超过穿线槽容量的 70%，以便于能盖上槽盖和方便以后的装配及维修。

6) 各电气元件与穿线槽之间的外露导线，应走线合理，并尽量做到横平竖直，变换走向要垂直，做到高低一致前后一致，不得交叉。

7) 主电路和控制电路的线号套管必须齐全，每一根导线的两端都必须套上编码套管，标号要写清楚不能漏标、误标。

8) 接线不能松动、露出铜线不能过长、不能有反圈，不能压绝缘层，从一个接线端子到另一个接线端子的导线必须是连续的，中间不能有接头。

9）导线接头形状要根据不同接线座接线的工艺要求，规范处理，以保证接触面积，如接线座不适合连接软线时，可在导线端头穿上针形、叉形或圆形轧头并压紧。

10）根据接线座的连接形式，通常连接一根或两根导线，连接方式必须是工艺上允许的，如螺钉压接、焊接、夹紧等，连接必须牢固可靠，不得松动。

（5）安装注意事项。

1）接线时，注意主电路中接触器之间三相电源相序的改变。

2）热继电器 FR 的整定电流分别符合电动机低速和高速的不同额定电流，时间继电器 KT 的延迟时间应符合要求（3～5s）。

3）通电试车前，复验主电路、控制电路及电动机接线。

4）通电试车时，注意安全操作，做到文明生产。

4. 维修方法

（1）用通电试验法观察故障现象（如电器动作情况，电动机运转状态），初步判定故障范围。

（2）根据现象结合原理图用逻辑分析法，缩小故障范围。

（3）用测量法确定故障点。

（4）根据故障点的不同情况，采取正确的维修方法排除故障。

（5）检修完毕，进行通电空载校验或局部空载校验。

（6）校验合格，通电正常运行。

考点 2　用硬线进行较复杂继电—接触式基本控制电路的装调与维修

1. 定义

根据电力拖动电路图及其技术要求，在备料的基础上，维修电工运用已有知识和操作技能，用硬线进行完成元器件的组合和有关技术参数调整的过程。

2. 绕线转子电动机自动启动控制电路

(1) 绕线转子串电阻的接线。绕线转子电动机可以通过滑环在转子绕组中串接电阻来改善电动机的机械特性，从而达到减少启动电流、增大启动转矩、提高转子电路的功率因数及平滑调速的目的，常用的控制方式有凸轮控制器分段切除电阻、接触器分段切除电阻、频敏变阻器等。

绕线转子电动机串接在转子绕组中的外加电阻，常用的有铸铁电阻片和用镍铬电阻丝绕制成的板形电阻，且一般都连成 Y 接法，如图 10-3 所示。在启动前，外加电阻全部接入转子绕组，随着启动过程的结束，外接电阻被逐级切除。若串接的外加电阻在分段切除前和切除后，三相电阻始终是对称的，称为三相对称电阻器，启动过程依次切除 R_1、R_2、R_3，最后全部电阻被切除。若启动时串入的全部三相电阻不对称，而每段切除后三相仍不对称，称为三相不对称电阻器，启动过程依次切除 R_1、R_2、R_3、R_4、R_5，最后全部电阻被切除。

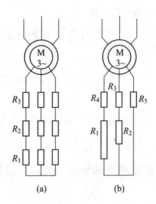

图 10-3 绕线转子电动机串接三相电阻
(a) 串接三相对称电阻器；(b) 串接三相不对称电阻器

(2) 控制电路的工作过程。绕线转子电动机自动启动控制电路如图 10-4 所示，启动时合上电源开关 QS，按下启动按钮 SB2，接触器 KM1 线圈通电吸合，KM1 主触头闭合，电动机 M

串三级电阻启动；时间继电器 KT1 线圈通电吸合，KT1 动合触头延时闭合，接触器 KM2 线圈通电吸合，KM2 主触头闭合，切除第一级启动电阻 R_1；同时时间继电器 KT2 线圈通电吸合，KT2 动合触头延时闭合，使接触器 KM3 线圈通电吸合，KM3 主触头闭合，又切除第二级启动电阻 R_2；时间继电器 KT3 线圈又通电吸合，KT3 动合触头延时闭合，使接触器 KM4 线圈通电吸合，KM4 主触头闭合，切除最后一级启动电阻 R_3，同时 KM4 的动断触头依次将 KT1、KT2、KM2、KM3 的电源切除，使 KT1、KT2、KM2、KM3 的线圈断电释放，电动机启动结束。

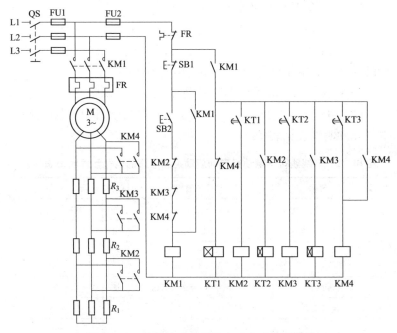

图 10-4　绕线转子电动机自动启动控制电路

当按下停止按钮 SB1 时，控制线路断电，接触器 KM1、KM4 线圈断电，电动机 M 停止运行。与启动按钮 SB2 串接的接触器 KM2、KM3、KM4 辅助动断触头是起连锁保护的作用，防止了启动状态的过电流现象。这种接法保证了电动机只有在转子绕组中接入全部外加电阻时才能启动，如果其中一个接触器因故障没有释放，电阻就没有被全部接入转子绕组中，启动电流就会超过规定值。

3. 控制电路的装调

（1）目的与要求。

1）按图纸的要求，正确使用工具和仪表，熟练安装电气元器件。

2）元件在配电板上布置要合理，安装要准确、紧固。

3）按钮盒不固定在板上。

4）接线要求美观、紧固、无毛刺，导线要进入线槽。

5）电源和电动机配线、按钮接线要接到端子排上，进出线槽的导线要有端子标号，引出端要用别径压端子。

6）在保证人身和设备安全的前提下，通电试验一次成功。

（2）电气元件明细表。绕线转子电动机自动启动控制电路的电气元件明细表见表 10 - 2。

表 10 - 2　　绕线转子电动机自动启动控制电路的电气元件明细表

序号	名称	型号与规格	单位	数量	备注
1	三相四线电源	～3×380/220V、20A	处	1	
2	单相交流电源	～220V 和 36V、5A	处	1	
3	绕线式异步电动机	YZR - 132M2 - 6、3.7kW、9.2/14.5A、908（r/min）	台	1	
4	配线板	500mm×600mm×20mm	块	1	
5	组合开关	Hz10 - 25/3	个	1	
6	交流接触器	CJ10 - 10、线圈电压 280V 或 CJ10 - 20、线圈电压 380V	只	4	
7	热继电器	JR16 - 20/3、整定电流 10 - 16A	只	1	
8	时间继电器	JS7 - 4A、线圈电压 380V	只	3	

续表

序号	名称	型号与规格	单位	数量	备注
9	启动电阻器	2K1-12-6/1	台	1	
10	熔断器及熔芯配套	RL1-60/20	套	3	
11	熔断器及熔芯配套	RL1-15/4	套	2	
12	三联按钮	LA10-3H 或 LA4-3H	个	2	
13	接线端子排	JX2-1015，500V、10A、15 节或配套自定	条	1	
14	木螺钉	$\phi 3 \times 20$；$\phi 3 \times 15$	个	30	
15	平垫圈	$\phi 4$	个	30	
16	圆珠笔	自定	支	1	
17	塑料硬铜线	BV-2.5mm^2，颜色自定	m	20	
18	塑料硬硐线	BV-1.5mm^2，颜色自定	m	20	
19	塑料软铜线	BVR-0.75mm^2，颜色自定	m	5	
20	别径压端子	UT2.5-4，UT1-4	个	20	
21	异型塑料管	$\phi 3$	m	0.2	
22	电工通用工具	验电笔、钢丝钳、螺钉旋具（一字形和十字形）、电工刀、尖嘴钳、活扳手、剥线钳等	套	1	
23	万用表	自定	块	1	
24	绝缘电阻表	型号自定，或500V、0～200MΩ	台	1	
25	钳形电流表	0～50A	块	1	
26	劳保用品	绝缘鞋、工作服等	套	1	

（3）安装步骤。安装步骤可参阅本章考点1相关内容。

（4）硬线配线的工艺要求。

1）按照电路图的要求及元器件的布置情况，确定布线的方向。

2）布线通道应尽可能少，同一通道中的沉底导线，应按主、控电路分类集中，单层平行密排，并紧贴敷设面。

3）同一平面的导线应高低一致或前后一致，不能交叉。当必须交叉时，该根导线应在接线端子引出时，水平架空跨越，但必须属于布线合理。

4）接线不能松动，露出铜线不能过长、不能有反圈、不能压绝缘层，从一个接线端子到另一个接线端子的导线必须是连续的，中间不能有接头，不得损伤导线绝缘层及线芯。

5）布线应横平竖直，变换走向要垂直，并做到同一元器件、同一电路的不同触点的导线间距离保持一致。

6）一个电气元件接线端子上的连接导线不得超过两根，每节接线端子板上的连接导线一般只允许连接一根导线。

7）如果电路简单可不套编码套管。

（5）安装注意事项。

1）确定时间继电器和热继电器的整定值。

2）若出现故障，应独立思考进行检修；但带电检测和通电试车时，必须注意操作。

3）电阻器必须采取遮护或隔离措施，防止触电。

4）通电试车前，复验主电路、控制电路及电动机接线。

5）通电试车时，注意安全操作，做到文明生产。

4．维修方法

维修方法可参阅本章考点 1 相关内容。

考点 3　用软线进行较复杂机床部分主要控制电路的装调与维修

1．定义

根据较复杂机床部分主要电路图及其技术要求，在备料的基础上，维修电工运用已有知识和操作技能，用软线进行完成元器件的组合和有关技术参数调整的过程。

2．C6140 型卧式车床电气控制电路

（1）控制要求。

1）主轴电动机选用三相鼠笼式异步电动机，并采用机械变速。

2）为车削螺纹，主轴要求正、反转，该型车床靠多片摩擦离合器来实现。

3）主轴电动机均采用直接启动，停车时为实现快速停车，一般采用机械制动或电气制动。

4）车削加工时，需用切削液对刀具和工件进行冷却，为此，设有一台冷却泵电动机，拖动冷却泵输出冷却液。

（2）控制电路的工作过程。C6140 型卧式车床电气控制电路如图 10-5 所示，主电路共有 3 台电动机，M1 为主轴电动机，M2 为冷却泵电动机，M3 为刀架快速移动电动机。由于电动机 M1、M2、M3 功率小于 10kW，均采用全压直接启动。三相交流电源通过开关 QS1 引入，主轴电动机 M1 由接触器 KM1 主触头控制启动，热继电器 FR1 为主轴电动机 M1 的过负荷保护。冷却泵电动机 M2 由接触器 KM2 主触头控制启动，热继电器 FR2

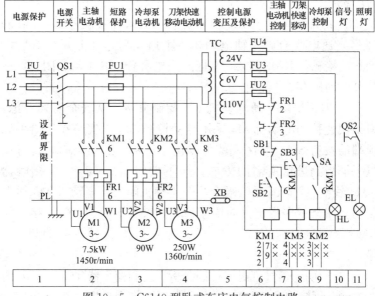

图 10-5　C6140 型卧式车床电气控制电路

为冷却泵电动机 M2 的过负荷保护。接触器 KM3 主触头为控制刀架快速移动电动机 M3 启动用，因快速移动电动机 M3 是短期工作，故可不设过负荷保护。熔断器 FU1～FU4 分别对主电路、控制电路和照明电路实行短路保护。

控制电路由控制变压器 TC 的二次侧抽头提供 110V 的交流电压作为电源，由熔断器 FU2 作短路保护。控制电路采用两台电动机 M1、M2 顺序连锁控制的典型环节，以满足车工工艺要求。只有主轴电动机 M1 启动后，闭合开关 SA（9 区）冷却泵电动机 M2 才能启动；当主轴电动机停止运行时，冷却泵电动机也自动停止运行。

1）主轴电动机 M1 控制分析。按下启动按钮 SB2（6 区），接触器 KM1 线圈（6 区）通电吸合并自锁，其主触头闭合，主轴电动机 M1 启动运行；接触器 KM1 动合触头（9 区）闭合，为冷却泵电动机 M2 启动做好准备。按下停止按钮 SB1（6 区），接触器 KM1 线圈（6 区）断电释放，其主触头断开，电动机 M1 停转。

2）冷却泵电动机 M2 控制分析。只有在接触器 KM1 线圈（6 区）通电吸合，主轴电动机 M1 启动后，合上开关 SA（9 区）使接触器 KM2 线圈（9 区）通电吸合，其主触头闭合，冷却泵电动机 M2 才能启动。

3）刀架快速移动电动机 M3 控制分析。从安全需要考虑，刀架快速移动电动机 M3 采用点动控制，操纵安装在进给手柄顶端的按钮 SB3（8 区）就可以快速进给。点动控制时，将操纵手柄扳到进给所需的方向，压下按钮 SB3（8 区），接触器 KM3 线圈（8 区）通电吸合，其主触头闭合，电动机 M3 通电启动，刀架就向指定方向快速移动。松开 SB3（8 区），接触器 KM3 线圈（8 区）断电释放，其主触头断开，电动机 M3 停转。

4）照明、信号灯电路控制分析。控制变压器 TC（5 区）的二次侧分别输出 24V 和 6V 安全电压，作为机床照明灯和信号灯的电源。EL（11 区）为机床的低压照明灯，由开关 QS2（11区）控制；HL（10 区）为电源的信号灯，当车床主电源接通后，信号灯亮，表示可以开始工作。

3. 控制电路的装调

（1）目的与要求。

1）按图纸的要求，正确使用工具和仪表，熟练安装电气元器件。

2）元件在配电板上布置要合理，安装要准确、紧固。

3）按钮盒不固定在板上。

4）接线要求美观、紧固、无毛刺，导线要进入线槽。

5）电源和电动机配线、按钮接线要接到端子排上，进出线槽的导线要有端子标号，引出端要用别径压端子。

6）在保证人身和设备安全的前提下，通电试验一次成功。

（2）电气元件明细表。C6140 型卧式车床电气控制电路的电气元件明细表见表 10-3。

表 10-3　C6140 型卧式车床电气控制电路的电气元件明细表

序号	符号	名称	型号与规格	单位	数量	备注
1	M1	三相异步电动机	J02-51-4（Y132M-4-B3），7.5kW	台	1	拖动主轴
2	M2	冷却泵电动机	AOB-25，90W	台	1	驱动冷却液泵
3	M3	三相异步电动机	AOS5634，250W	台	1	驱动刀架快移
4	FR1	热继电器	JR16-20/3D，15.1A	台	1	M1 的过负荷保护
5	FR2	热继电器	JR16-20/3D，0.32A	只	1	M2 的过负荷保护
6	KM1	交流接触器	CJ0-20B，线圈 110V	只	1	控制 M1
7	KA1	中间继电器	JZ7-44，线圈 110V	只	1	控制 M2
8	KA2	中间继电器	JZ7-44，线圈 110V	只	1	控制 M3

序号	符号	名称	型号与规格	单位	数量	备注
9	FU1	螺旋式熔断器	RL1－15，熔芯6A	个	3	M2、M3短路保护
10	FU2	螺旋式熔断器	RL1－15，熔芯2A	个	1	控制电路短路保护
11	FU3	螺旋式熔断器	RL1－15，熔芯2A	个	1	指示灯短路保护
12	FU4	螺旋式熔断器	RL1－15，熔芯4A	个	1	照明灯短路保护
13	SB1	按钮	LA19－11，红色	个	1	停止M1
14	SB2	按钮	LA19－11，绿色	个	1	启动M1
15	SB3	按钮	LA9	个	1	启动M3
16	QS1	组合开关	Hz2－25/3，25A	个	1	机床电源引入开关
17	SA	组合开关	Hz2－10/1，10A	个	1	控制M2
18	QS2	纽子开关		个	1	照明灯开关
19	TC	控制变压器	BK － 150，380/110V、24V、6.3V	只	1	控制、照明、指示
20		单相交流电源	～220V和36V、5A	处	1	
21		接线端子排	JX2－1015，500V、10A、15节或自定	条	1	
22		三相四线电源	～3×380/220V、20A	处	1	
23		电工通用工具	验电笔、钢丝钳、螺钉旋具（一字形和十字形）、电工刀、尖嘴钳、活扳手、剥线钳等	套	1	
24		万用表	自定	块	1	
25		绝缘电阻表	型号自定，或500V、0～200MΩ	台	1	
26		钳形电流表	0～50A	块	1	
27		劳保用品	绝缘鞋、工作服等	套	1	
28		别径压端子	UT2.5－4，UT1－4	个	30	

续表

序号	符号	名称	型号与规格	单位	数量	备注
29		行线槽	TC3025，长 34cm，两边打 φ3.5 孔	条	5	
30		异型塑料管	φ3	m	0.2	

（3）安装步骤。安装步骤可参阅本章考点 1 相关内容。

（4）软线配线的工艺要求。软线配线的工艺要求可参阅本章考点 1 相关内容。

4. 维修方法

（1）按启动按钮 SB2 后，接触器 KM1 未吸合，主轴电动机 M1 不能启动。故障必定在控制电路中，可依次检查熔断器 FU2，热继电器 FR1 和 FR2 的动断触头，停止按钮 SB1，启动按钮 SB2 和接触器 KM1 的线圈是否断路。

（2）按启动按钮 SB2 后，接触器 KM1 吸合，但主轴电动机 M1 不能启动。故障必定在主电路中，可依次检查接触器 KM1 的主触头，热继电器 FR1 的热元件接线端及三相电动机的接线端。

（3）主轴电动机 M1 不能停车，这类故障多数是因接触器 KM1 的铁芯极面上的油污使上下铁芯不能释放或 KM1 的主触头发生熔焊，或停止按钮 SB1 的动断触头短路所致。

（4）按点动按钮 SB3，刀架快速移动电动机 M3 不能启动，若接触器 KM3 未吸合，则故障必定在控制线路中。这时可用万用表按分阶电压测量法依次检查热继电器 FR1 和 FR2 的动断触头，停止按钮 SB1 的动断触头，点动按钮及 SB3 和接触器 KM3 的线圈是否断路。

考点 4　较复杂继电—接触式控制电路的装调与维修

1. 定义

根据继电器控制电气设备的要求，在备料的基础上，维修电工运用已有知识和技能绘出电路图，并完成元器件的组合和进行有关技术参数调整的过程。

2. 任务与要求

(1) 任务。有一台并励直流电动机，试设计其能耗制动控制电路，并按电路图进行装调与维修。

(2) 目的与要求。

1) 根据提出的电气控制要求，正确绘出电路图。

2) 按所设计的电路图，提出主要材料单。

3) 按图纸的要求，正确使用工具和仪表，熟练安装电气元器件。

4) 元件在配电板上布置要合理，安装要准确、紧固。

5) 按钮盒不固定在板上。

6) 要求美观、紧固、无毛刺，导线要进入线槽。

7) 电源和电动机配线、按钮接线要接到端子排上，进出线槽的导线要有端子标号，引出端要用别径压端子。

8) 在保证人身和设备安全的前提下，通电试验一次成功。

3. 并励直流电动机能耗制动控制电路

(1) 设计要点。能耗制动时先将直流电动机的电枢回路的电源切断，利用电枢旋转的惯性使其产生感应电动势，然后通过并接在电枢两端的中间继电器 KA 线圈通电导致 KM2 线圈通电，使制动电阻接在电枢的两端，将电能消耗在制动电阻上。时间继电器 KT1、KT2 均为断电延时型，设定的延时时间 KT2 大于 KT1。

(2) 电气元件明细表。并励直流电动机能耗制动控制电路的电气元件明细表见表 10 - 4。

表 10 - 4   并励直流电动机能耗制动控制电路的电气元件明细表

序号	名称	型号与规格	单位	数量	备注
1	直流电源	220V	处	1	
2	直流电动机	Z2 - 52	台	1	
3	配线板	500mm×450mm×20mm	块	1	

续表

序号	名称	型号与规格	单位	数量	备注
4	组合开关	Hz10 - 25/3	个	1	
5	中间继电器	JZ77 - 44，线圈电压 380V	只	1	
6	热继电器	JR16 - 20/3D，整定电液压按电动机容量选定	只	1	
7	时间继电器	配套选定	只	2	
8	直流接触器	CZ0 - 100/20	只	4	
9	熔断器及熔芯配套	RL1 - 60/50A	套	3	
10	熔断器及熔芯配套	RL1 - 15/4A	套	2	
11	三联按钮	LA10 - 3H 或 LA4 - 3H	个	2	
12	制动电阻	配套选定	只	1	
13	启动电阻	配套选定	只	2	
14	二极管	配套选定	只	1	
15	接线端子排	JX2 - 1015，500V、10A、15 节	条	1	
16	木螺钉	$\phi 3 \times 20$ 或 $\phi 3 \times 15$	个	20	
17	平垫圈	$\phi 4$	个	20	
18	圆珠笔	自定	支	1	
19	塑料软铜线	BVR - 2.5mm^2，颜色自定	m	20	
20	塑料软铜线	BVR - 1.5mm^2，颜色自定	m	20	
21	塑料软铜线	BVR - 0.75mm^2，颜色自定	个	20	
22	别径压端子	UT2.5 - 4，UT1 - 4	个	20	
23	行线槽	TC3025，长 34cm，两边打 $\phi 3.5$ 孔	条	5	
24	异型塑料管	$\phi 3.5$	m	0.3	
25	电工通用工具	验电笔、钢丝钳、螺钉旋具（一字形和十字形）、电工刀、尖嘴钳、活扳手、剥线钳等	套	1	

续表

序号	名称	型号与规格	单位	数量	备注
26	万用表	自定	块	1	
27	绝缘电阻表	500V、0～200MΩ	台	1	
28	钳形电流表	0～50A	块	1	
29	劳保用品	绝缘鞋、工作服等	套	1	
30	演草纸	A4 或 B5 或自定	张	2	
31	有关手册	自定。综合设计时，允许考生带电工手册、物资购销手册作为选择元器件时参考	册	1	

（3）控制电路的工作过程。并励直流电动机能耗制动控制电路如图 10-6 所示，启动时，合上电源开关 QS，励磁绕组通电励磁，欠电流继电器 KI 线圈通电吸合，KI 动合触头闭合，为接触器 KM1 线圈通电做好准备；同时，时间继电器 KT1（断电延时型）和 KT2（断电延时型）线圈通电吸合，它们延时闭合的动断触头断开，保证启动电阻 R_1 和 R_2 串入电枢回路中启动。

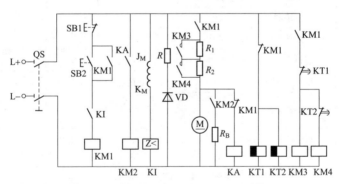

图 10-6　并励直流电动机能耗制动控制电路

按下启动按钮 SB2，接触器 KM1 线圈通电吸合并自锁、连锁，KM1 动合触头闭合，电动机 M 串 R_1 和 R_2 电阻限流启动；与此同时，KM1 的两对动断触头分别断开时间继电器 KT1、KT2 和中间继电器 KA 线圈回路，使 KT1、KT2 线圈断电，开始延时。延时时间一到，KT1 和 KT2 延时闭合的动断触头先后延时闭合，接触器 KM3 和 KM4 线圈先后通电吸合，启动电阻 R_1 和 R_2 先后被短接，电动机正常运行。

若要停止进行能耗制动时，按下停止按钮 SB1，接触器 KM1 线圈断电释放，KM1 动合触头断开，使电枢回路断电，电枢惯性运转；与此同时，KM1 动断触头闭合，使 KT1、KT2 线圈重新通电，为下一次启动做好准备。由于惯性运转的电枢切割磁力线（励磁绕组仍接在电源上），在电枢绕组中产生感应电动势，使并接在电枢两端的中间继电器 KA 线圈通电吸合，KA 动合触头闭合，接触器 KM2 线圈通电，KM2 动合触头闭合，接通制动电阻 R_B 回路。这时电枢的感应电流方向与原来方向相反，电枢产生的电磁转矩与原来反向成为制动转矩，使电枢迅速停转。

当电动机转速降低到一定值时，电枢绕组的感应电动势也降低，中间继电器 KA 释放，接触器 KM2 线圈和制动回路先后断开，能耗制动结束。

4. 控制电路的装调

（1）安装步骤。安装步骤可参阅本章考点 1 相关内容。

（2）软线配线的工艺要求。软线配线的工艺要求可参阅本章考点 1 相关内容。

5. 维修方法

维修方法可参阅本章考点 1 相关内容。

考点 5　较复杂分立元件模拟电子电路的装调与维修

1. 定义

根据较复杂分立元件模拟电子电路的电路图及其技术要求，在备料的基础上，维修电工运用已有知识和操作技能，完成元器件的组合和进行有关技术参数调整的过程。

2. 互补对称式推挽 OTL 功放电路

（1）电路的结构。互补对称式推挽 OTL 功放电路是由两个导电极性不同的晶体管组成，其中 NPN 管对正半周信号导通放大，PNP 管对负半周信号导通放大，它们彼此互补，推挽放大出一个完整的信号，OTL 的意思是无输出变压器（早期的推挽功放电路要使用输入、输出变压器）。为了使信号不失真，两个互补功放管的 β 值和饱和压降等参数应当一致，即两个互补管电路要完全对称，所以称为互补对称式推挽功放电路。

（2）电路的工作原理。互补对称式推挽 OTL 功放电路如图 10 - 7 所示，其中 VT3、VT4 是互补功放管，VT2 是激励放大管（也称为前级放大管），它给 VT3、VT4 组成的功率放大输出级提供足够的推动信号；C_1、C_9 是耦合电容，B 是扬声器。C_9 的容量较大，它充电后可充当 VT4 回路的电源。这样，电路就可以采用单电源供电。A 点电位应等于 $U_{GB}/2$，C_9 充电后电压也是 $U_{GB}/2$。如果功放管的静态工作点选在邻近截止区，则电流在正负半周交接处会出现交越失真。为此，在 VT3、VT4 的基极之间串入电阻 R_8，R_8 两端的电压可以使得 VT3、VT4 发射结有一定的静态正向偏压，以减小交越失真。

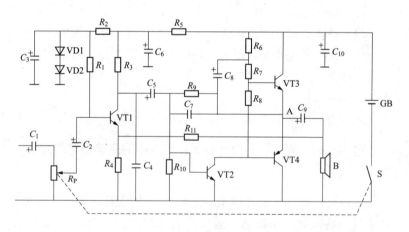

图 10 - 7　互补对称式推挽 OTL 功放电路

当输入信号为负半周时，经过 VT2 的一级放大，在 VT3、VT4 的基极就获得经放大并倒相了的正半周信号，它使得 VT3

的发射结变为正偏而导通，VT4 的发射结变为反偏而截止。当输入信号为正半周时，经过 VT2 的一级放大，在 VT3、VT4 的基极同样获得经放大并倒相了的负半周信号，它使得 VT4 的发射结变为正偏而导通，VT3 的发射结变为反偏而截止。这时电容 C_9 上的充电电压为 $U_{GB}/2$，兼作电源用。如此两管轮流工作，在扬声器 B 上得到完整的经功率放大后的信号。

3. 电路的装调

(1) 目的与要求。

1) 正确使用工具和仪表，安装与焊接质量可靠、技术符合工艺要求。

2) 熟练掌握二极管、晶体管、电阻、电容、电位器等器件的测试判断以及参数的查阅与应用。

3) 在规定时间内，按电路图的要求进行正确及熟练的安装，并使用仪器仪表调试后进行通电试验。

(2) 电气元件明细表。互补对称式推挽 OTL 功放电路的电气元件明细表见表 10 - 5。

表 10 - 5　　　　互补对称式推挽 OTL 功放电路的电气元件明细表

序号	名称	型号与规格	单位	数量	备注
1	二极管 VD1、VD2	IN4148	只	2	
2	三极管 VT1、VT2	3DG6	只	2	
3	三极管 VT3	3BX31	只	1	
4	三极管 VT4	3AX31	只	1	
5	电阻 R_1	47kΩ、0.25W	只	1	
6	电阻 R_2	3.9kΩ、0.25W	只	1	
7	电阻 R_3	2.7kΩ、0.25W	只	1	
8	电阻 R_4	6.2Ω、0.25W	只	1	
9	电阻 R_5	100Ω、0.25W	只	1	
10	电阻 R_6	150Ω、0.25W	只	1	
11	电阻 R_7	680Ω、0.25W	只	1	

续表

序号	名称	型号与规格	单位	数量	备注
12	电阻 R_8	51Ω、0.25W	只	1	
13	电阻 R_9	13kΩ、0.25W	只	1	
14	电阻 R_{10}	5.1kΩ、0.25W	只	1	
15	电阻 R_{11}	2kΩ、0.25W	只	1	
16	带开关电位器 R_P	4.7kΩ、0.25~0.5W	只	1	
17	电解电容 C_1、C_2、C_5	10μF/10V	只	3	
18	电解电容 C_3	33μF/10V	只	1	
19	瓷片电容 C_4	0.01μF	只	1	
20	电解电容 C_6、C_8、C_9	100μF/10V	只	3	
21	瓷片电容 C_7	6800pF	只	1	
22	电解电容 C_{10}	220μF/10V	只	1	
23	扬声器 B	8Ω（4in）、0.25W	只	1	
24	电池 GB	1.5V	节	4	
25	单股镀锌铜线（连接元器件）	AV - 0.1mm²	m	1	
26	多股细铜线（连接元器件用）	AVR - 0.1mm²	m	1	
27	万能印刷线路板（或铆钉板）	2mm×70mm×100mm（或 2mm×150mm×200mm）	块	1	
28	电烙铁、烙铁架、焊料与焊剂	自定	套	1	
29	直流稳压电源	0~36V	只	1	
30	信号发生器	XD1	只	1	
31	示波器	SB-10型或自定	台	1	
32	单相交流电源	~220V 或 36V、5A	处	1	
33	电工通用工具	验电笔、钢丝钳、螺钉旋具（一字形和十字形）、电工刀、尖嘴钳、活扳手、剥线钳等	套	1	

续表

序号	名称	型号与规格	单位	数量	备注
34	万用表	自定	块	1	
35	劳保用品	绝缘鞋、工作服等	套	1	

（3）安装步骤。

1）根据电气元件明细表配齐元器件，并用万用表检查元器件的性能及好坏，防止已损坏的元件被安装。

2）元器件搪锡（镀锡）：将要锡钎焊的元器件引线或导电的焊接部位预先用焊锡搪锡，要求不能把原有的镀层刮掉，不能用力过猛，以防损伤元件。

3）导线搪锡：是为了防止导线部分氧化影响其导电性能，保证导线导电性能良好。刮好的导线需要去毛刺，要从头到尾依次均匀搪锡，时间不宜过长，避免烫伤。

4）元器件插装：将元器件引脚弯成直角，然后插装在实验板的插孔内，元器件的插装位置应满足整体电路的布局。

5）元器件整体排版：要求整体布局要合理，元器件之间的间距要合理，以便于导线连接，元器件应留出引脚线，以便于接线处理。

6）元器件焊接：在实验板背面将元器件的引脚焊接在实验板上，注意焊接点形状应饱满，避免漏焊和虚焊，连线时应充分与焊接点接触，防止接触不良。

7）电路总体连接：要求导线不能有相交的部分，焊接点应正确分布，防止错焊、漏焊以及虚焊，接线时应防止接触不良的情况发生。

（4）安装注意事项。

1）元件外形的标注字（如型号、规格、数值）应放在看得见的一面。

2）同一种元件的高度应当尽量一致。

3）安装时，应先安装小元件（如电阻），然后安装中型元件，最后安装大型元件，这样便于安装操作。

4）在空间允许时，功率元件的引脚应尽量留得长一些，以便于散热。

（5）检查与调试。

1）目测检查。检查各元器件（尤其是晶体管）的极性和位置是否正确，检查各元器件有无错焊、漏焊和虚焊等情况，检查各导线是否都正确连接，有无漏接的现象。

2）仪表检测。将万用表旋至欧姆挡来检测以下几项：电路中的各连接点间是否存在短路情况；各元器件是否存在故障；各导线的连通是否正常；电路中是否存在短路和断路问题。

3）接通电源。接通电源的过程应遵循安全用电的相关原则。

4）静态调试。用万用表逐级测量各级的静态工作点，调节偏置电阻，使各级静态工作点正常。若测量值与计算值相差太远的话，应考虑该级偏置电路有虚焊或元件有错误，要检查修正。

5）动态调试。在输入端输入 1kHz 的正弦波信号，用示波器观察输出信号波形，信号由小逐渐增大，直至输出波形增大到恰好不失真为止。观察输出波形有无交越失真，波形正负半周是否对称。

4．维修方法

（1）较复杂电子电路的维修步骤。

1）识别电子电路的类型。各种电子电路，其维修方法、测量手段、故障分析的要点都是不尽相同的，因此维修前，必须进行以下判断：是模拟电路、数字电路、还是集成运放电路；是用于处理放大信号、还是用于产生脉冲信号；是电源电路还是开关电路。

2）根据故障现象在电路图上分析故障范围。根据电子电路的功能、信号等方面进行区域划分，结合电路的故障现象，确定检查的区域范围。

3）确定电子测量方案。确定电子电路的性质后，应针对具体特点，确定对电路进行检查选用的仪表仪器、方法、步骤和测量点。

4）用测量法确定故障点。运用检查工具，对各个测量点，进行测量和判断。根据仪表、仪器显示的结果，进行测量分析，直到检测到故障点。

5）检修故障点，并试电通车。对电子电路的元件进行更换后，必须进行必要的调试，使其符合原来电路的要求。

（2）较复杂电子电路故障的测量方法。

1）直流电压检查法。首先从整流电路、稳压电路的输出入手，根据测得的输出端电压高低来判断哪一部分电路或某个元器件有故障。然后通过对整个电子电路某些关键点在有无信号时的直流电压的测量，并与正常值相比较，经过分析便可确定故障范围。

2）交流电压检查法。交流电压检查法主要是用来测量交流电路是否正常，一般的电子电路，因市电交流回路较少，相对而言电路不复杂，测量时较简单。通常可用万用表的交流500V电压挡测电源变压器的输入端，这时应有220V电压，若没有，故障可能是熔丝熔断，电源线及插头有损坏。若交流电压正常，可测电源变压器输出端，看是否有低压，若无低压，则是一次绕组（电压高）开路故障可能性较大，而二次绕组（电压低）故障可能性很小。

3）电阻检查法。电阻法是利用万用表欧姆挡测量集成电路、晶体管各脚、各单元电路的对地电阻值是否正常，它有在线测量和脱焊测量两种方法。在线测量时，由于被测元器件接在整个电路中，所以所测得的阻值受到其他并联支路的影响，在分析测量结果时应给予考虑，以免误判。脱焊测量时，被测元器件一端或将整个元器件从印刷电路板上脱焊下来，测量结果准确、可靠。电阻检查法检查的主要内容有：测量交流和稳压直流电源的各输出端对地电阻，以检查电源的负载有无短路或漏电；测量电源调整管、音频输出管和其他中、大功率晶体管的集电极对地电阻，以防这些晶体管集电极对地短路或漏电；测量集成电路各引脚对地电阻，以判断集成电路是否损坏或漏电；直接测量其他元器件，以判断这些元器件是否损坏。由于半导体 PN 结的作用，最好要进行正、反向电阻的测量。另外，由于万用表的内阻、电池电压等方面的差异，测试结果可能不一致，应多加注意。

4）电流检查法。直流电流检查法常用来检查晶体管、集成电路的工作电流、电源的输出电流、各单元电路的工作电流，尤其是输出级的工作电流，这种方法更能定量反映电路的静态工作是否正常。但电流是串联测量，而电压是并联测量，实际操作时往往先采用电压法测量，在必要时才进行电流法检测。

5）代换试验法。代换试验法是用规格相同、性能良好的元器件或电路，代替故障电器上某个被怀疑而又不便测量的元器件或电路，一般是在其他检测方法运用后，对某个元器件有重大怀疑时才采用。代换试验法在确定故障原因时准确性为百分之百，但严禁大面积地采用代换试验法，胡乱取代，这不仅不能达到修好电器的目的，甚至会进一步扩大故障的范围。

6）示波器测量法。示波器测量法是利用示波器跟踪观察信号通路各测量点的波形有无、大小、是否失真，它既能显示波形，又能测量电信号的幅度、周期、频率、时间间隔、相位等，还能测量脉冲信号的波形参数。多踪示波器还能进行信号比较，是检测电子线路的重要仪器。

（3）较复杂电子电路检修后的调试。

1）电子电路检修后要进行调试，对于较复杂电子电路，调试时要根据电路图或接线图，从电源端开始，逐步、逐段校对电子元器件的技术参数与电路图是否相对应，校对连接导线连接的是否正确，检查焊点是否虚焊。

2）静态测量。调试时，先进行静态测量，应从电源开始，测量各关键点的直流电压值，再与电路中的规定值进行比较，进一步确定电路的正确性。

3）动态测量。静态测量后再进行动态测量，加入动态信号，用电子仪器与仪表进行测量，将测量结果与标准参数、波形对比，进一步调整电路，完善电路的性能。

考点 6　较复杂带集成块模拟电子电路的装调与维修

1. 定义

根据较复杂带集成块模拟电子电路的电路图及其技术要求，在备料的基础上，维修电工运用已有知识和操作技能，完成元器件的组合和进行有关技术参数调整的过程。

2. 逻辑测试电路

（1）工作原理。逻辑测试电路如图 10 - 8 所示，逻辑测试电路的作用是以 VD1、VD2 两个发光二极管作为指示灯，显示转换开关 S 的动片（即电阻 R_4 的左端电压端）的电平高低。当 S 的动片打在上触点"1"时，表示动片为高电平（4.6V），这时应当红灯亮，绿灯灭。当 S 的动片打在下触点"0"时，表示动片为低电平（0.5V），这时应当绿灯亮，红灯灭。将这个电路作为数字逻辑电路电平测试器时，只要将这个电路的地线与被测

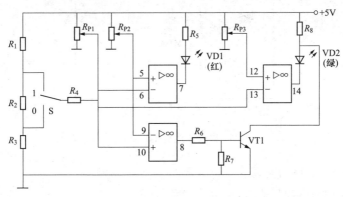

图 10 - 8　逻辑测试电路

电路的地线相接，将这个电路中开关 S 的动片与 R_4 的左端连接处断开，从 R_4 的左端引出一条导线作为测试线，测试线的另一端接触被测电路的被测点。这时，如果红灯亮，绿灯灭，说明被测点为高电平。反之，如果绿灯亮，红灯灭，说明被测点为低电平。

（2）集成四运放 LM324。电路图中的集成运算放大器型号为 LM324，内部有 4 个独立的运放单元，其引脚排列如图 10-9 所示。集成块正面有一个缺口，从缺口起逆时针计数为 1 至 14 脚。其中 4 脚接电源正极，11 脚接电源负极。LM324 在电路中起电压比较器的作用，当它的同相输入端的电位大于反相输入端的电位时，其输出端为高电位（4.8V）。当它的同相输入端的电位小于反相输入端的电位时，其输出端为低电位（0.85V）。比如 5 端电位大于 6 端电位时，7 端电位为 4.8V，发光二极管 VD1 的端电压较小，不足以导通发光。而 5 端电位小于 6 端电位时，7 端电位为 0.85V，发光二极管 VD1 的端电压较大，就会导通发光。

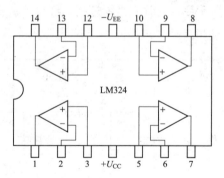

图 10-9 集成四运放 LM324 引脚排列

3. 电路的装调

（1）目的与要求。

1）正确使用工具和仪表，安装与焊接质量可靠、技术符合工艺要求。

2）熟练掌握发光二极管、晶体管、集成运算放大器、电阻等器件的测试判断以及参数的查阅与应用。

3）在规定时间内，按电路图的要求进行正确及熟练的安装，并使用仪器仪表调试后进行通电试验。

（2）电气元件明细表。逻辑测试电路的电气元件明细表见表 10-6。

表 10-6　　　　　　　逻辑测试电路的电气元件明细表

序号	名称	型号与规格	单位	数量	备注
1	发光二极管 VD1	HFW314001、红色	只	1	
2	发光二极管 VD2	HFW314001，绿色	只	1	
3	集成电路块 IC	LM324	只	1	
4	电阻 R_1	2.4kΩ、0.25W	只	1	
5	电阻 R_2	6.8kΩ、0.25W	只	1	
6	电阻 R_3	820Ω、0.25W	只	1	
7	电阻 R_4	1kΩ、0.25W	只	1	
8	电阻 R_5	560Ω、0.25W	只	1	
9	电阻 R_6	2.7kΩ、0.25W	只	1	
10	电阻 R_7	2.7kΩ、0.25W	只	1	
11	电阻 R_8	560Ω、0.25W	只	1	
12	微调电位器 R_{P1}	10kΩ、0.25～0.5W	只	1	
13	微调电位器 R_{P2}	15kΩ、0.25～0.5W	只	1	
14	微调电位器 R_{P3}	10kΩ、0.25～0.5W	只	1	
15	单刀双掷扳手开关 S	自定	只	1	
16	直流电源	5V	处	1	
17	单股镀锌铜线（连接元器件用）	AV-0.1mm²	m	1	
18	多股细铜线（连接元器件用）	AVR-0.1mm²	m	1	
19	万能印刷线路板（或铆钉板）	2mm×70mm×100mm（或2mm×150mm×200mm）	块	1	

序号	名称	型号与规格	单位	数量	备注
20	电烙铁、烙铁架、焊料与焊剂	自定	套	1	
21	直流稳压电源	0～36V	只	1	
22	信号发生器	XD1	只	1	
23	示波器	SB-10型或自定	台	1	
24	单相交流电源	～220V和36V、5A	处	1	
25	电工通用工具	验电笔、钢丝钳、螺钉旋具（一字形和十字形）、电工刀、尖嘴钳、活扳手、剥线钳等	套	1	
26	万用表	自定	块	1	
27	劳保用品	绝缘鞋、工作服等	套	1	

（3）安装步骤。安装步骤可参阅本章考点5相关内容。

（4）安装注意事项。集成块的焊接方法除掌握分立元件的焊接方法外，还应注意以下几点。

1）工作台必须覆盖有可靠接地线的金属薄板，所使用的电烙铁，最好为20W内热式并应可靠接地。

2）集成块不可与工作台面经常摩擦，如果集成块的引线有短路环，则焊接集成块前不要拿掉。

3）安装时，集成块的引脚必须和电路板的插孔一一对应，对准方位后，应轻轻地将每个引角插入其对应插孔内，切忌硬插，以免将引脚折断。集成块的引脚多，间距小，力学强度差，焊接需要弯曲时不可用力过猛，一般应最后安装集成电路。

4）焊接集成块时要防止落锡过多，以防止焊点之间短路。

5）集成块的焊接时间不宜过长，每个焊点最好用2s的时间进行焊接，连续焊接时间不超过10s。焊接时要使用低熔点焊剂，焊剂的熔点一般不要超过150℃。

6）集成块的安全焊接顺序为地端→输出端→电源端→输

入端。

7）焊接完毕，应使用棉纱蘸适量纯酒精擦净焊接处残留的焊剂。

（5）检查与调试。

1）目测检查。检查各元器件（尤其是晶体管）的极性和位置是否正确，检查各元器件有无错焊、漏焊和虚焊等情况，检查各导线是否都正确连接，有无漏接的现象。

2）仪表检测。将万用表旋至欧姆挡来检测以下几项：电路中的各连接点间是否存在短路情况；各元器件是否存在故障；各导线的连通是否正常；电路中是否存在短路和断路问题。

3）接通电源。接通电源的过程应遵循安全用电的相关原则。

4）动态调试。先将开关 S 的动片打在上触点"1"上，接上电源，调节 R_{P1} 使得 6 脚、10 脚、13 脚电位为 3.8V 左右，再调节 R_{P2} 使得 5 脚、9 脚电位为 2.6V 左右，这时测量 7 脚电位应为 0.85V，红灯亮。而 8 脚电位应为 4.8V，晶体管 VT1 导通，测量集电极电位应小于 0.5V。使得发光二极管 VD2 的正极电位被钳在 0.5V 以下，就不会导通发光。然后，再将开关 S 的动片打在下触点"0"上，这时 7 脚电位应为 4.8V，而 8 脚电位应为 0.85V，红灯灭，同时 VT1 截止，调节 R_{P3} 使得 12 脚等于 1.4V 左右，测量 14 脚电位应为 0.85V，这时绿灯应当亮，调试即告完成。

4. 维修方法

维修方法可参阅本章考点 5 相关内容。

考点 7　带晶闸管的电子电路的装调与维修

1. 定义

根据晶闸管电子电路的电路图及其技术要求，在备料的基础上，维修电工运用已有知识和操作技能，完成元器件的组合和进行有关技术参数调整的过程。

2. 晶闸管调光电路

（1）工作原理。晶闸管调光电路如图 10－10 所示，它由带有放大环节的单结晶体管振荡触发电路、晶闸管单相桥式半控整流电路两部分组成，晶闸管 VS1 和 VS2 由 R_2 输出的脉冲信号触发，分别在 220V 交流电源的正、负半周轮流导通。

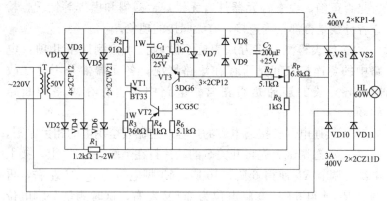

图 10－10　晶闸管调光电路

二极管 VD1～VD4 组成桥式整流电路，经 R_1 和稳压管 VD5、VD6 限幅，形成单向脉动梯形波，其稳压值为 3～4.5V，串联后为 6～9V，所以梯形波的幅度就是 6～9V，视具体稳压管稳压值而定。可变电阻 R_P 两端电压也是梯形波，经 R_7、C_2 滤波后的可变直流电压加到晶体管 VD9 的基极。二极管 VD10～VD12 起双向限幅作用，使得调节 R_P 时 VD9 的基极电位限制在－0.7～＋1.4V 范围内。

调节 R_P 可以改变 VD9 的基极电位，从而改变 VD9 的集电极电流的大小，也就改变 VD9 的集电极电阻 R_6 两端电压的大小，而这个电压是加在晶体管 VD8 的基极与发射极之间，控制 VD8 的导通状态。调节电阻 R_P 使晶体管 VD9 截止，R_6 没有电流，两端电压就为零，晶体管 VD8 也就截止，电容 C_1 无法充电，电阻 R_2 就没有脉冲输出，晶闸管 VS1 和 VS2 都不会导通，灯泡负载 HL 没有电流，不会亮。调节电阻 R_P 使晶体管导通，当导通电流最大时，VD8 的导通电阻最小，电容 C_1 充电最快，电阻 R_2 输出脉冲频率最高，晶闸管 VS1 和 VS2 的控制角 α 最小，导通角 θ 最大，灯泡平均电流最大，也就最亮。可见，通过调节可变电阻 R_P，就是改变晶闸管控制角 α，最终达到调节灯泡亮度的目的。

（2）单向晶闸管的检测。单向晶闸管内部有 3 个 PN 结，对外有 3 个电极，即阳极 A、控制极（或称门极）G、阴极 K。G极和 K 极间是 1 个 PN 结，类似 1 只二极管，具有单向导电特性，其正、反向阻值相差很大。而 G 极和 A 极间有两个反向串联的 PN 结，因此正、反向阻值均很大，据此可利用万用表判别出电极。

将万用表置 $R\times1\text{k}\Omega$ 或 $R\times100\Omega$ 挡，检测晶闸管任两个电极间正、反向阻值。如果测得其中两个电极间的阻值较小，约为几百欧，而交换表笔测得的阻值很大，约为几千欧，阻值较小的那次测量中，黑表笔接的是 G 极，红表笔接的是 K 极，余下的为 A 极。在测试中，如果测得的正反向电阻值均很大，应及时调换电极再进行测试，直到找出正反向电阻值一大一小的两个电极为止。

将万用表置 $R\times1\Omega$ 挡，黑表笔接被测管 A 极，红表笔接 K极（给 A 极加上正向电压，K 极加上反向电压）。此时万用表指示阻值很大，用一导线碰触 A 极和 G 极（给 G 极加上一个正向触发电压），若阻值明显变小，说明该管已触发导通。移开导线，若万用表指针仍停留在原位置，说明该管子仍保持触发导通且性能良好。若导线碰触前后万用表指针不动，说明该管子可能损坏。若给 G 极加触发电压导通，而撤去触发电压就不导通，可能导通电流太小（小于维持电流）或导通管压降太大，这属于正常现象。

（3）单结晶体管的检测。单结晶体管有 1 个 PN 结和 3 个电极（两个基极和一个发射极），两个基极分别由 B1 和 B2 表示，发射极用 E 表示。

先将万用表置 $R \times 1k\Omega$ 挡，黑表笔接任意电极上，红表笔接另外两个电极，当测得两个近似相等的阻值（约 $10k\Omega$）时，则黑表笔所接的为 E 极。然后，黑表笔接发射极 E，红表笔接另外两个电极，分别测得两个正向电阻。由于管子结构上的原因，第二基极 B2 靠近 PN 结，E 与 B2 间正向电阻（几千欧到十几千欧）应比 E 与 B1 间正向电阻小，因此，测得电阻较小时红表笔所接的为 B2 极，测得电阻较大时红表笔所接的为 B1 极。

3. 电路的装调

（1）目的与要求。

1）正确使用工具和仪表，安装与焊接质量可靠、技术符合工艺要求。

2）熟练掌握单结晶体管、单向晶闸管、晶体管、二极管、稳压二极管、电容、电阻等器件的测试判断以及参数的查阅与应用。

3）在规定时间内，按电路图的要求进行正确及熟练的安装，并使用仪器仪表调试后进行通电试验。

（2）电气元件明细表。晶闸管调光电路的电气元件明细表见表 10-7。

表 10-7　　　　　晶闸管调光电路的电气元件明细表

序号	名称	型号与规格	单位	数量	备注
1	二极管 VD1、VD2、VD3、VD4	2CP12	只	4	
2	二极管 VD5、VD6	2CW21	只	2	
3	二极管 VD7	2CP12	只	1	
4	二极管 VD8	2CP12	只	1	
5	二极管 VD9	2CP12	只	1	
6	二极管 VD10	2CZ11D	只	1	
7	二极管 VD11	2CZ11D	只	1	
8	晶闸管 VS1	KP1-4	只	1	

续表

序号	名称	型号与规格	单位	数量	备注
9	晶闸管 VS2	KP1-4	只	1	
10	单结晶体管 VT1	BT33	只	1	
11	三极管 VT2	3CG5C	只	1	
12	三极管 VT3	3DG6	只	1	
13	电阻 R_1	1.2kΩ、1~2W	只	1	
14	电阻 R_2	91Ω、1W	只	1	
15	电阻 R_3	360Ω、1W	只	1	
16	电阻 R_4	1kΩ、0.25W	只	1	
17	电阻 R_5	1kΩ、0.25W	只	1	
18	电阻 R_6	5.1kΩ、0.25W	只	1	
19	电阻 R_7	5.1kΩ、0.25W	只	1	
20	电阻 R_8	1kΩ、0.25W	只	1	
21	可调电位器 R_P	6.8kΩ、0.25W	只	1	
22	涤纶电容 C_1	0.22μF/25V	只	1	
23	电解电容 C_2	200μF/25V	只	1	
24	变压器 T	220/50V	只	1	
25	灯泡 HL	220V/60W	只	1	
26	单股镀锌铜线（连接元器件用）	AV-0.1mm²	m	1	
27	多股细铜线（连接元器件用）	AVR-0.1mm²	m	1	
28	万能印刷线路板（或铆钉板）	2mm×70mm×100mm（或2mm×150mm×200mm）	块	1	
29	电烙铁、烙铁架、焊料与焊剂	自定	套	1	
30	直流稳压电源	0~36V	只	1	
31	信号发生器	XD1	只	1	
32	示波器	SB-10型、或自定	台	1	

序号	名称	型号与规格	单位	数量	备注
33	单相交流电源	～220V 和 36V、5A	处	1	
34	电工通用工具	验电笔、钢丝钳、螺钉旋具（一字形和十字形）、电工刀、尖嘴钳、活扳手、剥线钳等	套	1	
35	万用表	自定	块	1	
36	劳保用品	绝缘鞋、工作服等	套	1	

（3）安装步骤。安装步骤可参阅本章考点 5 相关内容。

（4）检查与调试。

1）目测检查。检查各元器件（尤其是晶体管、晶闸管、单结晶体管）的极性和位置是否正确，检查各元器件有无错焊、漏焊和虚焊等情况，检查各导线是否都正确连接，有无漏接的现象。

2）仪表检测。将万用表旋至欧姆挡来检测以下几项：电路中的各连接点间是否存在短路情况；各元器件是否存在故障；各导线的连通是否正常；电路中是否存在短路和断路问题。

3）接通电源。接通电源的过程应遵循安全用电的相关原则。

4）触发电路调试。首先用示波器观察稳压管 VD5、VD6 串联电路两端梯形波，判断电源部分是否正常。然后观察电容 C_1 的电压波形，如果有锯齿波，并且锯齿波陡度随着 R_P 的调节而变化，说明触发电路工作基本正常。

如果没有锯齿波，可以调节 R_P，同时测量 VD8、VD9 的集电极电压，看是否变动。如不变化，则要检查单结晶体管焊接情况，以及检查 B1、B2 是否焊反。如果有变化，但仍然没有锯齿波，那可能是 R_4 阻值太大或太小。R_4 阻值太小，对前级影响比较大（使其放大能力降低），还可能在 VD9 的基极电压增加到一定程度后，脉冲突然消失。所以，R_4 阻值不能太小。但 R_4 阻值太大，有可能单结晶体管不能达到峰点电压，也没有脉冲产生。如果改变 R_4 大小不能解决问题，就是单结晶体管本身或焊接的问题。

5）主电路调试。如果触发电路工作正常，就可以接到主电路上运行。主电路的元件没问题，灯泡的亮度就会随着 R_P 的调节而变化。最后观察灯泡电压的波形，看控制角 α 的变化范围是否接近 $150°$，晶体管 VD8 或电容 C_1 漏电都会影响这个移相范围。

有时，触发电路工作正常，但是晶闸管不导通，其原因有触发功率不足、稳压管稳压值太低等。由于触发电路工作电压只有几十伏，主电路电源电压是交流 220V，为了安全，最好调试时使用隔离变压器。

4. 维修方法

维修方法可参阅本章考点 5 相关内容。

考 点 ⑧　PLC 控制减压启动电路的装调与维修

1. 定义

根据电动机减压启动电路及其技术要求，在备料的基础上，维修电工运用 PLC 已有知识和操作技能，完成对电动机减压启动的控制和进行有关技术参数调整的过程。

2. PLC 控制电动机 Y—△ 减压启动电路

（1）项目描述。电动机 Y—△ 减压启动电路如图 10-11 所示，电动机由接触器 KM1、KM2、KM3 控制，接触器 KM2 将电动机绕组连接成星形（Y）联结，接触器 KM3 将电动机绕组连接成三角形（△）联结。接触器 KM2 与 KM3 不能同时吸合，否则将产生电源短路。在程序设计过程中，应充分考虑由星形向三角形切换的时间，即当电动机绕组从星形切换到三角形时，由接触器 KM3 完全断开到接触器 KM2 接通这段时间应锁定住，以防电源短路。

（2）确定 I/O 点数及其分配。停止按钮 SB2、启动按钮 SB1、热继电器触点 FR 这 3 个外部器件须接在 PLC 的 3 个输入

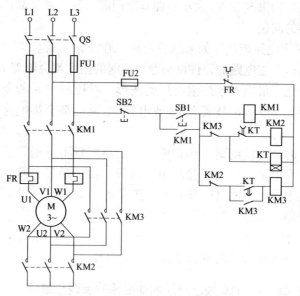

图 10 - 11　电动机丫—△减压启动电路

端子上，可分别分配为 X400、X401、X402 来接收输入信号；主接触器线圈 KM1 和星形接触器线圈 KM2 及三角形接触器线圈 KM3 须接在 3 个输出端子上，可分别分配为 Y430、Y431、Y432，由此可知共需用 6 个 I/O 点。至于自锁和连锁触头是内部的"软"触头，不占用 I/O 点。

（3）编制 I/O 接线图及梯形图。电动机丫—△降压启动控制电路的 I/O 接线及梯形图如图 10 - 12 所示。

（4）PLC 控制过程。按下启动按钮 SB1，X400 接通，Y430 线圈接通并自锁，与此同时，Y430 动合触头接通，使定时器 T0 接通而开始计时，并使 Y431 线圈也接通，从而使 KM1 和 KM2 线圈均通电，电动机连接成丫形开始启动。待计时器计时到了后，T0 的动断触头断开，使 Y431 线圈断开，KM2 断电，同时 T0 的动合触头接通，使 Y432 接通，KM3 通电，电动机连接成△形投入稳定运行。当要求停机时，按下停止按钮 SB2，

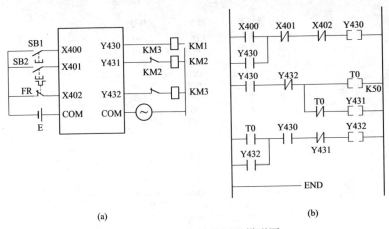

(a)　　　　　　　　　　　(b)

图 10 - 12　I/O 接线图及梯形图

（a）I/O 接线图；（b）梯形图

则 X401 线圈闭合，X401 动断触头断开 Y430、Y432 线圈，KM1、KM3 断电，电动机停止运行。当过负荷时，热继电器触点 FR 动作，X402 动断触头断开 Y430 线圈，KM1 断电断开交流电源，从而达到过负荷保护的目的。

（5）编写程序。用 PLC 指令根据梯形图按一定的规则编写出程序，即用指令的助记符来表达梯形图，如图 10 - 13 所示。指令语句表应与梯形图一一对应，在有通用编程器的情况下，可以直接在编程器上编好梯形图，下载到 PLC 即可运行。

3. PLC 电路的装调

（1）目的与要求。

1）根据 PLC 控制接口接线图和题目要求，安装线路。

2）要求操作熟练、正确，元件在设备上布置要匀称、合理，安装要准确、紧固，配线要平直、美观，接线要正确、可靠，整体装接水平要达到正确性、可靠性、工艺性的要求。

3）电源和电动机配线、按钮接线要接到端子排上，进出线槽的导线要有端子标号，引出端要用别径压端子。

4）在保证人身和设备安全的前提下，通电试验一次成功。

步序号	指令	元件号
0	LD	X400
1	OR	Y430
2	AND	X401
3	AND	X402
4	OUT	Y430
5	LD	Y430
6	ANI	Y432
7	OUT	T0
8	K	50
9	ANI	T0
10	OUT	Y431
11	LD	T0
12	OR	Y432
13	AND	Y430
14	ANI	Y431
15	OUT	Y432
16	END	

图 10-13　指令语句表

（2）电气元件明细表。PLC 控制电动机Y—△减压启动电路的电气元件明细表见表 10-8。

表 10-8　　PLC 控制电动机Y—△减压启动电路的电气元件明细表

序号	名称	型号与规格	数量
1	三菱 PLC	FX2N	1
2	计算机	PC 机	1
3	编程电缆	RS-422 专用电缆	1
4	三相笼型异步电动机	380V、0.55kW	1
5	导线	单芯铜导线 1、1.5mm^2	若干
6	交流接触器	CJ20-10A	3

（3）安装步骤。

1）将熔断器、接触器、按钮开关和 PLC 安装在一块配线板上。

2）根据设计的 I/O 连接图和 PLC 的 I/O 点数分配进行接线。

3）将编程器放在编程状态上，依据设计的语句表指令，逐条输入，完毕后逐条校对。

（4）检查与调试。

1）把控制电路各个电气元件的线圈负载去掉，将编程器放置在运行状态。按照设计流程图的要求，进行模拟调试。模拟调试时，观察输出指示灯的点亮顺序是否与流程图要求的动作一致。如果不一致，可以修改程序，直到输出指示灯的点亮顺序与流程图要求的动作一致。

2）把全部控制电路各个电气元件的线圈负载接上，将编程器放置在运行状态。按照考核试题的要求，进行调试，使各种电气元件的动作符合设计要求。

3）系统在试运行阶段，系统设计者应密切注视和观察系统的运行情况，遇到问题应及时停机，认真分析产生问题的原因，找出解决问题的方法，并做好记录。

附　　录

（1）中级维修电工理论知识鉴定考核重点表见附表1。

附表1　中级维修电工理论知识鉴定考核重点表

（X—核心要素；Y—一般要素；Z—辅助要素）

鉴定范围									鉴定点		
一级			二级			三级			代码	名称	重要程度
代码	名称	鉴定比重	代码	名称	鉴定比重	代码	名称	鉴定比重			
A	基本要求（84：13：01）	20	A	职业道德（16：02：00）	5	A	职业道德基本知识（09：01：00）	3	001	职业道德的基本内涵	X
									002	市场经济条件下职业道德的功能	X
									003	企业文化的功能	X
									004	职业道德对增强企业凝聚力、竞争力的作用	X
									005	职业道德是人生事业成功的保证	Y
									006	文明礼貌的具体要求	X
									007	对诚实守信基本内涵的理解	X
									008	办事公道的具体要求	X
									009	勤劳节俭的现代意义	X
									010	创新的道德要求	X
						B	职业守则（07：01：00）	2	001	遵纪守法的规定	X
									002	爱岗敬业的具体要求	X
									003	严格执行安全操作规程的重要性	X
									004	工作认真负责的具体要求	X
									005	团结互助的基本要求	X
									006	爱护设备和工具的基本要求	X
									007	着装整洁的要求	Y
									008	文明生产的具体要求	X

续表

鉴定范围									鉴定点		
一级			二级			三级			代码	名称	重要程度
代码	名称	鉴定比重	代码	名称	鉴定比重	代码	名称	鉴定比重			
A	基本要求(84：13：01)	20	B	基础知识(68：11：01)	15	A	电工基础知识(27：02：00)	6	001	电路的组成	X
									002	电阻的概念	X
									003	欧姆定律	X
									004	电压和电位的概念	X
									005	电阻的连接	X
									006	电功与电功率的概念	X
									007	基尔霍夫定律	X
									008	直流电路的计算	X
									009	电容器的基本知识	X
									010	磁场的基础物理量	X
									011	磁路的概念	X
									012	铁磁材料的特性	X
									013	电磁感应的概念	X
									014	正弦交流电的基本概念	X
									015	单相正弦交流电路概念	X
									016	功率因数的概念	X
									017	三相交流电的基本概念	X
									018	三相负载的连接方法和三相功率的特点	X
									019	变压器的工作原理	X
									020	变压器的用途	X
									021	电力变压器的结构	X
									022	三相异步电动机的特点	X
									023	三相异步电动机的结构	X
									024	三相异步电动机的工作原理	X
									025	常用低压电器的符号	X
									026	常用低压电器的作用	X
									027	电动机启动/停止控制电路	X
									028	电气图的分类	X
									029	读图的基本步骤	X

续表

鉴定范围									鉴定点		
一级			二级			三级					
代码	名称	鉴定比重	代码	名称	鉴定比重	代码	名称	鉴定比重	代码	名称	重要程度
A	基本要求（84：13：01）	20	B	基础知识（68：11：01）	15	B	电子技术基础知识（09：00：00）	3	001	二极管的结构和符号	X
									002	二极管的工作原理	X
									003	常用二极管的符号	X
									004	晶体管的结构	X
									005	晶体管的工作原理	X
									006	常用晶体管的符号	X
									007	单管基本放大电路的组成	X
									008	放大电路中负反馈的概念	X
									009	单相整流稳压电路的组成	X
						C	常用电工仪器、仪表的使用（04：01：00）	1	001	电工指示仪表的分类	Y
									002	电流表的使用与维护	X
									003	电压表的使用与维护	X
									004	万用表的使用与维护	X
									005	绝缘电阻表的使用与维护	X
						D	常用电工工具、量具的使用（03：02：00）	1	001	螺钉旋具的使用与维护	X
									002	钢丝钳的使用与维护	X
									003	活扳手的使用与维护	X
									004	喷灯的使用与维护	Y
									005	外径千分尺的使用与维护	Y

续表

鉴定范围								鉴定点		
一级			二级			三级				
代码	名称	鉴定比重	代码	名称	鉴定比重	代码	名称	鉴定比重	代码	名称	重要程度

代码	名称	鉴定比重	代码	名称	鉴定比重	代码	名称	鉴定比重	代码	名称	重要程度
A	基本要求（84：13：01）	20	B	基础知识（68：11：01）	15	E	常用材料的选型（04：02：00）	1	001	导线的分类	X
									002	导线截面积的选择	X
									003	常用绝缘材料的分类	X
									004	常用绝缘材料的选用	X
									005	常用磁性材料的分类	Y
									006	常用磁性材料的选用	Y
						F	安全知识（10：00：00）	1	001	电工安全的基本知识	X
									002	触电的概念	X
									003	常见的触电形式	X
									004	触电的急救措施	X
									005	安全间距和安全电压	X
									006	电气防火与防爆的基本措施	X
									007	安全用电的技术要求	X
									008	防雷的常识	X
									009	绝缘安全用具的正确使用	X
									010	电气设备操作基本知识	X
						G	其他相关知识（07：03：01）	1	001	锉削方法	X
									002	钻孔方法	X
									003	螺纹加工方法	Y
									004	供电系统的基本常识	Y
									005	安全用电的常识	X
									006	现场文明生产的要求	X
									007	环境污染的概念	Y

鉴定范围									鉴定点		
一级			二级			三级					
代码	名称	鉴定比重	代码	名称	鉴定比重	代码	名称	鉴定比重	代码	名称	重要程度
A	基本要求(84：13：01)	20	B	基础知识(68：11：01)	15	G	其他相关知识(07：03：01)	1	008	电磁污染源的分类	X
									009	噪声的危害	Z
									010	质量管理的概念	X
									011	对职工岗位质量的要求	X
						H	相关法律法规知识(04：01：00)	1	001	劳动者的权利	X
									002	劳动者的义务	X
									003	劳动合同的解除	X
									004	劳动安全卫生制度	Y
									005	电力法知识	X
B	相关知识(143：30：00)	80	A	基本电子电路的装调与维修(40：06：00)	20	A	仪表、仪器(10：02：00)	5	001	惠斯顿电桥的工作原理	X
									002	惠斯顿电桥的选用	X
									003	开尔文电桥的工作原理	Y
									004	开尔文电桥的选用	X
									005	惠斯顿电桥与开尔文电桥的区别	X
									006	信号发生器的工作原理	X
									007	信号发生器的选用	X
									008	数字式万用表的选用	X
									009	示波器的工作原理	Y
									010	示波器的选用	X
									011	晶体管图示仪的选用	X
									012	晶体管毫伏表的选用	X
						B	电子元器件的选用(10：02：00)	5	001	三端集成稳压器型号	X
									002	三端集成稳压器的选用	X
									003	常用逻辑门电路的种类	X
									004	常用逻辑门电路的主要参数	X

鉴定范围								鉴定点		
一级			二级			三级				
代码	名称	鉴定比重	代码	名称	鉴定比重	代码	名称	鉴定比重	代码	名称	重要程度
B	相关知识(143：30：00)	80	A	基本电子电路的装调与维修(40：06：00)	20	B	电子元器件的选用(10：02：00)	5	005	晶闸管型号的概念	X
									006	晶闸管的结构特点	X
									007	晶闸管的主要参数	X
									008	晶闸管的选用	X
									009	单结晶体管的结构特点	Y
									010	单结晶体管符号的概念	X
									011	运算放大器的基本结构	X
									012	运算放大器的主要参数	X
						C	电子电路及其保护方法(20：02：00)	10	001	放大电路静态工作点的计算	X
									002	放大电路静态工作点的稳定方法	X
									003	放大电路波形失真的分析	X
									004	共集电极放大电路的性能特点	X
									005	共基极放大电路的性能特点	Y
									006	多级放大电路的耦合方法	X
									007	交流负反馈电路的性能特点	X
									008	差动放大电路的工作原理	X
									009	运算放大器的使用注意事项	X
									010	功率放大电路的使用注意事项	X

鉴定范围								鉴定点		
一级			二级			三级				
代码	名称	鉴定比重	代码	名称	鉴定比重	代码	名称	鉴定比重	代码	名称	重要程度
B	相关知识(143：30：00)	80	A	基本电子电路的装调与维修(40：06：00)	20	C	电子电路及其保护方法(20：02：00)	10	011	RC 振荡电路的工作原理	X
									012	LC 振荡电路的工作原理	Y
									013	串联式稳压电路的工作原理	X
									014	三端集成稳压器使用注意事项	X
									015	常用逻辑门电路的逻辑功能	X
									016	单相半波可控整流电路的工作原理	X
									017	单相半波可控整流电路的计算	X
									018	单相桥式可控整流电路的工作原理	X
									019	单相桥式可控整流电路的计算	X
									020	单结晶体管触发电路的工作原理	X
									021	晶闸管的过电流保护方法	X
									022	晶闸管的过电压保护方法	X

续表

鉴定范围								鉴定点		
一级			二级			三级				
代码	名称	鉴定比重	代码	名称	鉴定比重	代码	名称	鉴定比重	代码	名称	重要程度

鉴定范围 一级			二级			三级			鉴定点		
代码	名称	鉴定比重	代码	名称	鉴定比重	代码	名称	鉴定比重	代码	名称	重要程度
B	相关知识（143：30：00）	80	B	继电控制电路的装调与维修（42：09：00）	25	A	低压电器的选用（06：04：00）	5	001	熔断器的选用	X
									002	断路器的选用	X
									003	接触器的选用	X
									004	热继电器的选用	X
									005	中间继电器的选用	Y
									006	主令电器的选用	X
									007	指示灯的选用	Y
									008	控制变压器的选用	Y
									009	定时器的选用	X
									010	压力继电器的选用	Y
						B	电动机及其控制电路（17：03：00）	10	001	直流电动机的特点	X
									002	直流电动机的结构	Y
									003	直流电动机的励磁方式	X
									004	直流电动机的启动方法	X
									005	直流电动机的调速方法	X
									006	直流电动机的制动方法	X
									007	直流电动机的反转方法	X
									008	直流电动机的常见故障分析	Y
									009	绕线转子异步电动机的启动方法	X
									010	绕线转子异步电动机的启动控制电路	X
									011	多台电动机顺序控制的工作原理	X
									012	多台电动机顺序控制的电气电路	X
									013	异步电动机位置控制的工作原理	X

519

鉴定范围									鉴定点		
一级			二级			三级			代码	名称	重要程度
代码	名称	鉴定比重	代码	名称	鉴定比重	代码	名称	鉴定比重			
B	相关知识（143：30：00）	80	B	继电控制电路的装调与维修（42：09：00）	25	B	电动机及其控制电路（17：03：00）	10	014	异步电动机位置控制的电气电路	X
									015	异步电动机能耗制动的工作原理	X
									016	异步电动机能耗制动的控制电路	X
									017	异步电动机反接制动的工作原理	X
									018	异步电动机反接制动的控制电路	X
									019	异步电动机再生制动的工作原理	X
									020	同步电动机的启动方法	Y
						C	机床电气控制电路及其常见故障（19：02：00）	10	001	M7130 型平面磨床主电路的组成	X
									002	M7130 型平面磨床控制电路的组成	X
									003	M7130 型平面磨床电气控制的配线方法	X
									004	M7130 型平面磨床电气控制的工作原理	X
									005	M7130 型平面磨床电气控制的连锁方法	X
									006	M7130 型平面磨床电气控制的常见故障	X
									007	M7130 型平面磨床电气控制故障处理方法	X

鉴定范围									鉴定点		
一级			二级			三级			代码	名称	重要程度
代码	名称	鉴定比重	代码	名称	鉴定比重	代码	名称	鉴定比重			
B	相关知识（143：30：00）	80	B	继电控制电路的装调与维修（42：09：00）	25	C	机床电气控制电路及其常见故障（19：02：00）	10	008	C6150 型卧式车床电气控制主电路的组成	X
									009	C6150 型卧式车床控制电路的组成	X
									010	C6150 型卧式车床电气控制的配线方法	Y
									011	C6150 型卧式车床电气控制的工作原理	X
									012	C6150 型卧式车床电气控制的连锁方法	X
									013	C6150 型卧式车床电气控制的常见故障	X
									014	C6150 型卧式车床电气控制故障的处理方法	X
									015	Z3040 型摇臂钻床主电路的组成	X
									016	Z3040 型摇臂钻床控制电路的组成	X
									017	Z3040 型摇臂钻床电气控制的配线方法	Y
									018	Z3040 型摇臂钻床电气控制的工作原理	X
									019	Z3040 型摇臂钻床电气控制的连锁方法	X
									020	Z3040 型摇臂钻床电气控制的常见故障	X
									021	Z3040 型摇臂钻床电气控制故障的处理方法	X

续表

鉴定范围								鉴定点		
一级			二级			三级				
代码	名称	鉴定比重	代码	名称	鉴定比重	代码	名称	鉴定比重	代码	名称	重要程度
B	相关知识（143：30：00）	80	C	自动控制电路的装调与维修（61：15：00）	35	A	传感器及其使用（16：04：00）	10	001	光敏开关的结构	X
									002	光敏开关的工作原理	Y
									003	光敏开关的符号	X
									004	光敏开关的选择	X
									005	光敏开关的使用注意事项	X
									006	接近开关的结构	X
									007	接近开关的工作原理	Y
									008	接近开关的符号	X
									009	接近开关的选择	X
									010	接近开关的使用注意事项	X
									011	磁性开关的结构	X
									012	磁性开关的工作原理	Y
									013	磁性开关的符号	X
									014	磁性开关的选择	X
									015	磁性开关的使用注意事项	X
									016	增量型光电编码器的结构	X
									017	增量型光电编码器的工作原理	Y
									018	增量型光电编码器的特点	X
									019	增量型光电编码器的选择	X
									020	光电编码器的使用注意事项	X

续表

鉴定范围									鉴定点		
一级			二级			三级					重要程度
代码	名称	鉴定比重	代码	名称	鉴定比重	代码	名称	鉴定比重	代码	名称	
B	相关知识（143：30：00）	80	C	自动控制电路的装调与维修（61：15：00）	35	B	可编程序控制器及其控制电路（29：06：00）	15	001	PLC 的特点	X
									002	PLC 的结构	Y
									003	PLC 控制系统的组成	X
									004	PLC 梯形图中的元件符号	X
									005	PLC 控制功能的实现	Y
									006	PLC 中软继电器的特点	X
									007	PLC 中光耦合器的结构	X
									008	PLC 的存储器	Y
									009	PLC 的工作原理	X
									010	PLC 的工作过程	X
									011	PLC 的扫描周期	X
									012	PLC 与继电接触器控制系统的区别	X
									013	PLC 的主要技术性能指标	X
									014	PLC 的输入类型	X
									015	PLC 的输出类型	X
									016	PLC 型号的概念	X
									017	PLC 的抗干扰措施	X
									018	PLC 的基本指令	X
									019	双线圈输出的概念	Y
									020	线圈的并联输出方法	X
									021	PLC 梯形图的基本结构	X
									022	PLC 梯形图的编写规则	X
									023	PLC 定时器的基本概念	X
									024	PLC 梯形图的编程技巧	X
									025	PLC 与编程设备的连接方法	X

续表

鉴定范围							鉴定点		
一级			二级			三级			
代码	名称	鉴定比重	代码	名称	鉴定比重	代码	名称	鉴定比重	代码	名称	重要程度

代码	名称	鉴定比重	代码	名称	鉴定比重	代码	名称	鉴定比重	代码	名称	重要程度
B	相关知识（143：30：00）	80	C	自动控制电路的装调与维修（61：15：00）	35	B	可编程序控制器及其控制电路（29：06：00）	15	026	PLC 编程软件的主要功能	X
									027	PLC 程序输入的步骤	X
									028	PLC 的 I/O 点数的选择	X
									029	PLC 接地与布线的注意事项	Y
									030	PLC 的日常维护方法	X
									031	PLC 控制电动机正、反转的方法	X
									032	PLC 控制电动机顺序启动的方法	X
									033	PLC 控制电动机自动往返的方法	X
									034	便携式编程器的基本功能	Y
									035	PLC 输入/输出端的接线规则	X
						C	变频器和软启动器及其维护（16：05：00）	10	001	变频器的用途	X
									002	变频器的分类	Y
									003	变频器的基本组成	X
									004	变频器型号的概念	Y
									005	变频器的主要技术指标	X
									006	变频器的主要参数	X
									007	变频器的工作原理	Y
									008	变频器的接线方法	X
									009	变频器的使用注意事项	X
									010	变频器的日常维护方法	X
									011	变频器的常见故障	X
									012	软启动器的用途	X

续表

鉴定范围								鉴定点		
一级			二级			三级		代码	名称	重要程度
代码	名称	鉴定比重	代码	名称	鉴定比重	代码	名称	鉴定比重		
B	相关知识（143：30：00）	80	C	自动控制电路的装调与维修（61：15：00）	35	C	变频器和软启动器及其维护（16：05：00）	10	013	软启动器的基本组成	X
									014	软启动器型号的概念	Y
									015	软启动器的主要技术指标	X
									016	软启动器的主要参数	X
									017	软启动器的工作原理	Y
									018	软启动器接线方法	X
									019	软启动器的使用注意事项	X
									020	软启动器的常见故障	X
									021	软启动器的日常维护方法	X

（2）中级维修电工操作技能鉴定考核重点表见附表2。

附表2 中级维修电工操作技能鉴定考核重点表

（X—核心要素；Y——一般要素；Z—辅助要素）

行为领域	鉴定范围			鉴定点		
	代码	名称	鉴定比重			
操作技能	A	继电接触式控制电路的装调与维修	40	01	用软线进行较复杂继电—接触式基本控制电路的装调与维修	X
				02	用硬线进行较复杂继电—接触式基本控制电路的装调与维修	X
				03	用软线进行较复杂机床部分主要控制电路的装调与维修	X
				04	较复杂继电—接触式控制电路的装调与维修	X

行为领域	鉴定范围			鉴定点		
	代码	名称	鉴定比重			
操作技能	B	PLC 控制电路的装调与维修	30	01	PLC控制正、反转电路的装调与维修	X
				02	PLC控制顺序控制电路的装调与维修	X
				03	PLC控制减压启动电路的装调与维修	X
	C	电子电路的装调与维修	30	01	较复杂分立元件模拟电子电路的装调与维修	X
				02	较复杂带集成块模拟电子电路的装调与维修	X
				03	带晶闸管的电子电路的装调与维修	X

参 考 文 献

[1] 中华人民共和国人力资源和社会保障部. 维修电工国家职业技能标准（2009 年修订）[S]. 北京：中国劳动社会保障出版社，2009.

[2] 中国石油化工集团公司职业技能鉴定指导中心. 职业技能鉴定国家题库石化分库试题选编（维修电工）[M]. 北京：中国石化出版社，2013.

[3] 劳动和社会保障部职业技能鉴定中心. 维修电工操作技能考试手册 [M]. 东营：石油大学出版社，2001.

[4] 张树江等. 维修电工职业技能基础 [M]. 北京：化学工业出版社，2015.

[5] 万英. 低压电工上岗技能一点通 [M]. 北京：中国电力出版社，2015.

[6] 万英. 怎样识读常用电气控制电路图 [M]. 北京：中国电力出版社，2015.

[7] 刘行川等. 维修电工技术速成（中级）[M]. 福州：福建科学技术出版社，2004.